案例赏析

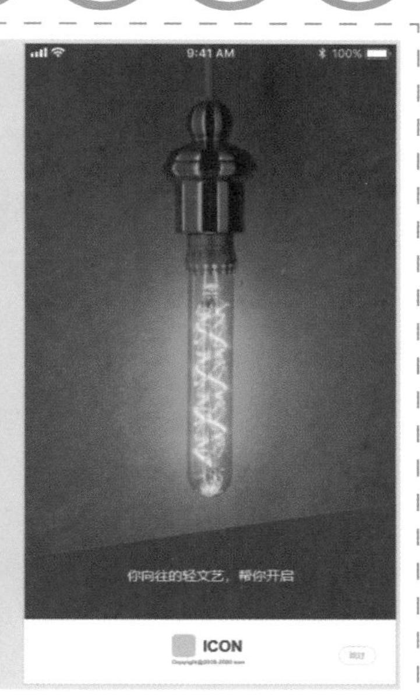

设计制作 App 启动页面原型　　303 页

视频：视频 \ 第 12 章 \ 设计制作 App 启动页面原型 .mp4

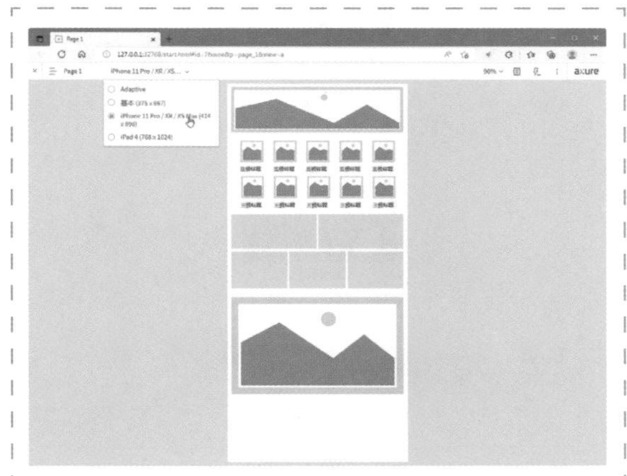

设置自适应视图　　61 页

视频：视频 \ 第 3 章 \ 设置自适应视图 .mp4

制作淘宝会员登录页　　101 页

视频：视频 \ 第 4 章 \ 制作淘宝会员登录页 .mp4

设计制作商品详情页　　238 页

视频：视频 \ 第 8 章 \ 设计制作商品详情页 .mp4

设计制作 QQ 邮箱加载页面　　279 页

视频：视频 \ 第 11 章 \ 设计制作 QQ 邮箱加载页面 .mp4

案例赏析

制作抽奖幸运转盘　　199 页

视频：视频\第 7 章\制作抽奖幸运转盘.mp4

设计制作微博用户评论页面　　284 页

视频：视频\第 11 章\设计制作微博用户评论页面.mp4

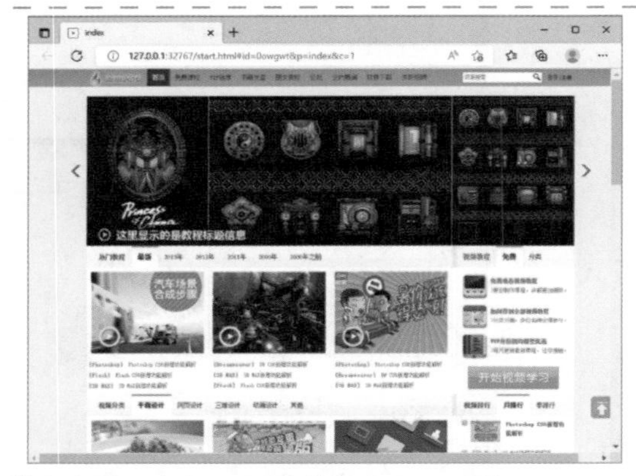

发布生成一个 HTML 文件　　278 页

视频：视频\第 10 章\发布生成一个 HTML 文件.mp4

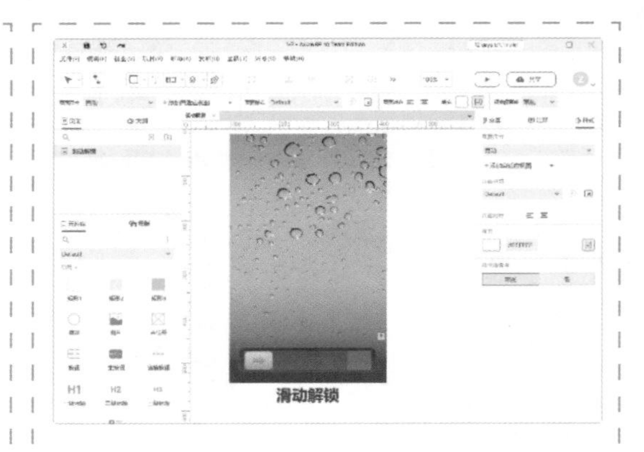

查看视图　　20 页

视频：视频\第 1 章\查看视图.mp4

制作热门车型列表页　　154 页

视频：视频\第 5 章\制作热门车型列表页.mp4

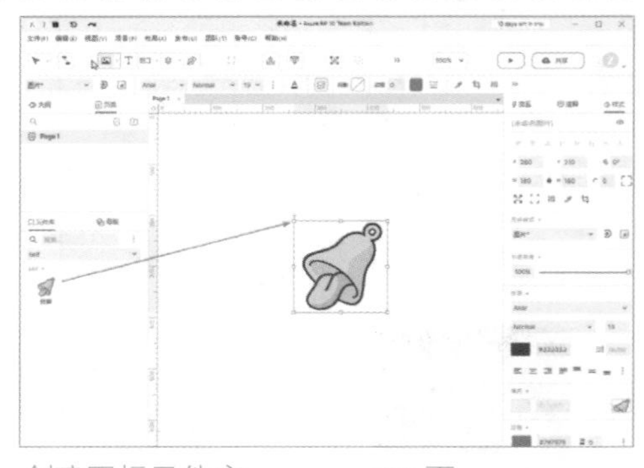

创建图标元件库　　172 页

视频：视频\第 6 章\创建图标元件库.mp4

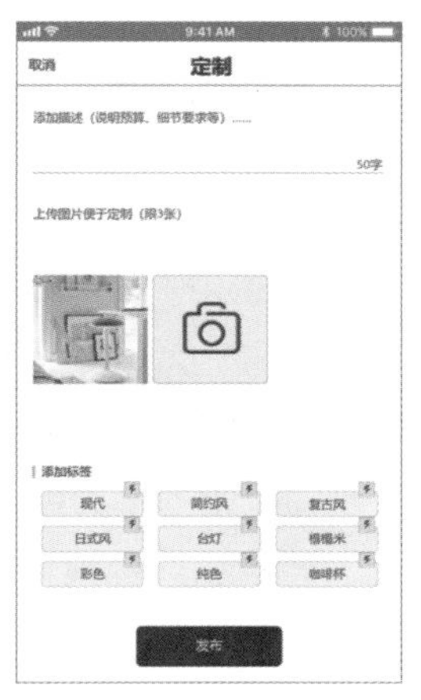

设计制作 App 主页面交互　　322 页

视频：视频 \ 第 12 章 \ 设计制作 App 主页面交互 .mp4

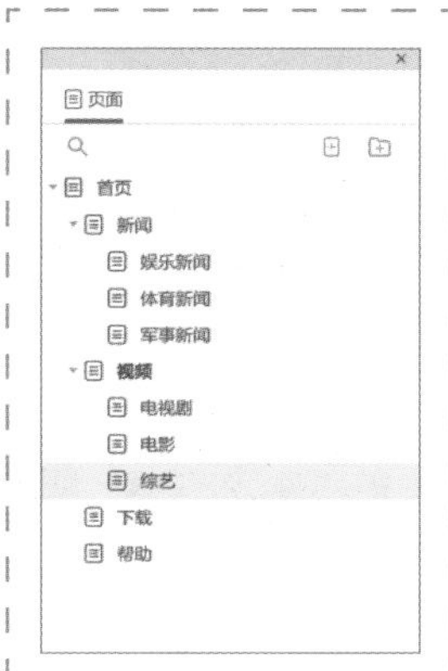

新建网站页面　　49 页

视频：视频 \ 第 3 章 \ 新建网站页面 .mp4

元件的显示 / 隐藏　　188 页

视频：视频 \ 第 7 章 \ 元件的显示 / 隐藏 .mp4

设计制作用户登录页面　　216 页

视频：视频 \ 第 8 章 \ 设计制作用户登录页面 .mp4

设计制作商品分类页面　　288 页

视频：视频 \ 第 11 章 \ 设计制作商品分类页面 .mp4

通过复制的方法制作水平导航　　46 页

视频：视频 \ 第 2 章 \ 通过复制的方法制作水平导航 .mp4

案例赏析

设计制作 App 设计师页面原型　　312 页

视频：视频\第 12 章\设计制作 App 设计师页面原型 .mp4

设计制作重置密码页面　　297 页

视频：视频\第 11 章\设计制作重置密码页面 .mp4

使用“钢笔工具”绘制图形　　122 页

视频：视频\第 4 章\使用“钢笔工具”绘制图形 .mp4

使用元件制作一个标签面板　　69 页

视频：视频\第 3 章\使用元件制作一个标签面板 .mp4

创建图标组元件库　176 页

视频：视频\第 6 章\创建图标组元件库 .mp4

正常　经过　活动

制作按钮交互状态　　193 页

视频：视频\第 7 章\制作按钮交互状态 .mp4

开始游戏

设计制作按钮交互样式　206 页

视频：视频\第 7 章\设计制作按钮交互样式 .mp4

Axure RP 10
原型设计完全自学一本通

王 欣 编著

電子工業出版社
Publishing House of Electronics Industry
北京·BEIJING

图书在版编目（CIP）数据

Axure RP10原型设计完全自学一本通 / 王欣编著.
北京：电子工业出版社, 2024. 6. -- ISBN 978-7-121
-48050-8

Ⅰ. TP393.092.2

中国国家版本馆CIP数据核字第202440LR57号

责任编辑：陈晓婕
印　　刷：北京缤索印刷有限公司
装　　订：北京缤索印刷有限公司
出版发行：电子工业出版社
　　　　　北京市海淀区万寿路173信箱　邮编：100036
开　　本：787×1092　1/16　印张：21.5　字数：619.2千字
版　　次：2024年6月第1版
印　　次：2024年6月第1次印刷
定　　价：99.00元

凡所购买电子工业出版社图书有缺损问题，请向购买书店调换。若书店售缺，请与本社发行部联系，联系及邮购电话：（010）88254888，88258888。

质量投诉请发邮件至zlts@phei.com.cn，盗版侵权举报请发邮件至dbqq@phei.com.cn。

本书咨询联系方式：（010）88254161~88254167转1897。

前言

Axure RP 10是一款原型设计软件，其功能非常强大，应用范围也非常广泛，使用Axure RP 10可以创建应用软件或Web网站的线框图、流程图、原型和Word说明文档。同时，在目前较为流行的交互设计动画制作中使用Axure RP 10也变得越来越广泛。

作为专业的原型设计工具，Axure RP 10能快速、高效地创建原型，同时支持多人协作设计和版本控制管理，能够更好地表达出交互设计师想要的效果，还能够很好地将这种效果展现给研发人员，使得团队合作更加完美。

本书内容

本书内容浅显易懂，简明扼要，从交互设计动画制作的基础知识出发，详细讲述了如何使用Axure RP 10制作交互设计动画，大部分知识点配有实例操作，使得学习过程不再枯燥乏味。本书内容章节安排如下。

- 第1章 熟悉Axure RP 10。本章主要介绍了Axure RP 10的主要功能，Axure RP 10的下载、安装、汉化与启动，Axure RP 10的工作界面，自定义工作界面，使用Axure RP 10的帮助资源，查看视图，使用标尺，参考线，显示栅格，设置遮罩和对齐/分布对象等内容，帮助读者快速熟悉Axure RP 10软件。
- 第2章 Axure RP 10的基本操作。本章主要介绍了文件的新建和存储、文件的打开与导入，以及自动备份、还原与恢复操作等内容。
- 第3章 页面的管理。本章主要包括了解站点、管理页面、编辑页面、自适应视图、图表类型、创建流程图、组合对象、锁定对象和隐藏对象等内容。
- 第4章 使用元件。本章详细介绍了每种元件的使用方法和技巧，以及钢笔工具的使用方法，并对元件在实际原型设计中的应用技巧进行了讲解。
- 第5章 元件的属性和样式。本章主要介绍了Axure RP 10中元件的属性，以及应用元件样式的方法和技巧，同时详细介绍了设置各种样式的方法。
- 第6章 母版与第三方元件库。本章主要介绍了母版的创建和使用方法，以及第三方元件库的创建和使用方法。
- 第7章 简单交互设计。本章主要介绍了向元件中添加各种交互效果的方法和技巧，并详细介绍了各种参数的设置操作，同时还对交互样式的设置方法和技巧进行了讲解。
- 第8章 高级交互设计。本章主要介绍了Axure RP 10中变量、表达式、中继器的基本操作，以及函数的相关知识。
- 第9章 团队合作。本章主要讲解了团队项目的创建、编辑、发布，以及团队项目的检入和检出等内容。
- 第10章 发布与输出。本章主要介绍了Axure RP 10中的几种生成器，以生成不同格式的原型设计供客户查看。
- 第11章 设计制作PC端网页原型。本章介绍了运用Axure RP 10绘制PC端网页原型设计实例。
- 第12章 设计制作移动端网页原型。本章介绍了运用Axure RP 10绘制移动端网页原型设计实例。

本书特点

本书实例丰富，图文并茂，每章都为读者提供了答疑解惑的分析，还在每章结尾提供了一个举一反三的案例，供读者测验学习成果。本书附带一套资源包，资源包中收录了本书所有案例的素材文件和最终效果文件，读者可以通过这些素材进行实例操作，以尽快熟悉并增强对Axure RP 10各项功能的理解。资源包中还加入了书中所有案例的视频教学文件，以帮助读者更好地学习。

由于时间仓促，书中难免有错误和疏漏之处，希望广大读者朋友批评、指正，以便我们改进和提高。

编 著 者

目录

第1章 熟悉Axure RP 10

Axure RP能帮助网站需求设计者，快捷而简便地创建基于网站构架图的带注释页面示意图、操作流程图及交互设计，并可自动生成用于演示的网页文件和规格文件，以提供演示与开发。本章将带领读者一起了解Axure RP 10的基础知识。

本章学习重点

1.1 关于Axure RP 10

Axure RP是美国Axure Software Solution公司的旗舰产品，是一个专业的快速原型设计工具，它能让负责定义需求和规格、设计功能和界面的专家快速创建出应用软件或Web网站的线框图、流程图、原型和规格说明文档。图1-1所示为使用Axure RP 10完成的网页原型。

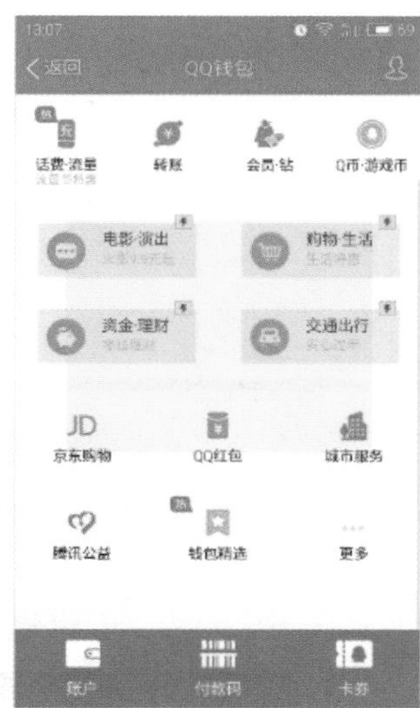

图1-1 网页原型

Tips

产品原型，简单地说就是产品设计成形之前的一个简单框架。对网站来讲，就是将页面模块、元素进行粗放式排版和布局，再深入一些，还会加入交互性元素，使其更加具体、形象和生动。

作为专业的原型设计工具，Axure RP比一般的创建静态原型的工具更加快速和高效，如Visio、OmniGraffle、Illustrator、Photoshop、Dreamweaver、Visual Studio和Adobe XD等工具。Axure RP 10的工作界面如图1-2所示。

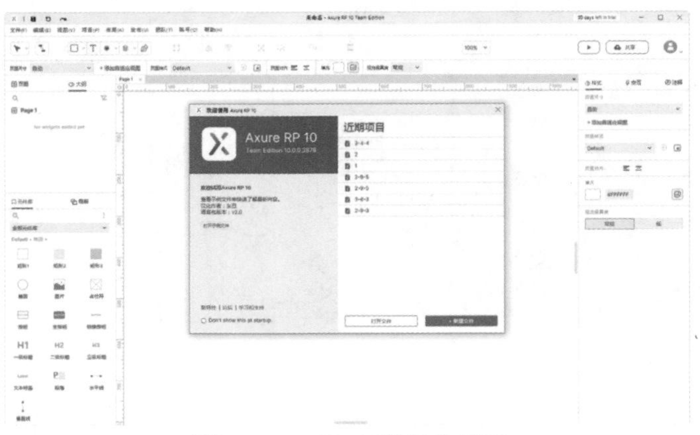

图1-2 Axure RP 10的工作界面

Axure RP 10为用户提供了深色和浅色两种工作界面外观模式，用户可以根据个人的喜好选择不同的界面外观模式。

默认情况下，Axure RP 10的工作界面外观使用浅色模式，执行“文件 > 备份设置”命令，弹出“偏好设置”对话框，如图1-3所示。在“画布”选项卡的“外观”下拉列表框中选择“深色模式”选项，如图1-4所示。

图1-3 “偏好设置”对话框

图1-4 选择“深色模式”选项

此时的“偏好设置”对话框效果如图1-5所示。单击“完成”按钮，完成更改工作界面外观为深色模式的操作，效果如图1-6所示。

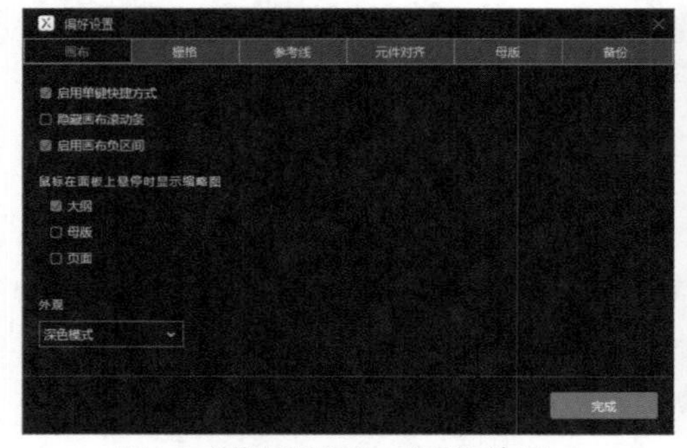

图1-5“偏好设置”对话框效果

图1-6 深色模式的工作界面外观

Tips

深色模式的工作界面外观更有利于用户将注意力集中在原型制作上。但是为了获得更好的印刷效果，便于读者阅读，本书将采用浅色模式的工作界面外观进行讲解。

1.2 Axure RP 10的主要功能

使用Axure RP 10，可以在不编写任何一条HTML和JavaScript语句的情况下，通过创建文档以及相关条件和注释，一键生成HTML演示页面。具体来说，Axure RP 10具有以下几个主要功能。

1.2.1 绘制网站构架图

使用Axure RP 10可以快速绘制树状的网站构架图，而且可以让构架图中的每一个页面节点直接连接到对应网页，如图1-7所示。

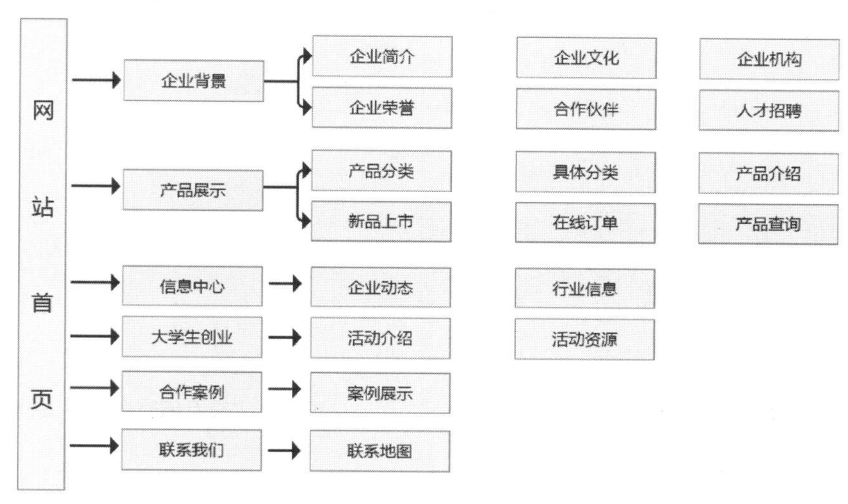

图1-7 绘制树状网站构架图

1.2.2 绘制示意图

Axure RP 10中内置了许多常用元件，如按钮、图片、文本、水平线和下拉列表等。使用这些元件可以轻松地绘制各种示意图，如图1-8所示。

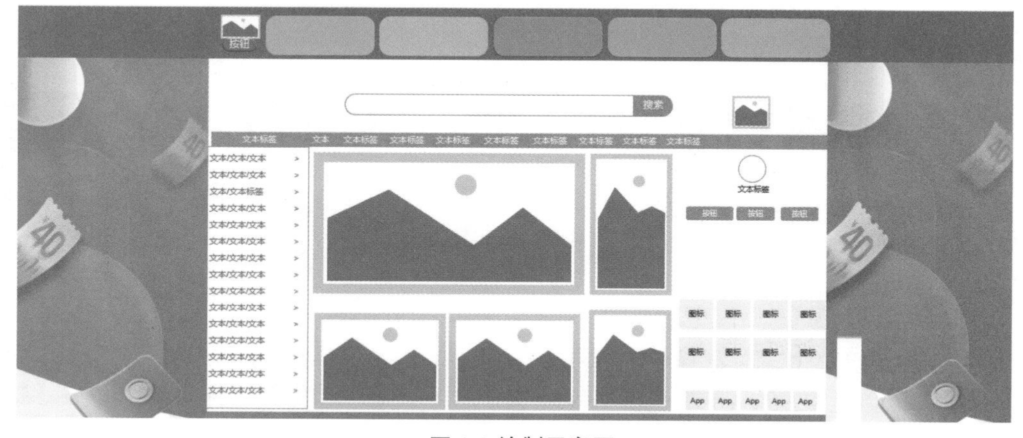

图 1-8 绘制示意图

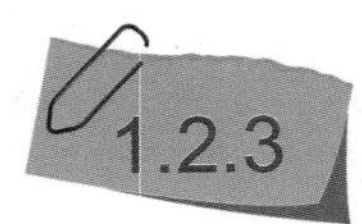

1.2.3 绘制流程图

Axure RP 10中提供了丰富的流程图元件，使用Axure RP 10可以很容易地绘制出流程图，还可以轻松地在流程之间加入连接线，并设定连接的格式，如图1-9所示。

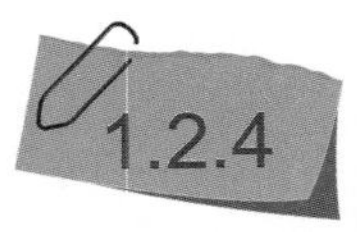

1.2.4 实现交互设计

Axure RP 10可以模拟实际操作中的交互效果。通过使用“交互编辑器”对话框中的各项动作，可以为元件快速添加一个或多个事件并产生动作，如图1-10所示。

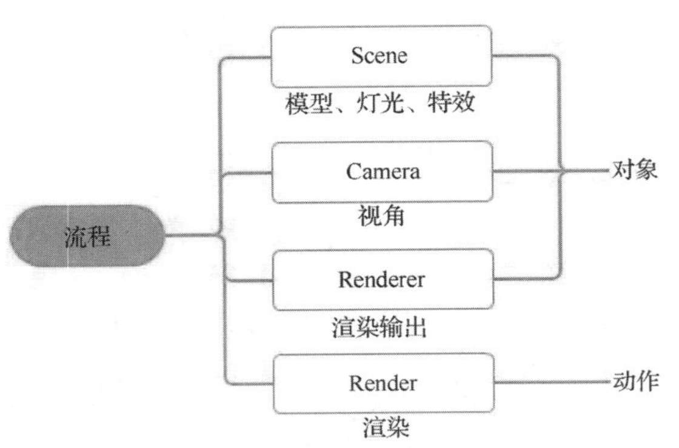

图1-9 绘制流程图

图1-10 “交互编辑器”对话框

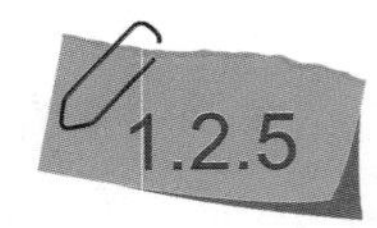

1.2.5 输出网站原型

Axure RP 10可以将线框图直接输出成符合IE或火狐等不同浏览器的HTML项目。

1.2.6 输出Word格式的规格文件

Axure RP 10可以输出Word格式的文件。文件中包含了目录、网页清单、网页、附有注解的原版、注释、交互和元件特定的信息以及结尾文件（如附录），规格文件的内容与格式也可以依据不同的阅读对象进行变更。

1.3 软件的下载、安装、汉化与启动

用户可以通过互联网下载Axure RP 10的安装程序和汉化包，安装并汉化后即可开始使用该软件完成产品原型的设计制作。

1.3.1 下载并安装Axure RP 10

在开始使用Axure RP 10之前，需要先将Axure RP 10软件安装到本地计算机中。用户可以通过官方网站下载所需版本的软件，如图1-11所示。

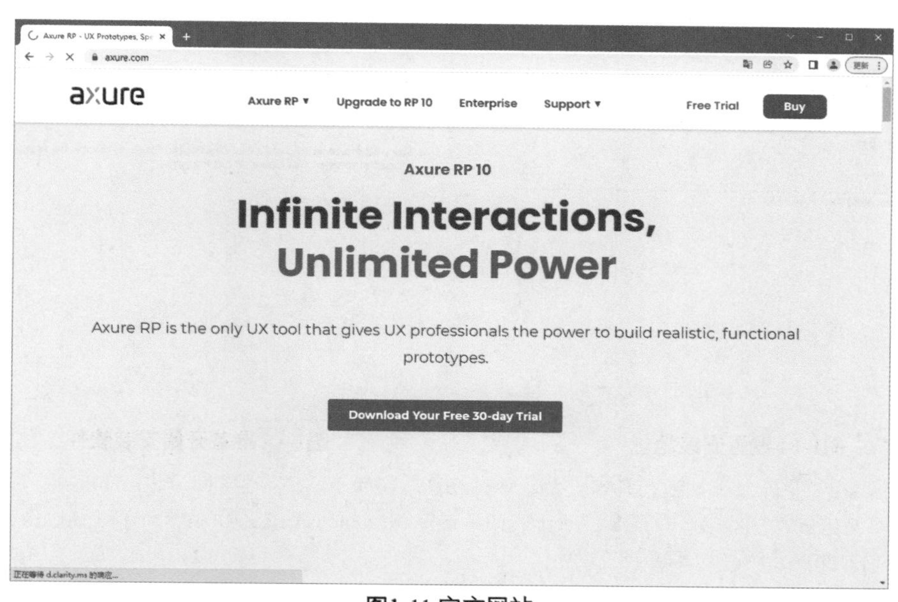

图1-11 官方网站

不建议用户从第三方下载该软件，因为除了有可能会被捆绑下载很多垃圾软件，还可能使计算机感染病毒。由于 Axure RP 10 没有发布中文版本，用户可以通过下载汉化包实现对软件的汉化。

安装Axure RP 10

源文件：无　　视频：视频\第1章\安装Axure RP 10.mp4

STEP 01 在下载文件夹中双击AxureRP-Setup.exe文件，弹出“Axure RP 10 Setup”对话框，如图1-12所示。单击“Next”（下一步）按钮，进入如图1-13所示的对话框，认真阅读协议后，选择“I accept the terms in the License Agreement”（我接受许可协议的条款）复选框。

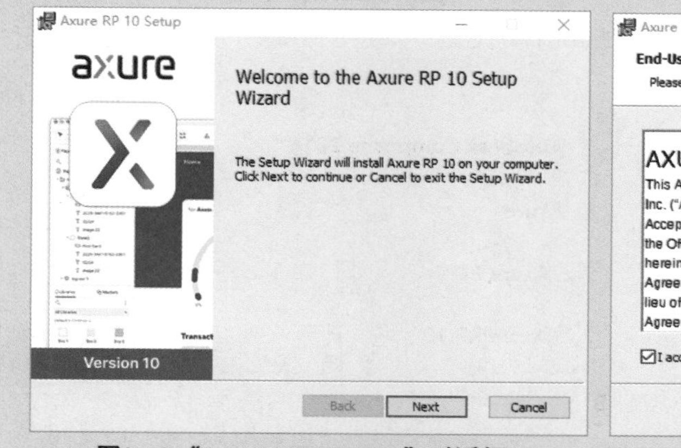

图1-12 “Axure RP 10 Setup”对话框

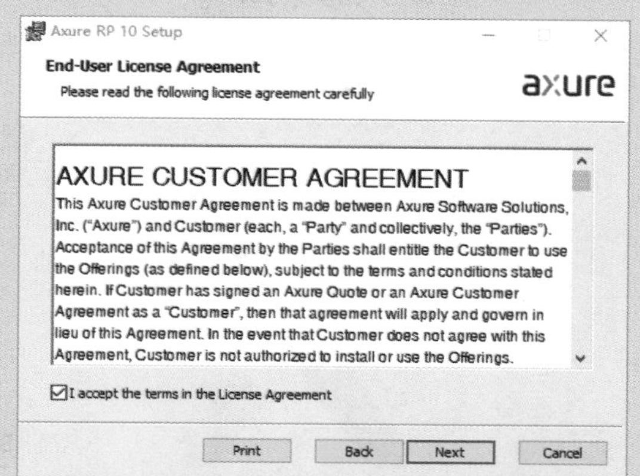

图1-13 阅读协议并同意

STEP 02 单击“Next”（下一步）按钮，进入如图1-14所示的对话框，设置安装地址。单击“Change...”（改变）按钮，可以更改软件的安装地址。单击“Next”（下一步）按钮，进入如图1-15所示的对话框，准备开始安装软件。

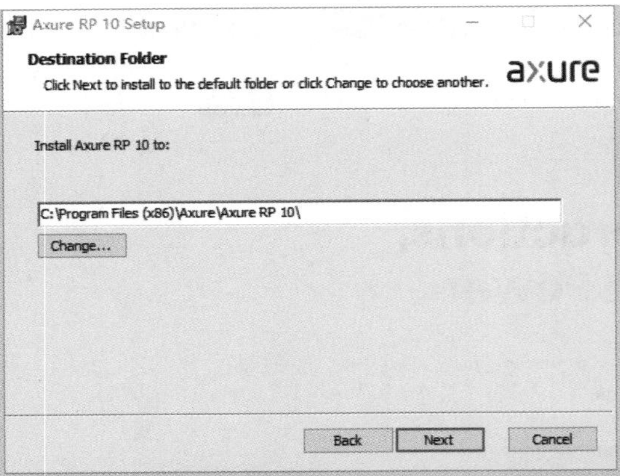

图1-14 设置安装地址

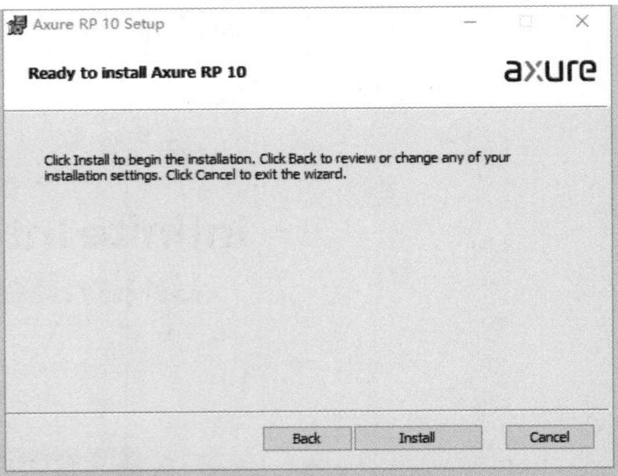

图1-15 准备开始安装软件

STEP 03 单击“Install”（安装）按钮，开始安装软件，如图1-16所示。稍等片刻，单击“Finish”（完成）按钮，即可完成软件的安装，如图1-17所示。如果选择“Launch Axure RP 10”（打开Axure RP 10）复选框，在完成软件安装后将立即启动该软件。

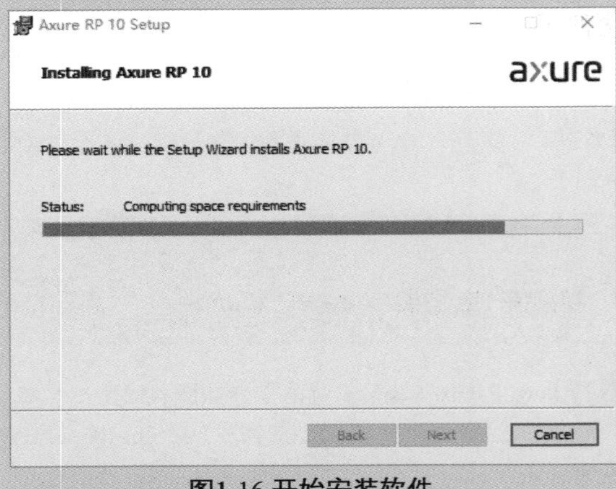

图1-16 开始安装软件

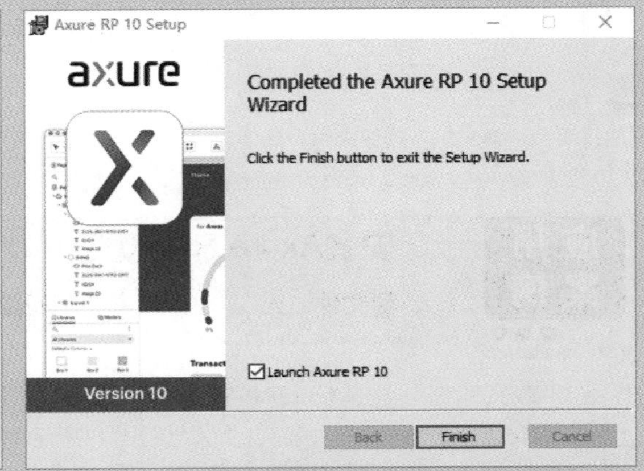

图1-17 完成软件的安装

STEP 04 软件安装完成后，用户可在桌面上找到Axure RP 10的启动图标，如图1-18所示。用户也可以在“开始”菜单中找到启动选项，如图1-19所示。

图1-18 桌面启动图标

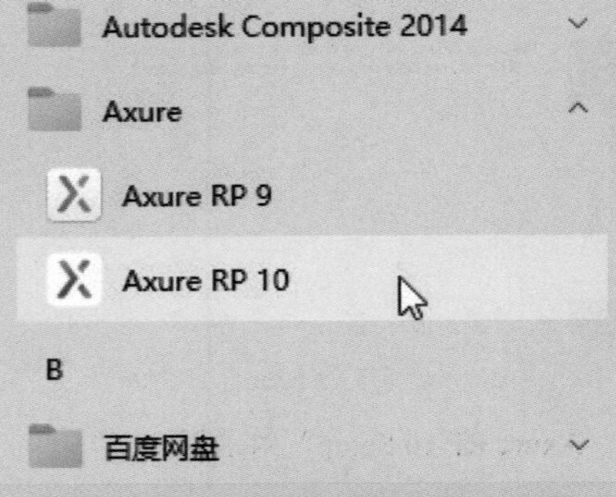

图1-19 “开始”菜单中的启动选项

1.3.2 汉化与启动Axure RP 10

用户可以通过互联网获得Axure RP 10的汉化包，下载的汉化包解压后通常包含一个lang文件夹和一个说明文件，如图1-20所示。将该文件夹直接复制到Axure RP 10的安装目录下，重新启动软件，即可完成软件的汉化。

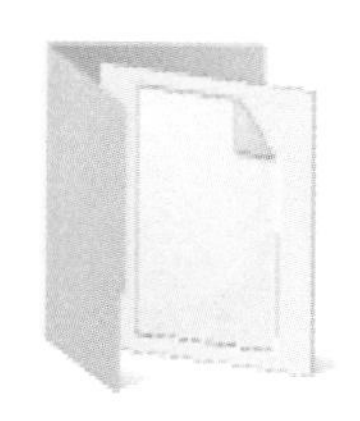

图1-20 汉化文件

汉化完成后，可以通过双击桌面上的启动图标或在“开始”菜单中选择相应的启动选项启动软件，启动后的工作界面如图1-21所示。

通常在第一次启动Axure RP 10时，系统会自动弹出“创建账号”对话框，如图1-22所示。要求用户输入账号和密码，登录账号后用户可以通过订阅付费的方式获得使用权限，支持按月购买或者按年购买。如果用户没有订阅该软件，则只能试用30天，30天后将无法正常使用。

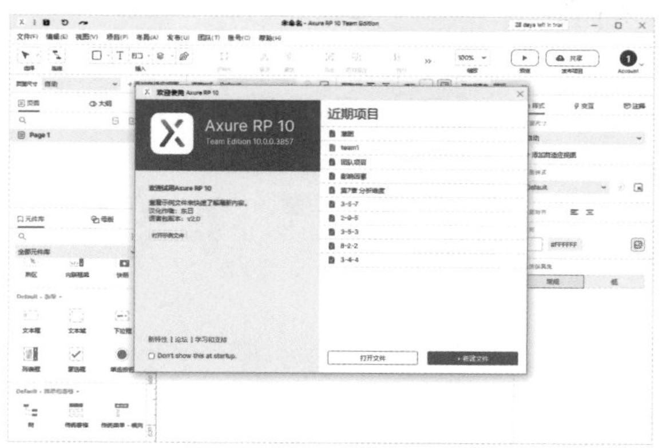

图1-21 汉化后的工作界面

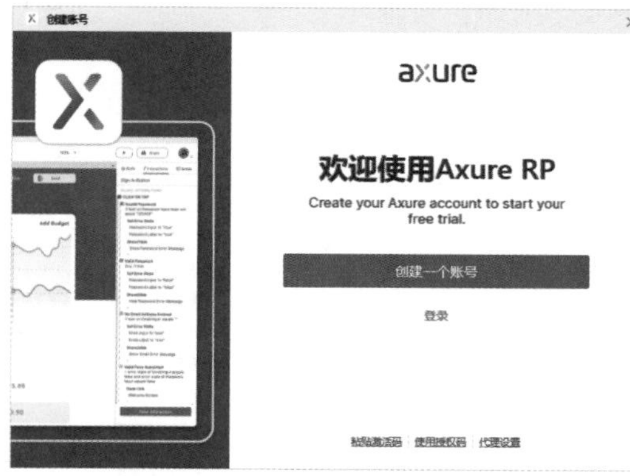

图1-22 “创建账号”对话框

Tips

用户如果在软件启动时没有完成授权操作，可以执行“帮助 > 管理授权”命令，弹出“管理授权”对话框，在其中可完成软件的授权操作。

1.4 Axure RP 10的工作界面

相对于Axure RP 9来说，Axure RP 10的工作界面发生了较大变化，精简了很多区域，操作起来更简单、更直接，方便用户使用。Axure RP 10工作界面中的各个区域如图1-23所示。

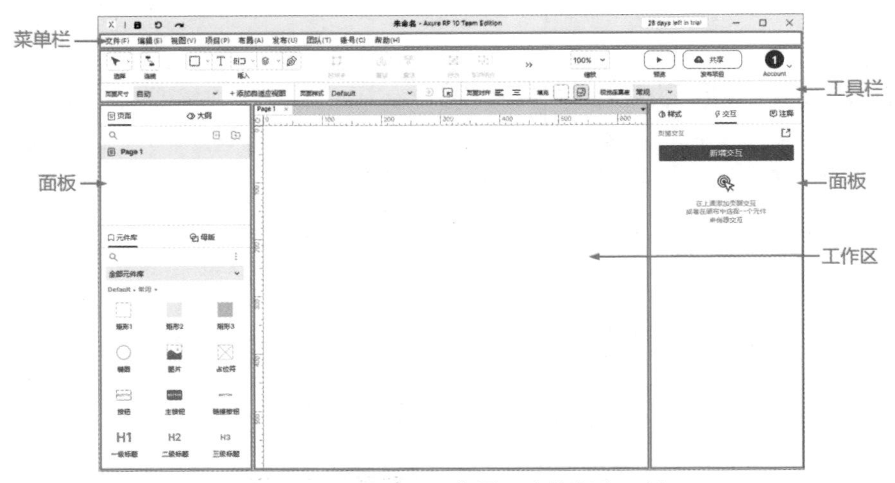

图1-23 Axure RP 10工作界面中的各个区域

1.4.1 菜单栏

菜单栏位于工作界面的上方，按照功能划分为9个菜单，每个菜单中包含相应的操作命令，如图1-24所示。用户可以根据要执行的操作的类型，在对应的菜单下选择相应的命令。

文件(F)　编辑(E)　视图(V)　项目(P)　布局(A)　发布(U)　团队(T)　账号(C)　帮助(H)

图1-24 菜单栏

1. “文件”菜单

该菜单下的命令可以实现文件的基本操作，如新建、打开、保存和打印等，如图1-25所示。

2. “编辑”菜单

该菜单下包含软件操作过程中的一些编辑命令，如复制、粘贴、全选和删除等，如图1-26所示。

图1-25 “文件”菜单

图1-26 “编辑”菜单

3. “视图”菜单

该菜单下包含与软件视图显示相关的所有命令，如工具栏、面板和显示背景等，如图1-27所示。

4. “项目”菜单

该菜单下主要包含与项目有关的命令，如元件样式管理、全局变量和自适应视图预设等，如图1-28所示。

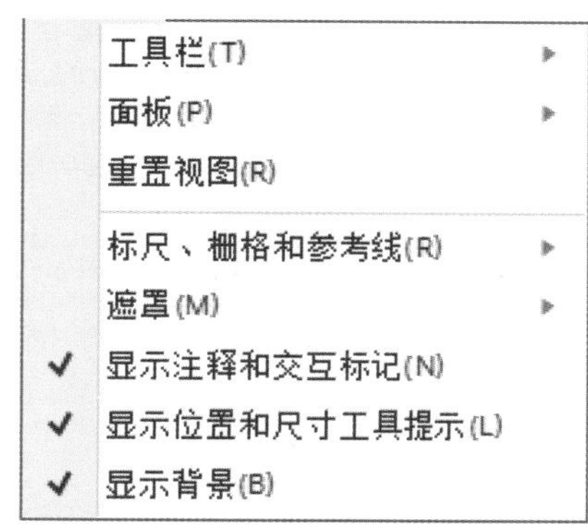

图1-27 “视图”菜单

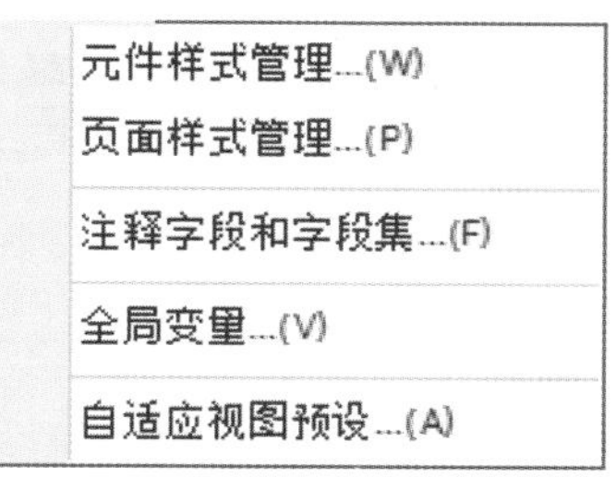

图1-28 “项目”菜单

5. “布局”菜单

该菜单下主要包含与页面布局有关的命令，如对齐、组合、分布和锁定等，如图1-29所示。

6. “发布”菜单

该菜单下主要包含与原型发布有关的命令，如预览、预览选项和生成HTML文件等，如图1-30所示。

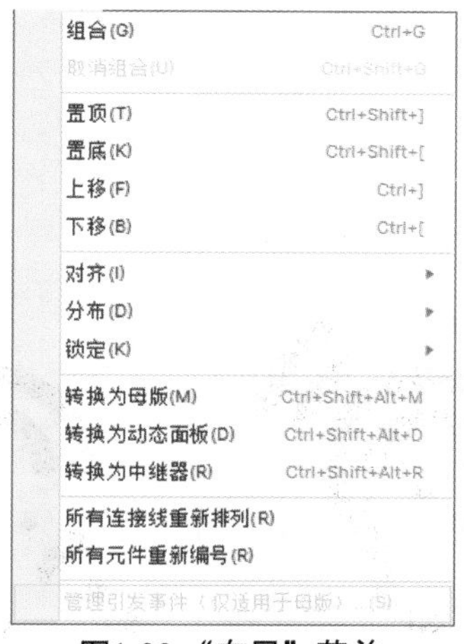

图1-29 “布局”菜单

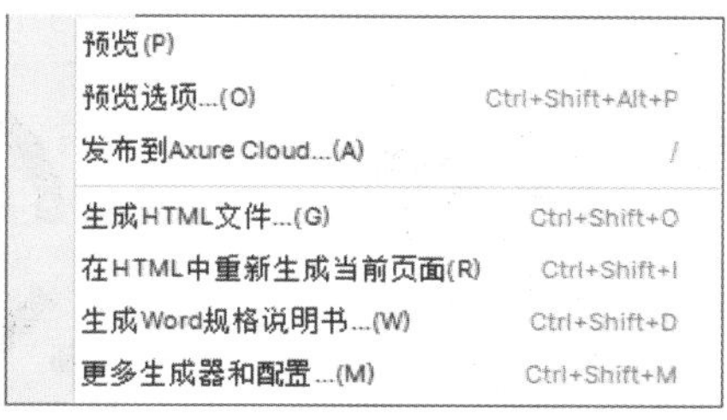

图1-30 “发布”菜单

7. “团队”菜单

该菜单下主要包含与团队协作相关的命令，如从当前文件创建团队项目等，如图1-31所示。

8. “账号”菜单

该菜单下的命令可以帮助用户登录Axure的个人账号，获得Axure的专业服务，如图1-32所示。

9. “帮助”菜单

该菜单下主要包含与帮助有关的命令，如在线培训、查找在线帮助等，如图1-33所示。

图1-31 “团队”菜单

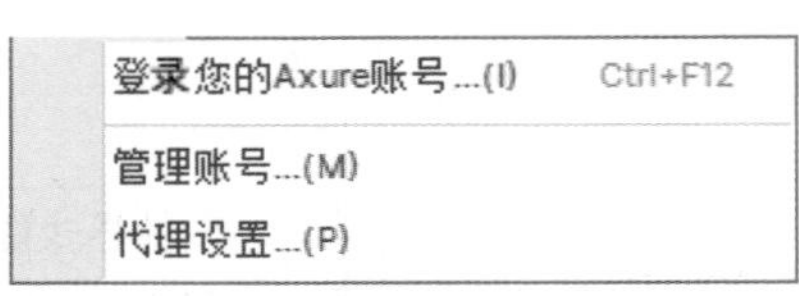

图1-32 “账号”菜单

图1-33 “帮助”菜单

1.4.2 工具栏

Axure RP 10中的工具栏由主工具栏和样式工具栏两部分组成，如图1-34所示。下面针对主工具栏进行简单介绍，关于主工具栏的具体使用方法，将在本书后文中进行详细讲解。

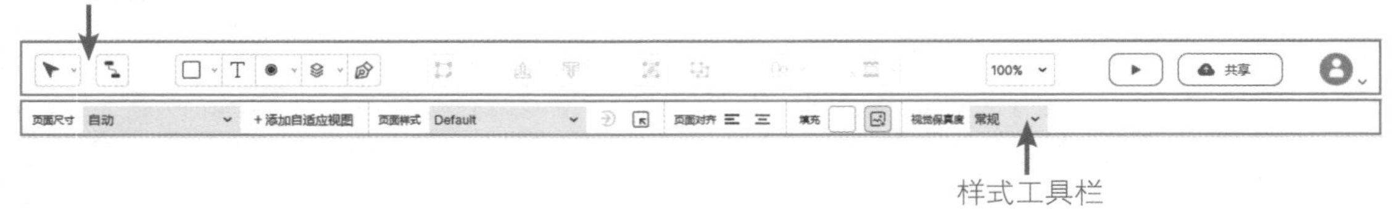

图 1-34 工具栏

- 选择：用户可以使用“选择交叉”和“选择包含”两种选择模式选择对象。在“选择交叉”模式下，只要选取框与对象交叉即可被选中，如图1-35所示。在“选择包含”模式下，只有选取框将对象全部包含时才能被选中，如图1-36所示。

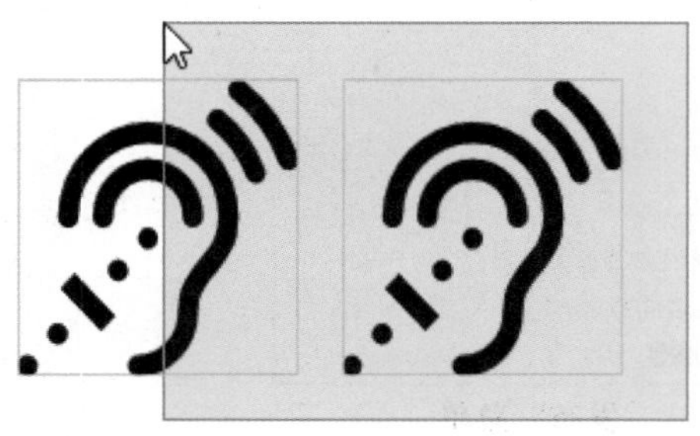

图1-35 选择相交

图1-36 选择包含

- 连接：使用该工具可以将流程图元件连接起来，形成完整的流程图，如图1-37所示。
- 插入：该工具组中包括基本形状、文本、表单文件、动态元件和钢笔5个图标，图标右侧有三角形图标时，表示该图标下还有其他工具。单击该三角形图标，即可打开如图1-38所示的下拉列表框。选择任意一个选项，即可将其插入到原型中。使用“文本工具”可以在原型中输入文本；使用“钢笔工具”可以在原型中绘制自定义图形。

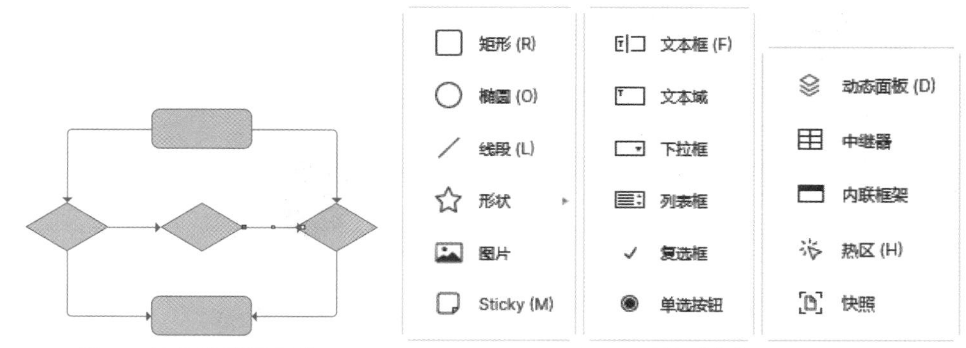

图1-37 连接流程图元件　　图1-38 下拉列表框

- 控制点：使用“钢笔工具”绘制图形或将元件转为自定义形状后，使用该工具可以调整图形锚点，获得更多的图形效果。

Tips

关于“钢笔工具”的使用将在本书的4.7节中进行详细讲解。

- 置顶：当页面中有两个以上的元件时，可以通过单击该按钮，将选中的元件移动到其他元件顶部。
- 置底：当页面中有两个以上的元件时，可以通过单击该按钮，将选中的元件移动到其他元件底部。
- 组合：同时选中多个元件，单击该按钮，可以将多个元件组合成一个元件。
- 取消组合：单击该按钮可以取消组合操作，组合对象中的每一个元件将变回单个对象。
- 缩放100%：在该下拉列表框中，用户可以选择视图的缩放比例，以查看不同尺寸的文件效果。缩放比例范围为10%～400%。
- 对齐：同时选中2个以上元件，可以在该选项中选择不同的对齐方式对齐元件，如图1-39所示。
- 分布：同时选中3个以上元件，可以在该选项中选择水平分布或垂直分布，如图1-40所示。

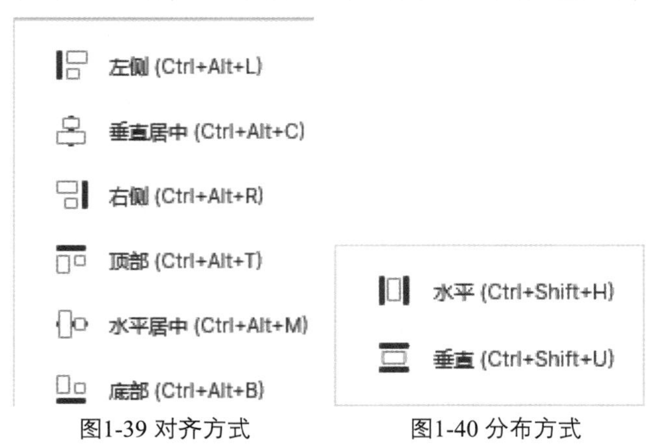

图1-39 对齐方式　　图1-40 分布方式

- 预览：单击该按钮，将自动生成HTML预览文件。
- 共享 共享：单击该按钮，将弹出“发布项目”对话框，输入相应的信息后单击“发布”按钮，会自动将项目发布到Axure云上，并获得一个Axure提供的地址，以便在不同的设备上测试效果，如图1-41所示。
- 登录：如果用户已经登录，单击该按钮将打开“管理账号”面板，如图1-42所示。如果用户未登录，将弹出“创建账号”对话框，用户可以选择输入邮箱和密码登录或者注册一个新账号。登录后能获得更多官方的制作素材和技术支持。

图1-41 “发布项目”对话框

图1-42 “管理账号”面板

在Axure RP 10的工作界面左上角，除了Axure RP 10的图标，还有“保存”“撤销”“重做”3个常用的操作按钮，如图1-43所示。

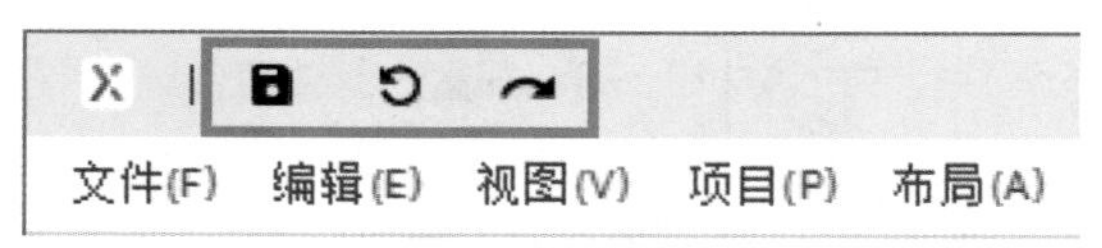

图1-43 操作按钮

- 保存：单击该按钮，即可保存当前文档。
- 撤销：单击该按钮，将撤销最近的一步操作。
- 重做：单击该按钮，将再次执行前面的操作。

1.4.3 面板

Axure RP 10共为用户提供了7个功能面板，分别是页面、大纲、元件库、母版、样式、交互和注释。默认情况下，这7个面板被分为两组，分别排列于工作区的两侧，如图1-44所示。

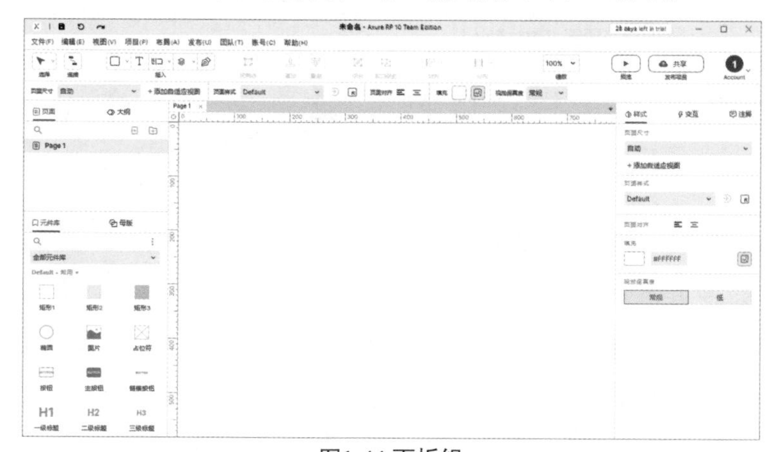

图1-44 面板组

- 页面：在该面板中可以完成有关页面的所有操作，如图1-45所示，如新建页面、删除页面和查找页面等。
- 大纲：该面板中主要显示当前面板中的所有元件，如图1-46所示。用户可以很方便地在该面板中找到元件，并对其进行各种操作。

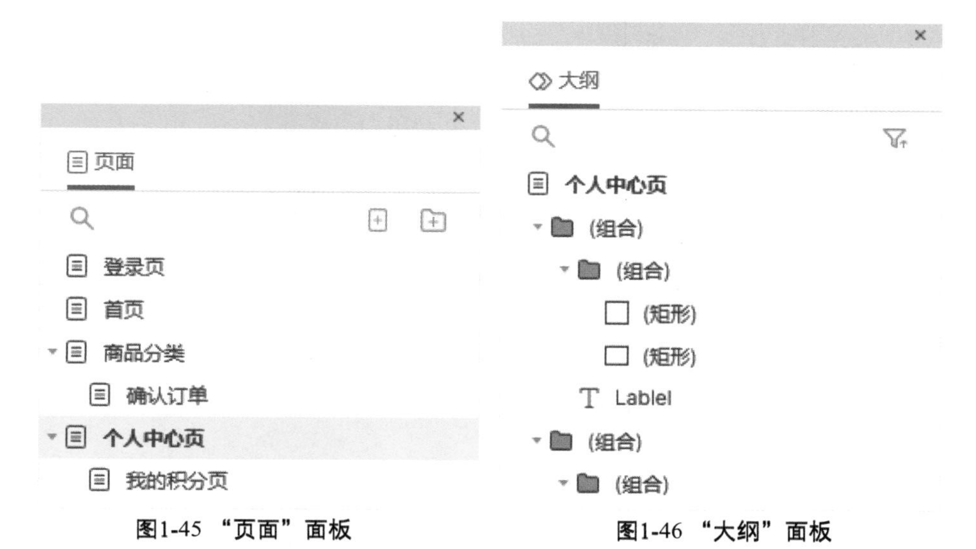

图1-45 “页面”面板　　图1-46 “大纲”面板

- 元件库：该面板中包含Axure RP 10中的所有元件，如图1-47所示。用户还可以在该面板中完成元件库的创建、下载和载入操作。
- 母版：该面板用来显示页面中所有的母版文件，如图1-48所示。用户可以在该面板中完成各种有关母版的操作。

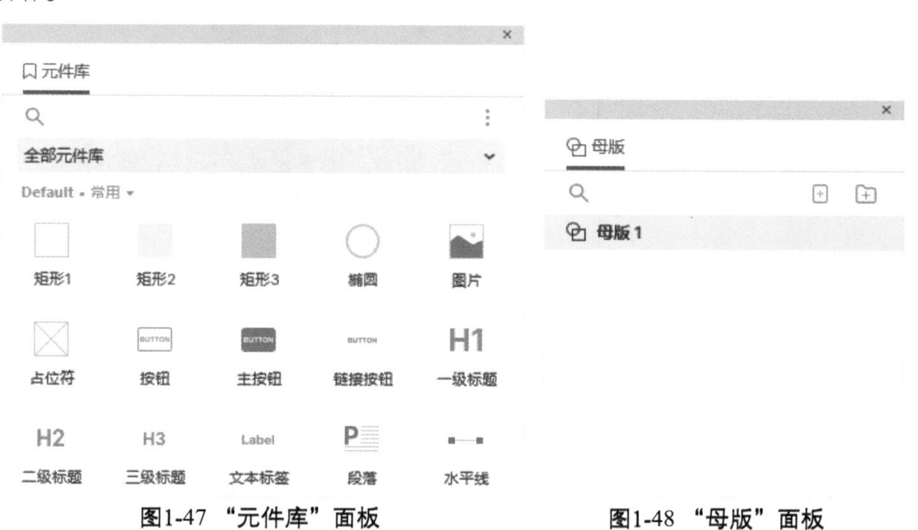

图1-47 “元件库”面板　　图1-48 “母版”面板

- 样式：该面板的内容会根据当前所选内容的不同而发生改变，如图1-49所示。大部分元件的效果样式设置都在该面板中完成。
- 交互：用户可以在该面板中为元件添加各种交互效果，如图1-50所示。
- 注释：在该面板中可以为元件添加说明，帮助用户理解原型的功能，如图1-51所示。

图1-49 “样式”面板　　图1-50 “交互”面板　　图1-51 “注释”面板

在面板名称上双击或者单击面板右上角的“折叠”按钮，即可实现面板的展开和收缩，如图1-52所示。这样可以在不同情况下最大化地显示某个面板，便于用户操作。拖曳面板组的边界，可以任意调整面板的宽度，获得个人满意的视图效果，如图1-53所示。

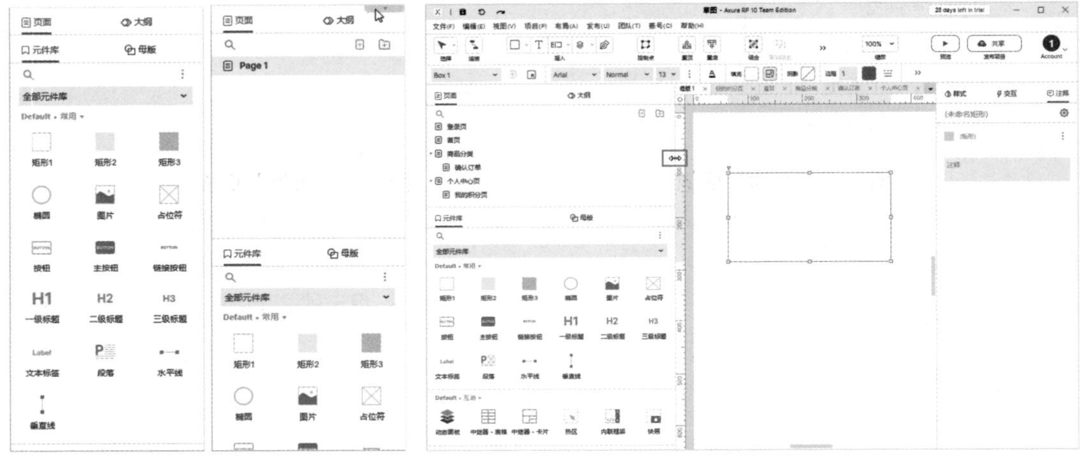

图1-52 展开和收缩面板　　图1-53 拖曳调整面板宽度

将鼠标指针移动到面板名称处，按住鼠标左键并拖曳，即可将面板转换为浮动状态，如图1-54所示。拖曳一个浮动面板到另一个浮动面板上，即可将两个面板合并为一个面板组，如图1-55所示。用户可以根据个人的操作习惯自由组合面板，以获得更易于操作的工作界面。

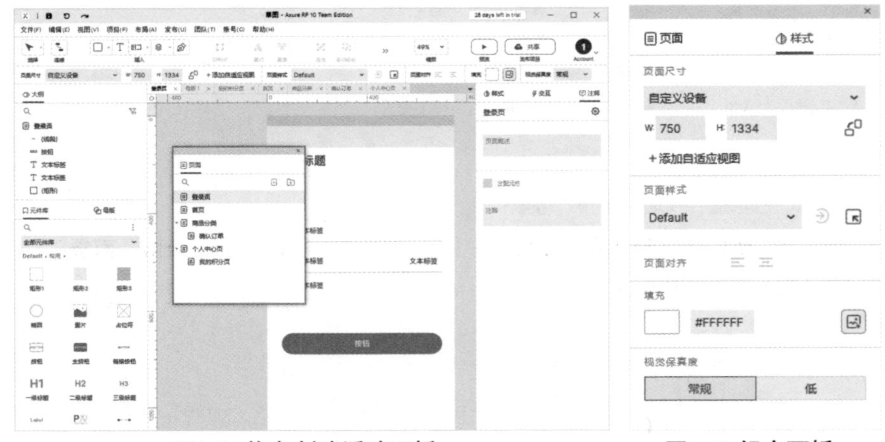

图1-54 拖曳创建浮动面板　　图1-55 组合面板

单击浮动面板或面板组右上角的“×”图标，可以关闭当前面板或面板组。拖曳面板或面板组顶部的灰色位置到工作界面的两侧，可将该面板或面板组转换为固定状态。

关闭后的面板如果想要再次显示，可以执行“视图 > 面板”命令，在打开的子菜单中选择想要显示的面板即可，如图1-56所示。

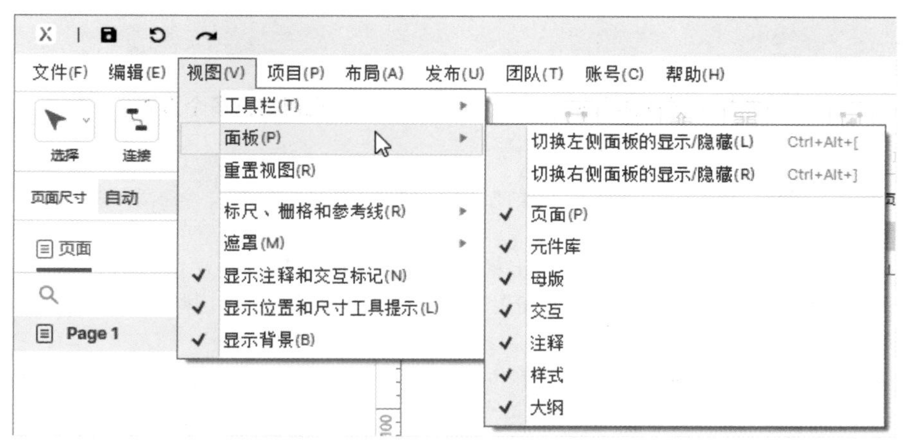

图1-56 执行命令显示面板

用户有时会需要更大的空间显示产品原型，可以通过执行“视图 > 面板 > 切换左侧面板的显示/隐藏”或“视图 > 面板 > 切换右侧面板的显示/隐藏”命令，隐藏左右两侧的面板，效果如图1-57所示。再次执行相同的命令，则会将隐藏的面板显示出来，如图1-58所示。

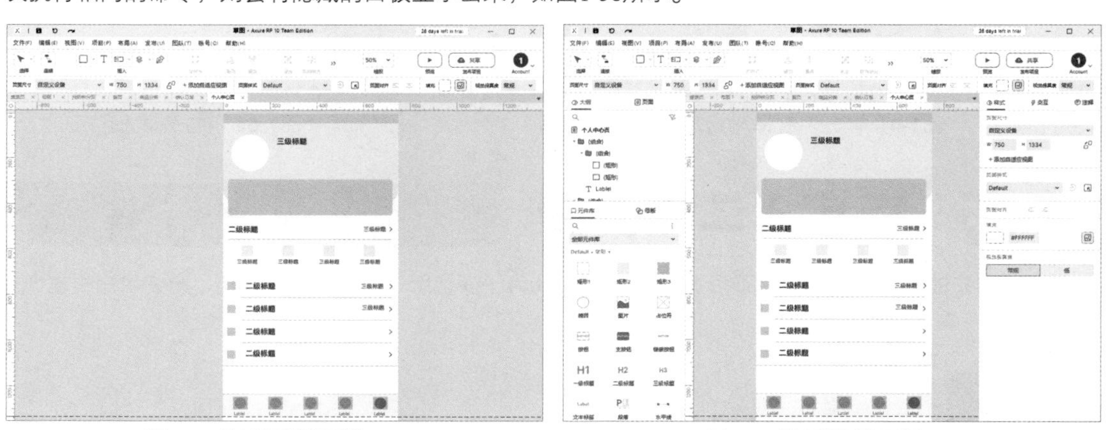

图1-57 隐藏两侧面板　　图1-58 显示两侧面板

Tips

用户可以通过按【Ctrl+Alt+[】组合键，快速显示或隐藏左侧面板；按【Ctrl+Alt+]】组合键，快速显示或隐藏右侧面板。

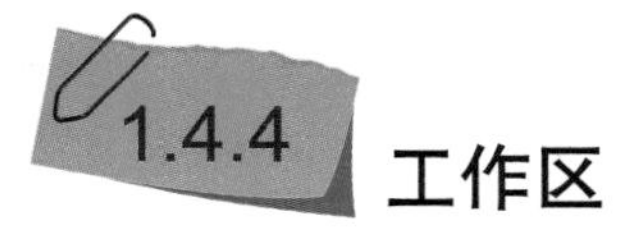

1.4.4 工作区

工作区是Axure RP 10创建产品原型的地方。当用户新建一个页面后，在工作区的左上角将显示页面的名称，如图1-59所示。如果用户同时打开了多个页面，则工作区将以卡片的形式把所有页面排列在一起，如图1-60所示。

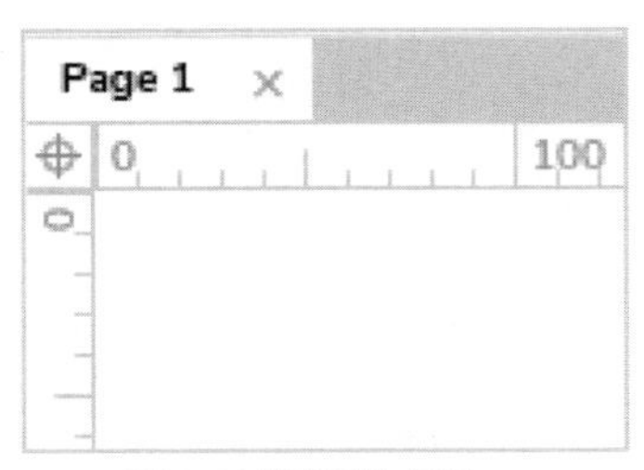

图1-59 页面的名称

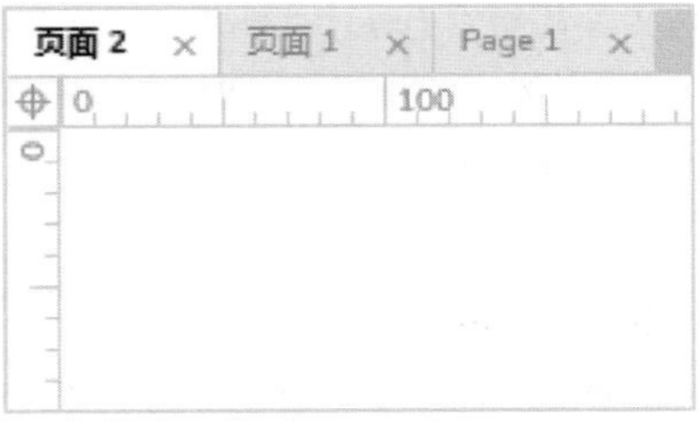

图1-60 同时打开多个页面

Tips

单击页面名称，即可快速切换到当前页面。通过拖曳的方式，可以调整页面显示的顺序。单击页面名称右侧的“×”图标，将关闭当前页面。

当页面过多时，用户可以单击工作区右上角的“选择和管理标签页”按钮，如图1-61所示。在打开的下拉列表框中选择相应的选项，执行关闭标签页、关闭所有标签页、关闭除当前标签页以外的其他标签页或跳转到其他页面的操作，如图1-62所示。

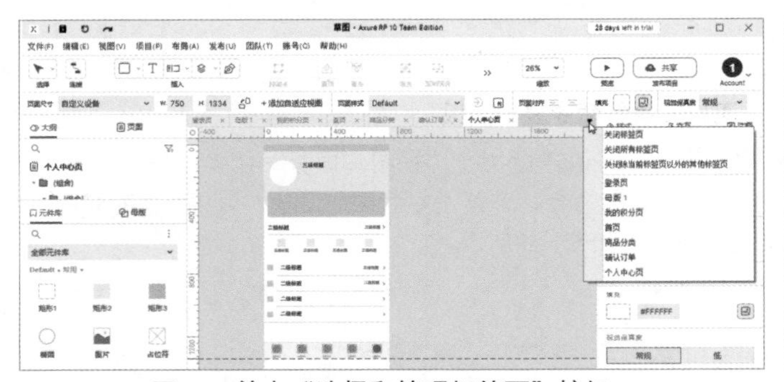

图1-61 单击“选择和管理标签页”按钮

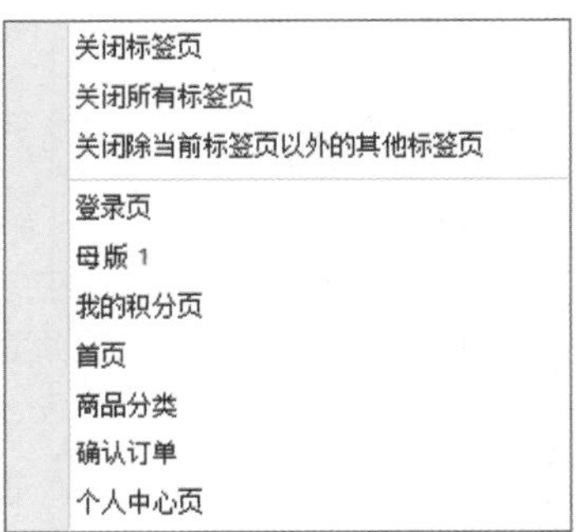

图1-62 下拉列表框

1.5 自定义工作界面

每个用户的操作习惯可能各不相同，Axure RP 10为了满足所有用户的操作习惯，允许用户根据个人喜好自定义工具栏和工作面板。

1.5.1 自定义工具栏

工具栏由主工具栏和样式工具栏两部分组成。执行“视图 > 工具栏”命令，在打开的子菜单中取消选择对应的命令，即可将该工具栏隐藏，如图1-63所示。

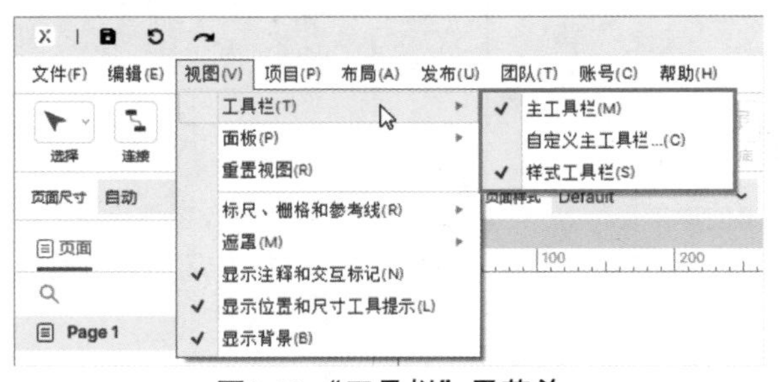

图1-63 “工具栏”子菜单

执行“视图 > 工具栏 > 自定义主工具栏”命令，如图1-64所示，弹出如图1-65所示的对话框。

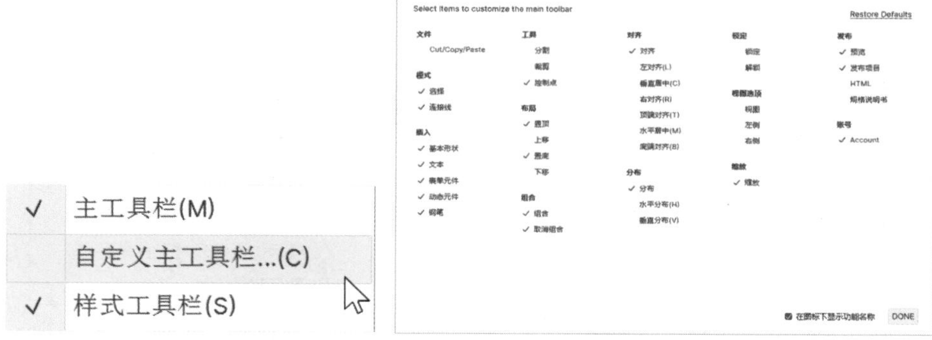

图1-64 执行相应的命令　　图1-65 弹出对话框

对话框中显示在工具栏上的工具前面都有一个✓图标，如图1-66所示。用户可以根据个人的操作习惯，单击取消或者添加工具选项，从而自定义工具栏，如图1-67所示。

图1-66 工具前面的显示图标　　图1-67 添加到工具栏

取消选择对话框底部的“在图标下显示功能名称”复选框，如图1-68所示，将隐藏工具栏上图标对应的文本。单击“DONE”按钮，自定义工具栏效果如图1-69所示。

图1-68 取消图标功能名称的显示　　图1-69 自定义工具栏效果

Tips

用户选择对话框右上角的“Restore Defaults（恢复默认）”选项，即可将工具栏恢复到默认的显示状态。

1.5.2 自定义工作面板

用户可以通过执行“视图 > 面板”命令，选择需要显示的面板，如图1-70所示。

用户可以通过执行“视图 > 重置视图”命令，如图1-71所示，将当前视图重置恢复到默认视图状态。

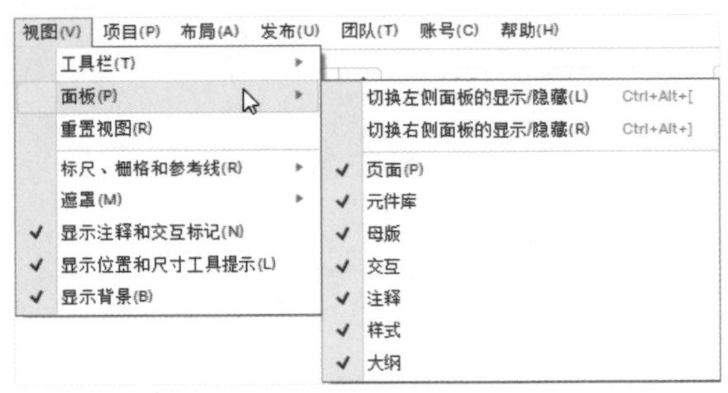

图1-70 执行“面板”命令

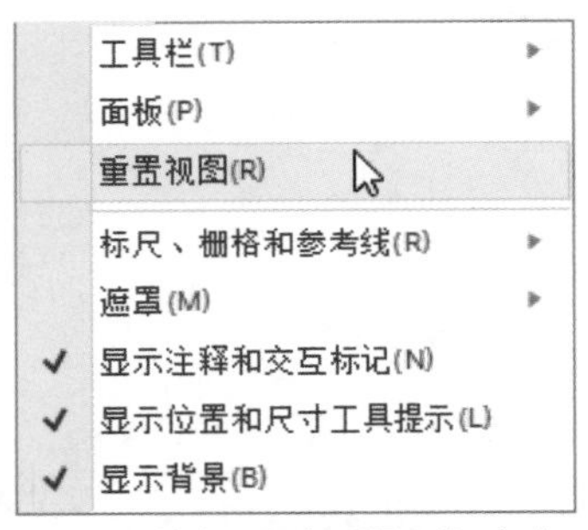

图1-71 执行“重置视图”命令

1.5.3 使用单键快捷键

在Axure RP 10中，用户可以使用单键快捷键更快地完成产品原型的设计与制作。首先按键盘上相应的字母键，然后在工作区单击并拖动鼠标，即可生成相应类型的小部件。

Axure RP 10中支持的单键快捷键如图1-72所示。按【T】键，在工作区中单击，直接输入文本，效果如图1-73所示。

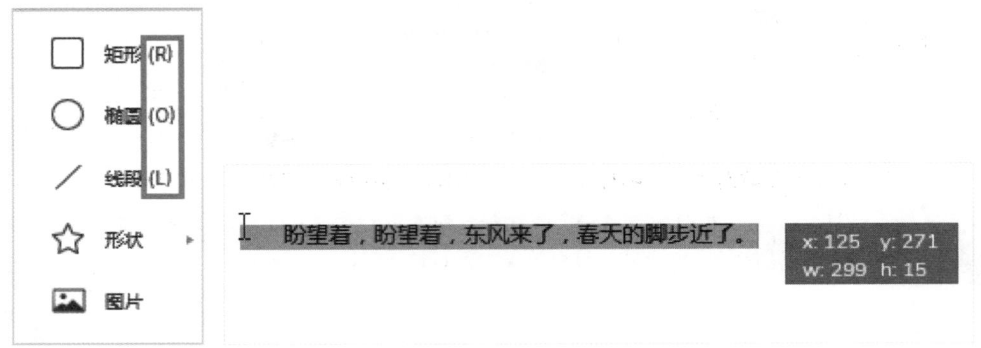

图1-72 单键快捷键

图1-73 输入文本

执行“文件 > 备份设置”命令，弹出“偏好设置”对话框，如图1-74所示。切换到“画布”选项卡，取消选择“启用单键快捷方式”复选框，如图1-75所示。关闭该功能后，选中元件时输入文本，即可在该元件上快速添加文本。

图1-74 “偏好设置”对话框

图1-75 取消选择“启用单键快捷方式”复选框

1.6 使用Axure RP 10的帮助资源

用户在使用Axure RP 10软件的过程中，如果遇到问题，可以通过“帮助”菜单寻求解答，如图1-76所示。

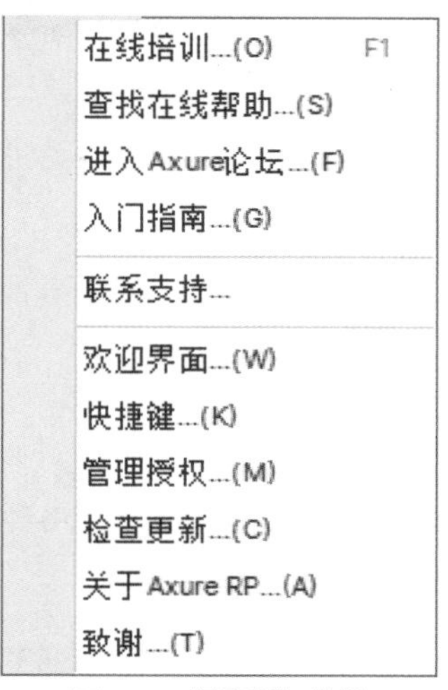

图1-76 “帮助”菜单

初学者可以执行“帮助 > 在线培训”命令，进入Axure RP 10的教学频道，跟着网站视频学习软件的使用方法。“在线培训”页面如图1-77所示。

也可以执行“帮助 > 入门指南”命令，跟随系统提示对Axure RP 10界面内容布局进行初步的了解。

执行“帮助 > 查找在线帮助”命令，可以解决一些操作中遇到的问题，“在线帮助”页面如图1-78所示。执行“帮助 > 进入Axure论坛”命令，可以快速加入Axure大家庭，与世界各地的Axure用户分享软件的使用心得。

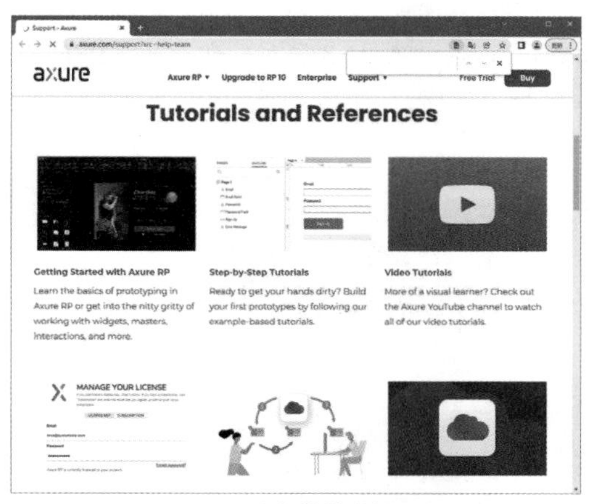

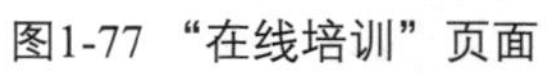
图1-77 “在线培训”页面

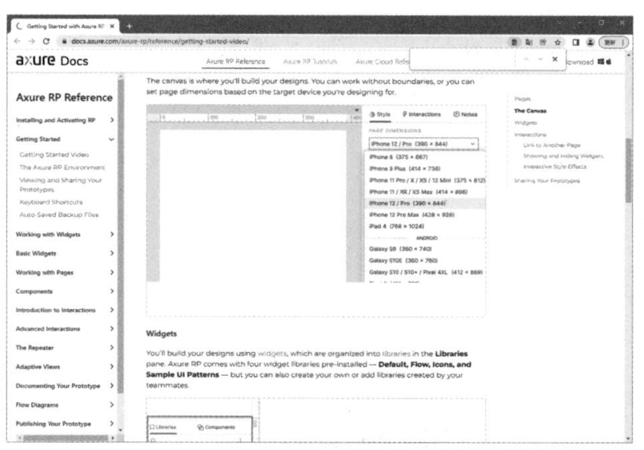

图1-78 “在线帮助”页面

用户在使用软件的过程中如果遇到一些软件错误，或者想提出一些建议，可以执行“帮助 > 联系支持”命令，在弹出的“Contact Support”对话框中输入相关信息，如图1-79所示，将意见和错误发送给软件开发者，从而共同提高软件的稳定性和安全性。

执行“帮助 > 欢迎界面”命令，可以再次打开“欢迎使用Axure RP 10”对话框，方便用户快速创建和打开文件，如图1-80所示。

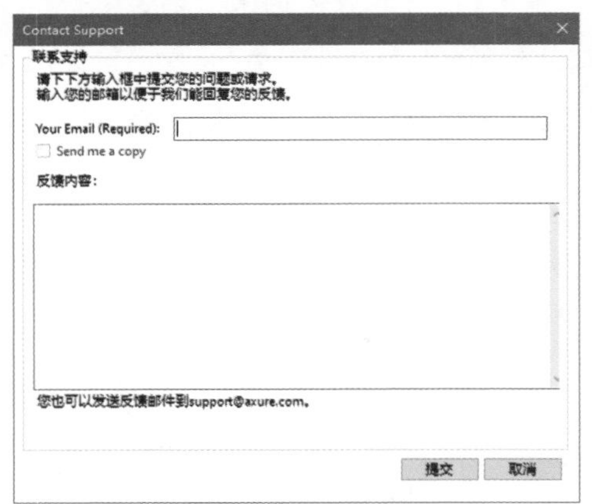

图1-79 “Contact Support”对话框

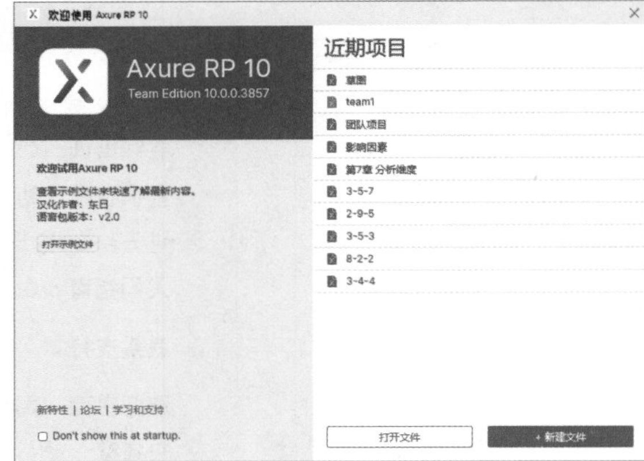

图1-80 “欢迎使用Axure RP 10”对话框

执行“帮助 > 快捷键”命令，将使用默认浏览器打开包括各种快捷键的网页，用户可以在该网页中根据操作系统和使用需求的不同，查找自己需要的快捷键。

1.7 查看视图

在制作一个大型的产品原型时，常常需要查看页面的全景或者局部，这就需要用户掌握查看视图的方法和技巧。

应用案例

查看视图

源文件：无　　视频：视频\第1章\查看视图.mp4

STEP 01 执行“文件 > 打开”命令，将“第1章\素材\1-7.rp”文件打开，效果如图1-81所示。单击工具栏中的“缩放”下拉按钮100%，在打开的下拉列表框中选择缩放比例为200%，页面显示效果如图1-82所示。

图1-81 打开素材文件

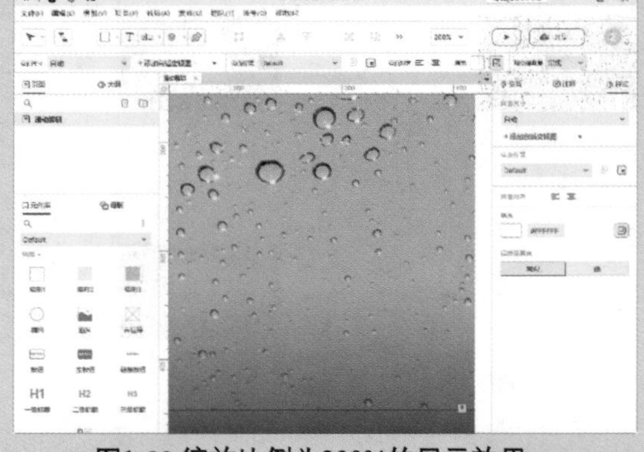

图1-82 缩放比例为200%的显示效果

STEP 02 滑动鼠标滚轮，可以上下查看页面，如图1-83所示。按下空格键，并按住鼠标左键拖曳，可以水平查看页面，如图1-84所示。

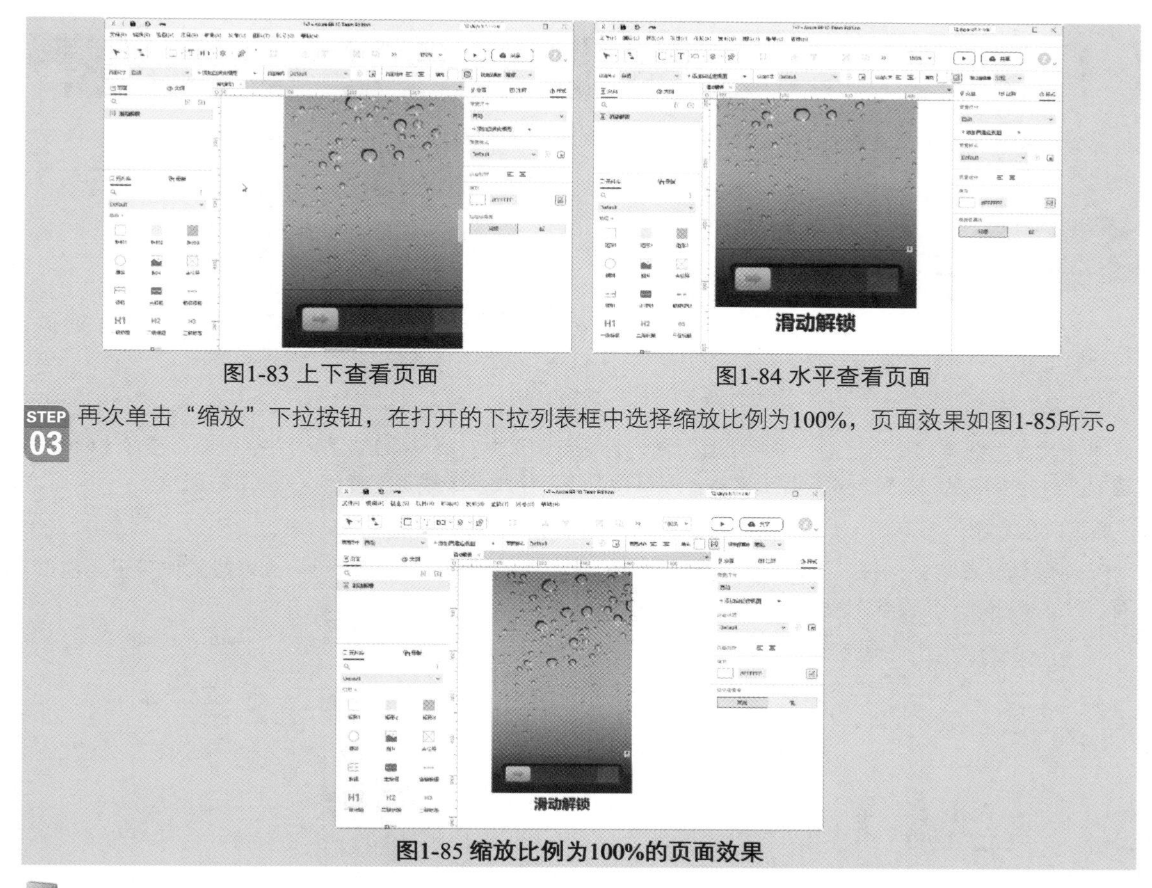

图1-83 上下查看页面　　图1-84 水平查看页面

STEP 03 再次单击“缩放”下拉按钮，在打开的下拉列表框中选择缩放比例为100%，页面效果如图1-85所示。

图1-85 缩放比例为100%的页面效果

Tips

按住【Ctrl】键的同时滑动鼠标滚轮，可以实现快速缩放页面。

1.8 使用标尺

Axure RP 10的标尺默认出现在页面的左侧和顶部，单位为像素，如图1-86所示。使用标尺可以帮助用户更加精准地设计作品。

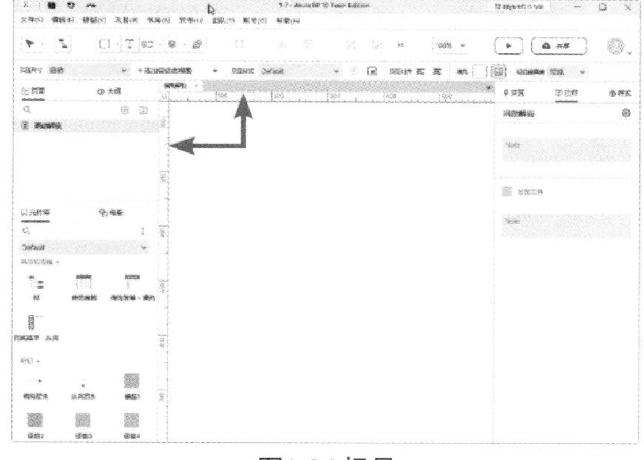

图1-86 标尺

1.9 参考线

合理地使用参考线，可以帮助用户及时、准确地完成原型设计工作。接下来为用户详细介绍参考线的使用方法。

1.9.1 参考线的分类

在Axure RP 10中，按照参考线功能的不同，可将其分为“全局参考线”、“页面参考线”、“页面尺寸参考线”和“打印参考线”。

1. 全局参考线

全局参考线全局作用于站点中的所有页面，包括新建页面。将鼠标光标移动到标尺上，按住【Ctrl】键的同时向外拖曳，即可创建全局参考线。默认情况下，全局参考线为红紫色，如图1-87所示。

2. 页面参考线

将鼠标光标移动到标尺上向外拖曳创建的参考线，称为页面参考线。页面参考线只作用于当前页面。默认情况下，页面参考线为青色，如图1-88所示。

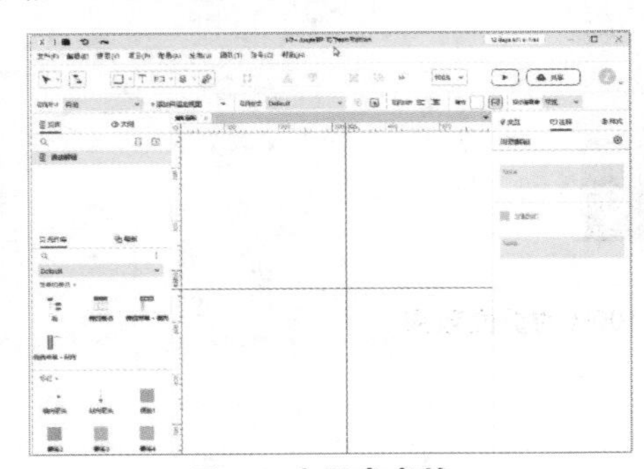

图1-87 全局参考线

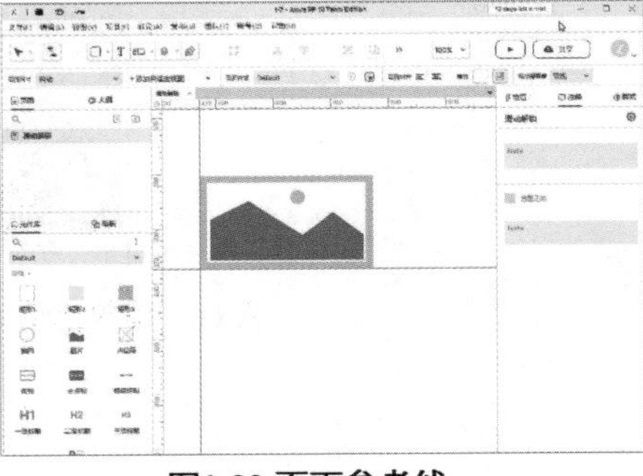

图1-88 页面参考线

3. 页面尺寸参考线

新建页面时，用户在“样式”面板中选择预设参数或输入数值后，页面高度位置将会出现一条虚线，这就是页面尺寸参考线，如图1-89所示。页面尺寸参考线的主要作用是帮助用户了解页面第一屏的范围。

4. 打印参考线

打印参考线能够方便用户准确地观察页面效果，以便正确打印页面。当用户设置了纸张尺寸后，页面中会显示打印参考线。默认情况下，打印参考线为灰色，如图1-90所示。

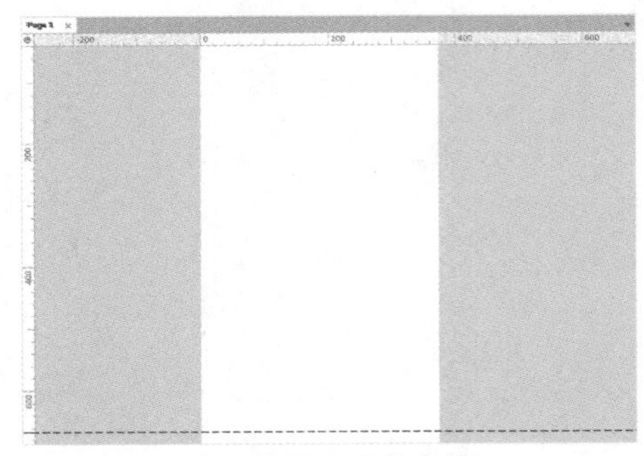

图1-89 页面尺寸参考线

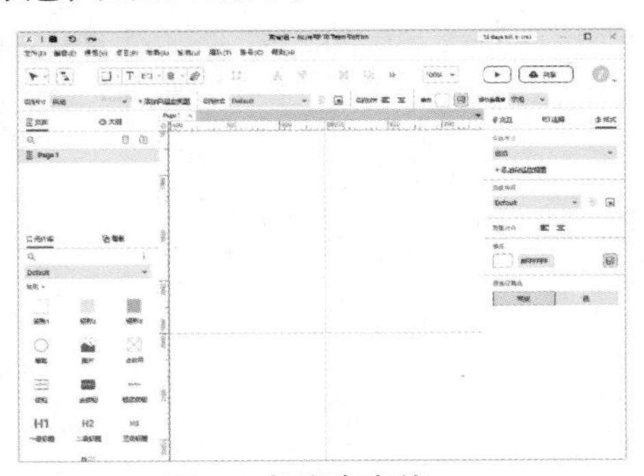

图1-90 打印参考线

1.9.2 编辑参考线

创建参考线后，用户可以根据需求完成对参考线的编辑操作，包括对齐参考线、锁定参考线和删除参考线。

1. 对齐参考线

用户可以执行“视图 > 标尺、栅格和参考线 > 对齐参考线”命令或在页面中单击鼠标右键，在弹出的快捷菜单中选择“标尺、栅格和参考线 > 对齐参考线”命令，如图1-91所示。激活“对齐参考线”命令后，移动对象时会自动对齐参考线。

2. 锁定参考线

为了避免参考线移动影响原型的准确度，用户可以将设置好的参考线锁定。

执行“视图 > 标尺、栅格和参考线 > 锁定参考线”命令或在页面中单击鼠标右键，在弹出的快捷菜单中选择“标尺、栅格和参考线 > 锁定参考线”命令，将页面中所有的参考线锁定，如图1-92所示。再次执行该命令，将会解锁所有参考线，如图1-93所示。

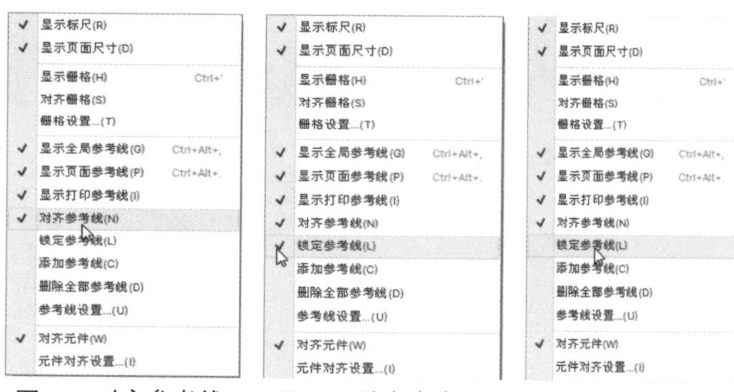

图1-91 对齐参考线　图1-92 锁定参考线　1-93 解锁参考线

3. 删除参考线

用户可以单击或拖曳选中要删除的参考线，按【Delete】键，将该参考线删除。也可以直接选中参考线并将其拖曳到标尺上，删除参考线。

执行“视图 > 标尺、栅格和参考线 > 删除全部参考线”命令，如图1-94所示；或者在页面中单击鼠标右键，在弹出的快捷菜单中选择“标尺、栅格和参考线>删除全部参考线”命令，可将页面中所有的参考线删除，如图1-95所示。

图1-94 删除全部参考线　图1-95 快捷菜单删除全部参考线

Tips

在想要删除的参考线上单击鼠标右键，在弹出的快捷菜单中选择“删除”命令，即可将当前所选的参考线删除。

1.9.3 添加参考线

手动添加参考线虽然十分便捷，但是添加时对精度的把握不够准确，如果遇到要求精度极高的项目，会显得力不从心。这时，用户可以通过“添加参考线”命令创建精准的参考线。

应用案例

添加参考线

源文件：无　　视频：视频\第1章\添加参考线.mp4

STEP 01 执行“文件 > 新建”命令，新建一个Axure RP文件。执行“视图 > 标尺、栅格和参考线 > 添加参考线”命令或在页面中单击鼠标右键，在弹出的快捷菜单中选择“标尺、栅格和参考线 > 添加参考线”命令，如图1-96所示。

STEP 02 弹出“添加参考线”对话框，如图1-97所示。

图1-96 添加参考线

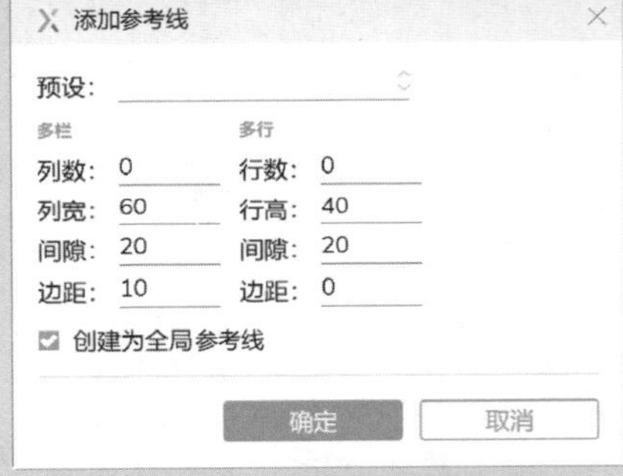

图1-97 “添加参考线”对话框

STEP 03 在“预设”下拉列表框中选择“960像素 网格：12列”选项，如图1-98所示。

STEP 04 “创建为全局参考线”复选框默认为选中状态，可以使参考线出现在所有的页面中，供团队的所有成员使用。单击“确定”按钮，页面效果如图1-99所示。

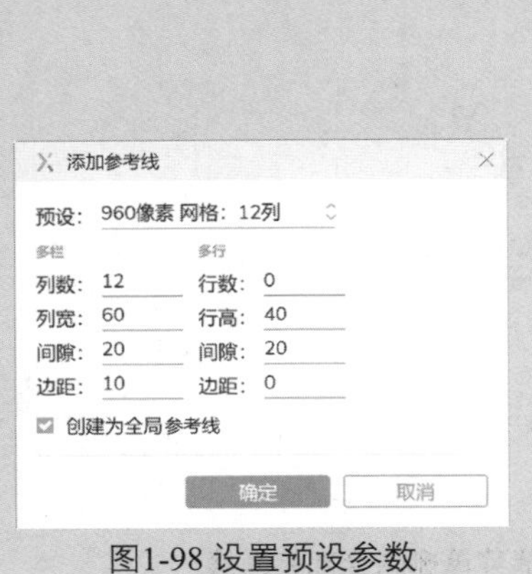

图1-98 设置预设参数

图1-99 页面效果

1.9.4 设置参考线

为了方便用户在使用参考线时不遮挡视线，可将参考线设置为底层显示。执行“视图 > 标尺、栅格和参考线 > 参考线设置”命令或在页面中单击鼠标右键，在弹出的快捷菜单中选择“标尺、栅格和参考线 > 参考线设置”命令，弹出“偏好设置”对话框，如图1-100所示。

默认情况下，参考线显示在页面的顶层，选择“在背景渲染参考线”复选框，参考线将显示在页面的底层，如图1-101所示。

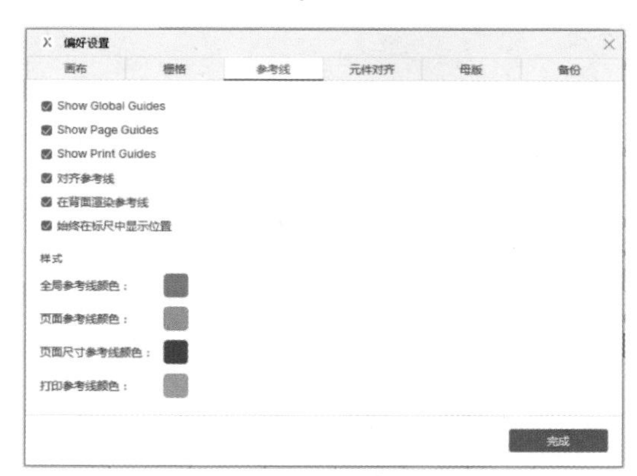

图1-100 “偏好设置”对话框

图1-101 在背景渲染参考线

在“偏好设置”对话框中选择“始终在标尺中显示位置”复选框，软件界面的标尺上将自动显示参考线的坐标位置，如图1-102所示。

为了防止用户混淆多种参考线，Axure RP 10允许用户为不同种类的参考线指定不同的颜色；用户可以根据需求在“样式”选项下分别设置4种参考线的颜色。单击色块，在打开的拾色器面板中选择颜色，即可完成参考线颜色的修改，如图1-103所示。

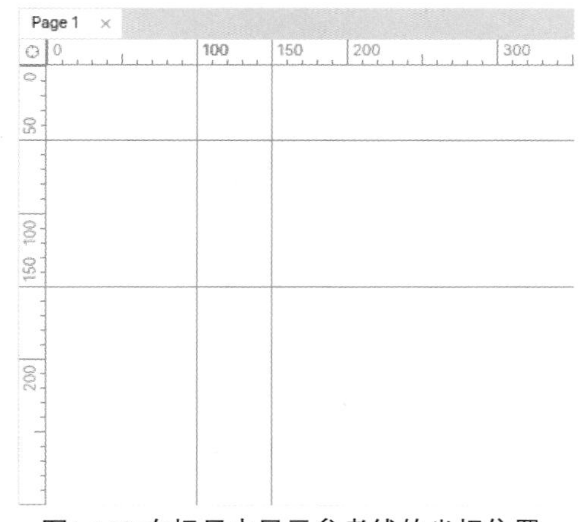

图1-102 在标尺中显示参考线的坐标位置

图1-103 设置参考线颜色

1.10 显示栅格

使用栅格可以帮助用户保持设计的整洁和结构化，如设置栅格为10px×10px，然后以10的倍数为基准来创建对象。将这些对象放在栅格上时，将会更容易对齐。当然，也允许那些不同尺寸的特殊对象偏离栅格。

1.10.1 显示栅格的方法

默认情况下，页面中不会显示栅格。用户可以执行“视图 > 标尺、栅格和参考线 > 显示栅格”命令或在页面中单击鼠标右键，在弹出的快捷菜单中选择“标尺、栅格和参考线 > 显示栅格”命令，如图1-104所示。页面中的栅格显示效果如图1-105所示。

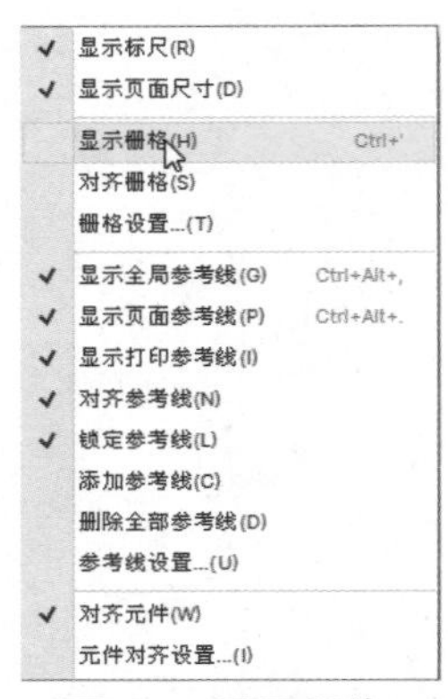

图1-104 显示栅格

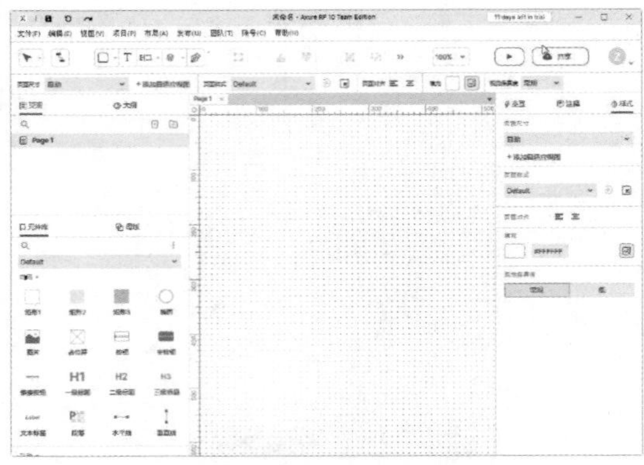

图1-105 栅格显示效果

1.10.2 栅格设置

用户可以执行“视图 > 标尺、栅格和参考线 > 栅格设置”命令或在页面中单击鼠标右键，在弹出的快捷菜单中选择“标尺、栅格和参考线 > 栅格设置”命令，在弹出的“偏好设置”对话框中设置栅格的各项参数，如图1-106所示。

用户可以在“间距”文本框中设置栅格的间距；在“样式”选项下设置栅格的样式为“线段”或“交点”；在“颜色”选项下设置栅格的颜色。

用户可以执行“视图 > 标尺、栅格和参考线 > 对齐栅格”命令或在页面中单击鼠标右键，在弹出的快捷菜单中选择“标尺、栅格和参考线 > 对齐栅格”命令，如图1-107所示。激活“对齐栅格”命令后，移动对象时会自动对齐栅格。

图1-106 栅格偏好设置

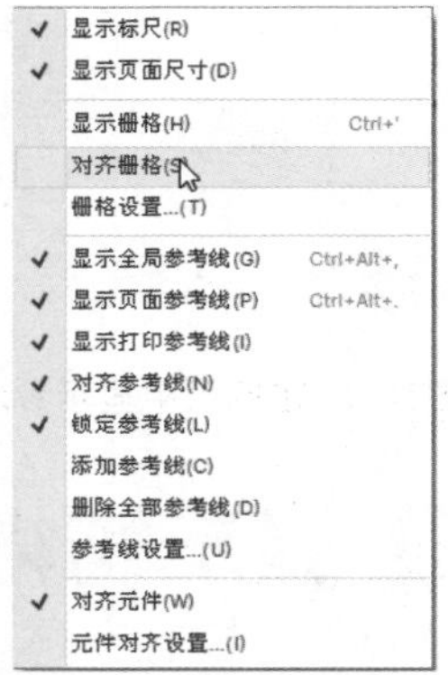

图1-107 对齐栅格

1.11 设置遮罩

Axure RP 10中提供了很多特殊的元件，如母版、动态面板、中继器、文本链接和热区等。当用户使用这些元件时，会以一种特殊的形式显示，如图1-108所示。当用户将页面中的元件隐藏时，被隐藏的元件默认以一种半透明的黄色显示，如图1-109所示。

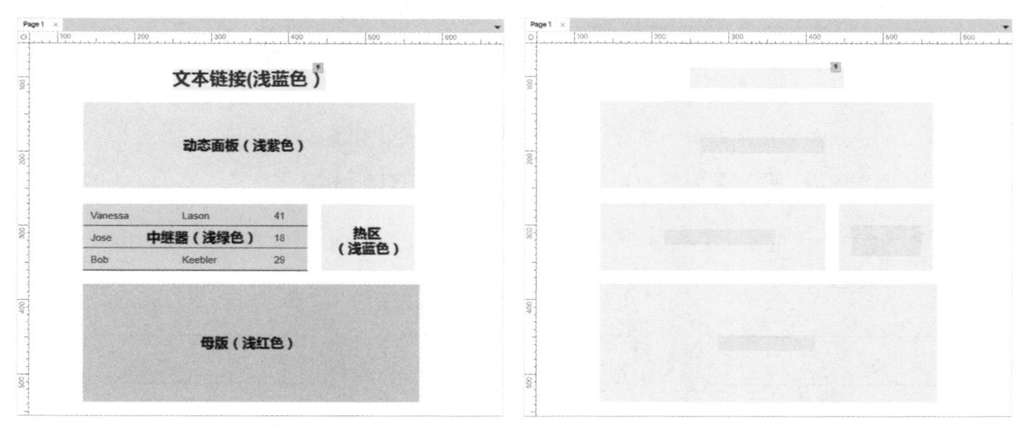

图1-108 使用元件　　图1-109 隐藏元件的显示效果

如果用户觉得这种遮罩效果会影响操作，可以执行“视图 > 遮罩”命令，在打开的子菜单中选择相应的命令，取消遮罩效果，如图1-110所示

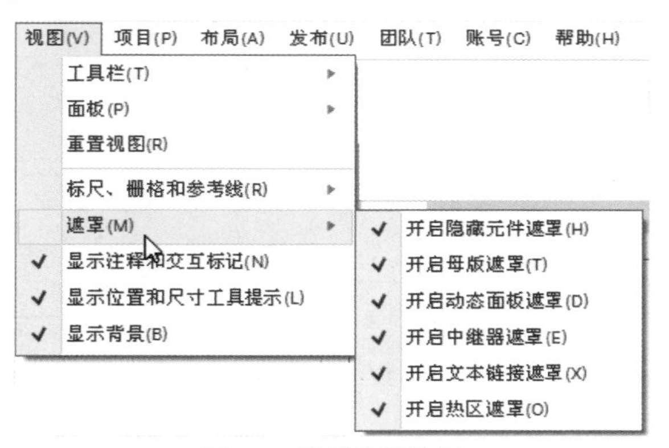

图1-110 设置遮罩效果

1.12 对齐/分布对象

当设计制作的产品原型文档中拥有多个对象时，为了保证效果，通常需要执行对齐和分布操作。

1.12.1 对齐对象

选择两个或两个以上的对象，执行“布局 > 对齐”命令或者单击工具栏中的“对齐”按钮，在打开的子菜单中选择需要的对齐方式，如图1-111所示。也可以单击“样式”面板中的对齐按钮，快速完成对齐操作，如图1-112所示。

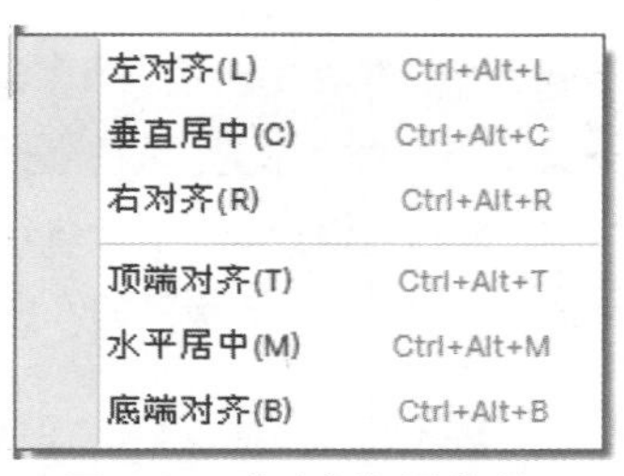

图1-111 “对齐”子菜单

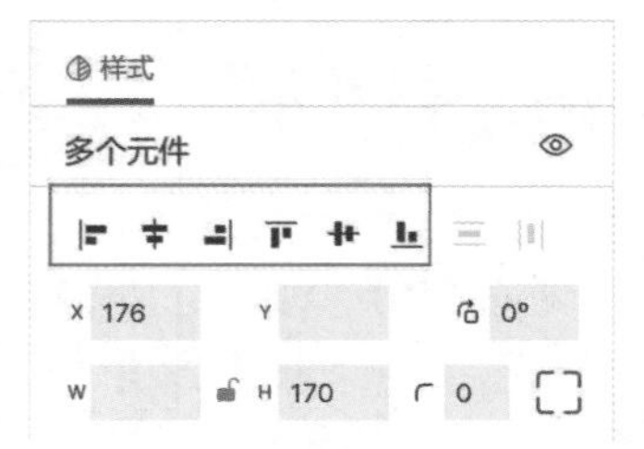

图1-112 对齐按钮

- 左对齐：所选对象以顶部对象为参照，全部左对齐，如图1-113所示。
- 垂直居中：所选对象以顶部对象为参照，全部垂直居中对齐，如图1-114所示。
- 右对齐：所选对象以顶部对象为参照，全部右对齐，如图1-115所示。

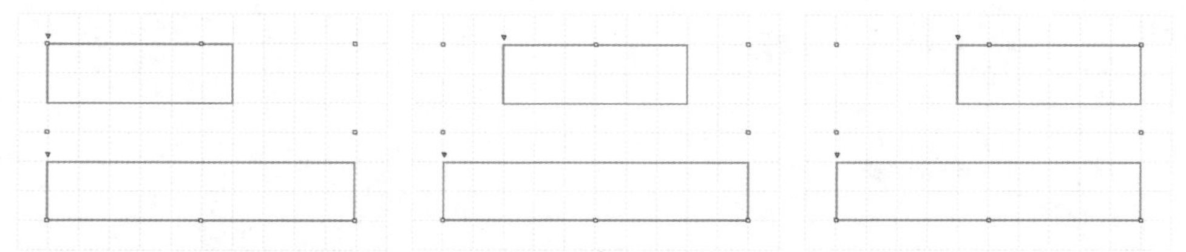

图1-113 左对齐　　图1-114 垂直居中对齐　　图1-115 右对齐

- 顶端对齐：所选对象以左侧对象为参照，全部顶端对齐，如图1-116所示。
- 水平居中：所选对象以左侧对象为参照，全部水平居中对齐，如图1-117所示。
- 底端对齐：所选对象以左侧对象为参照，全部底端对齐，如图1-118所示。

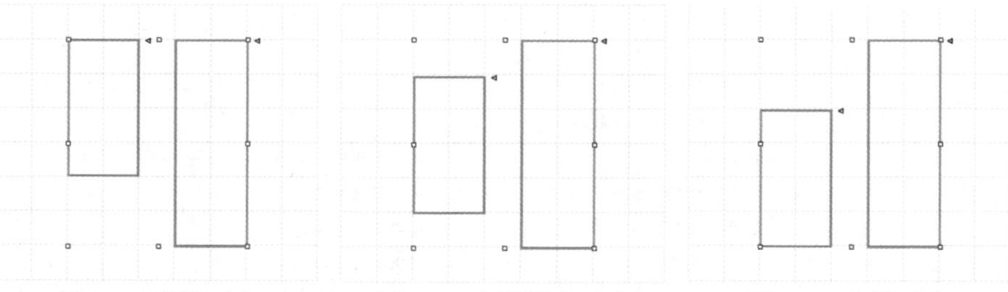

图1-116 顶端对齐　　图1-117 水平居中对齐　　图1-118 底端对齐

1.12.2 分布对象

选择3个以上的对象，执行“布局＞分布”命令或者单击工具栏中的“分布”按钮，在打开的子菜单中选择需要的分布方式，如图1-119所示。也可以单击“样式”面板中的分布按钮，快速完成分布操作，如图1-120所示。

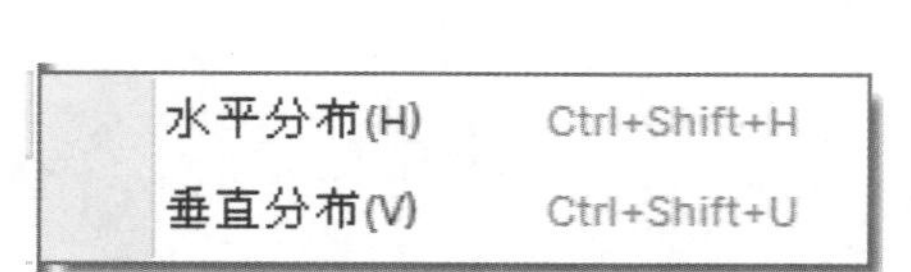

图1-119 “分布”子菜单

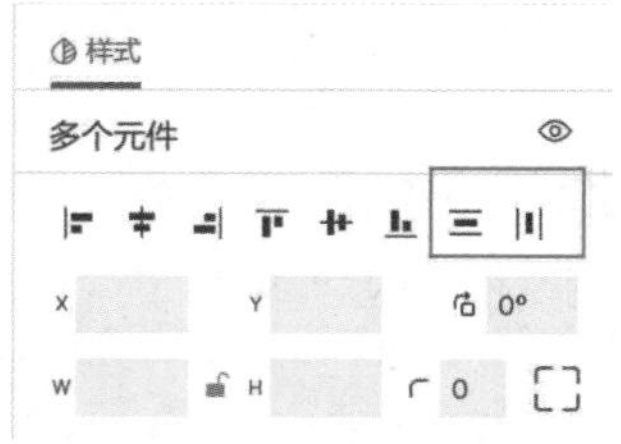

图1-120 分布按钮

- 垂直分布：将选中的对象以上下两个对象为参照垂直均匀排列，如图1-121所示。
- 水平分布：将选中的对象以左右两个对象为参照水平均匀排列，如图1-122所示。

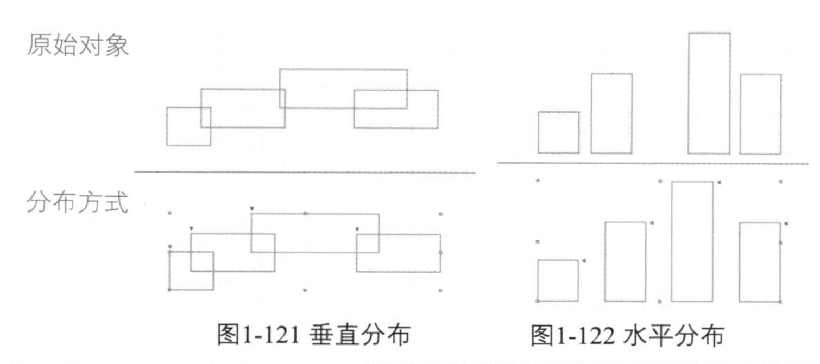

图1-121 垂直分布　　图1-122 水平分布

1.13 答疑解惑

Axure RP 10软件主要用于制作产品原型，在开始学习如何制作之前，需要先了解原型的概念及Axure RP 10的应用领域。

1.13.1 什么是产品原型

产品原型是用线条、图形描绘出产品框架，它是综合考虑产品目标、功能需求场景和用户体验等因素，对产品的各个板块、界面和元素进行合理性排序的过程。

对互联网行业来说，就是将页面模块、各种元素进行排版和布局，获得一个页面的草图效果，如图1-123所示。为了使页面效果更加具体、形象和生动，还会加入一些交互性元素，模拟页面的交互效果，如图1-124所示。

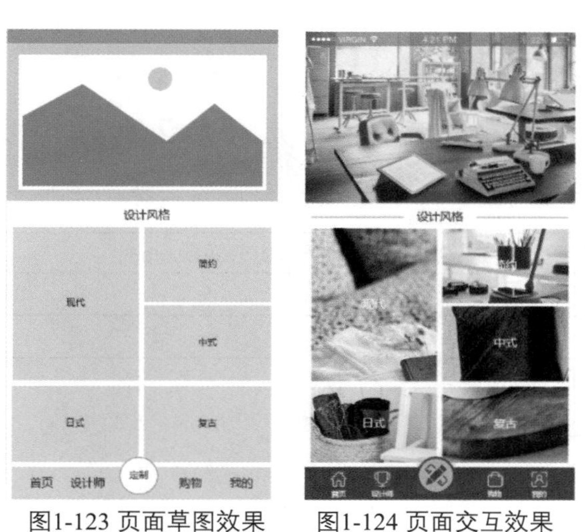

图1-123 页面草图效果　　图1-124 页面交互效果

1.13.2 Axure在产品原型中主要应用在哪些方面

Axure 主要应用到交互设计的3个步骤中：主要页面原型、页面流程图和完善原型。

1. 主要页面原型

在进行主要页面原型设计之前，交互设计师需要一份任务流程图和一份主要功能列表。此处的任务流程图不是指“业务逻辑流程图”，而是根据“业务逻辑”产生的“任务流程”，一般由产品经理提供。主要功能列表一般也由产品经理提供。

2. 页面流程图

在确定主要页面之后，开始细化页面流程。页面流程图有利于展示自己的想法，也有利于思路的整理。通过页面流程图，可以整理所有页面上的交互行为，避免遗漏；在向他人展示时，也可以一目了然地看出需要哪几个操作步骤。

3. 完善原型

主要页面原型和页面流程确定之后，就可以完善原型了。这时可以会同产品部的同事一起来完成原型的细节工作，为模型添加交互，增加说明和页面编码。

1.14 总结扩展

Axure RP 10是一款制作互联网产品原型的软件。本章中介绍了Axure的相关知识点和基础使用方法，是全面了解设计制作产品原型的基础。

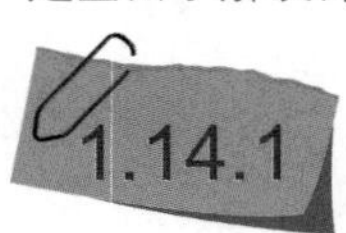

1.14.1 本章小结

本章主要带领读者了解了Axure RP 10的一些基本知识，包括软件的主要功能、安装与启动、操作界面和帮助资源等。

为了便于读者快速熟练地操作软件，对软件的辅助操作工具和方法也逐一进行了介绍。通过学习本章知识，读者能够为后面深层次的学习打下良好的基础。

1.14.2 举一反三——卸载Axure RP 10

如果用户不需要再使用Axure，可以选择卸载该软件。如果想要再次使用该软件，则需要再次安装。卸载Axure RP 10的具体操作步骤如下。

源文件：	无
视频文件：	视频\第1章\Axure RP 10的卸载.mp4
难易程度：	★☆☆☆☆
学习时间：	7分钟

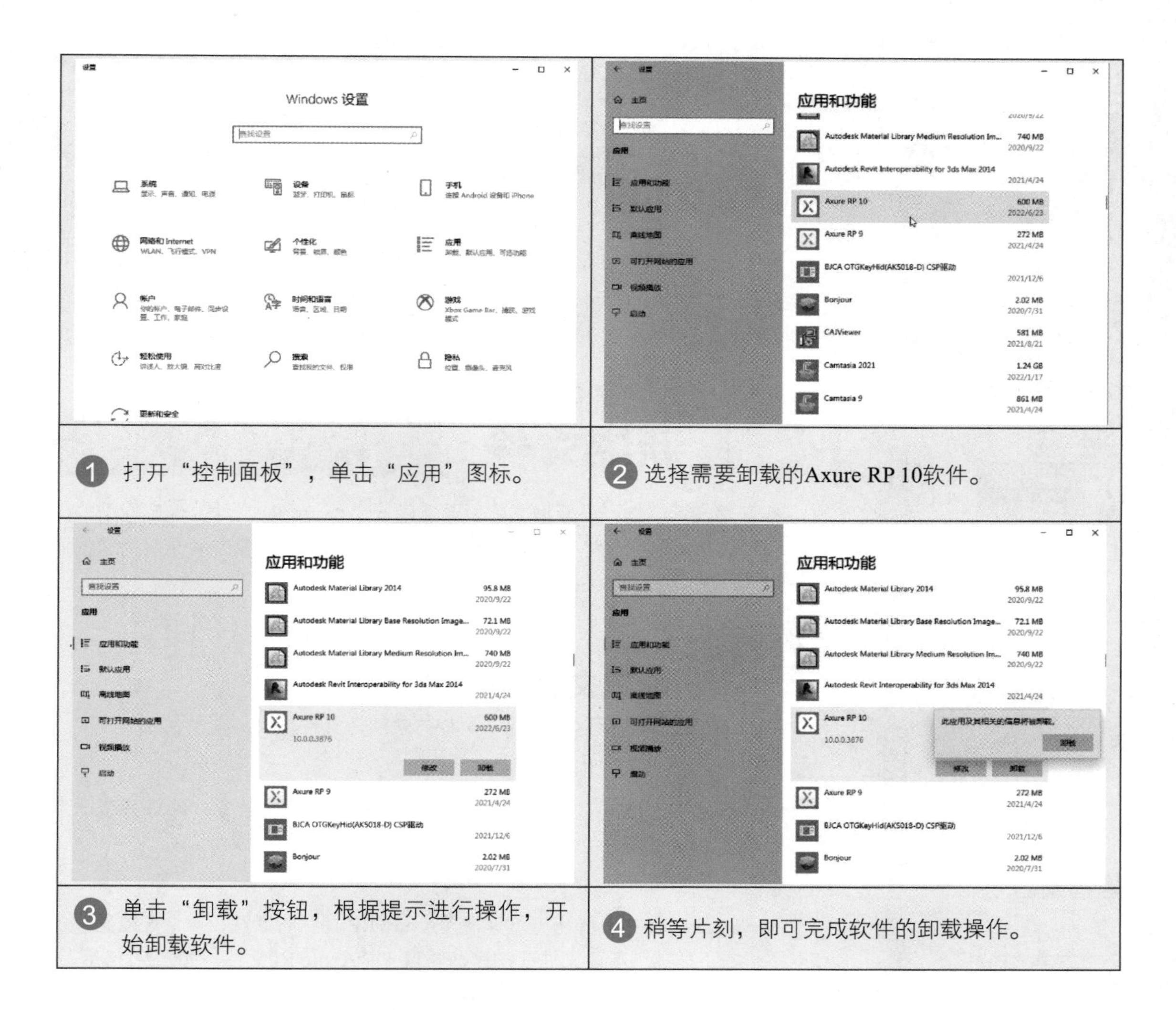

❶ 打开“控制面板”，单击“应用”图标。

❷ 选择需要卸载的Axure RP 10软件。

❸ 单击“卸载”按钮，根据提示进行操作，开始卸载软件。

❹ 稍等片刻，即可完成软件的卸载操作。

读书笔记

第2章 Axure RP 10的基本操作

如果想要使用Axure RP 10制作出效果精美、内容丰富的原型作品，用户首先需要熟练掌握软件的基本操作方法和技巧。本章将介绍Axure RP 10的基本操作，以帮助读者快速了解并熟练掌握该软件的操作方法。

本章学习重点

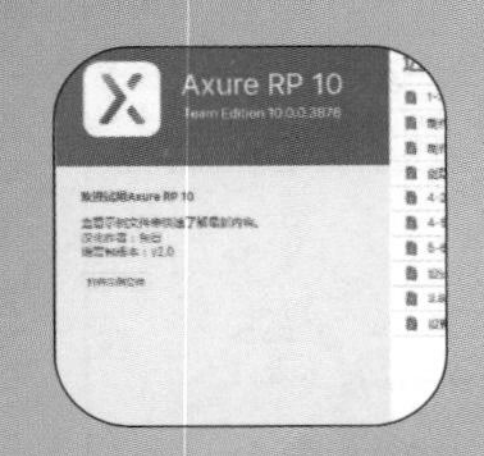

第 32 页
新建 iPhone 11 Pro 尺寸的原型文件

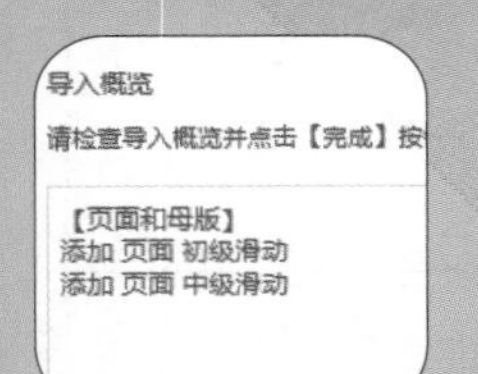

第 39 页
导入 RP 文件素材

第46页
通过复制的方法制作水平导航

2.1 新建文件

在开始设计制作产品原型之前，要新建一个Axure RP文件，确定原型的内容和应用领域，以保证最终完成内容的准确性。若不了解清楚产品原型用途就贸然开始制作，既浪费时间又会造成不可预估的损失。

2.1.1 新建文件的方法

在Axure RP 10中可以通过以下两种方法新建文件。

1. 使用“文件 > 新建”命令新建文件

在Axure RP 10的工作界面中，执行“文件 > 新建”命令，即可完成一个新文件的建立，如图2-1所示。

2. 使用欢迎界面新建文件

启动Axure RP 10，弹出“欢迎使用Axure RP 10”对话框，用户可以通过单击该对话框右下角的“新建文件”按钮，新建一个Axure RP文件，如图2-2所示。

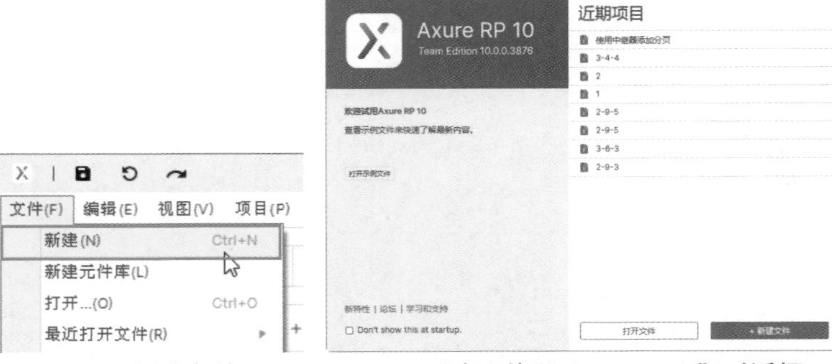

图2-1 新建文件　　图2-2 “欢迎使用Axure RP 10”对话框

应用案例

新建iPhone 11 Pro尺寸的原型文件

源文件：无

视频：视频\第2章\新建iPhone 11 Pro尺寸的原型文件.mp4

STEP 01 启动Axure RP 10，弹出“欢迎使用Axure RP 10”对话框，单击该对话框右下角的“新建文件”按钮，如图2-3所示，完成新建文件的操作。进入新建文件的工作界面，选择工作界面右侧 的“样式”面板，如图2-4所示。

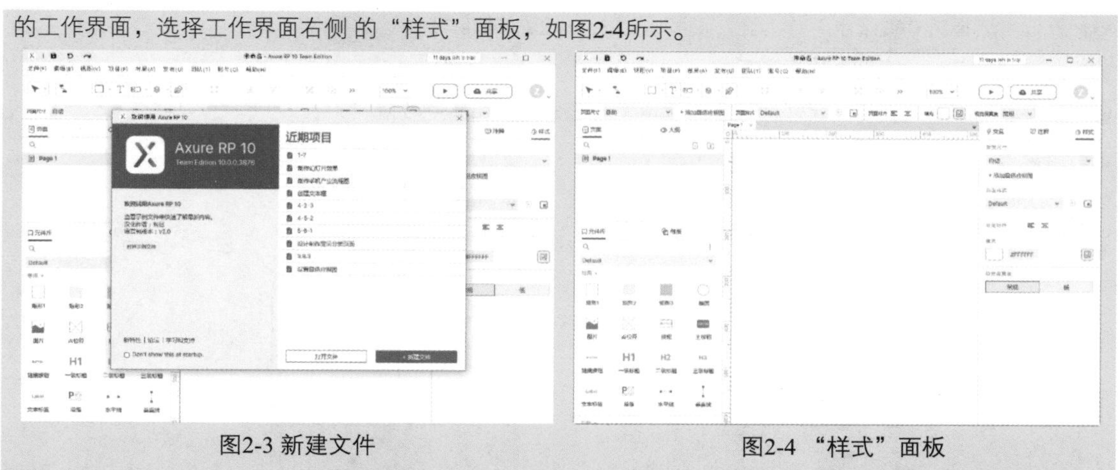

图2-3 新建文件　　图2-4 “样式”面板

STEP 02 单击“样式”面板中的“页面尺寸”文本框，打开“页面尺寸”下拉列表框，如图2-5所示。选择“iPhone 11 Pro/X/XS（375×812）”选项，页面效果如图2-6所示。

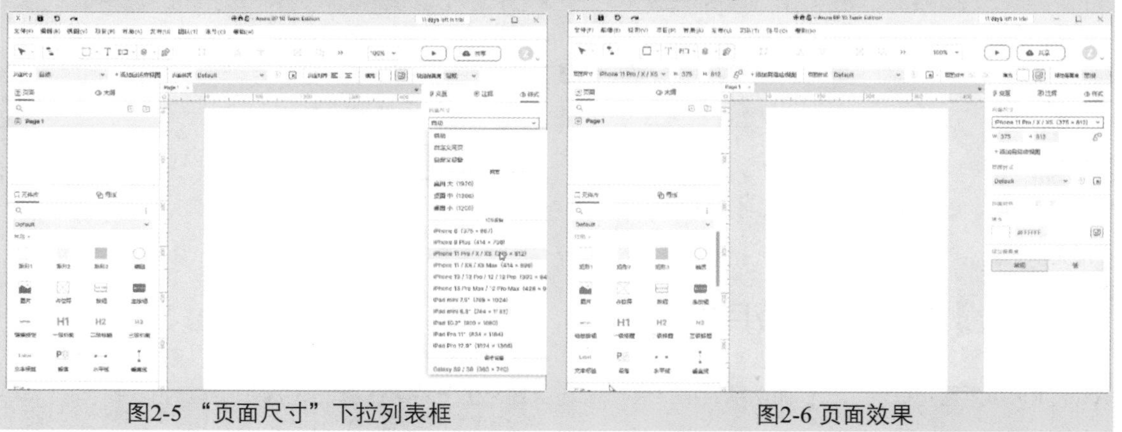

图2-5 “页面尺寸”下拉列表框　　图2-6 页面效果

纸张尺寸与设置

执行“文件＞纸张尺寸与设置”命令，弹出“纸张尺寸与设置”对话框，如图2-7所示。用户可以在该对话框中方便、快捷地设置文件的尺寸和属性。

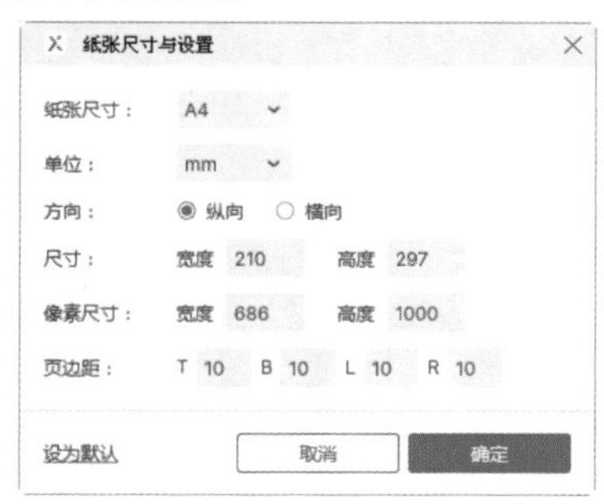

图2-7 “纸张尺寸与设置”对话框

- 纸张尺寸：用户可以从下拉列表框中选择预设的纸张尺寸，也可以通过选择“自定义”选项，手动输入需要的纸张尺寸，如图2-8所示。

- 单位：选择英寸或毫米等作为宽、高和页边距的测量单位。
- 方向：选择纵向或横向的纸张朝向。
- 尺寸：显示新建文件的尺寸，可输入自定义的纸张宽度和高度数值。
- 像素尺寸：指定每个打印纸张的像素尺寸。
- 页边距：指定纸张上、下、左、右方向上的外边距值，如图2-9所示。
- 设为默认：将当前尺寸设置为默认尺寸，下次新建文件时自动显示。

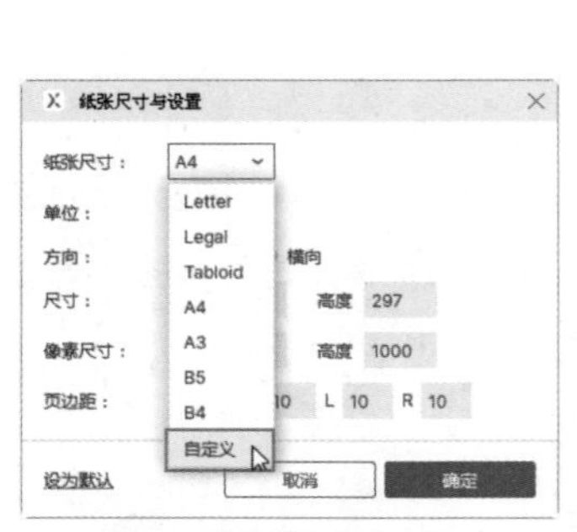

图2-8 选择纸张尺寸

图2-9 设置页边距

Tips

像素尺寸将自动保持宽高比，其宽高比将适配为打印纸张像素尺寸减去页边距后的宽高比。

2.1.3 新建团队项目文件

一个大型商业项目的原型制作，通常需要在同一时段内由多个设计师配合完成。基于此种情况，Axure RP 10为用户提供了一种团队项目的文件形式，以方便整个团队在项目中协同工作。

执行“文件 > 新建团队项目”命令或者执行“团队 > 从当前文件创建团队项目”命令，都可以完成新建团队项目文件的操作，如图2-10所示。关于团队项目的内容将在本书第9章中进行详细介绍。

图2-10 新建团队项目

2.2 存储文件

原型文件制作完成后，通常要将文件保存，以便发布或修改。

2.2.1 保存文件

执行“文件 > 保存”命令，弹出“另存为”对话框，输入文件名并选择保存类型后，单击“保存”按钮，即可保存文件，如图2-11所示。

Tips

在制作原型的过程中，一定要做到经常保存，避免由于系统错误或软件错误导致软件关闭而造成不必要的损失。

2.2.2 另存文件

保存当前文件后，再次执行“文件 > 另存为”命令，如图2-12所示，也会弹出“另存为”对话框。执行此命令通常是为了获得文件的副本，或者打开一个新的文件。

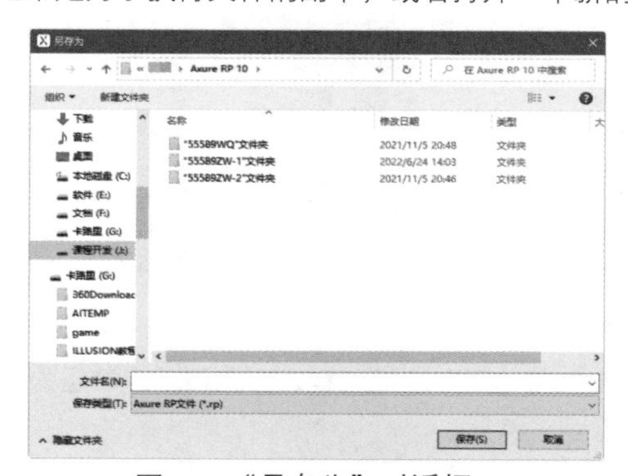

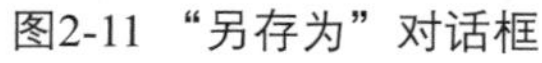

图2-11 “另存为”对话框

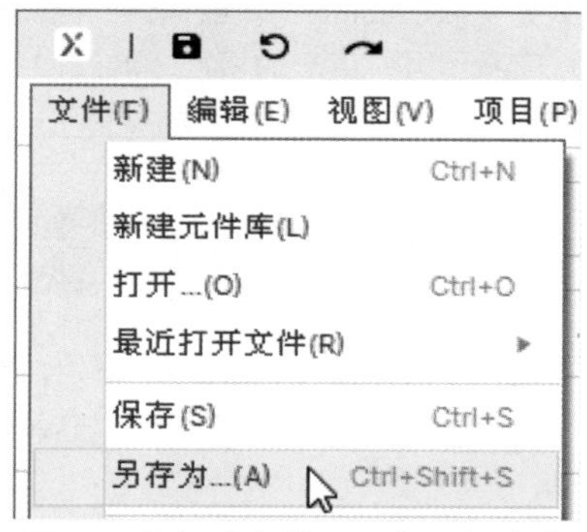

图2-12 执行“文件 > 另存为”命令

Tips

用户可以单击工作界面左上角的“保存”按钮或者按【Ctrl+S】组合键保存文件，按【Ctrl+Shift+S】组合键则执行“另存为”操作。

2.2.3 存储格式

Axure RP 10支持RP格式、RPTEAM格式、RPLIB格式和UBX格式。不同的文件格式的使用方式也不同，下面逐一进行介绍。

1．RP格式

RP格式文件是用户使用Axure进行产品原型设计时创建的单独文件，是Axure的默认存储文件格式。以RP格式保存的原型文件，是作为一个单独文件存储在本地硬盘上的。这种Axure文件与其他应用文件，如Excel、Visio和Word文件形式完全相同。RP格式的文件图标如图2-13所示。

2．RPTEAM格式

RPTEAM格式文件是指团队协作的项目文件，通常用于团队中多人协作处理同一个较为复杂的项目。不过，用户个人制作复杂的项目时也可以选择使用团队项目，因为团队项目允许用户随时查看并恢复到项目的任意历史版本。

3. RPLIB格式

RPLIB格式文件是指自定义元件库文件。该文件格式用于创建自定义的元件库。用户可以在互联网上下载Axure的元件库文件使用，也可以自己制作自定义元件库并将其分享给其他成员使用。RPLIB格式的文件图标如图2-14所示。关于元件库的使用，我将在本书第4章中进行详细介绍。

图2-13 RP格式的文件图标

图2-14 RPLIB格式的文件图标

4. UBX格式

UBX格式是一款Ubiquity浏览器插件的存储格式。它能够帮助用户将所能构想到的互联网服务聚合至浏览器中，并应用于页面信息的切割。通过内容的切割技术从反馈网页中提取部分信息，让用户直接通过拖曳的方式将信息内容嵌入可视化编辑框中，从而大大提高用户的操作效率。

2.3 自动备份

为了保证用户不会因为计算机死机或软件崩溃等问题未存盘，从而造成不必要的损失，Axure RP 10为用户提供了“自动备份”功能。该功能与Word中的自动保存功能一样，会按照用户设定的时间自动保存文档。

2.3.1 启动自动备份

执行“文件 > 备份设置”命令，弹出“偏好设置”对话框，对话框自动跳转到“备份”选项卡中，如图2-15所示。

图2-15 “偏好设置”对话框

在该选项卡中，“启用自动备份”复选框默认为选中状态，用户也可以设置自动备份间隔的时间，默认为15分钟。

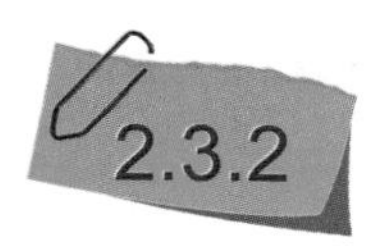

2.3.2 从备份中恢复

如果用户在设计制作的过程中出现意外，需要恢复自动备份时的数据，可以执行“文件＞从备份恢复文件”命令，在弹出的“从备份恢复文件”对话框中设置文件恢复的时间点，如图2-16所示。选择需要的备份文件后，单击“恢复”按钮，即可完成文件的恢复操作，如图2-17所示。

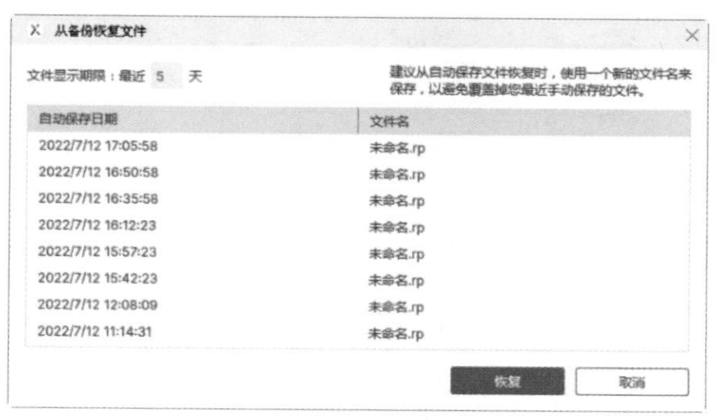

图2-16 “从备份恢复文件”对话框

图2-17 选择备份文件

2.4 打开文件

实际工作中的大部分项目都不能一次完成，通常需要多人多次参与。也就是说，用户通常需要频繁地打开文档，多次执行编辑操作。

2.4.1 打开文件的方法

执行“文件＞打开”命令，在弹出的“打开”对话框中选择需要打开的文件，如图2-18所示。单击“打开”按钮，即可打开文件。

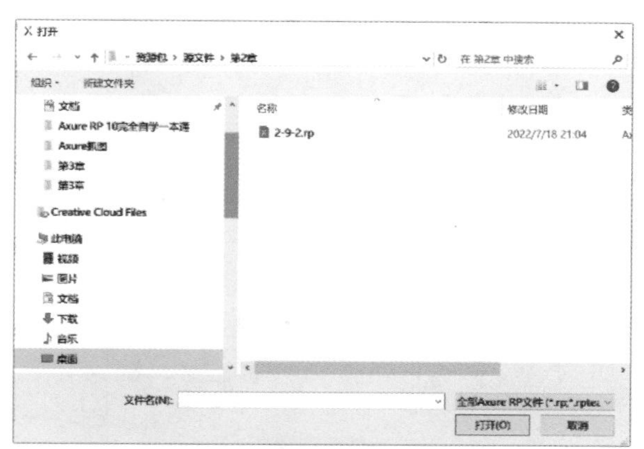

图2-18 选择需要打开的文件

启动Axure RP 10时，会自动弹出“欢迎使用Axure RP 10”对话框，单击该对话框右下角的“打开文件”按钮，如图2-19所示。弹出“打开”对话框，选择“.rp”格式的文件，单击“打开”按钮，如图2-20所示，即可将选中的文件在Axure RP 10中打开。

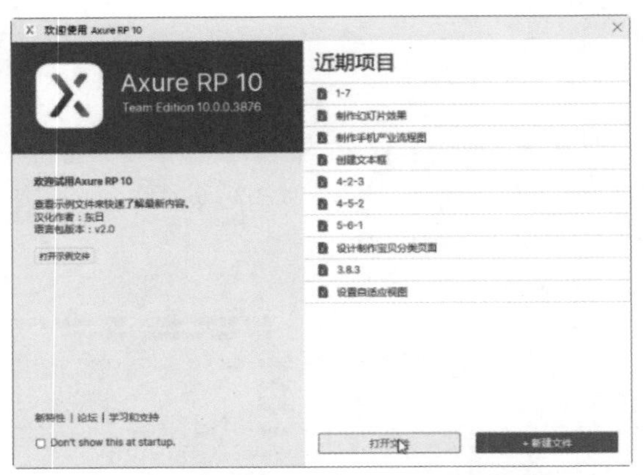

图2-19 “欢迎使用Axure RP 10”对话框

图2-20 “打开”对话框

用户通常会编辑多个文件，为了方便快速查找最近使用的文件，Axure RP 10为用户保留了最近打开的10个文件。执行“文件 > 最近打开文件”命令，可以在打开的子菜单中选择需要打开的文件，如图2-21所示。

当完成一个项目后，确定短期内不会再使用最近的文件，执行“文件 > 最近打开文件 > 清空历史记录”命令，将历史记录清空，以提高软件的运行速度。

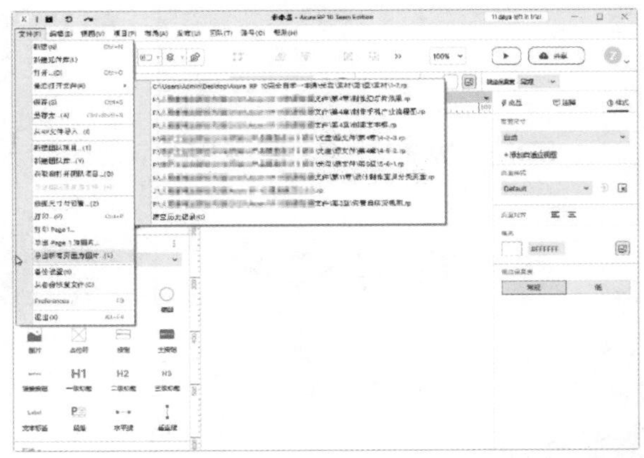

图2-21 打开最近打开的文件

2.4.2 打开团队项目

执行“文件 > 获取和打开团队项目”命令，在弹出的“获取团队项目”对话框中选择团队项目，如图2-22所示。单击“获取团队项目”按钮，即可将团队项目打开。关于团队项目的内容，将在本书的第9章中进行详细介绍。

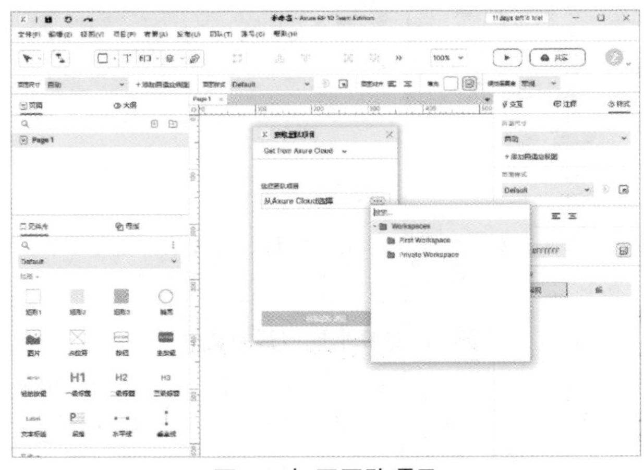

图2-22 打开团队项目

2.5 从RP文件导入

对于产品经理或交互设计师来说，要充分利用已有的资源提高工作效率。利用Axure RP 10中的“从RP文件导入”命令，可以从已有文件中导入其他资源。

2.5.1 使用“从RP文件导入”命令

执行“文件 > 从RP文件导入”命令，可以将RP文件中的页面、母版、视图设置、生成设置、页面说明字段、元件字段与设置、页面样式、元件样式和变量等内容直接导入到新建文件中，供用户再次使用。

导入资源完成后，用户可以在新建文件中开始设计制作产品原型。

应用案例

导入RP文件素材

源文件：无　　**视频：视频\第2章\导入RP文件素材.mp4**

STEP 01 新建一个文件，执行“文件 > 从RP文件导入”命令，如图2-23所示。弹出“打开”对话框，选择“素材\第2章\2-3.rp”文件，单击“打开”按钮，如图2-24所示。

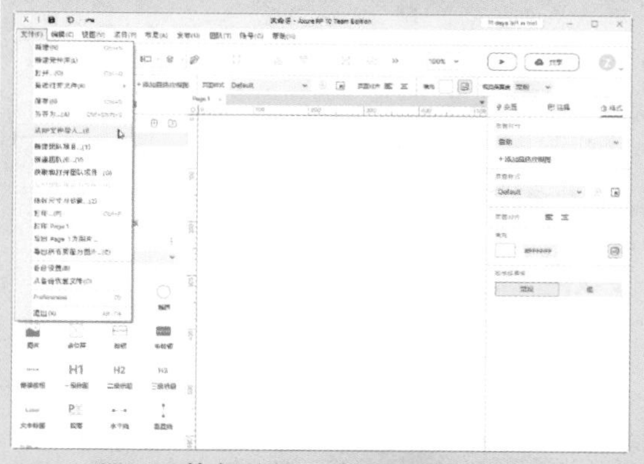

图2-23 执行“从RP文件导入”命令

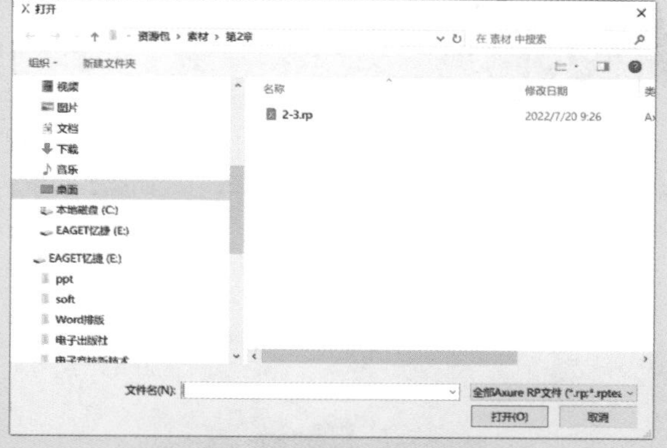

图2-24 “打开”对话框

STEP 02 在弹出的“导入向导”对话框中选择要导入的页面，如图2-25所示。单击“下一个”按钮，选择导入母版，如图2-26所示。

图2-25 选择要导入的页面

图2-26 选择导入母版

STEP 03 单击“下一个”按钮，检查导入动作，选择替换目标页面或母版，如图2-27所示。由于该页面没有其他内容需要导入了，单击“跳到最后一步”按钮，进入导入概览页面，单击“完成”按钮，完成导入，如图2-28所示。

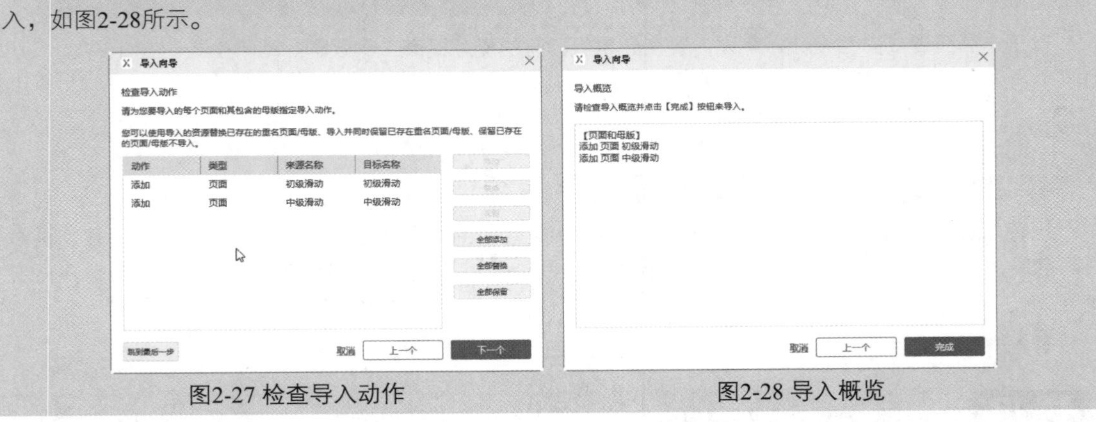

图2-27 检查导入动作

图2-28 导入概览

2.6 对象的操作

新建文件并创建对象后，用户可以进行选择对象、移动和缩放对象、旋转对象、复制对象，以及剪切和删除对象等操作。接下来针对文件中对象的基本操作进行学习。

2.6.1 选择对象

产品原型的设计文件中通常包含多个对象，用户可以通过单击和框选两种方式选择对象。将鼠标光标移至某个对象上，单击即可将其选中，如图2-29所示。如果想要选中多个对象，在多个对象外围单击并拖曳鼠标将对象包围，即可框选多个对象，如图2-30所示。

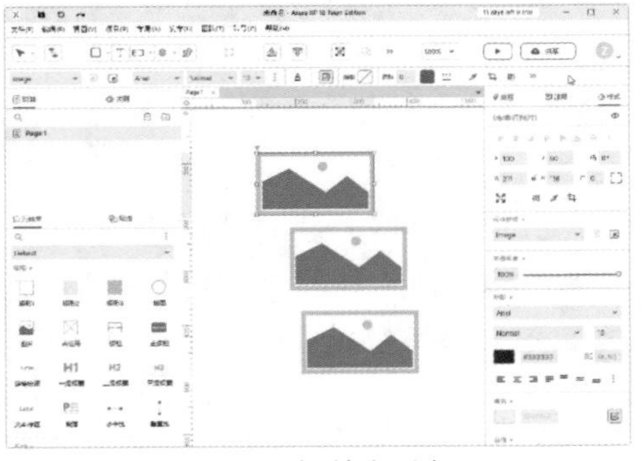

图2-29 选择单个对象

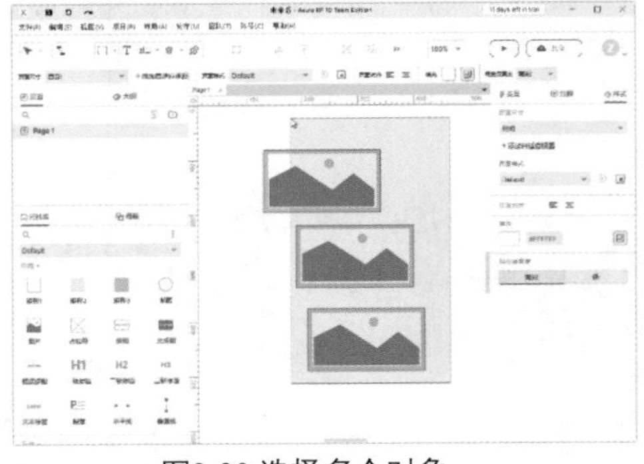

图2-30 选择多个对象

Tips

执行“编辑 > 全选”命令或按【Ctrl+A】组合键，可以将当前页面中的所有元件快速选中。

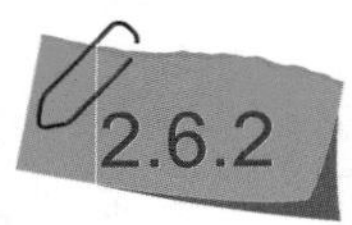

2.6.2 移动和缩放对象

选中对象后，将鼠标光标移动到选中元件上，光标会自动变为✥形状，此时按住鼠标左键并向任意方向拖曳，即可移动元件。

移动对象时，会出现半透明的参照对象和坐标提示，如图2-31所示。利用这些信息可以更加精准地移动对象。

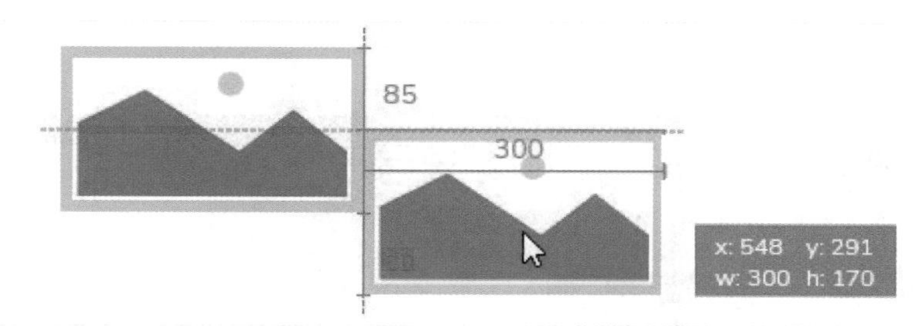

图2-31 移动对象时的坐标提示

选中元件后，元件四周出现4个控制点，拖动控制点可以在一个方向上任意调整元件的大小，如图2-32所示。拖曳元件四周的4个顶点，可以同时调整元件的宽和高，如图2-33所示。

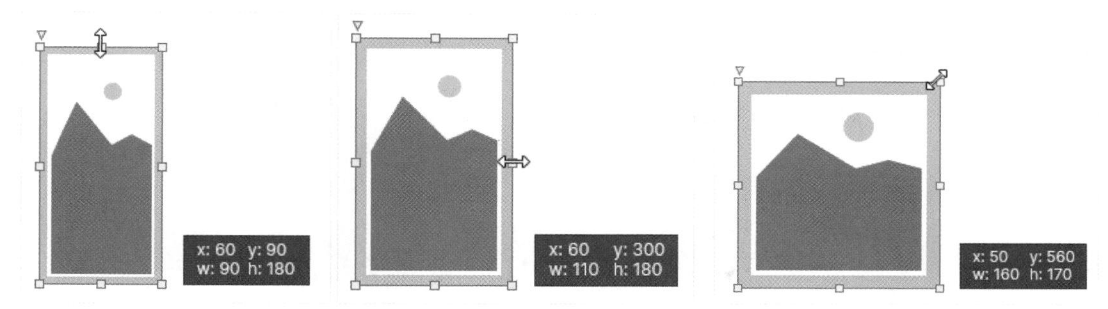

图2-32 调整元件的大小　　图2-33 同时调整元件的宽和高

Tips

在拖动顶点缩放对象时，按住【Shift】键可以保证等比例缩放对象。

用户也可以在“样式”面板中输入元件的准确坐标和尺寸，如图2-34所示。通过单击“锁定宽高比”按钮，可以保证在输入一个数值时，另一个数值自动等比例变化，如图2-35所示。

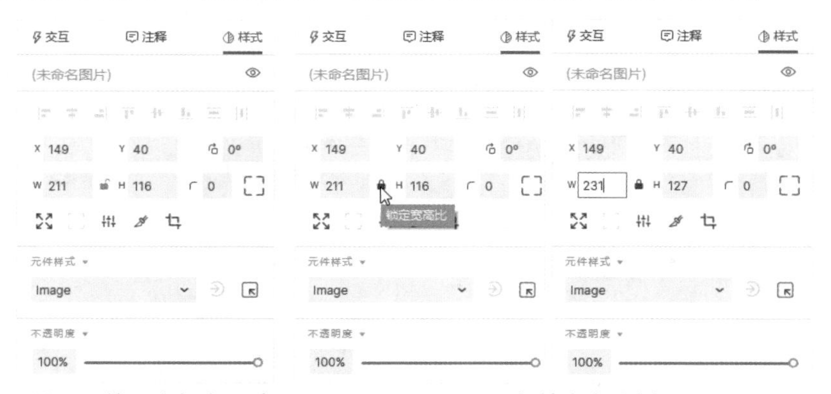

图2-34 输入坐标和尺寸　　图2-35 保持宽高比例

2.6.3 旋转对象

如果想要旋转元件，首先需要选中元件，按住【Ctrl】键的同时将光标移动到控制点上，当鼠标光标变为↻形状时，如图2-36所示。按住鼠标左键并拖曳即可完成元件旋转操作，如图2-37所示。

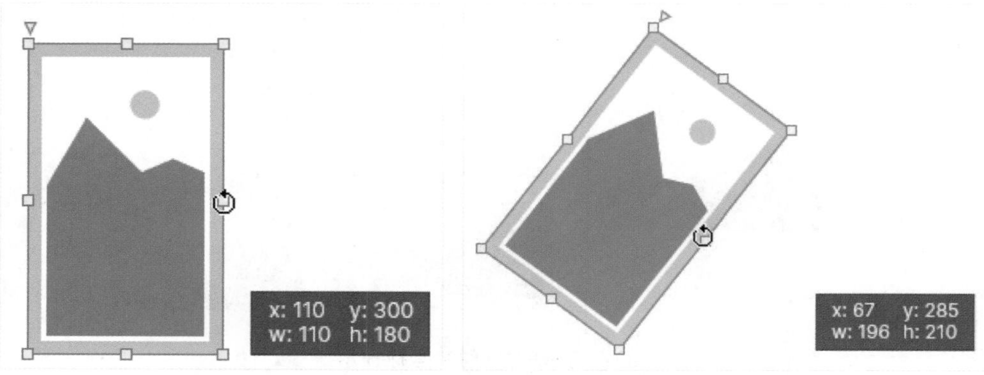

图2-36 出现旋转光标　　　　图2-37 旋转元件

在元件上方单击鼠标右键，在弹出的快捷菜单中选择“变换形状 > 水平翻转”命令，如图2-38所示，水平翻转后的元件效果如图2-39所示；在弹出的快捷菜单中选择“变换形状 > 垂直翻转”命令，垂直翻转后的元件效果如图2-40所示。

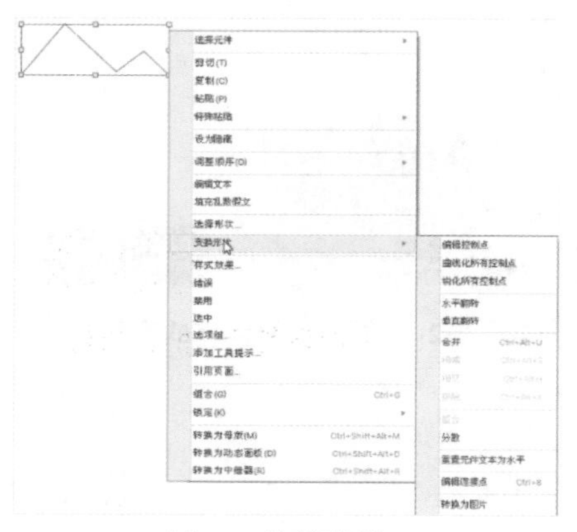

图2-38 快捷菜单

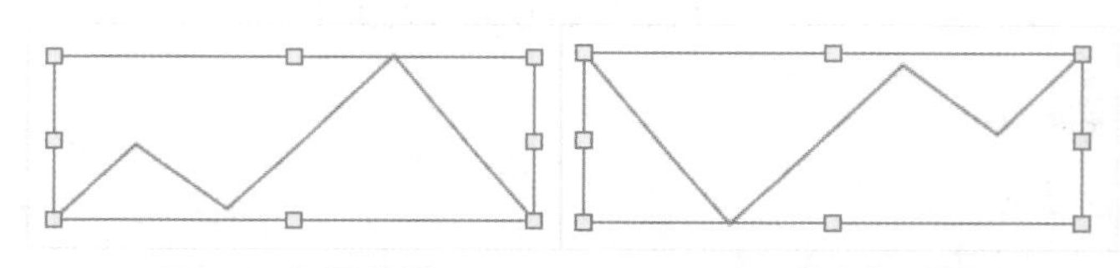

图2-39 水平翻转　　　　图2-40 垂直翻转

2.6.4 复制对象

Axure RP 10与大部分软件一样，执行复制操作前需要选中对象，执行“编辑 > 复制”命令，即可将元件复制到内存中，如图2-41所示；再执行“编辑 > 粘贴”命令，即可创建一个该对象的副本。副本对象位于该对象的上方，如图2-42所示。

图2-41 执行“复制”命令

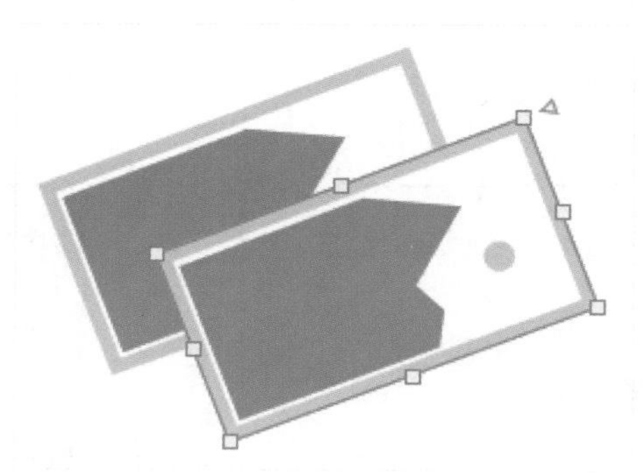

图2-42 复制对象

用户也可以在按住【Ctrl】键的同时向任意方向拖曳对象，实现对象的快速复制。复制对象时，按住【Shift+Ctrl】组合键的同时向左右或上下方向拖曳元件，可以保证在水平和垂直方向上复制元件，如图2-43所示。

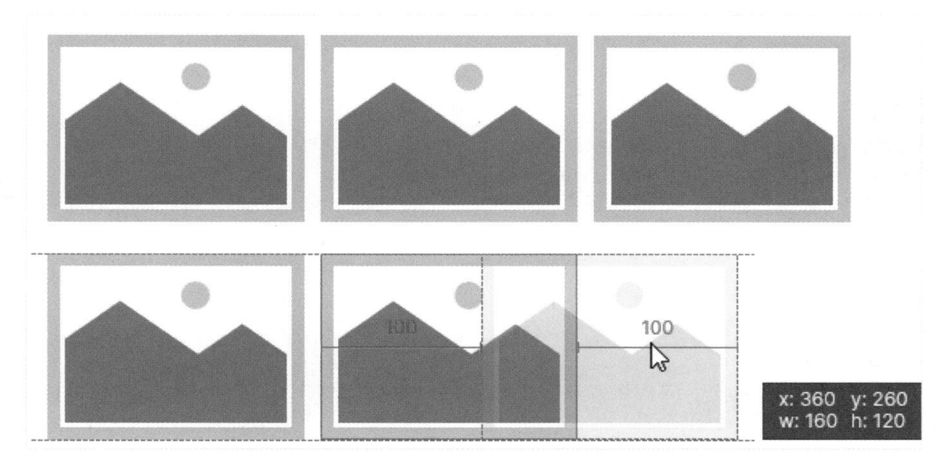

图2-43 水平复制元件

Tips

用户也可以通过按【Ctrl+C】组合键复制元件，再通过按【Ctrl+V】组合键粘贴元件。

2.6.5 剪切和删除对象

执行“编辑 > 剪切”命令，可以将当前对象剪切到内存中，然后再通过执行“编辑 > 粘贴”命令将对象粘贴到新的页面中，如图2-44所示。

用户也可以在对象上方单击鼠标右键，在弹出的快捷菜单中选择“剪切”命令，如图2-45所示。接下来用户就可以使用前面讲解过的方法，将对象粘贴到页面中。

选中元件后，按【Delete】键可以将其删除。也可以通过执行“编辑 > 删除”命令删除对象，如图2-46所示。

图2-44 执行“剪切”命令　　图2-45 快捷菜单　　图2-46 执行“删除”命令

2.7 还原与恢复

用户在操作过程中如果出现错误，可以执行“撤销”命令返回上一步操作，也可以执行“重做”命令再次执行撤销前的操作。

2.7.1 撤销

执行“编辑 > 撤销”命令，可以向后撤销一步操作，如图2-47所示。用户可以通过按【Ctrl+Z】组合键快速执行撤销操作。

2.7.2 重做

执行“编辑 > 重做”命令，可以向前恢复一步操作，如图2-48所示。用户可以通过按【Ctrl+Y】组合键快速执行重做操作。

图2-47 执行“撤销”命令　　图2-48 执行“重做”命令

Tips

用户也可以通过单击工作界面左上角的“撤销”按钮 或者“重做”按钮 ，完成撤销操作或者重做操作。

2.8 答疑解惑

了解了Axure RP 10工作界面的基本操作后，接下来针对“欢迎界面”在实际工作中的作用进行解答。

2.8.1 欢迎界面的链接入口

欢迎界面的左下角包含“新特性”、“论坛”和“学习和支持”3个链接。

用户单击“新特性”链接，可以进入官网中关于Axure RP 10新增功能的页面，如图2-49所示；单击

“论坛”链接，可以访问Axure的论坛，与全世界的Axure用户交流和学习制作心得，如图2-50所示；单击“学习和支持”链接，可以进入Axure官网中获得学习资料和资源。

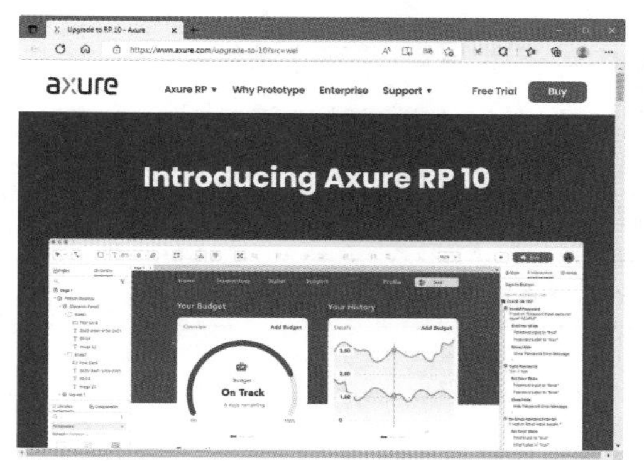

图2-49 Axure RP 10新增功能页面

图2-50 Axure论坛

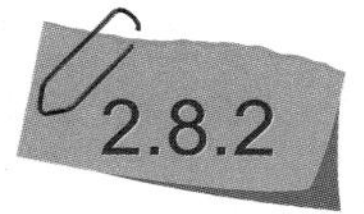

2.8.2 示例文件和最近编辑文件

单击界面左侧中部的“打开示例文件”按钮，即可打开Axure官方提供的使用说明文件，如图2-51所示。界面右侧显示了最近编辑的10个项目，单击即可快速打开最近编辑的文件，如图2-52所示。

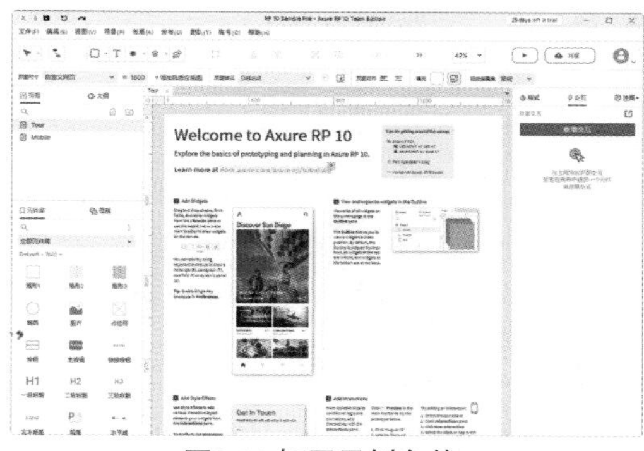

图2-51 打开示例文件

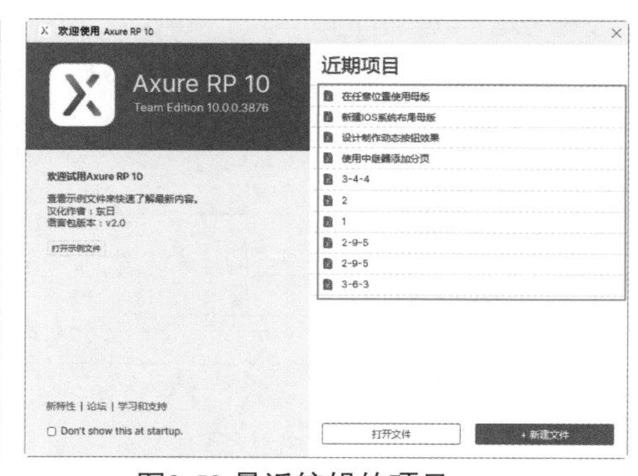

图2-52 最近编辑的项目

Tips

单击界面右上角的“×”图标，将关闭欢迎界面。选择界面左下角的“Don’t show this at startup”复选框后，下次启动Axure RP 10时，将不再显示该欢迎界面。执行“帮助 > 欢迎界面”命令，可再次打开该界面。

2.9 总结扩展

在开始学习制作产品原型之前，了解并掌握Axure RP 10的基本操作非常重要。熟悉软件的操作，可以在提高制作速度的同时，帮助读者深层次地理解设计制作规范。

2.9.1 本章小结

本章主要针对Axure RP 10的基本操作进行讲解，从文件的新建和存储到文件的打开与导入，都进行了详细介绍，并针对操作中经常用到的自动备份、还原与恢复操作等内容进行了讲解。

通过本章内容的学习，读者应该熟悉Axure RP 10的软件界面，并能熟练操作各种工具和命令。

2.9.2 举一反三——通过复制的方法制作水平导航

本案例将配合使用组合键完成元件的复制操作。读者在制作本案例的同时要对元件的使用与修改有所了解。

源文件：	源文件\第2章\通过复制的方法制作水平导航.rp
视频文件：	视频\第2章\通过复制的方法制作水平导航.mp4
难易程度：	★☆☆☆☆
学习时间：	10分钟

1 新建文件。将“按钮”元件从“元件库”面板拖曳到页面中。

2 双击按钮元件，修改按钮的文本。在工具栏中修改文本的颜色和字体。

3 按住【Ctrl】键的同时拖曳复制按钮，并双击修改按钮内的文本内容。

4 使用相同的方法，制作其他按钮元件，并将其存储为“通过复制的方法制作水平导航.rp”。

第3章 页面的管理

页面的新建与管理是学好任何一款软件的基础。本章将带领读者一起学习Axure RP 10中与页面相关的知识点，同时还将介绍设置页面属性和样式的方法，以及实际工作中可能遇到的自适应视图和生成流程图的方法，帮助读者逐步走进Axure RP 10的世界，掌握页面管理的方法和技巧。

本章学习重点

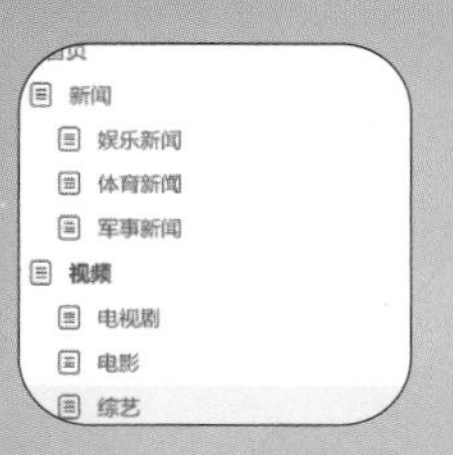

第 49 页
新建网站页面

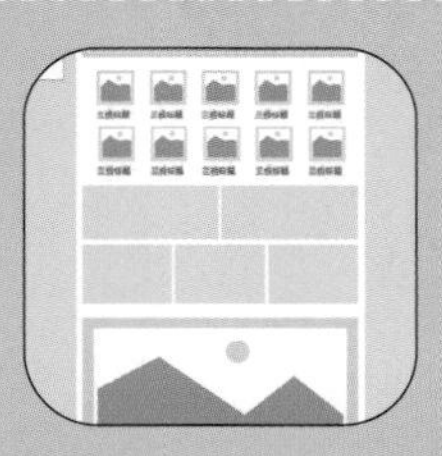

第 61 页
设置自适应视图

第 64 页
创建流程图

第 69 页
使用元件制作一个标签面板

3.1 了解站点

无论读者是一个网页制作新手，还是一个专业网页设计师，在设计、制作产品原型时，都要从构建站点开始，厘清网站结构的脉络，然后再进行下一步制作。当然，不同的网站拥有不同的结构及功能，所以一切都要按照需求组织站点的结构。

使用Axure RP 10为网站或者移动App设计原型，都需要将所有的页面放置在同一个文件中，方便用户管理和操作。

3.2 管理页面

新建Axure RP 10文件后，用户可以在“页面”面板中查看和管理新建的页面，如图3-1所示。

每个页面都有一个名称，为了便于管理，用户可以对页面进行重命名操作。在页面被选中的状态下单击页面名称处，即可重命名页面，如图3-2所示。

图3-1 “页面”面板　　图3-2 重命名页面

在想要重命名的页面上单击鼠标右键，在弹出的快捷菜单中选择“重命名”命令，也可以重新设置页面名称。

Tips

在为页面命名时，每个名称都应该是独一无二的，而且页面的名称应该能够清晰地注释每个页面的内容，这样产品原型才更容易被理解。

3.2.1 添加和删除页面

如果用户需要添加页面，可以单击“页面”面板右上角的“添加页面”按钮，如图3-3所示，完成页面的添加。添加页面后的效果如图3-4所示。

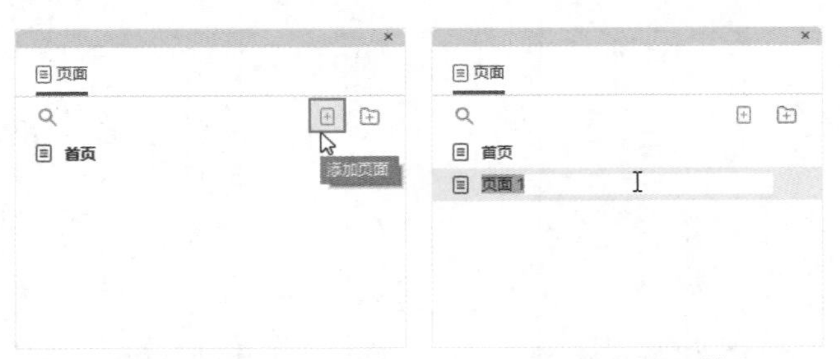

图3-3 单击“添加页面”按钮　　图3-4 添加页面效果

为了方便管理页面，通常将同一类型的页面放在一个文件夹下。单击“页面”面板右上角的“添加文件夹”按钮，如图3-5所示，即可完成文件夹的添加。添加文件夹后的效果如图3-6所示。

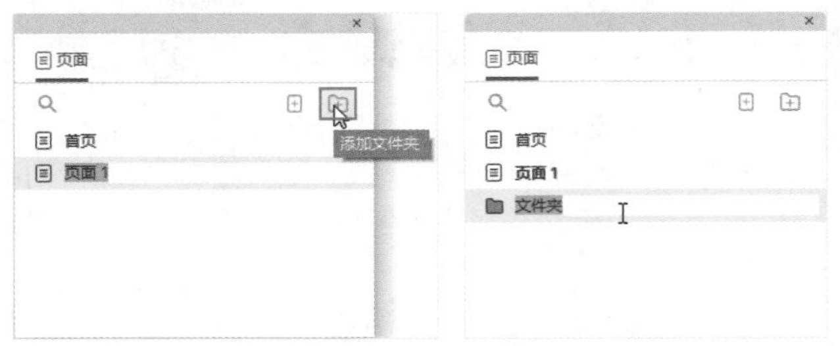

图3-5 单击“添加文件夹”按钮　　图3-6 添加文件夹效果

用户如果希望在特定的位置添加页面或文件夹，首先在“页面”面板中选择一个页面，然后单击鼠标右键，在弹出的快捷菜单中选择“添加”命令，如图3-7所示。

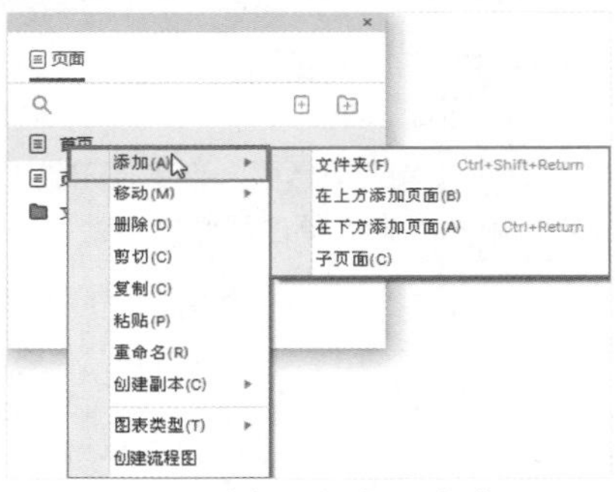

图3-7 选择“添加”命令

“添加”子菜单下包括“文件夹”“在上方添加页面”“在下方添加页面”“子页面”4个命令。接下来逐一讲解每条命令的含义。

- 文件夹：将在当前页面下创建一个文件夹。
- 在上方添加页面：将在当前页面之前创建一个页面。
- 在下方添加页面：将在当前页面之后创建一个页面。
- 子页面：将为当前页面创建一个子页面。

用户如果想要删除某个页面，可以首先选择该页面，然后按【Delete】键完成删除操作；也可以在页面上单击鼠标右键，在弹出的快捷菜单中选择“删除”命令，完成删除操作，如图3-8所示。

如果当前删除的页面中包含子页面，则在删除该页面时，系统会自动弹出“Warning（警告）”对话框，以确定是否删除当前页面及其子页面，如图3-9所示。单击“是”按钮，则删除当前页面及其所有子页面；单击“否”按钮，则取消删除操作。

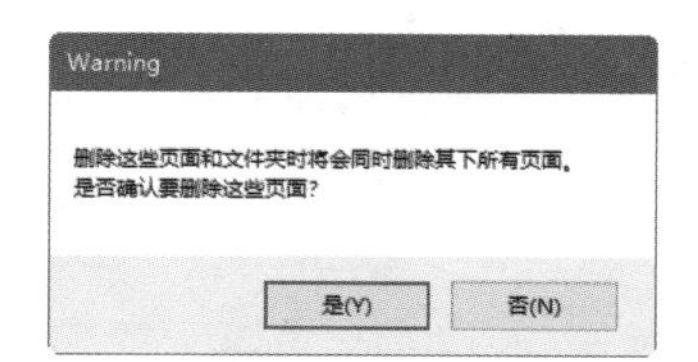

图3-8 选择“删除”命令　图3-9 “Warning（警告）”对话框

应用案例　新建网站页面

源文件：源文件\第3章\新建网站页面.rp　视频：视频\第3章\新建网站页面.mp4

STEP 01 新建一个Axure文件。执行“文件 > 保存”命令，将当前文件保存为“新建网站页面.rp”，如图3-10所示。“页面”面板如图3-11所示。

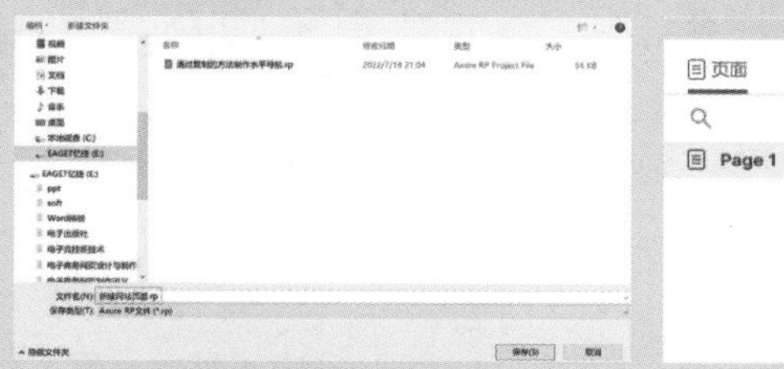

图3-10 保存文件　图3-11 “页面”面板

STEP 02 在Page1页面名称处单击，修改其名称为“首页”，如图3-12所示。选择“首页”页面，单击鼠标右键，在弹出的快捷菜单中选择“添加 > 子页面”命令，添加一个子页面，并修改其名称为“新闻”，如图3-13所示。使用相同的方法继续添加两个子页面，并分别修改其页面名称，如图3-14所示。

图3-12 修改页面名称　图3-13 添加子页面并修改名称　图3-14 继续添加子页面并修改名称

STEP 03 选择“新闻”页面，单击鼠标右键，在弹出的快捷菜单中选择“添加 > 子页面”命令，添加一个子页面，如图3-15所示。使用相同的方法继续添加两个子页面，并分别修改其页面名称，如图3-16所示。

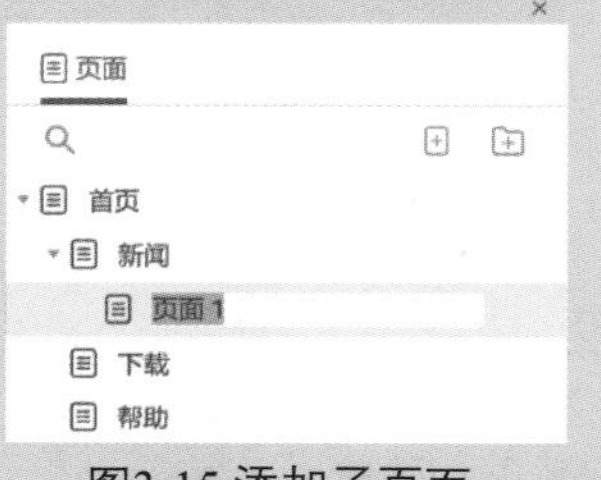

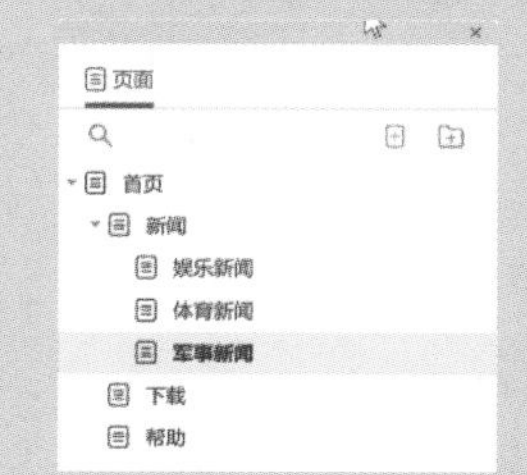

图3-15 添加子页面　图3-16 继续添加子页面并修改名称

STEP 04 选择“新闻”页面，单击鼠标右键，在弹出的快捷菜单中选择“创建副本 > 包含子页面”命令，如图3-17所示。重命名页面的名称，如图3-18所示。

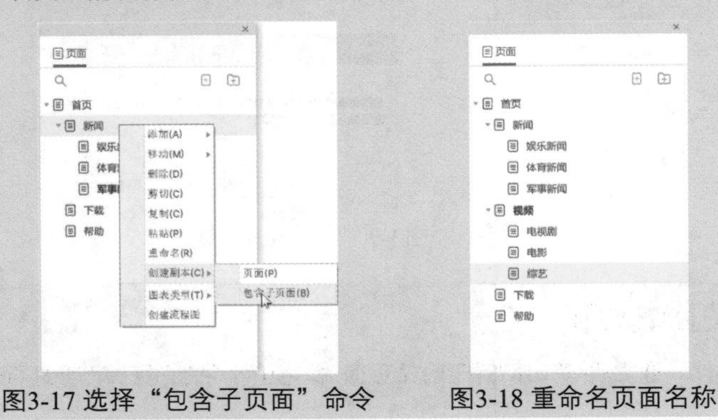

图3-17 选择“包含子页面”命令　　图3-18 重命名页面名称

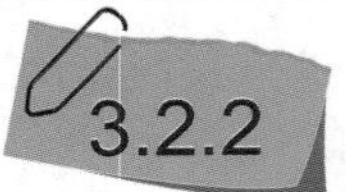

3.2.2 重命名页面

在Axure RP 10中，每个页面都有一个名称，如图3-19所示。为了便于管理，用户可以对页面进行重命名操作。当页面为选中状态时，单击页面名称，出现文本框后即可为该页面重新设置名称，如图3-20所示。

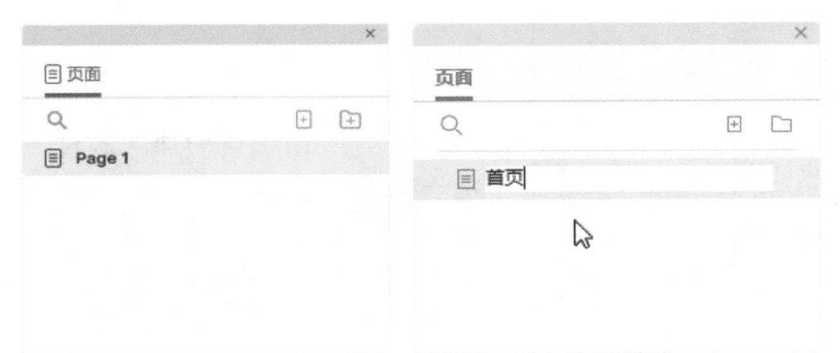

图3-19 “页面”面板中的页面名称　　图3-20 重命名页面名称

3.2.3 移动页面

用户如果想移动页面的顺序或更改页面的级别，可以首先在“页面”面板中选择需要更改的页面，然后单击鼠标右键，在弹出的快捷菜单中选择“移动”子菜单下的命令，如图3-21所示。

图3-21 “移动”子菜单

- 上移：将当前页面向上移动一层。
- 下移：将当前页面向下移动一层。
- 降级：将当前页面转换为子页面。
- 升级：将当前子页面转换为独立页面。

Tips

除了使用“移动”命令，用户还可以采用按住鼠标左键并拖曳的方式移动页面的顺序，或者更改页面的级别。

3.2.4 搜索页面

一个产品原型项目的页面少则几个，多则几十个，为了方便用户在众多页面中查找某个页面，Axure RP 10为用户提供了搜索功能。

单击“页面”面板左上角的搜索按钮，在页面顶部出现搜索文本框，如图3-22所示。输入要搜索的页面名称后，即可显示搜索到的页面，如图3-23所示。

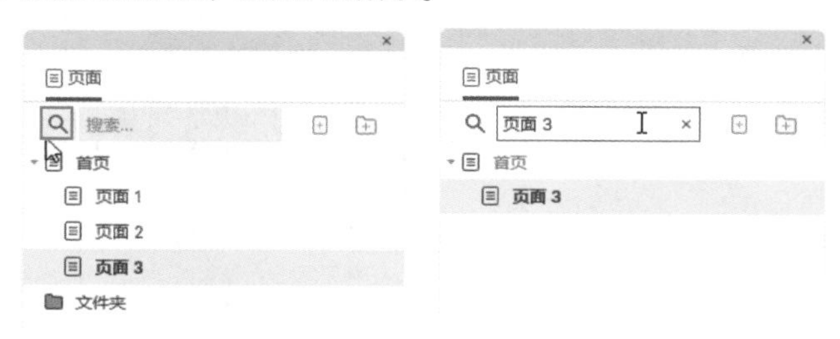

图3-22 单击“搜索”按钮　　图3-23 搜索页面

单击搜索文本框右侧的图标，将还原搜索文本框。再次单击搜索按钮，将取消搜索，“页面”面板将恢复默认状态。

3.2.5 剪切、复制和粘贴页面

在页面上单击鼠标右键，在弹出的快捷菜单中选择“剪切”命令，即可将页面剪切到内存中，如图3-24所示。选择“复制”命令，即可将页面复制到内存中，如图3-25所示。

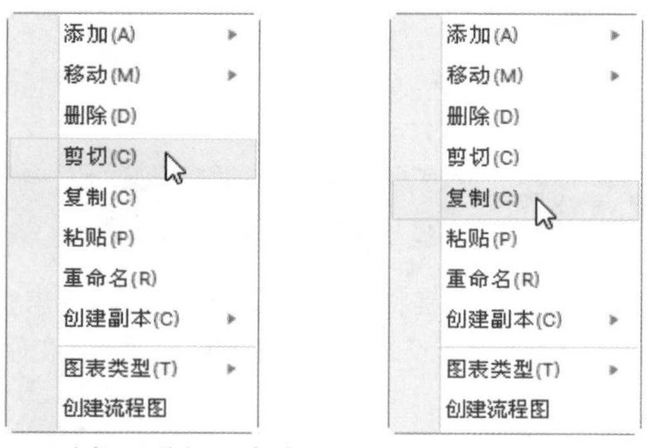

图3-24 选择“剪切”命令　图3-25 选择“复制”命令

选择想要将页面放置的位置，单击鼠标右键，在弹出的快捷菜单中选择“粘贴”命令，如图3-26所示，即可将剪切或复制的内容粘贴到此位置。粘贴页面效果如图3-27所示。

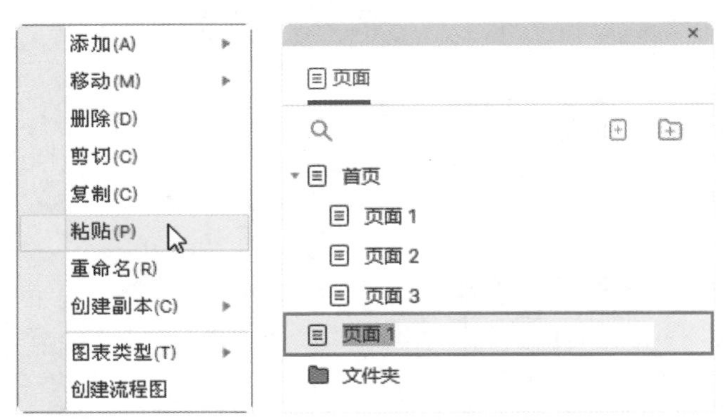

图3-26 选择“粘贴”命令　　图3-27 粘贴页面效果

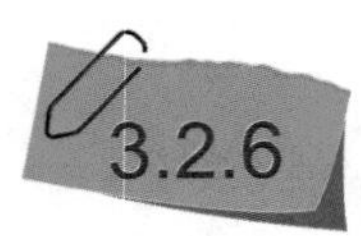

3.2.6 重复页面

原型项目中有些页面结构基本一致，只是图片或文字内容不同，用户可以通过复制页面并修改内容完成制作。在需要复制的页面上单击鼠标右键，在弹出的快捷菜单中选择“创建副本＞页面”命令，即可为当前页面创建一个副本，如图3-28所示。

如果想要将页面及其子页面一起复制，则需要选择“创建副本＞包含子页面”命令，如图3-29所示。

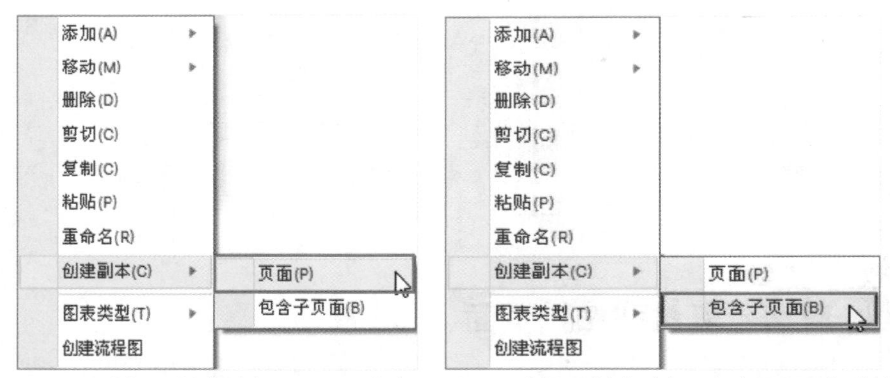

图3-28 选择“创建副本＞页面”命令　图3-29 选择“创建副本＞包含子页面”命令

Tips

“创建副本”命令相当于一次性执行了复制和粘贴命令。其最终效果与复制页面后再粘贴页面的操作效果相同。

3.3 编辑页面

当用户一次性打开多个页面时，这些页面将以多个Tab标签的方式显示在页面编辑区的顶部，即将要生成HTML的区域，被拖曳到这个区域的各个元件将会生成HTML并出现在原型中。

3.3.1 使用页面编辑区

在页面编辑区中可以打开以下4种页面。

- 普通页面：“页面”面板中的页面。
- 母版页面：“母版”面板中的母版页面。
- 动态面板页面：动态面板管理中的状态页面。
- 中继器页面：编辑中继器的页面。

页面编辑区的Tab标签会显示各个页面的名称。拖动Tab标签可以调整左右顺序，如图3-30所示。单击Tab标签上的关闭图标，即可关闭当前页面。

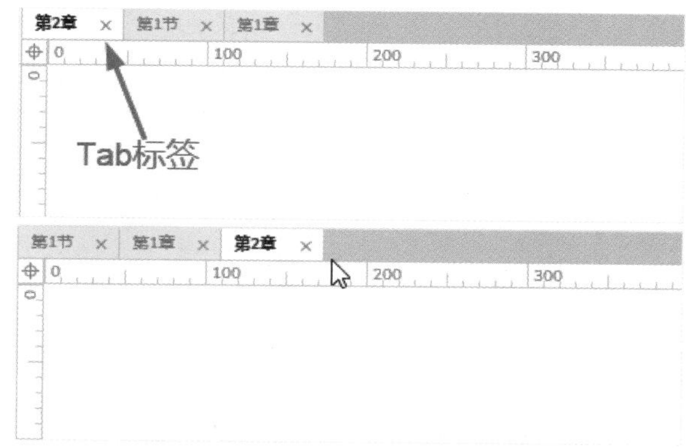

图3-30 调整Tab标签的顺序

单击页面编辑区右侧的下拉按钮，在打开的下拉列表框中列出了当前打开的所有页面，用户可以选择页面名称，快速找到所需的页面，如图3-31所示。

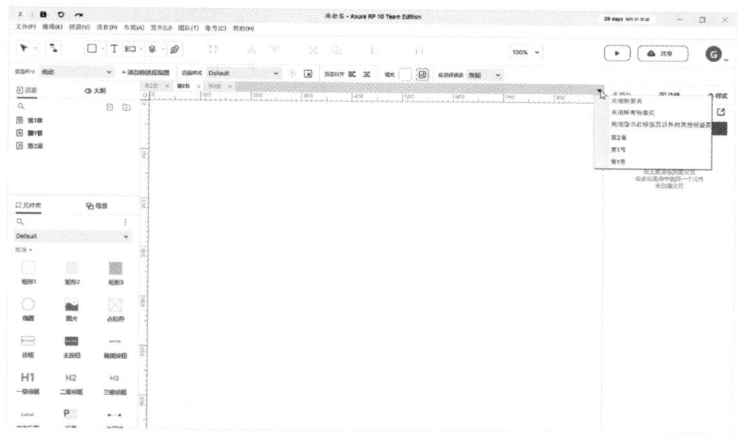

图3-31 页面下拉列表框

Tips

在工作过程中，往往会打开多个页面进行编辑，这时可能需要查找很长时间才能找到想要编辑的页面。为了在众多页面中快速找到要编辑的页面，可以选择“关闭除当前标签页以外的其他标签页”选项，将除了当前页面之外的其他标签全部关闭。

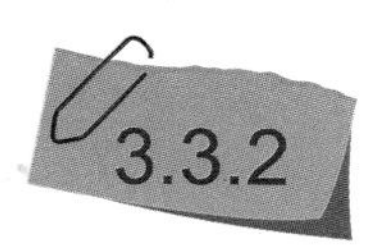

3.3.2 页面样式

新建一个页面后，用户可以在“样式”面板中为其指定样式，控制页面的显示效果，如图3-32所示。

图3-32 “样式”面板

页面尺寸：可选择或设置页面尺寸。

默认的“页面尺寸”为“自动”，单击右侧的 图标，打开“页面尺寸”下拉列表框，如图3-33所示。用户可以在其中选择预设的移动设备页面尺寸，如图3-34所示。

图3-33 “页面尺寸”下拉列表框

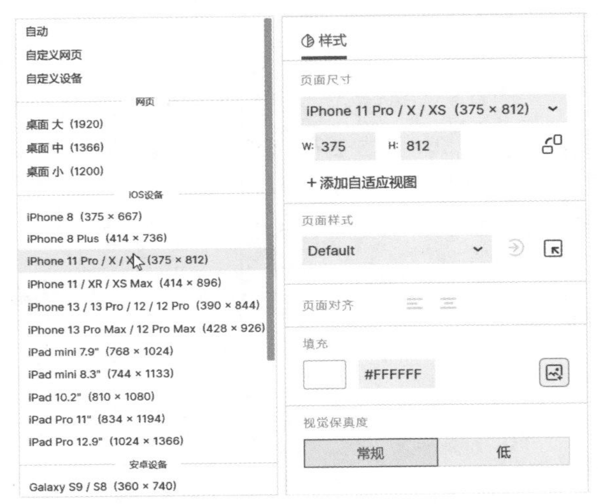

图3-34 选择移动设备的页面尺寸

选择“自定义网页”选项，用户可以在文本框中手动设置页面的宽度，如图3-35所示。选择“自定义设备”选项，用户可以在文本框中手动设置页面的宽度和高度，如图3-36所示。

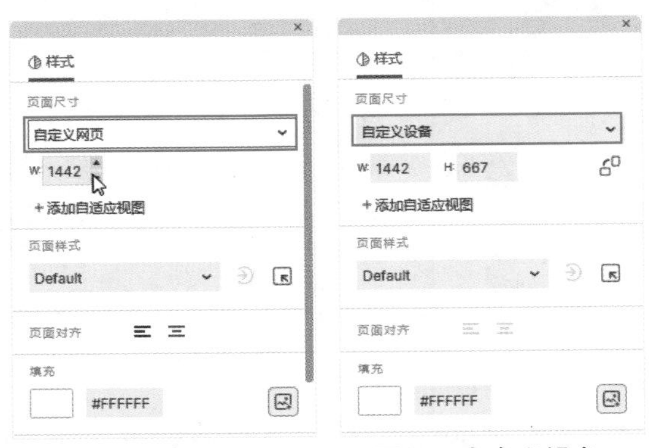

图3-35 自定义网页　　图3-36 自定义设备

Tips

单击“自定义设备”选项下的W（宽度）和H（高度）文本框后面的图标，可以交换宽度和高度数值。

● 页面排列：此处的选择将影响最后输出页面时的排列方式。

选择“自动”和“自定义网页”选项后，用户可以在“样式”面板中设置“页面对齐”方式，有左对齐和水平居中对齐两种方式，如图3-37所示。

页面制作完成后，单击工作界面右上角的“预览”按钮，对比两种对齐方式的效果，如图3-38所示。

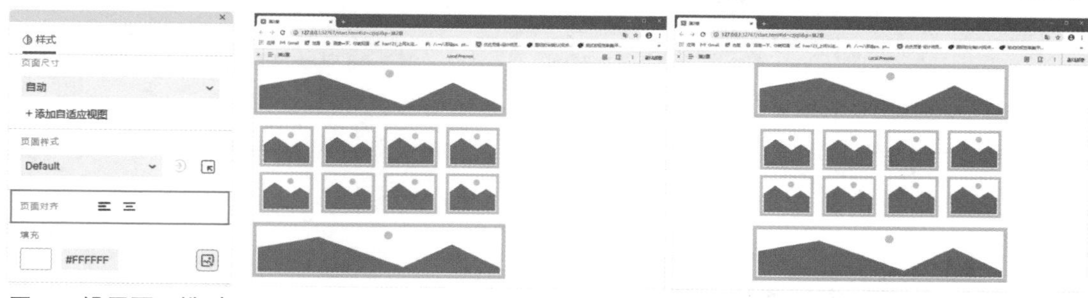

图3-37 设置页面排列　　图3-38 页面排列的对齐方式对比

● 页面填充：可以为页面设置填充，填充方式有“颜色”和“图像”两种。

为了实现更丰富的页面效果，用户可以为页面设置“颜色”填充和“图像”填充，如图3-39所示。单击“设置颜色”图标，打开拾色器面板，如图3-40所示。用户可以选择任意一种颜色作为页面的背景颜色。

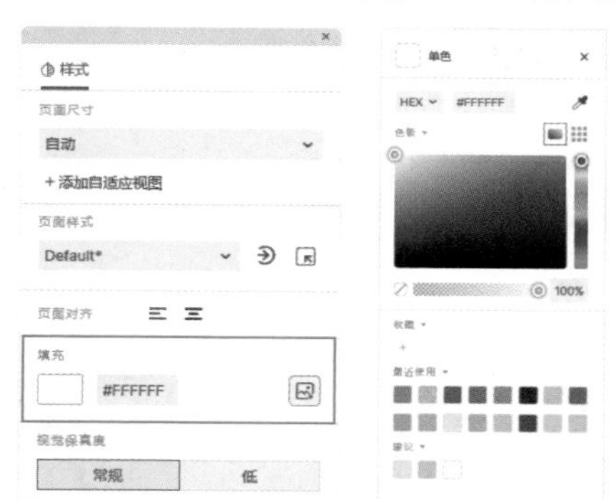

图3-39 设置填充　　图3-40 拾色器面板

Tips

页面背景颜色目前只支持纯色填充，不支持线性渐变和径向渐变填充。

单击“设置图像”图标，打开如图3-41所示的面板。单击“选择图片”按钮，选择一张图片作为页面的背景，如图3-42所示。单击图片缩略图右上角的图标，即可清除已选中的图片背景，如图3-43所示。

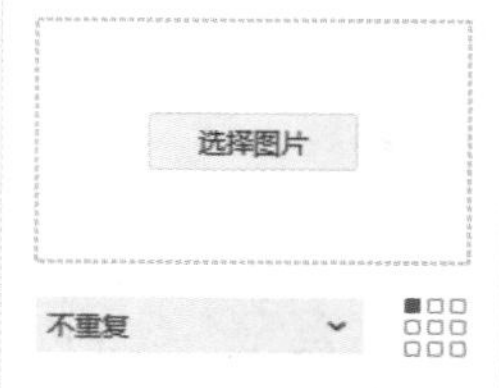

图3-41 设置图片填充　　图3-42 图片填充效果　　图3-43 清除图片背景

默认情况下，图片填充的范围为Axure RP 10的整个工作区，如图3-44所示，填充方式为“不重复”。单击右侧的重复背景图片图标，可以在打开的下拉列表框中选择其他填充方式，如图3-45所示。

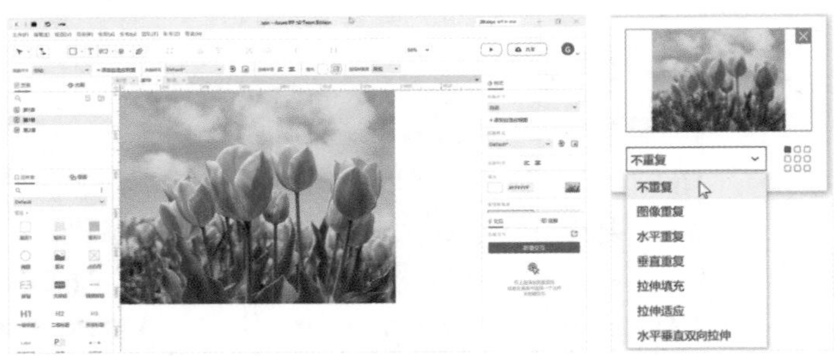

图3-44 图片填充范围　　图3-45 其他填充方式

- 不重复：图片将作为背景显示在工作区内。
- 图像重复：图片在水平和垂直两个方向上重复，覆盖整个工作区，如图3-46所示。
- 水平重复：图片在水平方向上重复，如图3-47所示。

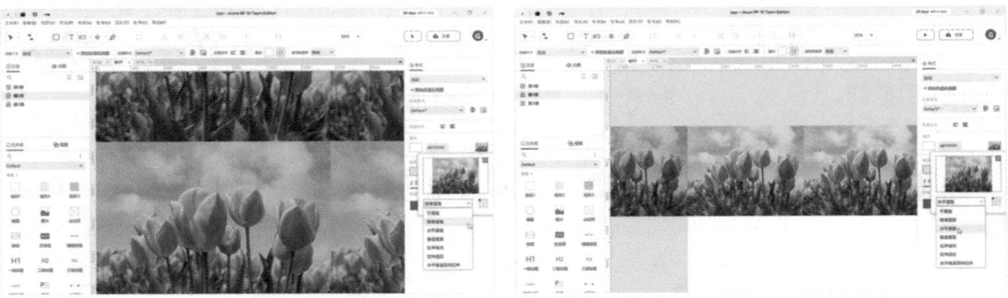

图3-46 图像重复　　图3-47 水平重复

- 垂直重复：图片在垂直方向上重复，如图3-48所示。
- 拉伸填充：图片等比例缩放填充整个页面，如图3-49所示。

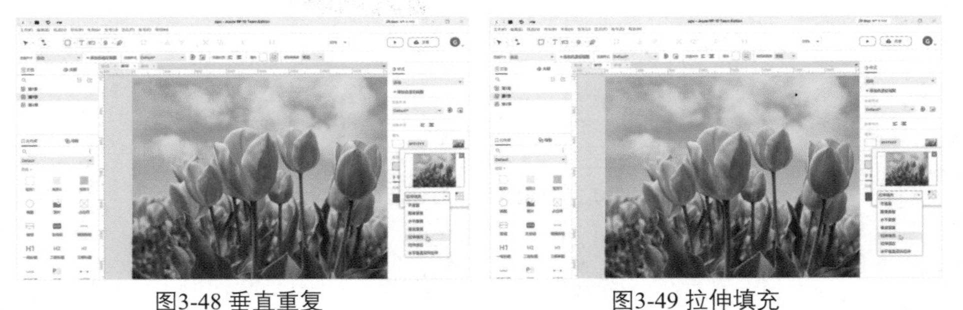

图3-48 垂直重复　　图3-49 拉伸填充

- 拉伸适应：图片等比例缩放置于工作区，如图3-50所示。
- 水平垂直双向拉伸：图片自动缩放填充整个工作区，如图3-51所示。

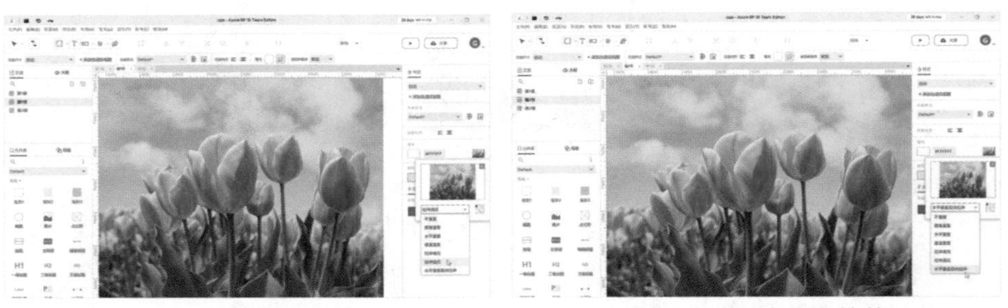

图3-50 拉伸适应　　图3-51 水平垂直双向拉伸

用户通过单击"对齐"选项的9个方框，可以将背景图片显示在页面的左上、顶部、右上、左侧、居中、右侧、左下、底部和右下位置。图3-52所示为将背景图片放置在右下位置。

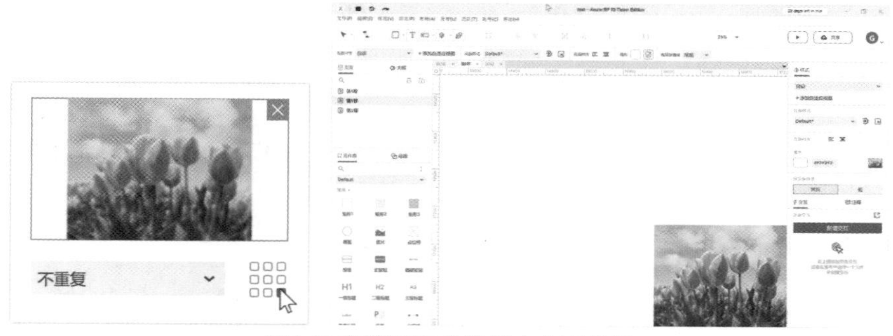

图3-52 将背景图片放置在右下位置

并不是所有的图片格式都能被应用为页面背景。目前，Axure RP 10 中的背景图片只支持 GIF、JPG、JPEG、PNG、BMP、SVG、XBM 和 ART 等格式。

● 低保真度：单击即可将工作界面中的产品原型设置为低保真模式。

一个完整的项目原型，通常包含很多图片和文本素材。为了获得更好的预览效果，很多图片采用了分辨率较高的图片素材，而过多的素材会影响整个项目原型的制作流畅度。Axure RP 10为用户提供了低保真度模式，以解决由于制作内容过多而导致制作过程中出现卡顿问题。

单击"样式"面板底部"视觉保真度"选项下的 低 图标，即可进入低保真度模式。页面中的图片素材将以灰度模式显示，英文文本将替换为手写字体形式，如图3-53所示。

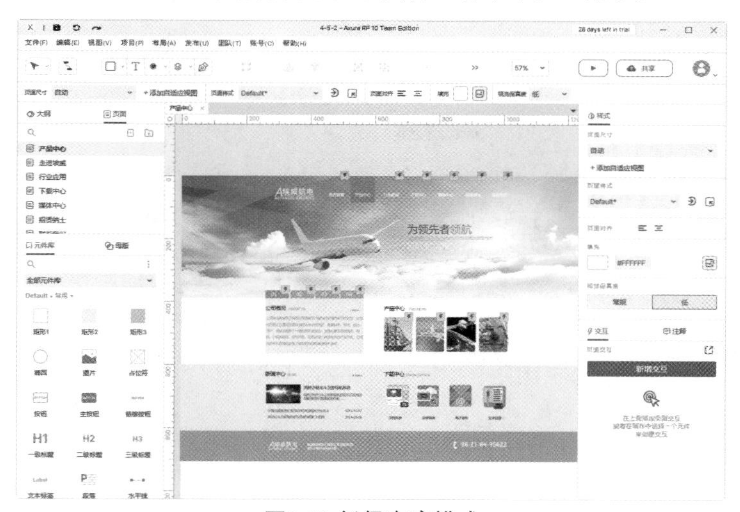

图3-53 低保真度模式

3.3.3 页面注释

用户可以在"注释"面板中为页面或页面中的元件添加注释，方便其他用户理解和修改，如图3-54所示。

用户可以直接在"页面概述"文本框中输入注释内容，如图3-55所示。单击右侧的格式图标 A ，显示格式化文本参数，用户可以设置注释文字的字体、加粗、斜体、下画线、文本颜色和项目符号等参数，如图3-56所示。

图3-54 “注释”面板　　图3-55 输入注释内容　　图3-56 格式化文本参数

如果需要添加多个注释，可以单击页面名称右侧的⚙图标，弹出“注释字段和字段集”对话框，如图3-57所示。可以在该对话框中分别添加编辑元件注释、编辑元件字段集和编辑页面注释，单击“添加”选项，即可添加一个对应的注释，如图3-58所示。

图3-57 “注释字段和字段集”对话框

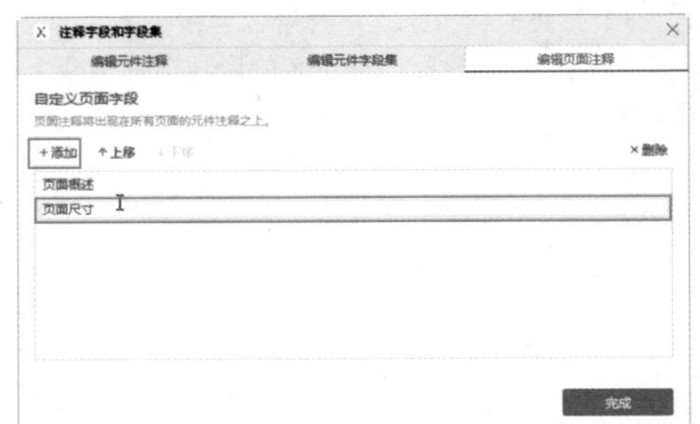

图3-58 添加页面注释

单击“完成”按钮，即可在“注释”面板中添加页面注释，如图3-59所示。当页面中同时有多个注释时，用户可以在“注释字段和字段集”对话框中完成注释的上移、下移和删除操作，如图3-60所示。

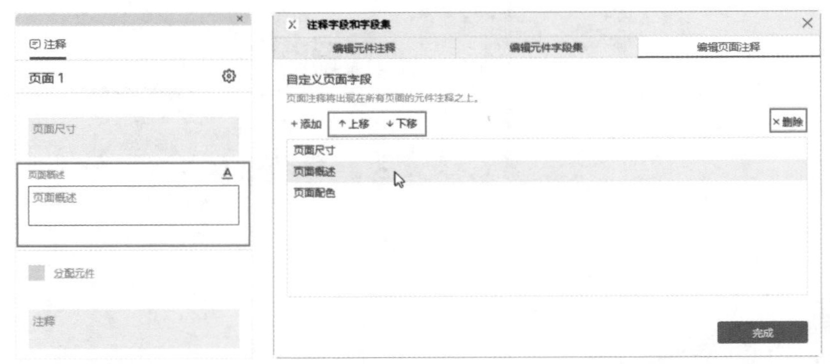

图3-59 新添加的页面注释　　图3-60 上移、下移和删除注释

单击“注释”面板中的“分配元件”选项，在打开的下拉列表框中选择要添加注释的元件，即可在下面的文本框中为元件添加注释，如图3-61所示。添加注释后的元件的右上角将显示序列数字，该数字与

“注释”面板中显示的数字一致，如图3-62所示。

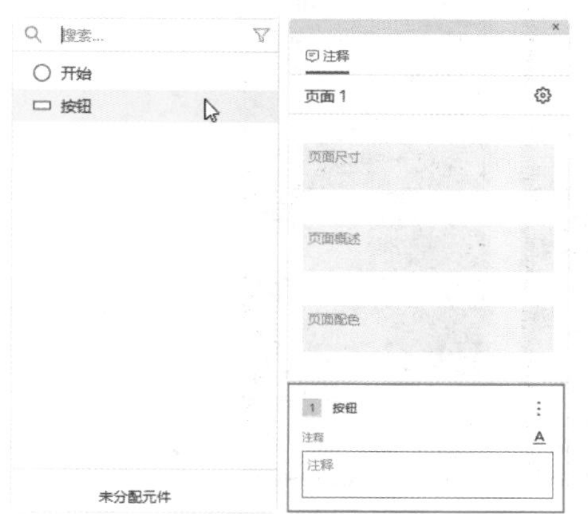

图3-61 添加元件注释

图3-62 显示序列数字

单击“注释”面板底部的“包含文本和/或文本交互”图标，打开如图3-63所示的下拉列表框。用户可以根据元件的使用情况，选择是否显示元件文本和交互内容，如图3-64所示。

选择“包含元件文本和交互”选项，当为元件添加注释后，单击该元件，将自动在“注释”面板中显示注释内容，如图3-65所示。

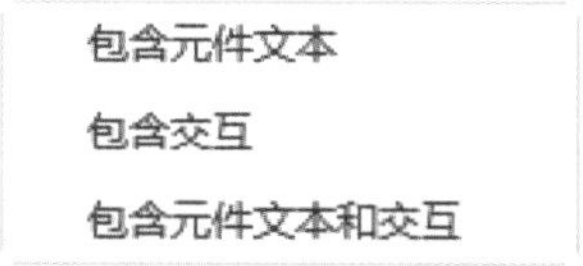

包含元件文本

包含交互

包含元件文本和交互

图3-63 下拉列表框

图3-64 显示元件文本和交互内容 图3-65 显示注释内容

3.4 自适应视图

早期的输出终端只有显示器，而且显示器屏幕的分辨率基本上都是一种或者两种，用户只需基于某个特定的尺寸进行设计即可。

随着移动技术的快速发展，出现了越来越多的移动终端设备，如智能手机、平板电脑等。这些设备的屏幕尺寸多种多样，而且由于品牌不同，其显示屏幕的尺寸也不相同，这给移动设计师的设计工作带来了更多难题。

为了使一个为特定屏幕尺寸设计的页面能够适合所有屏幕尺寸的终端，需要对之前所有的页面进行重新设计，还要考虑兼容性问题，并投入大量的人力、物力，而且后续还要对所有不同屏幕的多个页面进行同步维护，非常烦琐。

图3-66所示为苹果手机和华为手机的屏幕尺寸对比。

图3-66 两种手机屏幕尺寸对比

为了使页面原型在不同尺寸的终端屏幕上都能正常显示，Axure RP 10为用户提供了自适应视图功能。用户可以在自适应视图中定义多个屏幕尺寸，当在不同的屏幕尺寸上浏览时，页面的样式或布局会自动发生变化。

Tips

自适应视图中最重要的概念是集成，因为它在很大程度上解决了维护多个页面的效率问题。其中，每个页面都会为了一个特定尺寸的屏幕而做优化设计。

自适应视图中的元件会从父视图中集成样式（如位置、大小）。如果修改了父视图中的按钮颜色，所有子视图中的按钮颜色也会随之改变。但如果改变了子视图中的按钮颜色，父视图中的按钮颜色不会改变。

单击“样式”面板中的“添加自适应视图”选项，如图3-67所示，弹出“自适应视图”对话框，如图3-68所示。

图3-67 添加自适应视图

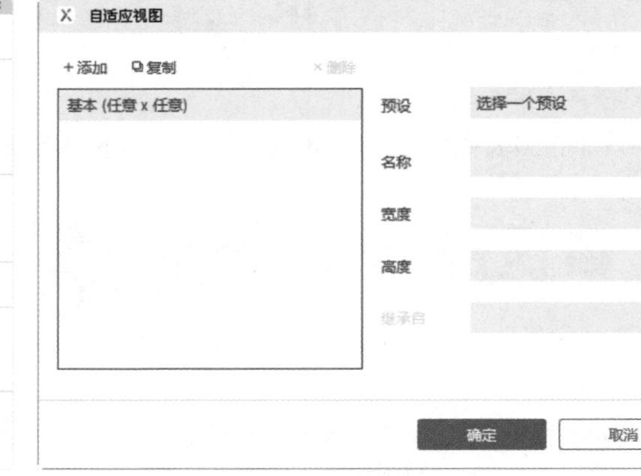

图3-68 “自适应视图”对话框

“自适应视图”对话框中默认包含一个基本的适配选项，通过它可以设置最基础的适配尺寸。

单击“预设”选项后面的⌄图标，用户可以在打开的下拉列表框中选择系统提供的预设尺寸，如图3-69所示。选择“iPhone 8（375×667）”选项，“自适应视图”对话框如图3-70所示。

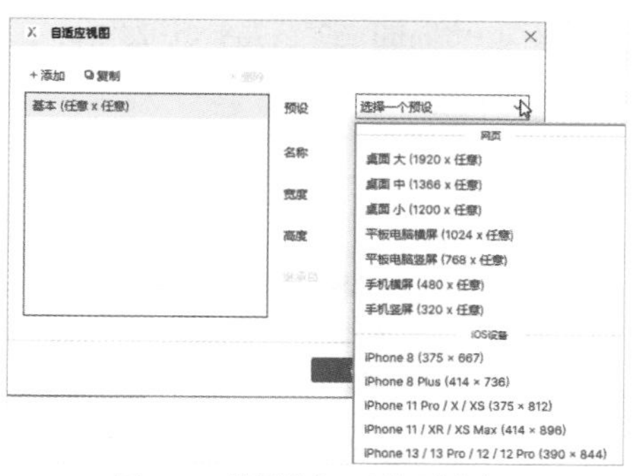

图3-69 “预设”下拉列表框

图3-70 “自适应视图”对话框

Tips

如果用户在“预设”下拉列表框中无法找到想要的尺寸，可以直接在下面的“宽度”和“高度”文本框中输入数值。

单击“自适应视图”对话框左上角的“添加”按钮，即可添加一种新视图，新视图的各项参数可以在“自适应视图”对话框的右侧设置，如图3-71所示。在设置相似视图时，可以先单击“复制”按钮复制选中的选项，然后通过修改数值得到想要的项目，“继承自”文本框中将显示当前适配选项的来源，如图3-72所示。

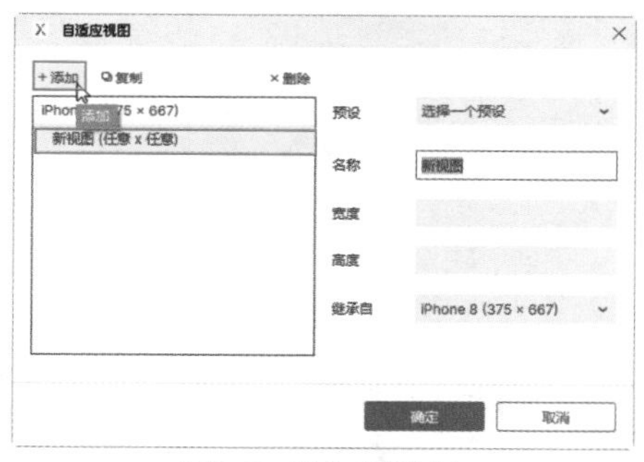

图3-71 添加新视图

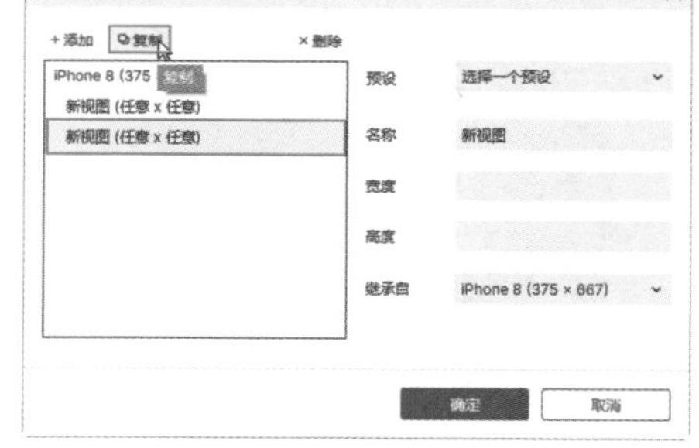

图3-72 复制视图

应用案例 设置自适应视图

源文件：源文件\第3章\设置自适应视图.rp 视频：视频\第3章\设置自适应视图.mp4

STEP 01 使用各种元件创建如图3-73所示的页面效果。单击“样式”面板中的“添加自适应视图”选项，在弹出的“自适应视图”对话框中单击“添加”按钮，在“预设”下拉列表框中选择“iPhone 11/XR/XS Max（414×896）”选项，如图3-74所示。

图3-73 创建页面效果

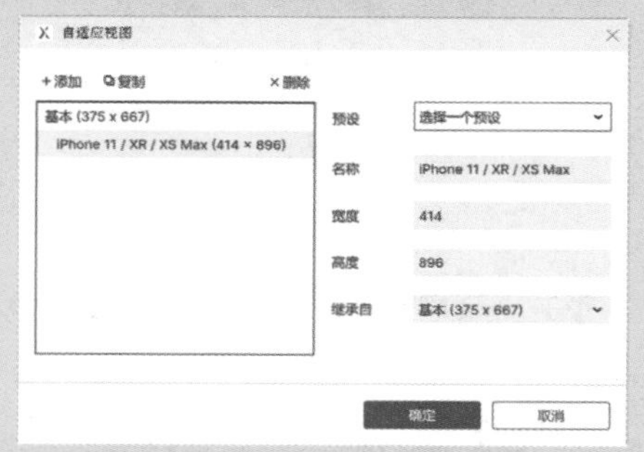

图3-74 选择预设选项

STEP 02 再次单击“添加”按钮，在“预设”下拉列表框中选择“iPad mini 7.9”（768×1024）选项”，如图3-75所示。单击“确定”按钮，页面效果如图3-76所示。

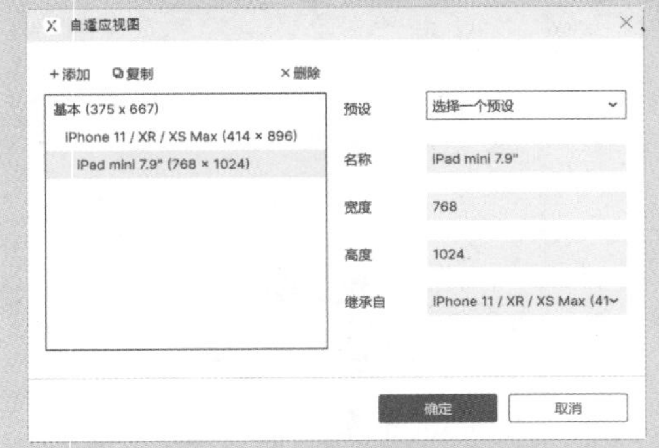

图3-75 选择预设选项

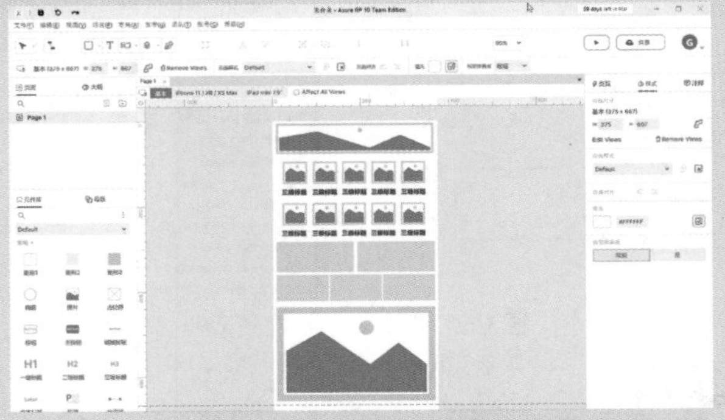

图3-76 添加自适应图后的页面效果

STEP 03 单击工作区顶部的“iPhone 11/XR/XS Max（414×896）”选项卡，页面效果如图3-77所示。取消选择“Affect All Views（影响所有视图）”复选框，调整元件的大小和分布，页面效果如图3-78所示。

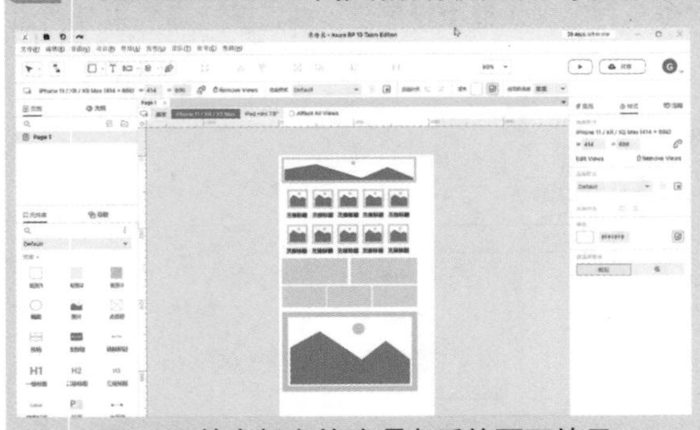

图3-77 单击相应的选项卡后的页面效果

图3-78 调整元件大小和分布后的页面效果

STEP 04 单击工作区顶部的“iPad mini 7.9”（768×1024）”选项卡，调整元件的大小和分布，页面效果如图3-79所示。

STEP 05 单击工具栏中的“预览”按钮，在浏览器中浏览页面。单击浏览器左上角的“iPhone 11 /XR/XS Max（414×896）”选项，在下拉列表框中选择不同的页面设置选项，预览页面效果如图3-80所示。

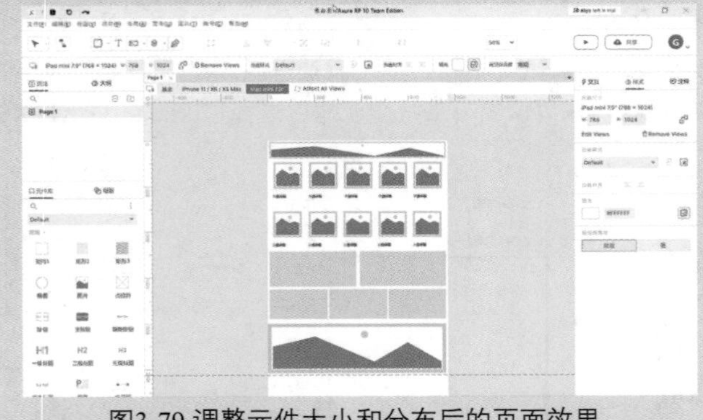

图3-79 调整元件大小和分布后的页面效果

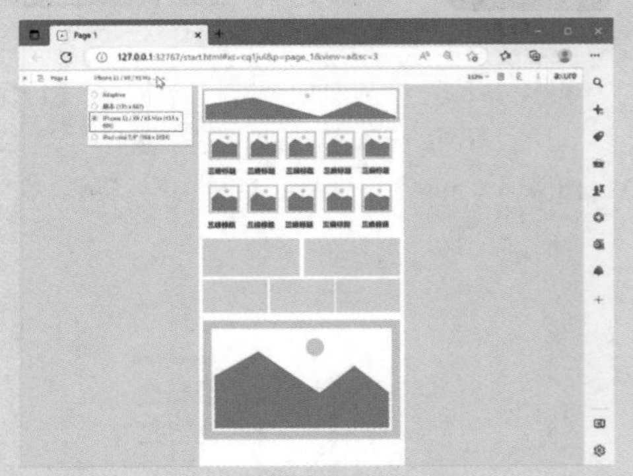

图3-80 预览页面效果

Tips

在修改不同视图尺寸中的对象的显示效果时，如果选择了“Affect All Viewsc（影响所有视图）”复选框，则修改对象时会影响全部的视图效果。

3.5 图表类型

为了便于用户管理页面，Axure RP 10将页面分为普通页面和流程图页面两种类型，并提供了不同的图标。图3-81所示为普通页面的图标，图3-82所示为流程图页面的图标。

图3-81 普通页面图标　图3-82 流程图页面图标

选择需要转换类型的页面，单击鼠标右键，在弹出的快捷菜单中选择“图表类型”子菜单中的命令，即可更改页面的图表类型，如图3-83所示，页面效果如图3-84所示。

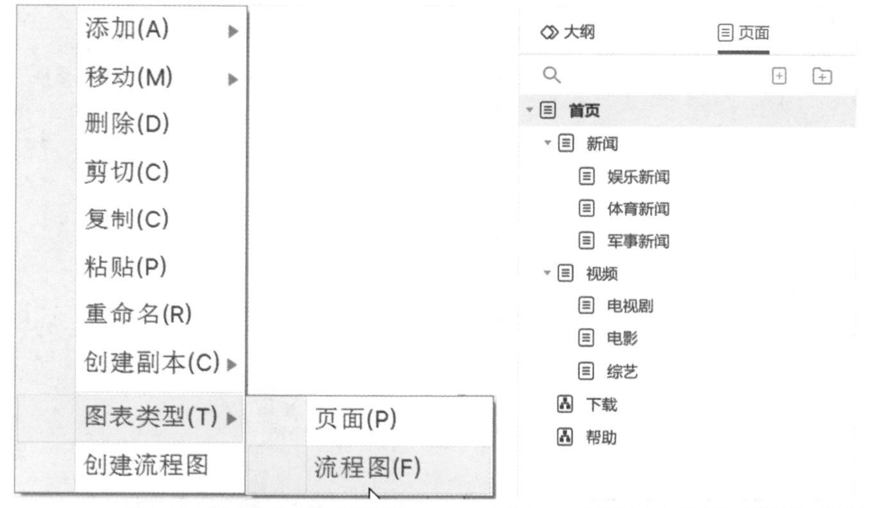

图3-83 “图表类型”子菜单　图3-84 更改图表类型后的页面效果

3.6 创建流程图

用户完成产品原型的制作后，可以在“页面”面板中查看产品原型设计的页面结构，并将页面结构创建为流程图，方便设计师和项目团队中的人员对上层领导或客户进行简单的讲解说明与展示。

3.6.1 创建流程图的方法

设计完成一个原型的页面后，通常需要把它生成对应结构的原型结构图。单击鼠标右键，在弹出的快捷菜单中选择“创建流程图”命令，如图3-85所示，即可生成流程图。

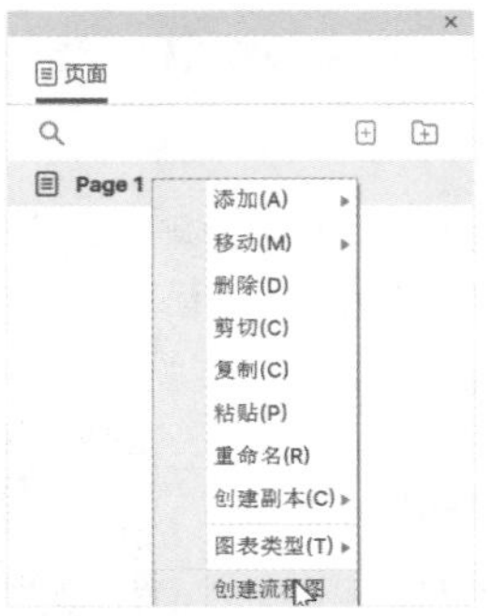

图3-85 选择“创建流程图”命令

应用案例 创建流程图

源文件：源文件\第3章\创建流程图.rp　　视频：视频\第3章\创建流程图.mp4

STEP 01 新建一个文件并完成原型页面的创建，选择“首页”页面，单击鼠标右键，在弹出的快捷菜单中选择“添加>在上方添加页面”命令，如图3-86所示，在“首页”上方新建一个页面。

STEP 02 修改名称为“流程图”，单击鼠标右键，在弹出的快捷菜单中选择“图表类型＞流程图”命令，页面效果如图3-87 所示。

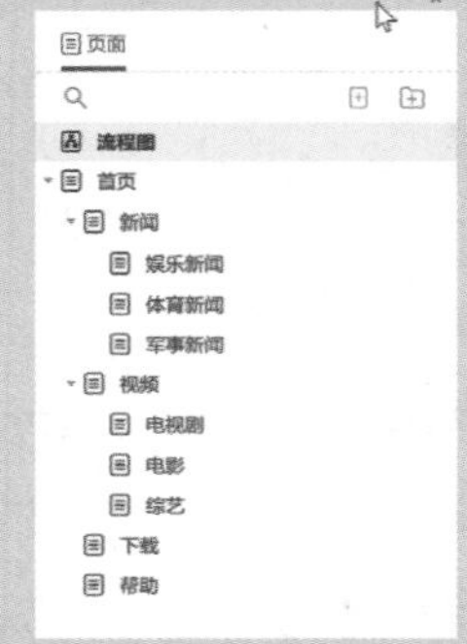

图3-86 选择“在上方添加页面”命令　　图3-87 转换为流程图

STEP 03 双击“流程图”选项，进入“流程图”页面。选中“首页”页面，单击鼠标右键，在弹出的快捷菜单中选择“创建流程图”命令，弹出“创建流程图”对话框，如图3-88所示。

STEP 04 选中“标准”单选按钮，单击“确定”按钮，在“流程图”页面中创建流程图，效果如图3-89所示。

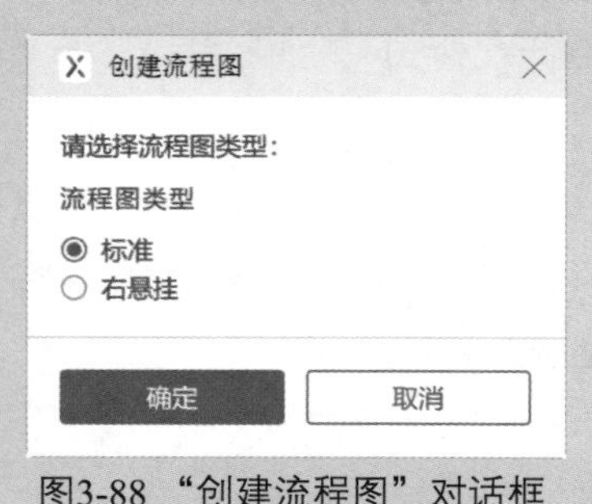

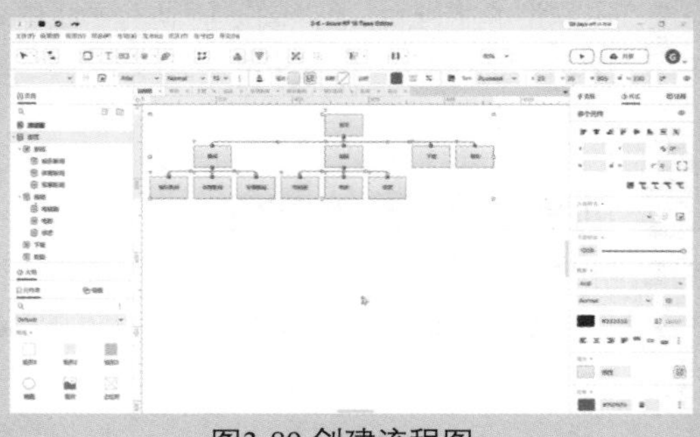

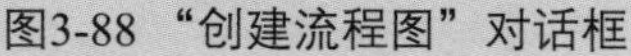

图3-88 “创建流程图”对话框　　图3-89 创建流程图

3.7 组合对象

制作产品原型时，通常包括很多元素。为了方便用户操作和管理，可以将相同类型的对象组合在一起。

3.7.1 组合对象的方法

选中需要组合的对象，如图3-90所示。执行“布局 > 组合”命令或单击工具栏中的“组合”按钮，即可完成组合操作，如图3-91所示。双击该组合，可以进入单一编辑模式，对组合内的任一元件进行编辑。

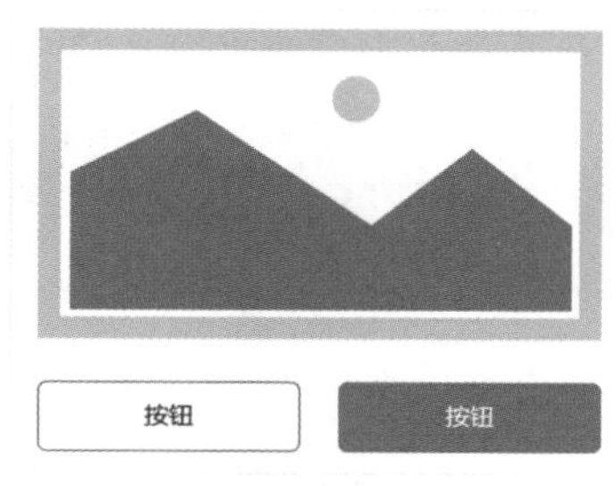

图3-90 选中多个对象

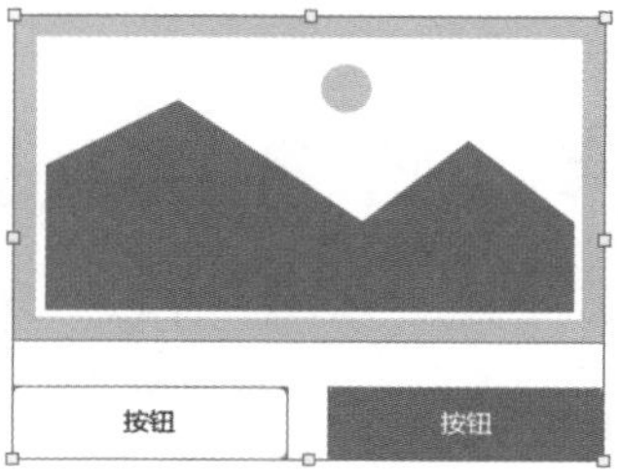

图3-91 组合对象

用户也可以在选中的多个对象上单击鼠标右键，在弹出的快捷菜单中选择“组合”命令，如图3-92所示，即可将选中的多个对象组合在一起。

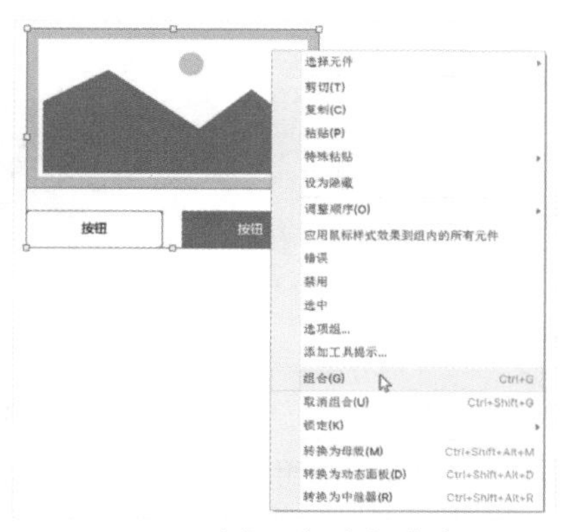

图3-92 选择“组合”命令

Tips

组合后的对象将作为一个整体参与制作，可以一起完成移动、缩放、隐藏、排列、锁定和添加样式等操作。

3.7.2 取消组合

选中一个组合，执行“布局 > 取消组合”命令或单击工具栏中的“取消组合”按钮，即可将当前组合分散为单一元件。

用户也可以在组合对象上单击鼠标右键，在弹出的快捷菜单中选择“取消组合”命令，如图3-93所示，即可将组合中的多个对象恢复为独立对象。

图3-93 选择“取消组合”命令

3.8 锁定对象

当页面中的内容过多时，可以选择将某些元件锁定，避免误操作或影响其他元件的操作。选择要锁定的对象，执行“布局 > 锁定 > 锁定位置和尺寸”命令或单击工具栏中的“锁定位置和尺寸”按钮，即可完成锁定操作，如图3-94所示。

锁定的对象以红线显示，不能被选择和编辑，如图3-95所示。该功能常被用来锁定背景、锁定母版等操作。

图3-94 执行“锁定位置和尺寸”命令　　图3-95 锁定后的效果

执行“布局 > 锁定 > 解锁位置和尺寸”命令或单击工具栏中的“解锁位置和尺寸”按钮，即可完成取消锁定操作，如图3-96所示。

图3-96 执行“解锁位置和尺寸”命令

3.9 隐藏对象

为了避免个别元件影响整个页面的显示效果和操作，可以选择将其暂时隐藏起来，需要时再将其显示出来即可。

选择要隐藏的对象，单击工具栏中的“隐藏元件”按钮或“样式”面板中的“隐藏”按钮，即可将当前对象隐藏，如图3-97所示。再次单击“显示元件”按钮，即可显示被选中的隐藏对象。

图3-97 隐藏对象

用户也可以选中想要隐藏的对象，单击鼠标右键，在弹出的快捷菜单中选择“设为隐藏”命令，即可将元件隐藏，如图3-98所示。

隐藏后的对象呈现为淡黄色，效果如图3-99所示。再次单击鼠标右键，在弹出的快捷菜单中选择“设为可见”命令，即可显示隐藏对象。

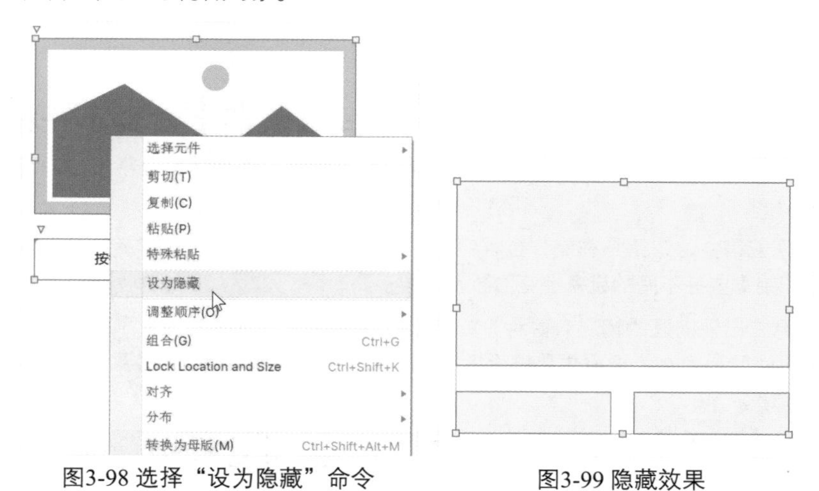

图3-98 选择“设为隐藏”命令　　图3-99 隐藏效果

3.10 答疑解惑

页面管理是用户使用Axure RP 10设计制作产品原型的基础，只有创建出清晰明了的页面结构，才能制作出效果准确的原型作品。

3.10.1 保留页面文本的旧版本

在设计制作产品原型的过程中，为了满足不同的用户需求，完成的原型设计往往有多个版本。为了

对比不同版本的优劣，设计师通常需要回到产品原型的旧版本中。在Axure RP 10中，追踪旧版本非常容易。

设计师通常会创建一个名为“Bin”的文件夹，将旧版本的页面放在文件夹中，这样当用户需要返回寻找时就非常容易。

当需要导出产品原型时，只需选择导出原型中合理、优秀的部分即可，不需要全选页面，如图3-100所示。这样既可以向客户分享一个简洁的版本，也可以随时访问旧版本。

图3-100 选择需要导出的部分

3.10.2 如何处理原型中的文字在不同浏览器上效果不一样的情况

一个产品原型在不同的浏览器中，用户看到的效果也不一样，这种情况经常发生，特别是文字的间距和位置。

为了避免出现差错，建议用户在制作过程中不断地使用不同的浏览器查看产品原型效果，如果是移动端的产品原型，则需要在不同的设备上查看预览效果。

前面提到的经常出现问题的情况有两种，分别是文字环绕和垂直间距。为了防止文本框从环绕变成一行，最安全的方法就是为文本框提供足够大的空间，如图3-101所示。如果需要编辑这个文本框，则不用改变文本框的大小。

图3-101 设置文本

垂直间距可以看出浏览器和Axure RP 10之间的不同。用户可以在Axure RP 10中微调间距，直到文本在浏览器中看起来效果很好，当然，确定文本位置的唯一方法就是把文字转换成图形。

作为设计师，即使永远不能消除Axure RP 10和浏览器之间所有的差异，也要尽可能地做到减少差异。

3.11 总结扩展

页面管理是使用Axure RP 10制作产品原型的基础，通过学习本章知识，读者应该掌握页面管理的基本操作和技巧。

3.11.1 本章小结

本章主要针对Axure RP 10中页面的新建与管理进行学习，通过学习读者应该掌握新建页面的方法、页面管理的技巧、页面编辑区的设置与优化和自适应视图等内容。同时，还要掌握生成流程图的方法和技巧，以及组合对象、锁定对象和隐藏对象等操作。

通过学习本章内容，读者能够对Axure RP 10的页面管理有一个全新的认识，并将所学知识点进行归纳总结，应用到实际工作中。

3.11.2 举一反三——使用元件制作一个标签面板

本案例将使用元件完成一个标签面板的制作，制作过程中要思考页面的创建和对象操作的要点，并熟练地应用到实际操作中。

源文件：	源文件\第3章\使用元件制作一个标签面板.rp
视频文件：	视频\第3章\使用元件制作一个标签面板.mp4
难易程度：	★☆☆☆☆
学习时间：	5分钟

❶ 新建一个页面，并修改其颜色为灰色。	❷ 将“元件”面板中的“矩形1”元件拖入到页面中。

	体育新闻 娱乐新闻 农业新闻
③多次将“矩形1”元件拖入到页面中，并调整其大小和位置。	④将“文本标签”元件拖入到页面中，输入文字并修改文字的大小。

读书笔记

第4章 使用元件

元件是Axure RP 10中制作原型的最小单位，熟悉每个元件的使用方法和属性是制作作品的前提。本章将针对“元件库”面板中的常用元件、互动元件、表单元件、菜单和表格元件、标记元件和流程图元件的使用等进行详细介绍。通过学习，读者应掌握元件的使用方法和技巧，并能够熟练地应用到实际工作中。

本章学习重点

第 94 页
使用中继器制作产品页面

第 105 页
美化树状菜单的图标

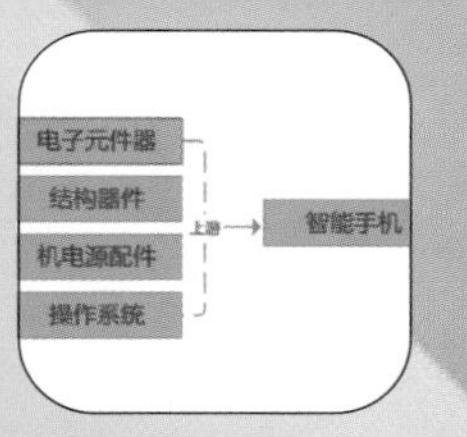

第 111 页
制作手机产业流程图

第 122 页
使用“钢笔工具”绘制图形

4.1 “元件库”面板

Axure RP 10的元件都位于“元件库”面板中，“元件库”面板默认位于工作界面的左侧，如图4-1所示。

“元件库”面板中默认显示Default（预设）元件库，Default（预设）元件库将元件按照种类分为常用、互动、表单、菜单和表格、标记5种元件类型，如图4-2所示。

图4-1 “元件库”面板　　图4-2 Default（预设）元件库

单击“全部元件库”选项，用户可以在打开的下拉列表框中选择其他的元件库。默认情况下，Axure RP 10为用户提供了5个元件库，如图4-3所示。选择“Flow”（流程图）选项，“元件库”面板将只显示Flow元件库，如图4-4所示。

图4-3 5个元件库　　图4-4 Flow元件库

Tips

每种类型的元件库选项右侧都有一个黑色三角形，三角形向右时，代表当前选项下有隐藏选项；三角形向下时，代表已经显示了所有隐藏选项。用户可以通过单击元件库选项来切换显示和隐藏元件库选项。

单击“元件库”顶部的“搜索元件”图标，图标后面将显示一个搜索栏，用户在搜索栏中输入想要搜索的元件名，即可快速将其显示在面板中，如图4-5所示。再次单击“搜索元件”图标，搜索栏将隐藏。

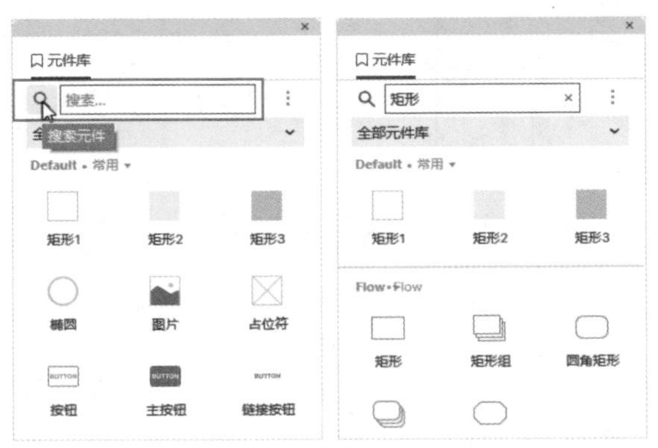

图4-5 搜索元件

4.2 基本元件

Default元件库中包含了一些制作原型所必需的基本元件，接下来将逐一进行介绍。

4.2.1 常用元件

Axure RP 10共提供了16个常用元件，如图4-6所示。将鼠标指针移动到元件上，元件右上角将出现一个问号图标，单击该图标将弹出该元件的操作提示，如图4-7所示。

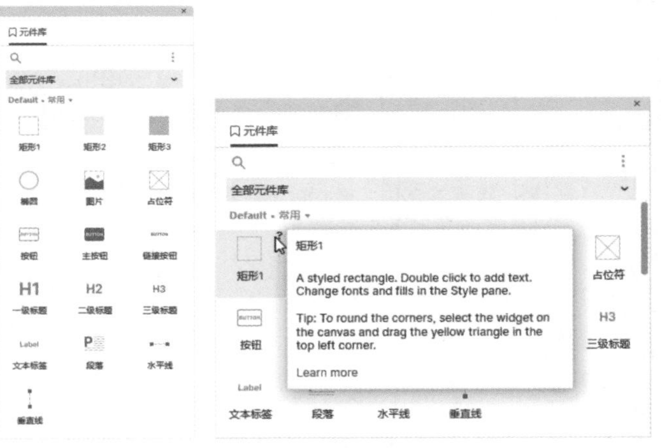

图4-6 常用元件　　　　图4-7 元件的操作提示

1. 矩形

Axure RP 10共提供了3个矩形元件，分别命名为矩形1、矩形2和矩形3，如图4-8所示。这3个元件没有本质的不同，只是在边框和填充方面略有不同，方便用户在不同的情况下选择使用。

图4-8 3个矩形元件

选择“矩形”元件，拖曳元件左上角的三角形，可以将其更改为圆角矩形，如图4-9所示。用户可以在“样式”面板的“圆角半径”文本框中输入半径值，从而获得不同的圆角矩形效果，如图4-10所示。

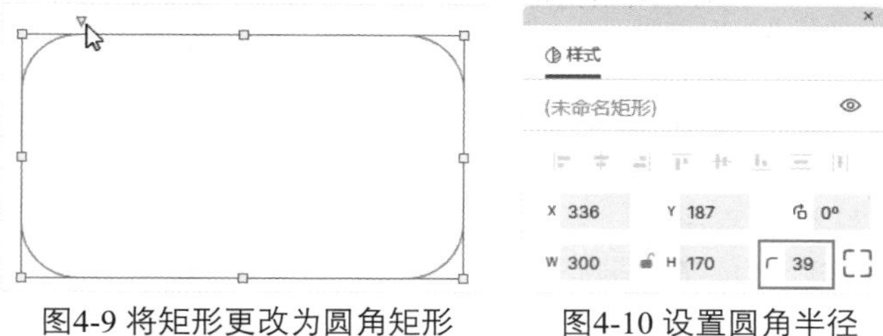

图4-9 将矩形更改为圆角矩形　　图4-10 设置圆角半径

用户还可以通过单击“样式”面板的“取消圆角”按钮，单独设置矩形的某一个边角为圆角或直角，如图4-11所示。

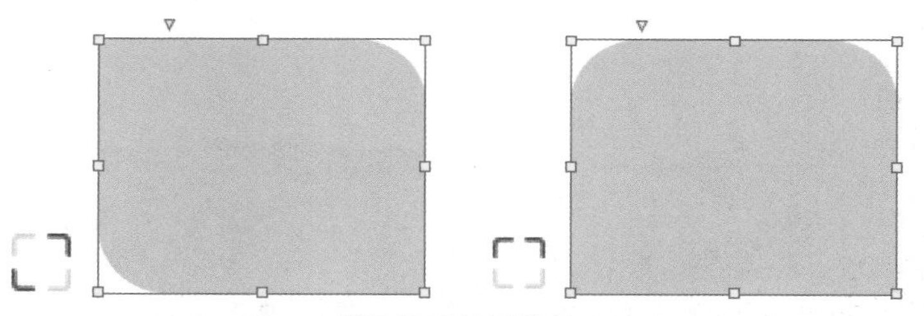

图4-11 单独设置矩形的某个边角

用户也可以单击工具栏中的“矩形”按钮或者按【Ctrl+Shift+B】组合键，如图4-12所示。在页面中拖曳绘制一个任意尺寸的矩形。绘制过程中右侧会显示矩形的尺寸参数和位置信息，如图4-13所示。

图4-12 单击“矩形”按钮　　图4-13 显示矩形的尺寸参数和位置信息

2. 椭圆

椭圆元件与矩形元件的绘制方法相同，选择“椭圆”元件，直接将其拖曳到页面中即可完成一个圆形元件的创建。用户可以单击工具栏中的“矩形”按钮右侧的图标，在打开的下拉列表框中选择“椭圆”选项或者按【Ctrl+Shift+E】组合键，在页面中拖曳绘制一个任意尺寸的圆形。

3. 图片

Axure RP 10的图片支持功能非常强大，选择“图片”元件，将其拖曳到页面中，效果如图4-14所示。双击“图片”元件，在弹出的“打开”对话框中选择图片，单击“打开”按钮，即可打开图片，效果如图4-15所示。

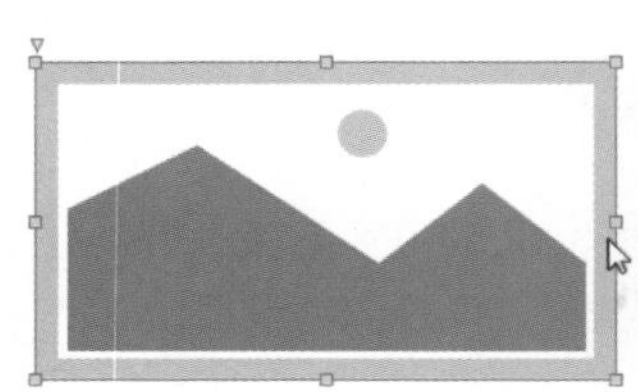

图4-14 “图片”元件效果

图4-15 打开图片的效果

Tips

需要注意的是，打开的图片将以原始尺寸显示，用户可以通过拖曳边角的控制点对其进行缩放操作。

用户也可以单击工具栏中的“矩形”按钮右侧的图标，在打开的下拉列表框中选择“图片”选项，在弹出的“打开”对话框中选择要插入的图片，单击“打开”按钮，完成图片的插入操作。

拖曳图片左上角的三角形，可以实现圆角图片的效果，如图4-16所示。

图4-16 圆角图片效果

在“图片”元件上单击鼠标右键，在弹出的快捷菜单中选择“编辑文本”命令，如图4-17所示。用户可以直接在图片上输入或编辑文本内容，如图4-18所示。

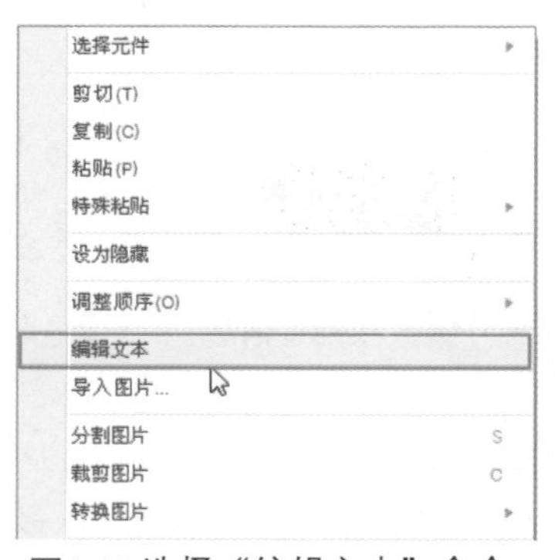

图4-17 选择“编辑文本”命令

图4-18 输入或编辑文本内容

在Axure RP 10中，可以使用裁剪工具对图片进行裁剪操作。单击工具栏或者“样式”面板中的“裁剪”按钮，工作区将转换为“裁剪图片”模式，图片四周出现选框，如图4-19所示。工作区顶部的蓝色工具条上有“裁剪”“复制”“剪切”“关闭”4个选项，如图4-20所示。

图4-19“裁剪图片”模式

Cropping Image 裁剪 复制 剪切 关闭 ×

图4-20 工具条中的4个选项

拖曳调整图片边缘的选框，如图4-21所示。单击“裁剪”按钮或者在图片上双击，即可完成图片的裁剪操作，效果如图4-22所示。

图4-21 拖曳调整图片边缘的选框

图4-22 裁剪图片效果

单击“复制”按钮，可将选框中的内容复制到内存中，如图4-23所示。单击“剪切”按钮，可将选框中的内容剪切到内存中，如图4-24所示。通常复制和剪切操作会配合粘贴操作使用。单击“关闭”按钮，将取消本次裁剪操作。

图4-23 复制选框内容

图4-24 剪切操作

如果图片较大，可能会影响原型的预览速度，此时可以将一张大图分割为多张小图。单击“样式”面板中的“分割”按钮，如图4-25所示。

图4-25 单击“分割”按钮

进入“分割图片”模式，页面中出现一个“十”字形的虚线，如图4-26所示。在图片上单击，即可完成分割操作，如图4-27所示。

图4-26 “分割图片”模式

图4-27 分割图片

用户可以单击右上角的按钮选择十字切割、横向切割和纵向切割，如图4-28所示。多次切割，删除多余的部分，得到如图4-29所示的图片效果。

图4-28 选择分割模式

图4-29 分割效果

用户缩放图片时，如果图片具有圆角效果，缩放时圆角效果将一起缩放，这会破坏图片的美观性，如图4-30所示。单击“样式”面板中的“固定边角”按钮，图片四周出现边角标记，拖曳标记可以控制缩放图片时图片边角固定的范围，如图4-31所示。

图4-30 缩放破坏边角美观性

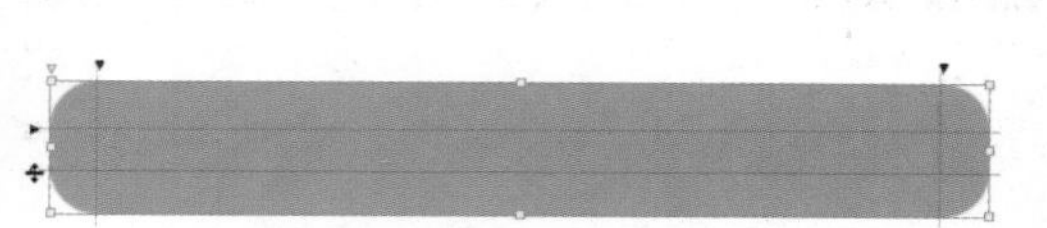

图4-31 调整边角固定的范围

当缩放调整图片大小时，图片边角将不会随图片的缩放而缩放，如图4-32所示。

图4-32 缩放图片时边角不缩放的效果

单击“样式”面板中的“适应图像”按钮，可以使缩放调整后的图片恢复原始尺寸。

单击“样式”面板中的“调整颜色”按钮，在弹出的对话框中选择“调整颜色”复选框，如图4-33所示。用户可以对图片的“色调”“饱和度”“亮度”“对比度”进行调整，蓝色按钮调整颜色后的效果如图4-34所示。

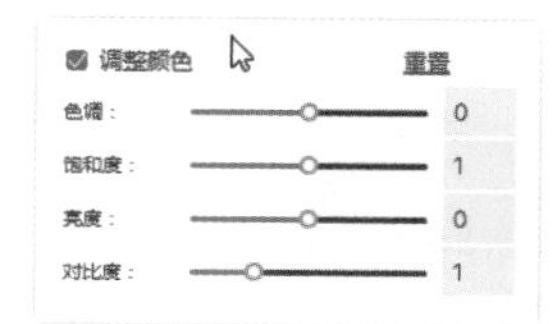

图4-33 选择“调整颜色”复选框

图4-34 调整颜色后的效果

在图片上单击鼠标右键，用户可以在弹出的快捷菜单中选择“转换图片”子菜单中的命令，如图4-35所示。

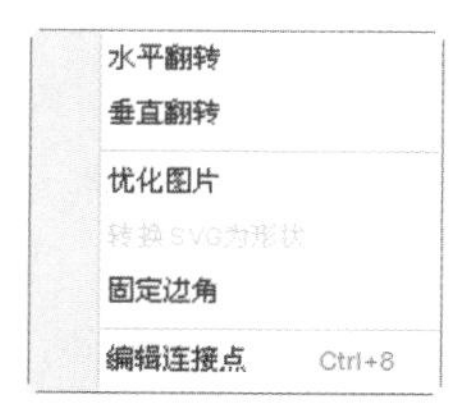

图4-35 选择相应的命令

- 水平翻转/垂直翻转：执行该命令，可在水平或垂直方向上翻转图片。
- 优化图片：执行该命令，Axure RP 10将自动优化当前图片，降低图片质量，提高下载速度。
- 转换SVG为形状：执行该命令，会将SVG图片转换为形状图片。
- 固定边角：此命令与“样式”面板中的“固定边角”按钮的作用相同。
- 编辑连接点：执行该命令，图片四周将会出现4个连接点，如图4-36所示。用户可以拖曳调整连接点的位置，如图4-37所示。

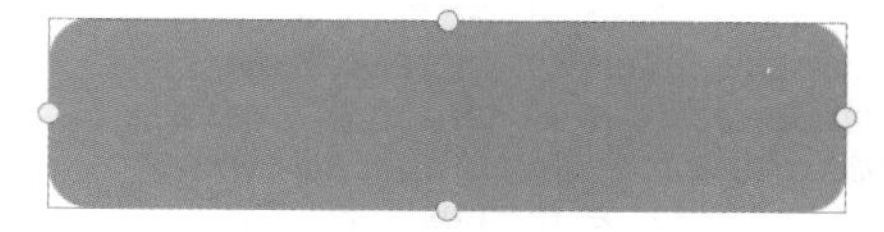
图4-36 4个连接点

图4-37 调整连接点的位置

Tips

在图片上单击，即可为图片添加一个连接点。选中一个连接点，按【Delete】键，即可删除连接点。

4. 占位符

占位符元件没有实际意义，只是作为临时占位的元件存在。当用户需要在页面上预留一块位置，但是还没有确定要放置什么内容时，可以选择先放置一个占位符元件。

选择“占位符”元件，将其拖曳到页面中，效果如图4-38所示。

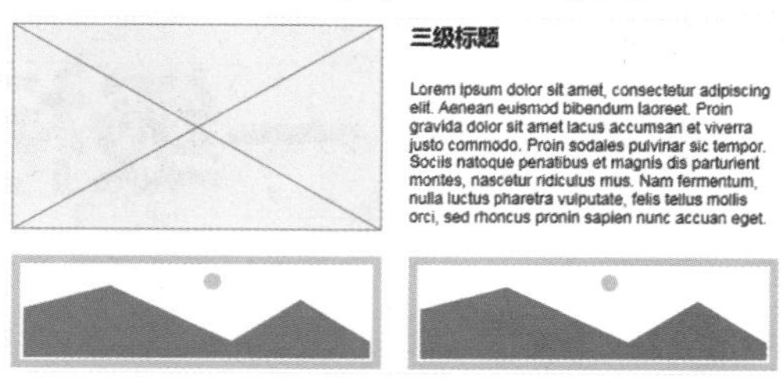

图4-38“占位符”元件效果

5. 按钮

Axure RP 10为用户提供了3种按钮元件，分别是按钮、主按钮和链接按钮。用户可以根据不同的用途选择不同的按钮。选择“按钮”元件，将其拖曳到页面中，效果如图4-39所示。双击“按钮”元件，即可修改按钮文字，效果如图4-40所示。

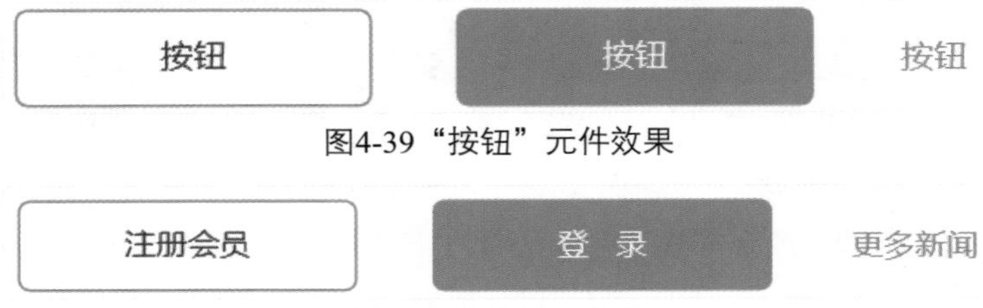

图4-39 “按钮”元件效果

图4-40 修改按钮文字

6. 文本

Axure RP 10中的文本元件有标题元件和文本元件两种。标题元件又分为“一级标题”、“二级标题”和“三级标题”元件。文本元件则分为“文本标签”和“段落”元件。

用户可以根据需要选择不同的标题元件。选择标题元件，将其拖曳到页面中，3个标题元件的效果如图4-41所示。

一级标题　　二级标题　　三级标题

图4-41 3个标题元件效果

“文本标签”元件的主要功能是输入较短的普通文本，选择“文本标签”元件，将其拖曳到页面中，效果如图4-42所示。“段落”元件用来输入较长的普通文本，选择“段落”元件，将其拖曳到页面中，效果如图4-43所示。

文本标签

图4-42 “文本标签”元件效果

Lorem ipsum dolor sit amet, consectetur adipiscing elit. Aenean euismod bibendum laoreet. Proin gravida dolor sit amet lacus accumsan et viverra justo commodo. Proin sodales pulvinar sic tempor. Sociis natoque penatibus et magnis dis parturient montes, nascetur ridiculus mus. Nam fermentum, nulla luctus pharetra vulputate, felis tellus mollis orci, sed rhoncus pronin sapien nunc accuan eget.

图4-43 “段落”元件效果

拖曳标题元件或文本元件四周的控制点，内部的文本会自动调整位置。当文本框的宽度比文本内容宽时，可以调整文本框的大小，如图4-44所示。双击文本框的控制点，即可快速使文本框大小与文本内容一致，如图4-45所示。

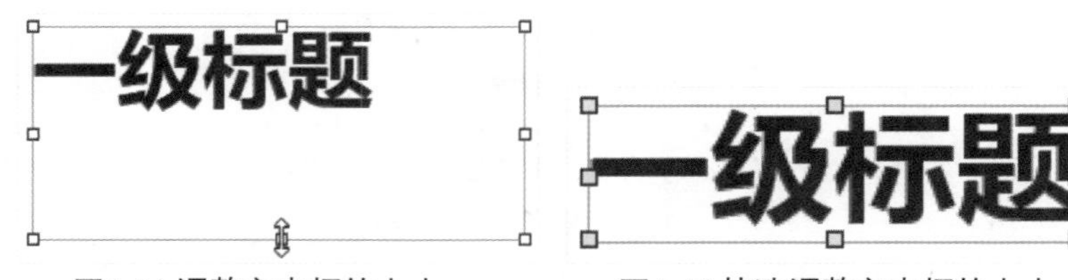

图4-44 调整文本框的大小　　图4-45 快速调整文本框的大小

选择文本框，用户可以在工具栏中为其指定填充颜色和线段颜色，如图4-46所示。选择文本内容，在工具栏中可以为文本指定颜色，如图4-47所示。

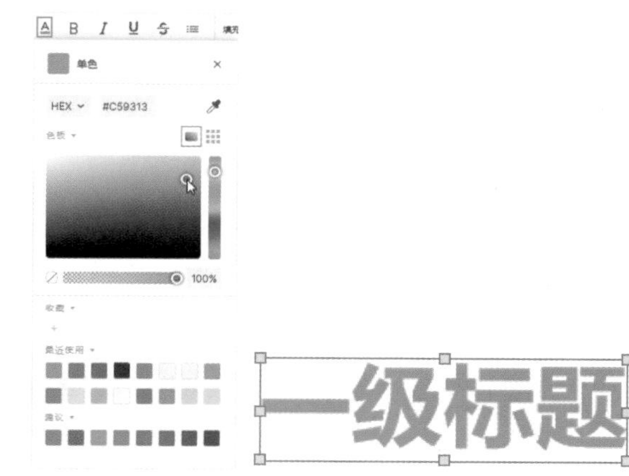

图4-46 指定填充颜色和线段颜色　　图4-47 指定文本颜色

除了可以为文本指定颜色，用户还可以在工具栏中为文本指定字体、字形或字号，为文本设置加粗、斜体、下画线、删除线或项目符号等，如图4-48所示。

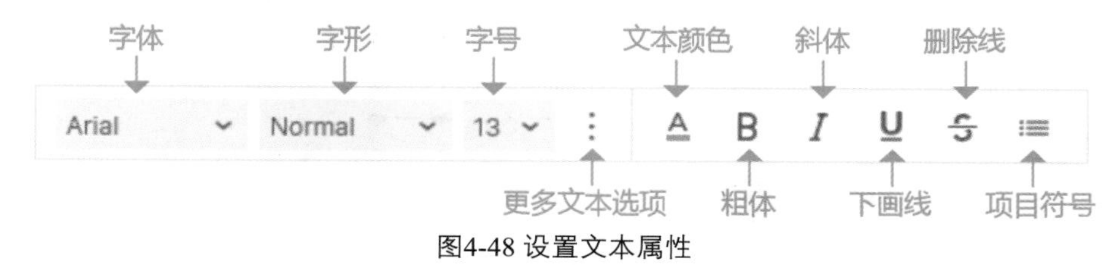

图4-48 设置文本属性

单击“更多文本选项”按钮，用户可以在打开的面板中为文本指定行距、字符间距、基线或字母大小，如图4-49所示。也可以在选择“文本阴影”复选框后，为文本添加阴影效果，如图4-50所示。

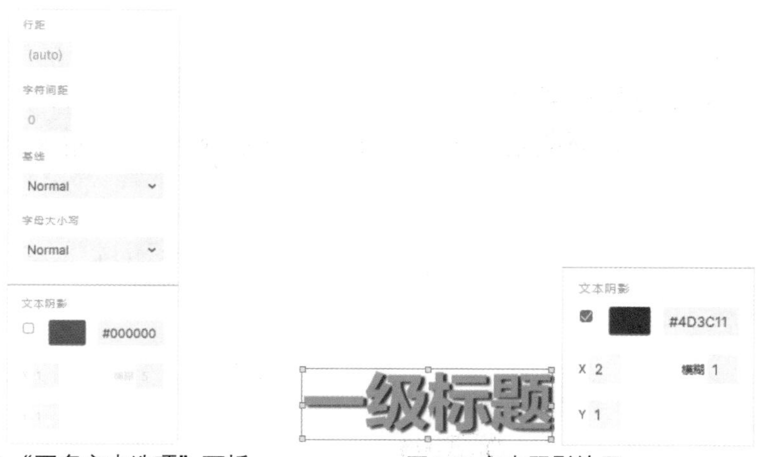

图4-49 “更多文本选项”面板　　图4-50 文本阴影效果

Tips

用户也可以单击工具栏中的“文本”按钮或按【Ctrl+Shift+T】组合键，在页面中单击或拖曳鼠标，即可创建一个“文本标签”元件。

7. 水平线和垂直线

使用“水平线”和“垂直线”元件可以创建水平线段和垂直线段，通常被用来分割功能或美化页面。选择“水平线”和“垂直线”元件，将其拖曳到页面中，效果如图4-51所示。

图4-51 “水平线”和“垂直线”元件效果

选择线段，用户可以在工具栏中为其设置颜色、线宽或类型，如图4-52所示。用户也可以单击工具栏中的“箭头样式”按钮，在打开的下拉列表框中选择一种箭头样式，如图4-53所示。

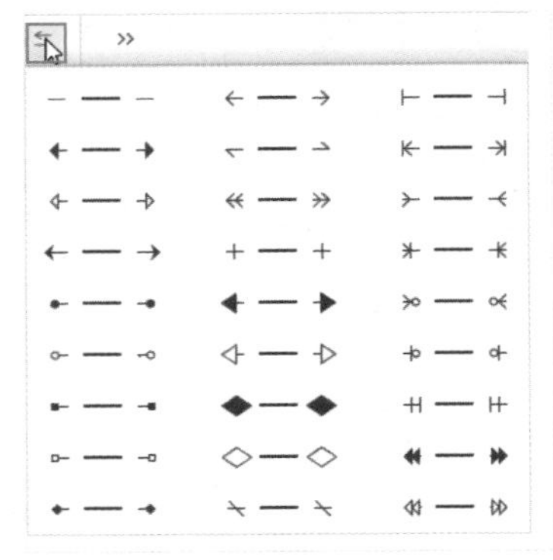

图4-52 设置线段属性　　图4-53 选择箭头样式

Tips

用户也可以单击工具栏中的“矩形”按钮右侧的下拉按钮，在打开的下拉列表框中选择“线段”选项，然后在页面中拖曳绘制任意角度的线段。

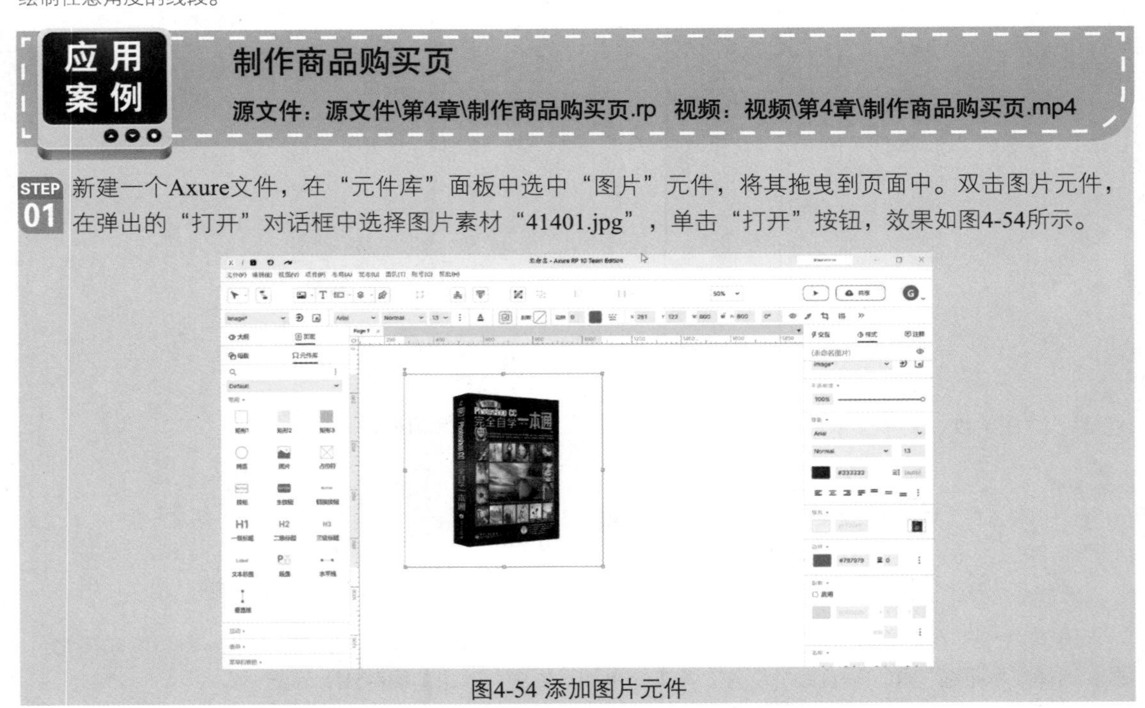

应用案例

制作商品购买页

源文件：源文件\第4章\制作商品购买页.rp　视频：视频\第4章\制作商品购买页.mp4

STEP 01 新建一个Axure文件，在“元件库”面板中选中“图片”元件，将其拖曳到页面中。双击图片元件，在弹出的“打开”对话框中选择图片素材“41401.jpg”，单击“打开”按钮，效果如图4-54所示。

图4-54 添加图片元件

STEP 02 将“一级标题”元件拖入到页面中，双击修改文本内容，如图4-55所示。将“段落”元件拖入到页面中，双击修改文本内容，并在工具栏中设置字体大小为20，页面如图4-56所示。

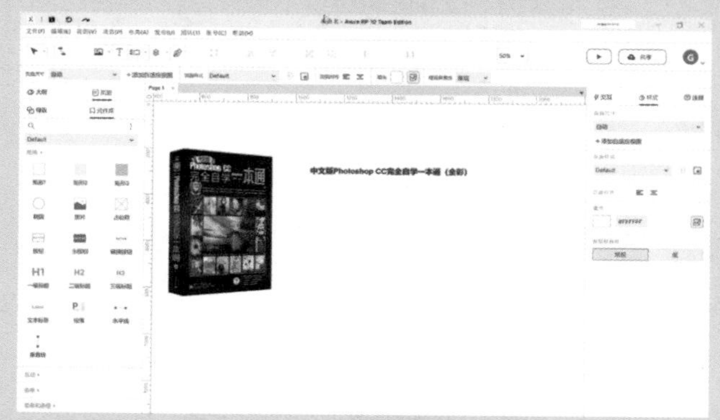

图4-55 添加“一级标题”元件并修改文本内容

中文版Photoshop CC完全自学一本通（全彩）

超级畅销图书升级！学习Photoshop CC的必备图书，内容全面，案例经典，深入浅出，快速入门。

图4-56 添加“段落”元件并修改文本内容和属性

STEP 03 将“链接按钮”元件拖入到页面中，双击修改文本内容，如图4-57所示。将“文本标签”元件拖入到页面中，双击修改文本内容，如图4-58所示。

中文版Photoshop CC完全自学一本通（全彩）

超级畅销图书升级！学习Photoshop CC的必备图书，内容全面，案例经典，深入浅出，快速入门。

作者：张晓景

图4-57 添加“链接按钮”元件并修改文本内容

中文版Photoshop CC完全自学一本通（全彩）

超级畅销图书升级！学习Photoshop CC的必备图书，内容全面，案例经典，深入浅出，快速入门。

作者：张晓景　　电子工业出版社　　出版日期：2015年4月

图4-58 添加“文本标签”元件并修改文本内容

STEP 04 将“矩形3”元件拖入到页面中，拖动调整其大小，如图4-59所示。使用相同的方法，将“文本标签”元件拖入到页面中，修改文本内容和属性，效果如图4-60所示。

中文版Photoshop CC完全自学一本通（全彩）

超级畅销图书升级！学习Photoshop CC的必备图书，内容全面，案例经典，深入浅出，快速入门。

作者：张晓景　　电子工业出版社　　出版日期：2015年4月

定　价

当当价

电子书价

图4-59 添加“矩形”元件并调整大小

中文版Photoshop CC完全自学一本通（全彩）

超级畅销图书升级！学习Photoshop CC的必备图书，内容全面，案例经典，深入浅出，快速入门。

作者：张晓景　　电子工业出版社　　出版日期：2015年4月

定　价　¥99元

当当价　¥86元

电子书价　¥34元

图4-60 添加“文本标签”元件并修改文本内容和属性

STEP 05 将“按钮”元件拖入到页面中，双击修改文本内容和大小，如图4-61所示。将“主按钮”元件拖入到页面中，双击修改文本内容和大小，效果如图4-62所示。

图4-61 添加"按钮"元件并修改文本内容和大小　　图4-62 添加"主按钮"元件并修改文本内容和大小

STEP 06 执行"文件＞保存"命令，将文件保存。单击工具栏中的"预览"按钮，观察原型在浏览器中的预览效果，如图4-63所示。

图4-63 预览商品购买页效果

4.2.2 互动元件

Axure RP 10共提供了6个互动元件，如图4-64所示。使用这些元件可以完成原型与用户间的数据交互操作。

图4-64 6个互动元件

1. 动态面板

“动态面板”元件是Axure RP 10中最常用的元件。通过这个元件，可以实现很多其他原型元件不能实现的动态效果。

（1）使用动态面板

在“元件库”面板中选择“动态面板”元件并将其拖曳到页面中，效果如图4-65所示。

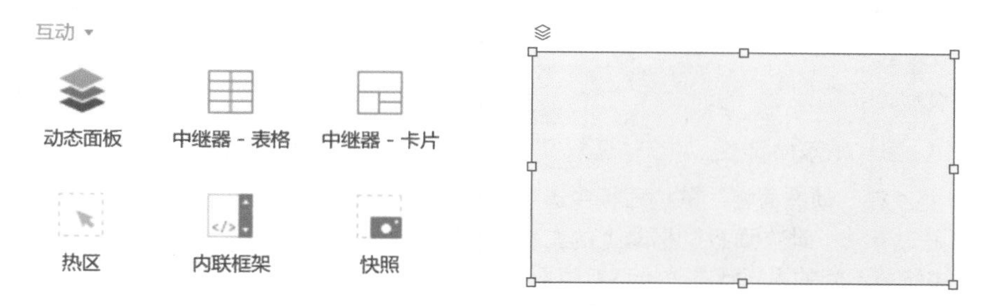

图4-65 在页面中添加“动态面板”元件

双击“动态面板”元件，工作区将转换为“动态面板”编辑状态，如图4-66所示。用户可以在该状态中完成动态面板的各种操作。单击右上角的“关闭”按钮×，即可退出“动态面板”编辑状态，如图4-67所示。

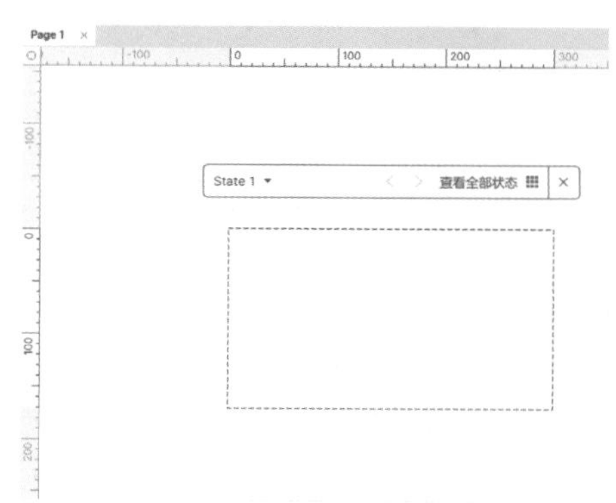

图4-66 “动态面板”编辑界面

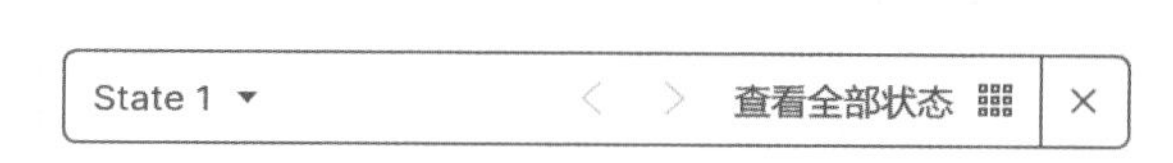

图4-67 关闭“动态面板”编辑状态

（2）编辑动态面板

单击“动态面板”下拉面板中任意动态面板状态右侧的“编辑状态名称”按钮，即可编辑“动态面板”的名称，如图4-68所示。单击“创建状态副本”按钮，即可复制当前“动态面板”的状态，如图4-69所示。单击“删除状态”按钮，即可将当前“动态面板”状态删除，如图4-70所示。

图4-68 编辑状态名称

图4-69 创建状态副本

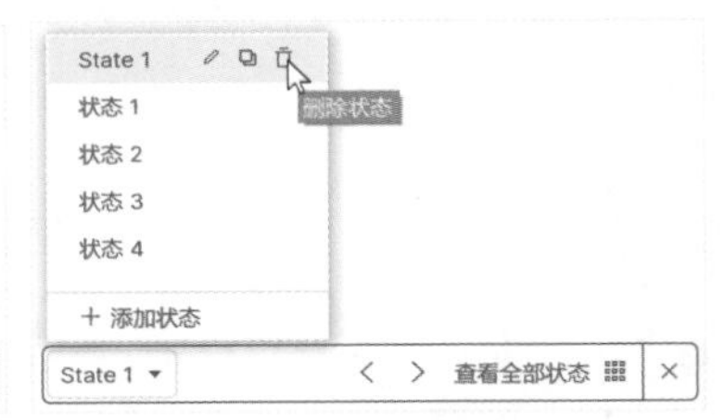

图4-70 删除状态

用户也可以通过在“大纲”面板中单击动态面板后面的“添加状态”按钮，为该“动态面板”添加面板状态，如图4-71所示。单击“在视图中隐藏”按钮，可以隐藏当前动态面板状态，如图4-72所示。

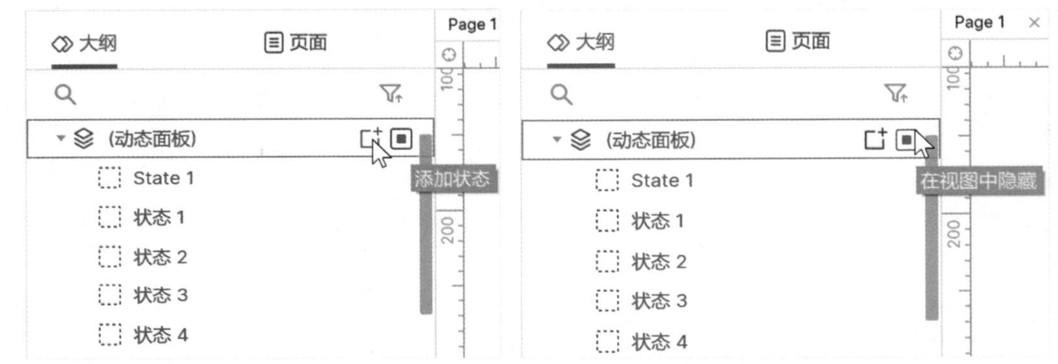

图4-71 添加状态　　图4-72 在视图中隐藏

用户可以通过在“动态面板”下拉面板中选择相应的状态选项，实现在不同“动态面板”状态间的跳转。也可以通过单击“动态面板”标题上的左右箭头实现面板状态间的跳转，如图4-73所示。通过在“大纲”面板中选择不同的面板状态，也可实现面板状态间的跳转，如图4-74所示。

图4-73 单击左右箭头实现面板状态的跳转　　图4-74 在“大纲”面板中选择面板状态

用户可以在“动态面板”下拉面板或“大纲”面板中，通过拖曳的方式改变“动态面板”状态的顺序。选中“动态面板”状态中的一个元件，单击右上角的“查看全部状态”按钮，如图4-75所示，即查看“动态面板”的全部状态，如图4-76所示。

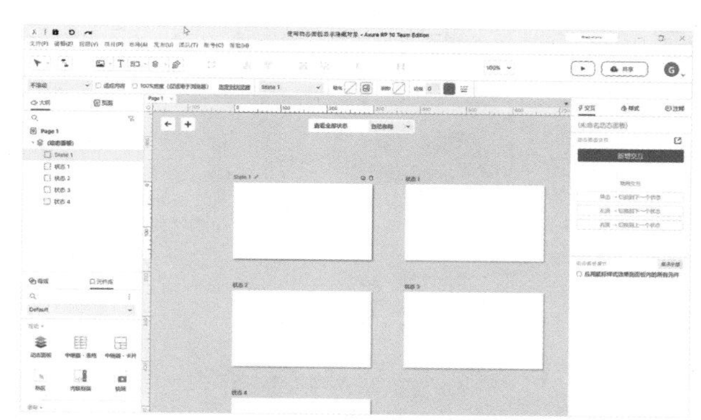

图4-75 查看全部状态

图4-76 查看“动态面板”的全部状态

单击左上角的 + 按钮，即可退出查看全部状态界面；单击 ← 按钮，将为当前动态面板添加一个状态。单击“查看全部状态”右侧的“自动布局”下拉按钮，用户可以选择使用“水平”或“垂直”的布局方式布局状态，如图4-77所示。

用户可以选择布局中的任一状态，当状态顶部名称变为紫色时，即可对其进行各种编辑操作，如图4-78所示。

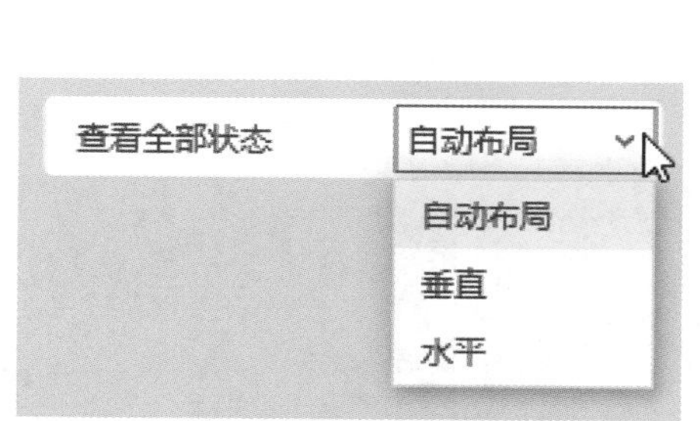

图4-77 选择布局方式

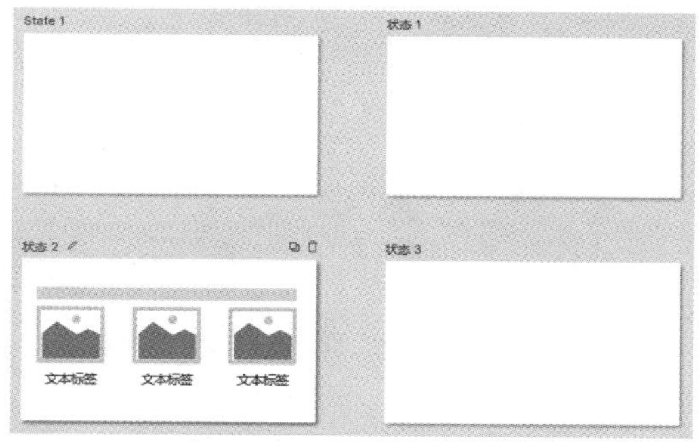

图4-78 选择某一状态

用户可以通过单击状态顶部的“编辑状态名称”按钮、“创建状态副本”按钮和“删除状态”按钮，完成重命名、复制和删除状态的操作，如图4-79所示。

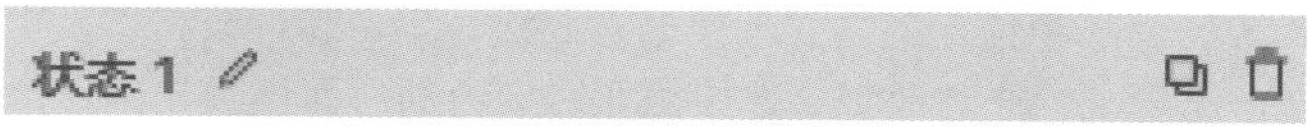

图4-79 状态顶部的按钮

单击任一状态的名称处，当前状态的页面四周将出现如图4-80所示的控制框。拖动控制锚点可自由调整状态的尺寸，同时其他状态的尺寸也会一起发生变化，如图4-81所示。

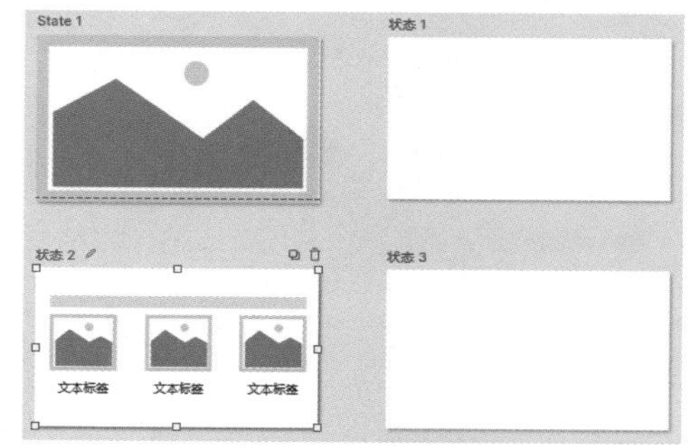

图4-80 状态控制框

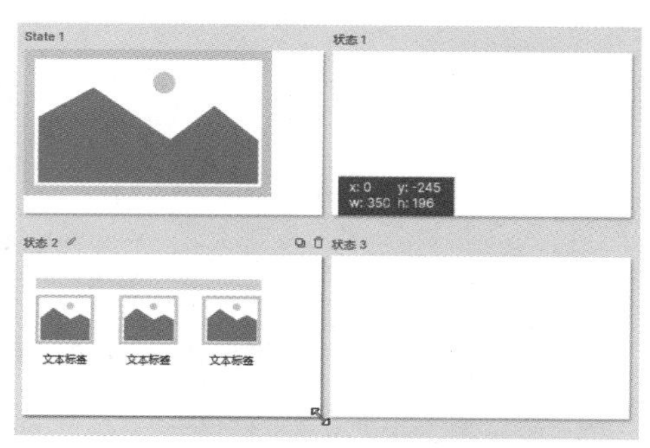

图4-81 拖曳调整控制框

调整完成后，状态将自动重新排列，效果如图4-82所示。

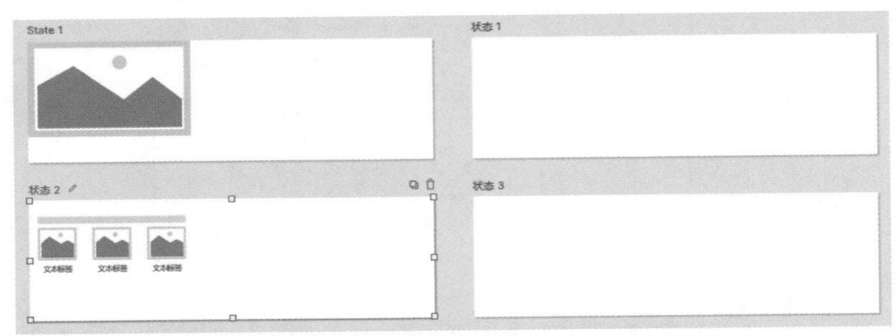

图4-82 状态自动重新排列

（3）从面板中分离出当前状态

在“动态面板”元件上单击鼠标右键，在弹出的快捷菜单中选择“从面板中分离出第当前状态”命令，如图4-83所示。即可将该动态面板中的第一个面板状态脱离为独立状态，该状态中的元件将以独立状态显示，如图4-84所示。

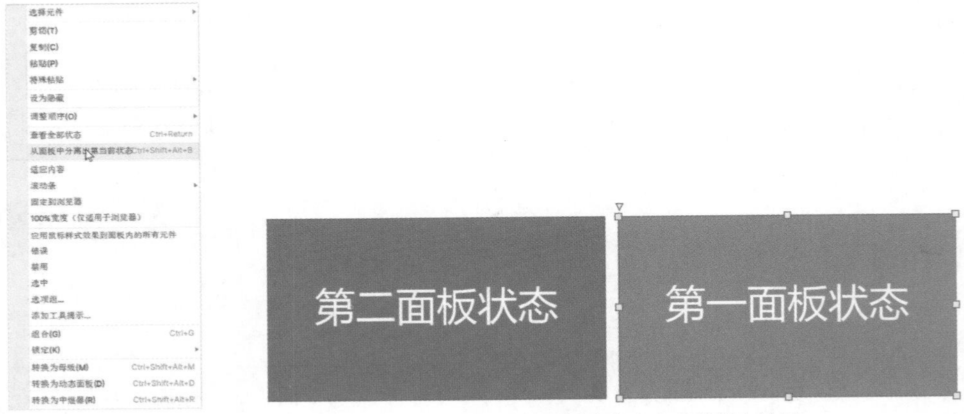

图4-83 选择“从面板中分离出第当前状态”命令　　图4-84 从面板中分离出当前状态效果

（4）转换为动态面板

除了使用从“元件库”面板中拖入的方式创建动态面板，用户还可以将页面中的任一对象转换为动态面板，方便制作符合自己要求的产品原型。选中想要转换为动态面板的元件，单击鼠标右键，在弹出的快捷菜单中选择“转换为动态面板”命令，即可将元件转换为动态面板，如图4-85所示。

图4-85 选择“转换为动态面板”命令

从“元件库”面板中拖曳“动态面板”元件到页面中后再进行编辑的方法，与先创建页面内容再转化为动态面板的方法，虽然操作顺序不同，但实质上没有区别。

使用动态面板隐藏对象

源文件：源文件\第4章\使用动态面板隐藏对象.rp
视　频：视频\第4章\使用动态面板隐藏对象.mp4

STEP 01 新建一个Axure文件，将“动态面板”元件拖入到页面中，效果如图4-86所示。双击动态面板，在弹出的“动态面板状态管理”中添加两个状态并修改名称，如图4-87所示。

图4-86 将“动态面板”元件拖入页面中

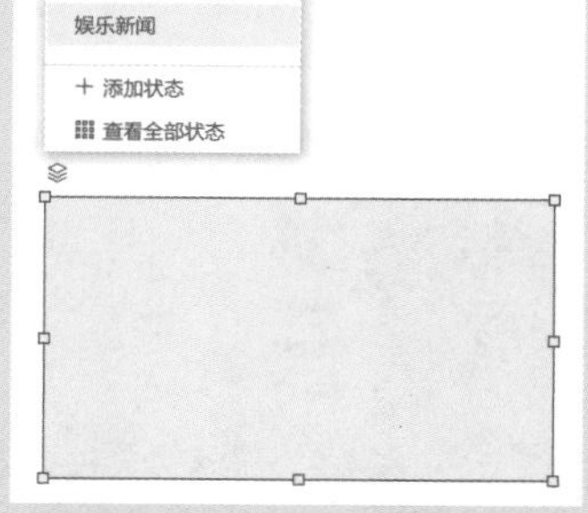

图4-87 添加状态并修改名称

STEP 02 选择“娱乐新闻”状态，使用“矩形2”和“矩形3”元件制作如图4-88所示的页面。使用“文本标签”元件创建如图4-89所示的页面。

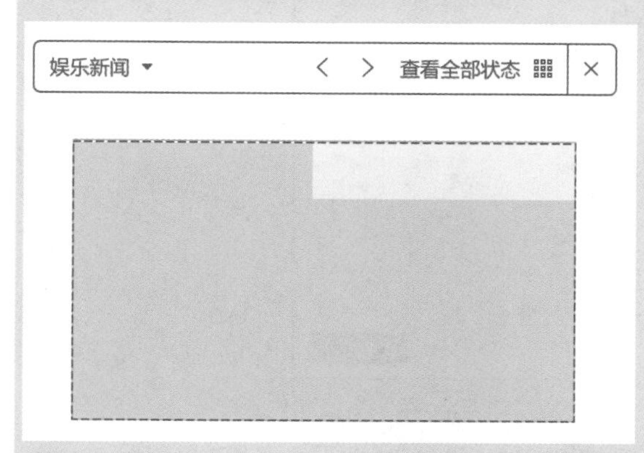

图4-88 使用“矩形2”和“矩形3”元件进行制作

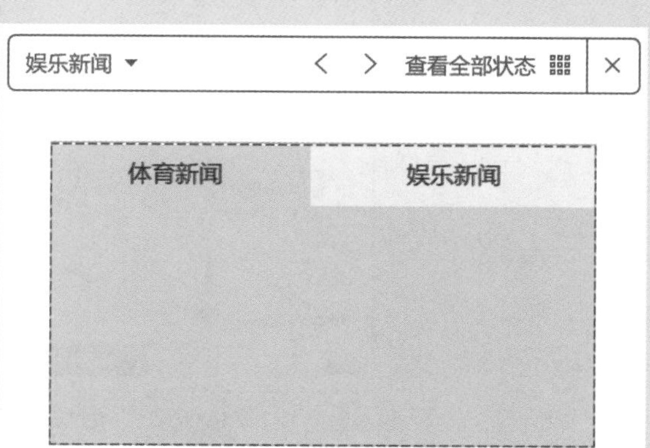

图4-89 添加“文本标签”元件

STEP 03 使用相同的方法进入“体育新闻”状态，编辑页面效果如图4-90所示页面。返回主页面，将“热区”元件拖入到页面中，并调整大小和位置，如图4-91所示。

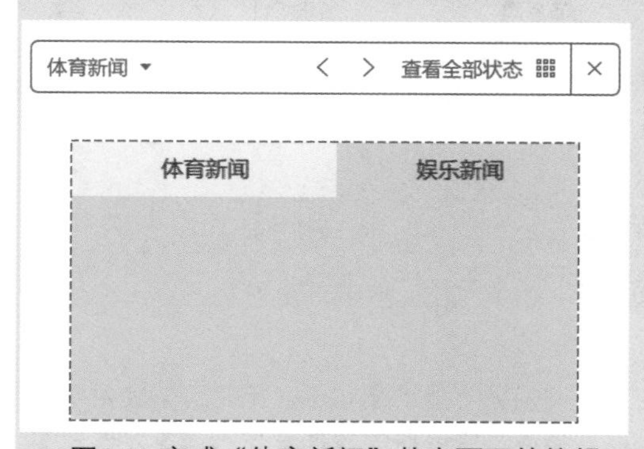

图4-90 完成“体育新闻”状态页面的编辑

图4-91 添加热区

STEP 04 选中热区，单击“交互”面板中的“新增交互”按钮，在打开的“选择事件触发方式”下拉列表框中选择“单击”选项，如图4-92所示。在弹出的“添加动作”下拉列表框中选择“设置动态面板状态”选项，如图4-93所示。

图4-92 选择“单击”选项

图4-93 选择“设置动态面板状态”选项

STEP 05 选择“动态面板”目标，设置“状态”为“娱乐新闻”，如图4-94所示。单击“完成”按钮，完成设置。使用相同的方法，完成“体育新闻”状态的交互设置，如图4-95所示。

图4-94 为“娱乐新闻”添加动作

图4-95 为“体育新闻”添加动作

STEP 06 将文件保存，单击工具栏中的“预览”按钮，在打开的浏览器中查看交互效果，如图4-96所示。

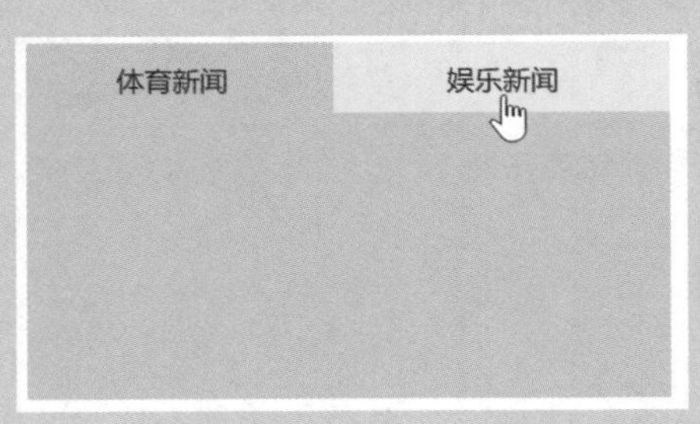

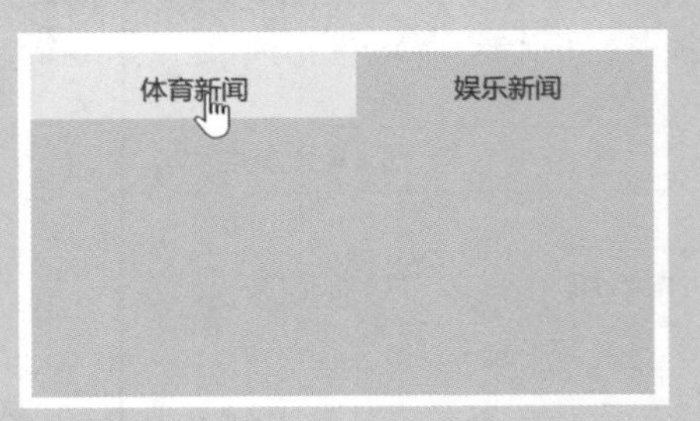

图4-96 查看交互效果

2. 中继器

“中继器”元件是Axure RP 10中的一款高级元件，它是一个存放数据集的容器。用户可以使用中继器显示商品列表、联系人信息列表和数据表等内容，还可以直接通过中继器的数据集表管理重复模式的每个实例中显示的内容。

Axure RP 10将“中继器”元件拆分成“中继器-表格”元件和“中继器-卡片”元件，如图4-97所示。两个元件形式不同，但功能相同。

将光标移动到“中继器-表格”元件或“中继器-卡片”元件上，按住鼠标左键并向页面中拖曳，即可完成中继器元件的创建，如图4-98所示。

图4-97 中继器元件　　图4-98 创建中继器元件

Axure RP 10中允许用户将任何元件转换为中继器。选择页面中的元件，执行“布局 > 转换为中继器”命令，即可将选中元件转换为中继器元件，如图4-99所示。或者在选中的元件上单击鼠标右键，在弹出的快捷菜单中选择“转换为中继器”命令或者按【Ctrl+Shift+Alt+R】组合键，如图4-100所示，也可将当前选中元件转换为中继器元件，如图4-101所示。

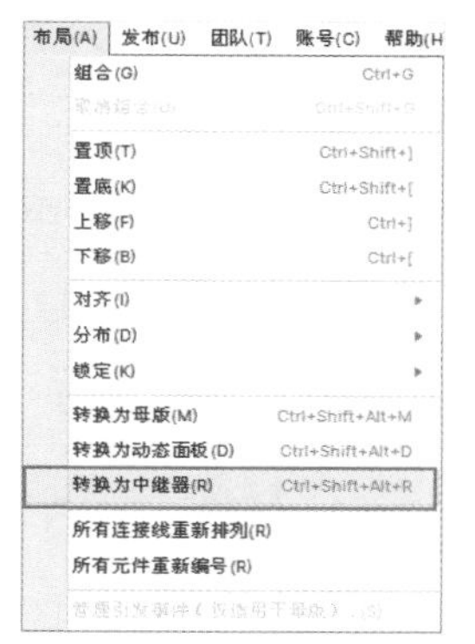

图4-99 执行“转换为中继器”命令

图4-100 选择“转换为中继器”命令

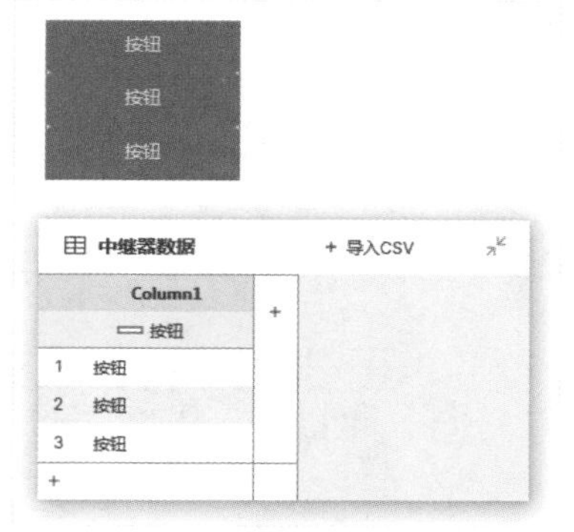

图4-101 将元件转换为中继器

（1）中继器项目

项目是指中继器实例由各种元件组成的、可以直观看到的部分。用户可以通过拖曳调整页面中的中继器实例项目的位置，也可以在“样式”面板中的“X”和“Y”文本框中输入数值，精确控制中继器实例项目的位置，如图4-102所示。

图4-102 精确控制中继器实例项目的位置

用户无法在“样式”面板中直接修改中继器实例项目的尺寸，如果想修改如图4-103所示的中继器实例项目的尺寸，只需双击该项目，进入项目编辑模式，在编辑模式下修改项目内部内容的大小、位置和排列方式，如图4-104所示。

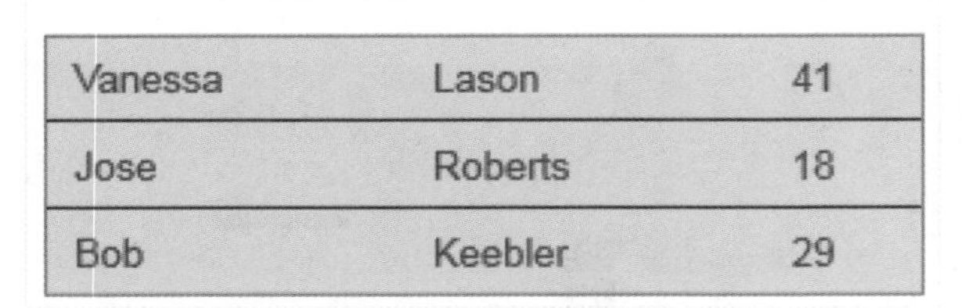

Vanessa	Lason	41
Jose	Roberts	18
Bob	Keebler	29

图4-103 中继器实例项目

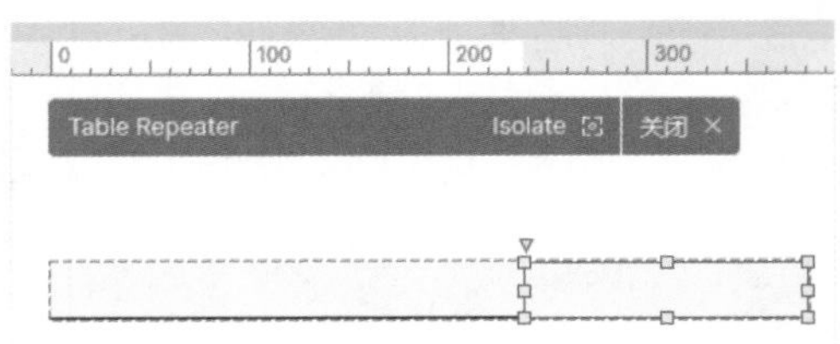

图4-104 调整中继器内部内容的大小

单击“关闭”按钮，通常情况下，项目会自适应调整大小，如图4-105所示。

Vanessa	Lason	41
Jose	Roberts	18
Bob	Keebler	29

图4-105 中继器自适应调整大小

Tips

在编辑中继器实例项目时，只能看到项目中由元件组成的一个数据表。中继器实例项目就是对中继器数据集表的每一行进行重复。

（2）中继器数据集

数据集就是一个数据表，通常用来控制中继器实例项目重复的数据。单击选中中继器实例，数据集将出现在实例项目的下方，如图4-106所示。将光标移动到数据集顶部第一行位置，按下鼠标左键可以拖曳调整数据集的位置，如图4-107所示。

Vanessa	Lason	41
Jose	Roberts	18
Bob	Keebler	29

中继器数据　+ 导入CSV

	First_Name	Last_Name	Score
	(矩形)	(矩形)	(矩形)
1	Vanessa	Lason	41
2	Jose	Roberts	18
3	Bob	Keebler	29

图4-106 中继器数据集

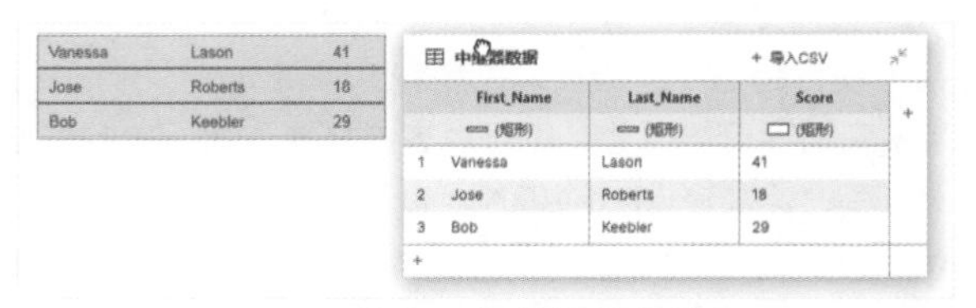

图4-107 拖曳调整数据集的位置

Tips

用户可以通过复制粘贴操作，将 Microsoft Excel 电子表格中的数据粘贴到中继器数据集中。

单击数据集右上角的“折叠/展开”按钮，数据集将折叠显示，折叠后的数据集将显示当前数据集的行数和列数，如图4-108所示。再次单击该按钮，即可展开显示数据集，如图4-109所示。中继器数据集中的数据决定了中继器项目的每次重复中显示的不同内容。

4-108 折叠显示数据集

4-109 展开显示数据集

Tips

从 Excel 电子表格复制到数据集中的数据末尾会有一个多余的空行，为了避免产生错误，要将其删除。

数据集可以包含多行、多列。单击数据集底部或右侧的“+”行或“+”列，即可完成行或列的添加，如图4-110所示。也可以通过单击顶部列名右侧的图标，在打开的下拉列表框中选择相应的选项，完成重命名列、插入列、删除列和移动列等操作，如图4-111所示。

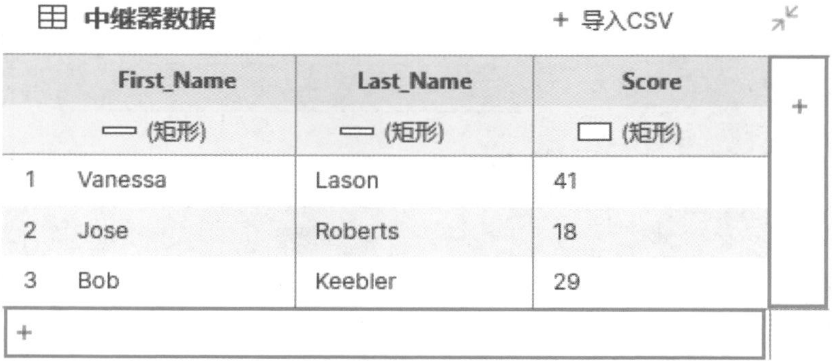

4-110 添加行或列

图4-111 列操作

Tips

双击列名可以对其进行编辑。需要注意的是，列名只能由字母、数字和“_”组成，且不能以数字开头。数据集的表格可以直接进行编辑。如果遇到的数据较多，可以选择在 Excel 中进行编辑，通过复制的方法将数据粘贴到数据集中。

单击数据集表顶部的“导入CSV”选项，用户可将CSV数据导入列数据集中。导入CSV文件时，列和行将根据需要自动添加到数据集中。同时，数据集中的现有内容将被覆盖。

Tips

CSV 是逗号分隔值文件格式，是一种用来存储数据的纯文本文件，通常用于存放电子表格或数据。一般可以使用记事本或者 Excel 打开。

为中继器数据集添加行和列

源文件：源文件\第4章\为中继器数据集添加行和列.rp

视　频：视频\第4章\为中继器数据集添加行和列.mp4

STEP 01 将“中继器-表格”元件拖曳到页面中创建中继器实例，如图4-112所示。将光标移动到“中继器数据”面板如图4-113所示的位置，单击并修改文字内容。

Vanessa	Lason	41
Jose	Roberts	18
Bob	Keebler	29

中继器数据　+ 导入CSV

	First_Name ▭ (矩形)	Last_Name ▭ (矩形)	Score ▭ (矩形)
1	Vanessa	Lason	41
2	Jose	Roberts	18
3	Bob	Keebler	29
+			

图4-112 创建中继器实例

中继器数据　+ 导入CSV

	First_Name ▭ (矩形)	Last_Name ▭ (矩形)	Score ▭ (矩形)
1	张三	Lason	41
2	Jose	Roberts	18
3	Bob	Keebler	29
+			

图4-113 修改数据集数据

STEP 02 中继器实例项目显示效果如图4-114所示。继续修改数据集中的数据，实例项目效果如图4-115所示。

张三	Lason	41
Jose	Roberts	18
Bob	Keebler	29

图4-114 中继器实例效果

张三	Lason	41
李四	Roberts	18
王五	Keebler	29

中继器数据　+ 导入CSV

	First_Name ▭ (矩形)	Last_Name ▭ (矩形)	Score ▭ (矩形)
1	张三	Lason	41
2	李四	Roberts	18
3	王五	Keebler	29
+			

图4-115 修改数据集后的效果

STEP 03 单击“中继器数据”表格底部的“+”行，如图4-116所示，即可为中继器数据集添加一行，分别在单元格中单击并输入文字，实例项目效果如图4-117所示。

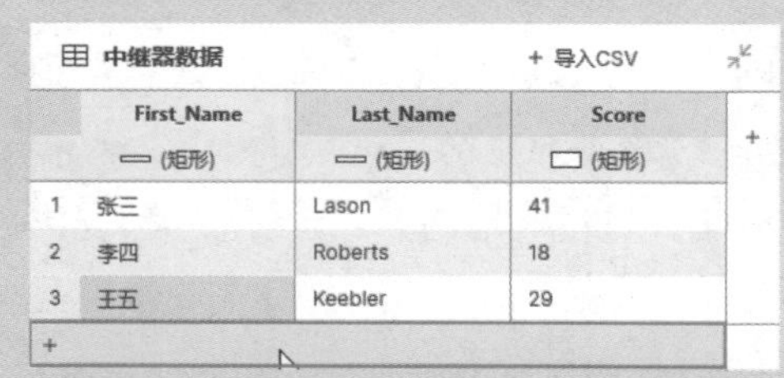

中继器数据　+ 导入CSV

	First_Name ▭ (矩形)	Last_Name ▭ (矩形)	Score ▭ (矩形)
1	张三	Lason	41
2	李四	Roberts	18
3	王五	Keebler	29
+			

图4-116 单击“+”行

张三	Lason	41
李四	Roberts	18
王五	Keebler	29
赵六	Jason	40

中继器数据　+ 导入CSV

	First_Name ▭ (矩形)	Last_Name ▭ (矩形)	Score ▭ (矩形)
2	李四	Roberts	18
3	王五	Keebler	29
4	赵六	Jason	40
+			

图4-117 实例项目效果

STEP 04 双击中继器实例项目，进入项目编辑模式，如图4-118所示。按住【Ctrl】键的同时，拖曳复制最后一个矩形，效果如图4-119所示。

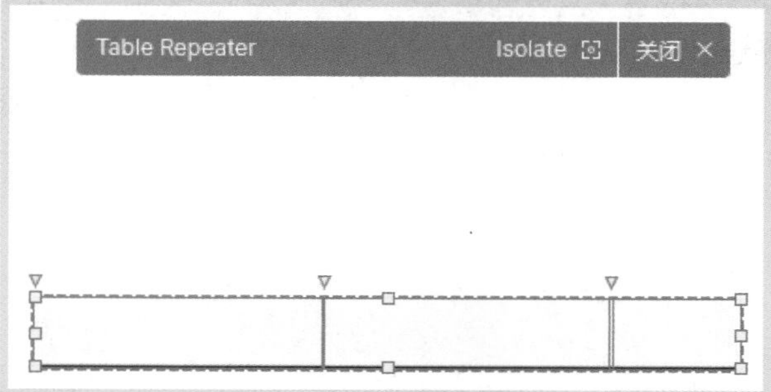

图4-118 项目编辑模式

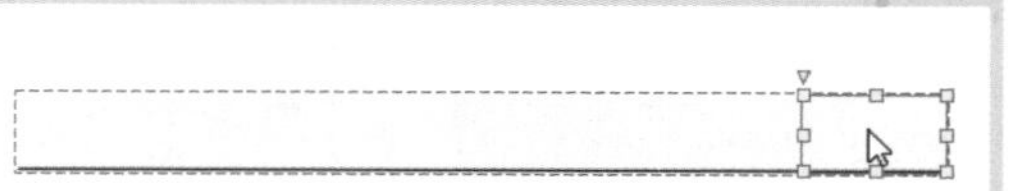
图4-119 复制矩形

STEP 05 单击“关闭”按钮，退出项目编辑模式。单击“中继器数据”表格右侧的“+”列，如图4-120所示。即可为中继器数据集添加一列，如图4-121所示。

中继器数据　+ 导入CSV

	First_Name	Last_Name	Score	+
	(矩形)	(矩形)	(矩形)	
1	张三	Lason	41	
2	李四	Roberts	18	
3	王五	Keebler	29	
4	赵六	Jason	40	
+				

图4-120 单击“+”列

中继器数据　+ 导入CSV

	Last_Name	Score	Column1	+
	(矩形)	(矩形)	连接元件	
1	Lason	41		
2	Roberts	18		
3	Keebler	29		
4	Jason	40		
+				

图4-121 添加一列

STEP 06 修改新添加的列的列名，单击“连接元件”选项，在打开的下拉列表框中选择如图4-122所示的矩形。在数据集单元格中输入文字，中继器实例项目显示效果如图4-123所示。

图4-122 链接矩形元件

张三	Lason	41	男
李四	Roberts	18	女
王五	Keebler	29	女
赵六	Jason	40	男

中继器数据　+ 导入CSV

	Last_Name	Score	Sex	+
	(矩形)	(矩形)	(矩形)	
1	Lason	41	男	
2	Roberts	18	女	
3	Keebler	29	女	
4	Jason	40	男	
+				

图4-123 中继器实例项目效果

Tips

在创建元件时，建议为元件指定名称，避免在连接元件时出现多个相同的元件，造成选择困难和错误。

应用案例 使用中继器制作产品页面

源文件：源文件\第4章\使用中继器制作产品页面.rp

视　频：视频\第4章\使用中继器制作产品页面.mp4

STEP 01 新建一个Axure RP 10文件。将“中继器-表格”元件从“元件库”面板拖曳到页面中，如图4-124所示。双击进入项目编辑页面，使用矩形元件、“图片”元件和“文本标签”元件制作如图4-125所示的页面。

Vanessa	Lason	41
Jose	Roberts	18
Bob	Keebler	29

中继器数据　+ 导入CSV

	First_Name	Last_Name	Score
	(矩形)	(矩形)	(矩形)
1	Vanessa	Lason	41
2	Jose	Roberts	18
3	Bob	Keebler	29

图4-124 使用“中继器”元件

Table Repeater　Isolate　关闭

商品名称
价格　20
库存　20

图4-125 使用元件制作页面

STEP 02 分别为页面中的元件指定名称，如图4-126所示。在数据集中添加列并输入各项产品的数据，然后连接对应元件，如图4-127所示。

图4-126 为元件指定名称

中继器数据　+ 导入CSV

	Name	JG	KC	Pic
	T name	T JG	T kc	连接元件
1	男士外套	45	05	
2	男士衬衣	30	20	
3	男士西服	120	30	
4	休闲西服	80	45	
5	衬衫	32	02	
6	休闲裤	45	23	

图4-127 输入数据并连接元件

STEP 03 在Pic单元格中单击鼠标右键，在弹出的快捷菜单中选择“导入图片”命令，如图4-128所示。导入素材图片，效果如图4-129所示。

引用页面...
导入图片...
在上方插入行
在下方插入行
删除行
复制行
上移此行
下移此行
在左侧插入列
在右侧插入列
删除列
复制列
左移此列
右移此列

图4-128 选择“导入图片”命令

中继器数据　+ 导入CSV

	Name	JG	KC	pic
	T Name	T JG	T KC	pic
1	男士外套	45	05	snap8817.jpg
2	男士衬衫	30	20	snap8818.jpg
3	男士西服	120	30	snap8819.jpg
4	休闲西服	80	45	snap8820.jpg
5	衬衫	32	02	snap8821.jpg
6	休闲裤	45	23	snap8822.jpg

图4-129 导入图片后的数据集

STEP 04 在“样式”面板的“布局”选项下选中“水平”单选按钮，选择“换行（网格）”复选框，设置“每行项目数”为2，设置“行距”和“列距”均为10，如图4-130所示。页面排列效果如图4-131所示。

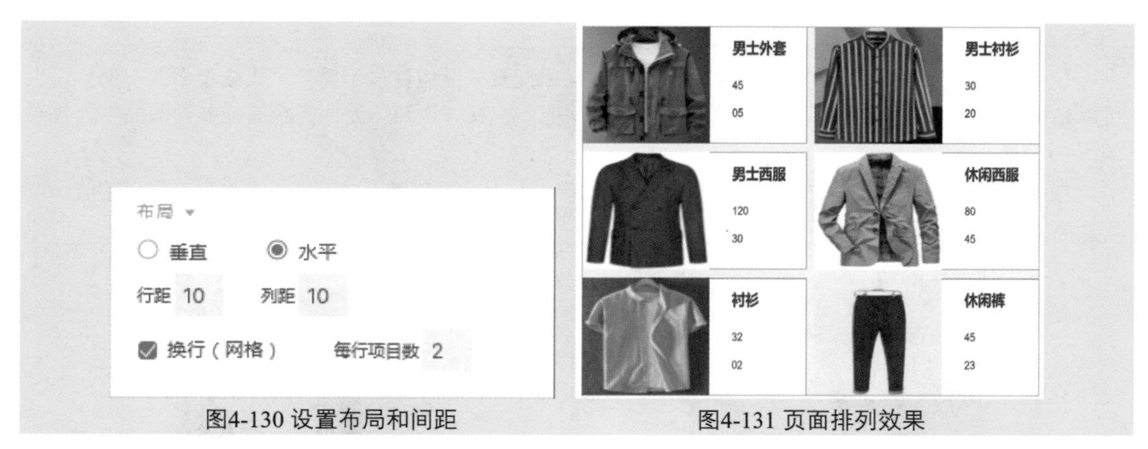

图4-130 设置布局和间距　　图4-131 页面排列效果

3. 热区

热区就是一个隐形但可以单击的面板。在“元件库”面板中选择“热区”元件，将其拖曳到页面中。使用热区可以完成为一张图片同时设置多个超链接的操作，如图4-132所示。

图4-132 为一张图片设置多个超链接

4. 内联框架

“内联框架”元件是网页制作中的iframe框架。在Axure RP 10中，使用“内联框架”元件可以应用任何一个以“HTTP://”开头的URL所标示的内容，如一张图片、一个网站、一个动画等，只要能用URL标示即可。选择“内联框架”元件，将其拖曳到页面中，效果如图4-133所示。

双击“内联框架”元件，弹出“链接属性”对话框，如图4-134所示。用户可以在该对话框中选择“链接到当前项目的某个页面”或“链接到一个外部链接或文件”单选按钮。

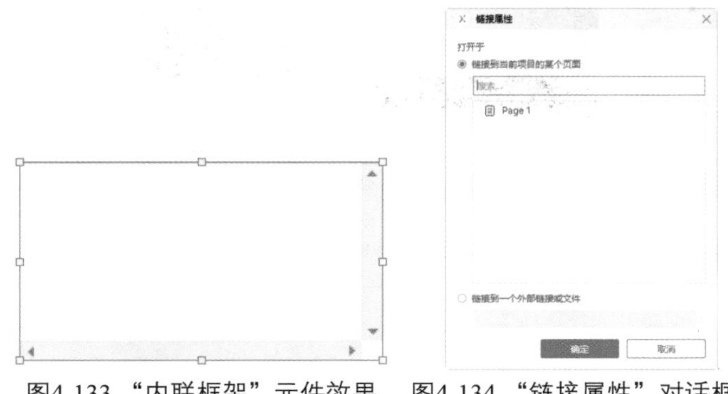

图4-133 “内联框架”元件效果　　图4-134 “链接属性”对话框

Tips

iframe 是 HTML 的一个控件，用于在一个页面中显示另外一个页面。

5. 快照

快照可以让用户捕捉引用页面或主页面图像。可以配置快照组件显示整个页面或页面的一部分，也可以在捕捉图像前对需要应用交互的页面建立一个快照。选择“快照”元件，将其拖曳到页面中，效果如图4-135所示。

双击元件，弹出“引用页”对话框，如图4-136所示。在该对话框中可以选择引用的页面或母版，引用效果如图4-137所示。

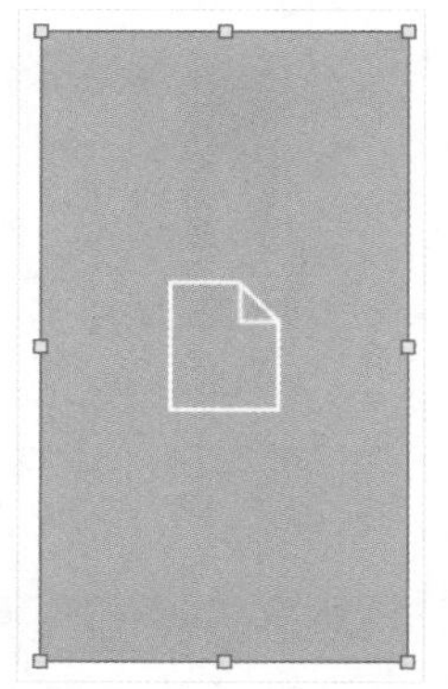
图4-135 “快照”元件效果

图4-136 “引用页”对话框

图4-137 引用效果

在“样式”面板的“快照”选项下可以看到页面快照的各项参数，如图4-138所示。若取消选择“自适应缩放”复选框，引用页面将以实际尺寸显示，如图4-139所示。

双击“快照”元件，鼠标指针变成小手标记，可以拖曳查看引用页面，如图4-140所示。滚动鼠标滚轮，可以缩小或放大引用页面。用户也可以拖曳调整快照的尺寸，如图4-141所示。

图4-138 页面快照的各项参数

图4-139 实际尺寸显示

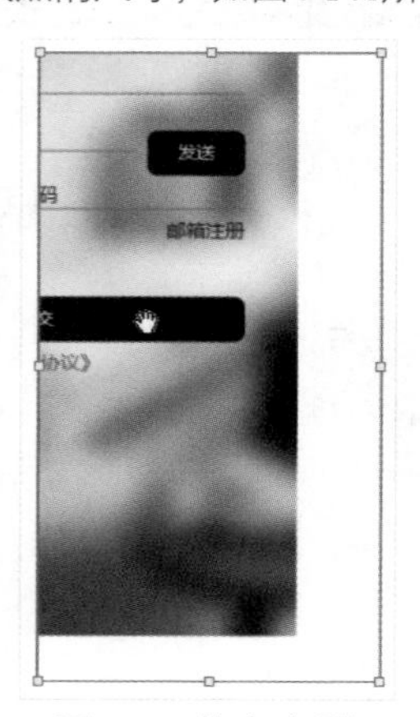

图4-140 拖曳查看

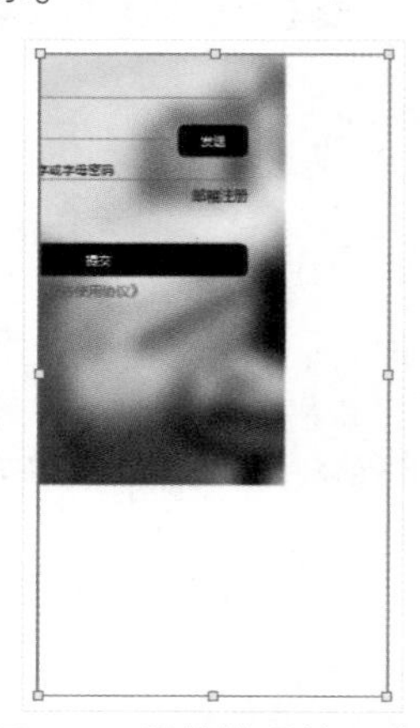

图4-141 调整快照的尺寸

Tips

当快照引入的图像太大时，Axure RP 10 会自动对图像进行优化，优化后的图像质量将降低。

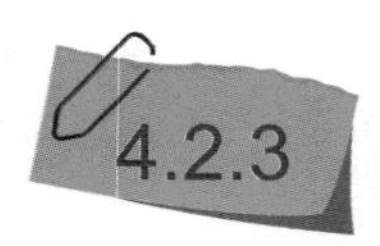

4.2.3 表单元件

Axure RP 10为用户提供了丰富的表单元件，便于用户在原型中制作更加逼真的表单效果。表单元件主要包括文本框、文本域、下拉框、列表框、复选框和单选按钮，接下来逐一进行介绍。

1. 文本框

文本框元件主要用来接受用户输入内容，但是仅接受单行的文本输入。选择“文本框”元件，将其拖曳到页面中，效果如图4-142所示。可以在“样式”面板的“排版”选项中设置文本的样式，如图4-143所示。

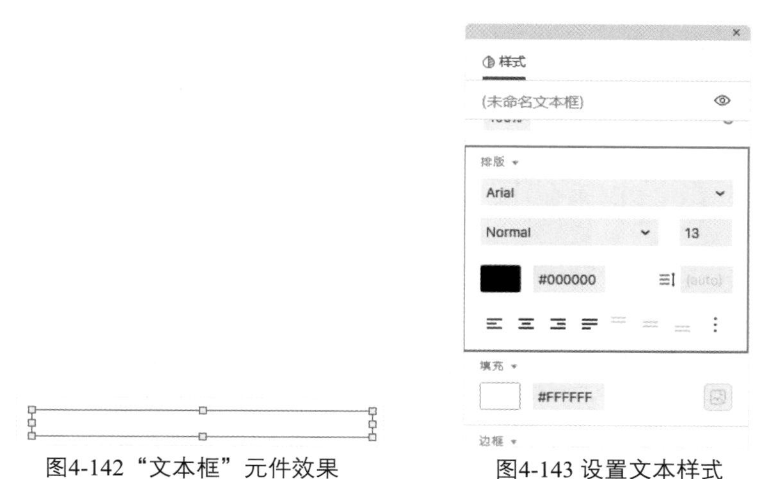

图4-142 “文本框”元件效果　　图4-143 设置文本样式

在“文本框”元件上单击鼠标右键，在弹出的快捷菜单中选择“输入类型”子菜单中的命令，可以设置文本框的类型，如图4-144所示。选择“设置最大输入长度”命令，可以在弹出的“文本框最大输入长度”对话框中设置文本框的最大长度，如图4-145所示。

图4-144 选择文本框的类型　　图4-145 设置文本框的最大长度

Tips

用户也可以单击工具栏中的“文本框”按钮右侧的下拉按钮，在打开的下拉列表框中选择想要插入的表单后，在页面中单击或拖曳鼠标，即可创建一个表单元件。

在文本框上单击鼠标右键，在弹出的快捷菜单中选择“只读”或“禁用”命令，可以将文本框设置为只读或禁用状态，如图4-146所示。

除了通过快捷菜单设置文本框，用户还可以在“交互”面板中对文本框的样式进行设置。单击“交互”面板中“文本框属性”右侧的“显示全部”按钮，如图4-147所示。该面板底部将显示隐藏的文本框样式，如图4-148所示。

图4-146 选择“只读”或“禁用”命令 图4-147 单击“显示全部”按钮 图4-148 显示隐藏的文本框样式

用户可以在“交互”面板中快速设置文本框的“输入类型”“提示文本”“工具提示”“提交”按钮、“最大长度”“禁用”“只读”等样式。

设置的“提示文本”默认显示在文本框中，如图4-149所示。用户可以在“隐藏时机”选项下选择在哪种情况下显示提示文本。选择“输入中”选项时，用户在文本框中输入文本时，隐藏提示文本。选择“获取焦点”选项时，只要用户激活文本框，就隐藏提示文本。图4-150所示为设置“隐藏时机”选项为“输入中”的效果。

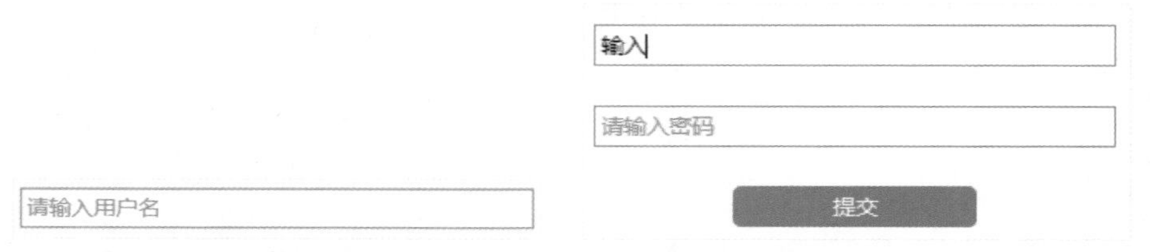

图4-149 提示文本 图4-150 设置“隐藏时机”为“输入中”的效果

2. 文本域

文本域可以接受用户输入多行文本。选择“文本域”元件，将其拖曳到页面中，效果如图4-151所示。文本域的设置与文本框基本相同，此处不再赘述。

3. 下拉框

下拉框主要用来显示一些列表选项，以便用户选择。下拉框只能选择选项，不能输入。选择“下拉框”元件，将其拖曳到页面中，效果如图4-152所示。

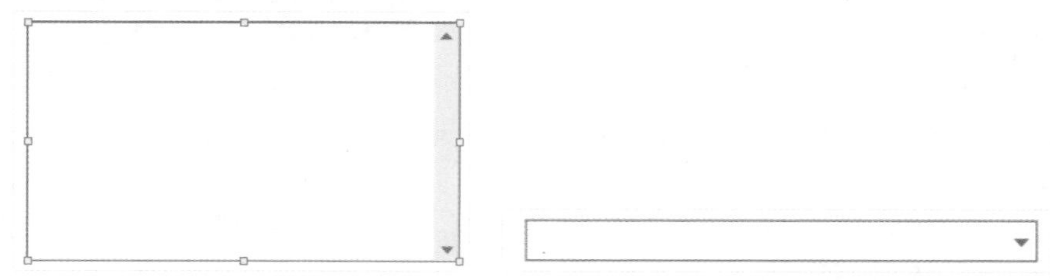

图4-151 “文本域”元件效果 图4-152 “下拉框”元件效果

双击“下拉框”元件，在弹出的“编辑下拉列表”对话框中单击“添加”按钮，逐一添加列表，效果如图4-153所示。单击“批量编辑”按钮，用户可以在弹出的“批量编辑”对话框中一次输入多项文本内容，单击“确定”按钮，完成批量列表的添加，如图4-154所示。

选择某个列表选项前面的复选框，代表将其设置为默认显示的选项，所有复选框都没有选择则默认第一项为默认显示选项。用户可以通过单击“编辑下拉列表”对话框中的“上移”和“下移”按钮调整列表的顺序。选中列表选项，单击“删除”按钮，即可删除该列表选项。单击“确定”按钮，下拉框中即可显示添加的列表选项，效果如图4-155所示。

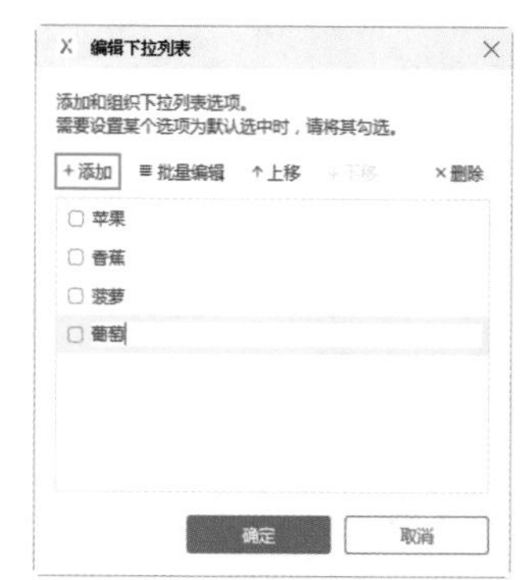

图4-153 添加列表效果

图4-154 编辑多项列表效果

图4-155 下拉框效果

4. 列表框

“列表框”元件会在页面中显示多个供用户选择的选项，并且允许用户多选。选择“列表框”元件，将其拖曳到页面中，效果如图4-156所示。

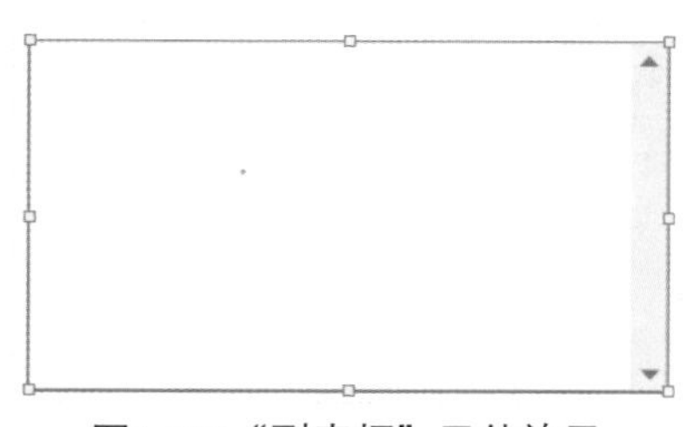

图4-156“列表框”元件效果

双击“列表框”元件，用户可以在弹出的“编辑列表框”对话框中为其添加列表选项，如图4-157所示。用“列表框”元件添加列表选项的方法和“下拉框”元件的添加方法相同。选择“默认允许多选”复选框，则可允许用户同时选择多个选项。图4-158所示为列表框预览效果。

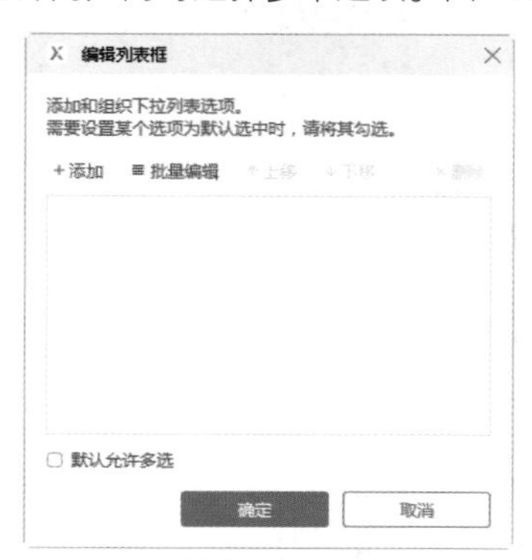

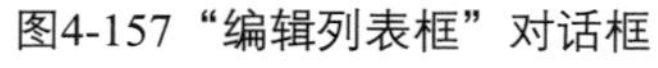

图4-157“编辑列表框”对话框

图4-158 列表框预览效果

5. 复选框

“复选框”元件允许用户从多个选项中选择多个选项，选中状态以“√”显示，再次单击则取消选择。选择“复选框”元件，将其拖曳到页面中并进行设置，效果如图4-159所示。

用户可以在复选框上单击鼠标右键，在弹出的快捷菜单中选择“选中”命令，或者在“交互”面板中选择“选中”复选框，如图4-160所示。Axure RP 10允许用户直接在复选框元件的正方形小方框上单击，将其设置为默认选中状态，如图4-161所示。

图4-159 “复选框”元件效果　图4-160 设置选中状态　图4-161 单击设置为默认选中状态

用户可以在“样式”面板的“按钮”选项下设置复选框的尺寸和对齐方式，如图4-162所示。左对齐和右对齐效果如图4-163所示。

图4-162 设置复选框的尺寸和对齐方式　图4-163 两种对齐效果

6. 单选按钮

“单选按钮”元件允许用户在多个选项中选择一个选项。选择“单选按钮”元件，将其拖曳到页面中并进行设置，效果如图4-164所示。

图4-164 “单选按钮”元件效果

为了实现单选按钮效果，必须选择多个单选按钮并单击鼠标右键，在弹出的快捷菜单中选择“分配单选按钮组”命令，如图4-165所示。在弹出的“选项组”对话框中输入组名称，单击“确定”按钮，即可完成选项组的创建，如图4-166所示。

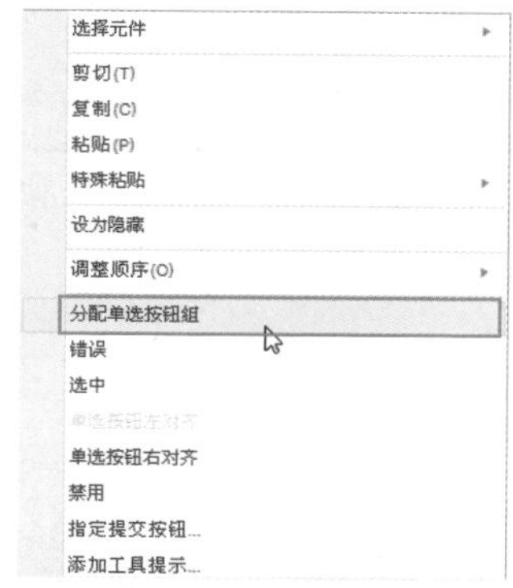

图4-165 选择“分配单选按钮组”命令

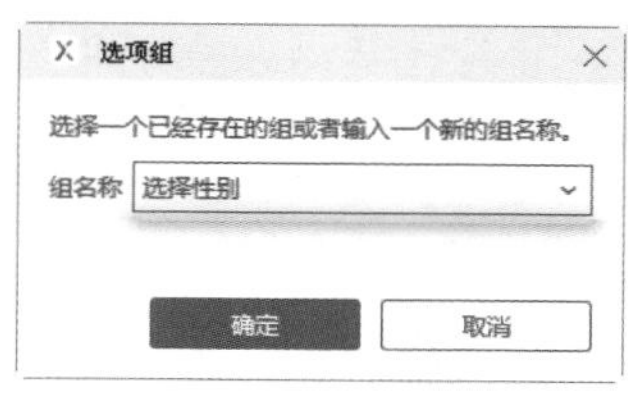

图4-166 设置选项组名称

Tips

Axure RP 10 允许用户直接在单选按钮元件的圆形上单击将其设置为默认选中状态。

制作淘宝会员登录页

源文件：源文件\第4章\制作淘宝会员登录页.rp　视频：视频\第4章\制作淘宝会员登录页.mp4

STEP 01 新建一个文件，将“矩形1”元件拖曳到页面中，在“样式”面板中修改其尺寸为375px×320px，效果如图4-167所示。将“水平线”元件拖入到页面中，修改其颜色和边框，效果如图4-168所示。

图4-167 添加“矩形1”元件并设置参数　图4-168 添加“水平线”元件并设置属性

STEP 02 将“文本框”元件拖入到页面中，修改其宽度为280px，并复制一个，效果如图4-169所示。将“文本标签”元件拖曳到页面中，修改文本内容，如图4-170所示。

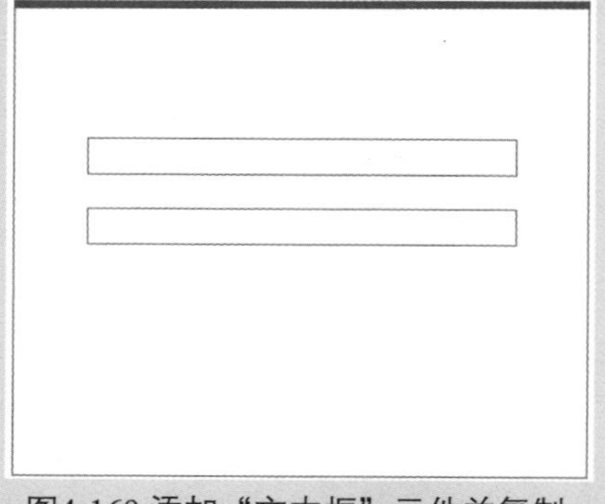

图4-169 添加“文本框”元件并复制

图4-170 添加“文本标签”元件并修改文本内容

STEP 03 将“复选框”元件拖曳到页面中，并修改文本内容，效果如图4-171所示。将“主按钮”元件拖曳到页面中，修改其宽度为280px，然后修改按钮内的文本内容，如图4-172所示。

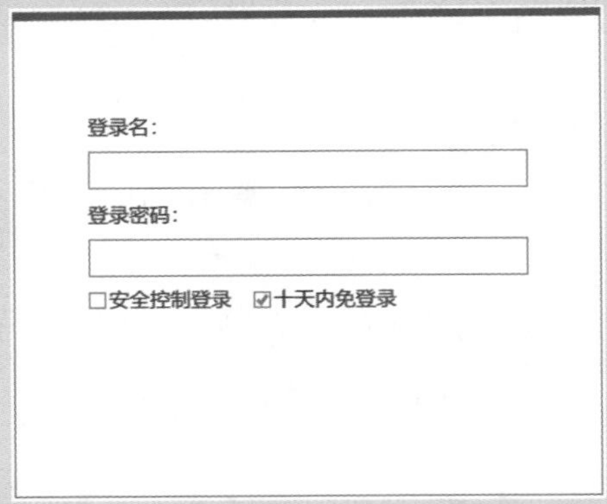

图4-171 添加“复选框”元件并修改文本内容

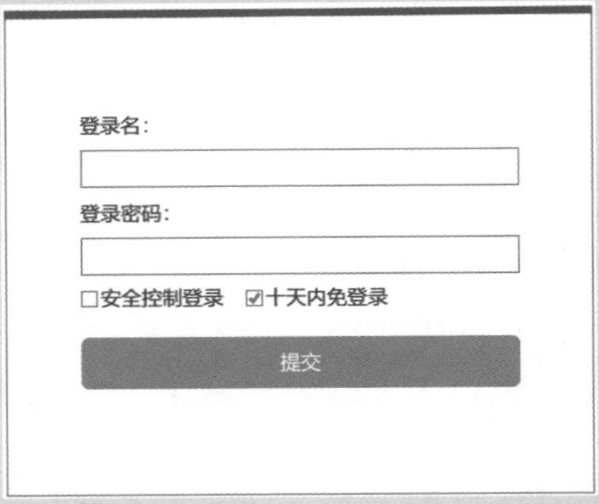

图4-172 添加“主按钮”元件并修改文本内容

STEP 04 将“链接按钮”元件拖曳到页面中，修改文本内容，效果如图4-173所示。继续使用“三级标题”元件、“矩形”元件和“文本标签”元件完成其他部分的制作，完成后的效果如图4-174所示。

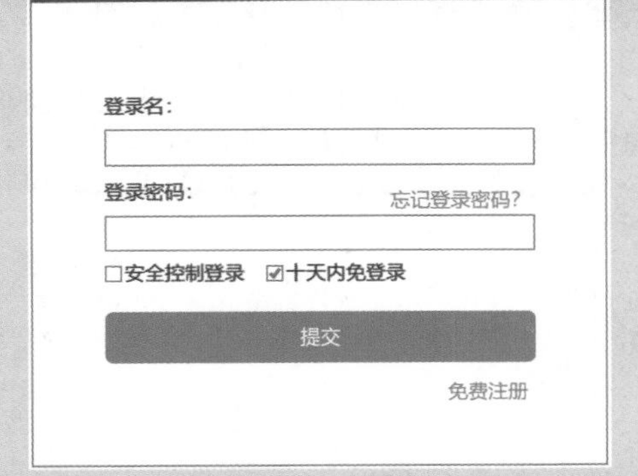

图4-173 添加“链接按钮”元件并修改文本内容

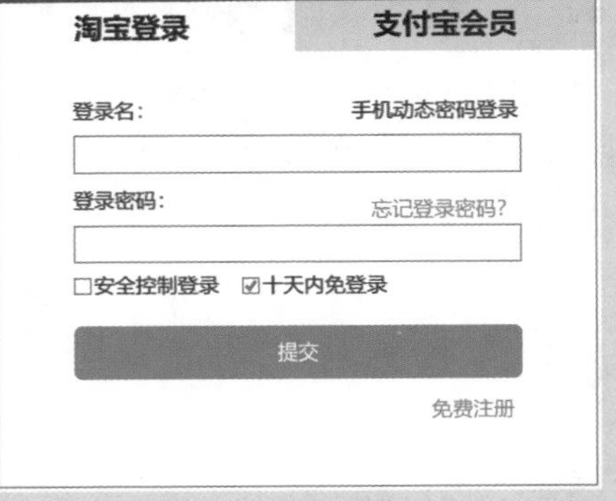

图4-174 完成后的效果

4.2.4 菜单和表格

Axure RP 10为用户提供了实用的“菜单和表格”元件。用户可以使用该元件制作数据表格和各种形式的菜单。“菜单和表格”元件主要包括树、传统表格、传统菜单-横向和传统菜单-纵向4个元件，如图4-175所示。接下来逐一进行介绍。

图4-175 “菜单和表格”元件

1. 树

“树”元件的主要功能是创建一个树状目录。选择“树”元件，将其拖曳到页面中，效果如图4-176所示。

单击元件前面的三角形，可将该树状菜单收起或展开，收起树状菜单效果如图4-177所示。双击单个选项可以修改选项文本，效果如图4-178所示。

图4-176“树”元件效果 图4-177 收起树状菜单效果 图4-178 修改选项文本效果

在“树”元件上单击鼠标右键，在弹出的快捷菜单中选择“添加”子菜单中的命令，可以实现添加菜单的操作，如图4-179所示。

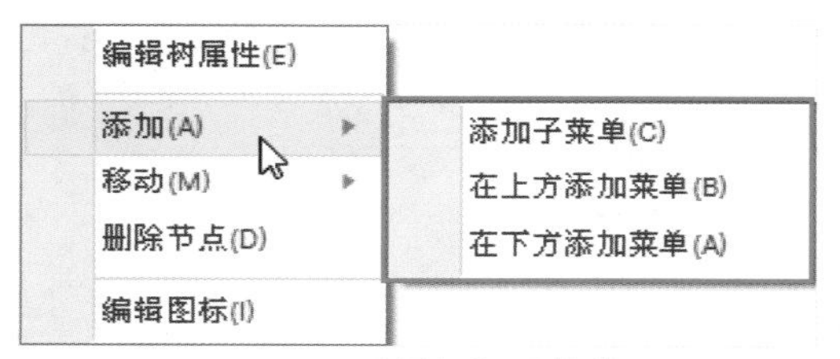

图4-179 “添加”子菜单

- 添加子菜单：选择该命令，用户可以在当前选中菜单下添加一个子菜单。
- 在上方添加菜单：选择该命令，用户可以在当前菜单上方添加一个菜单。
- 在下方添加菜单：选择该命令，用户可以在当前菜单下方添加一个菜单。

用户如果想要删除某一个菜单选项，可以在菜单选项上单击鼠标右键，在弹出的快捷菜单中选择“删除节点”命令，即可将当前菜单选项删除，如图4-180所示。

如果想要调整某一个菜单选项的显示顺序和上下级，可以在菜单选项上单击鼠标右键，在弹出的快捷菜单中选择“移动”子菜单中的命令，可以实现移动菜单选项的操作，如图4-181所示。

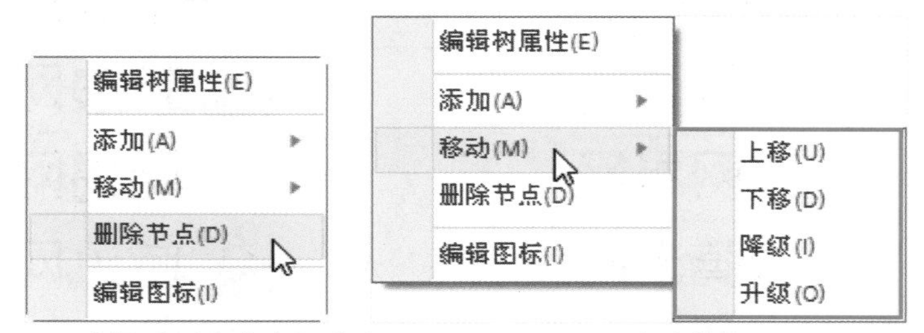

图4-180 选择“删除节点”命令 图4-181 移动菜单

- 上移：选择该命令，选中菜单将在同级菜单中向上移动一条。
- 下移：选择该命令，选中菜单将在同级菜单中向下移动一条。
- 降级：选择该命令，选中菜单将向下调整一级，如图4-182所示。
- 升级：选择该命令，选中菜单将向上调整一级，如图4-183所示。

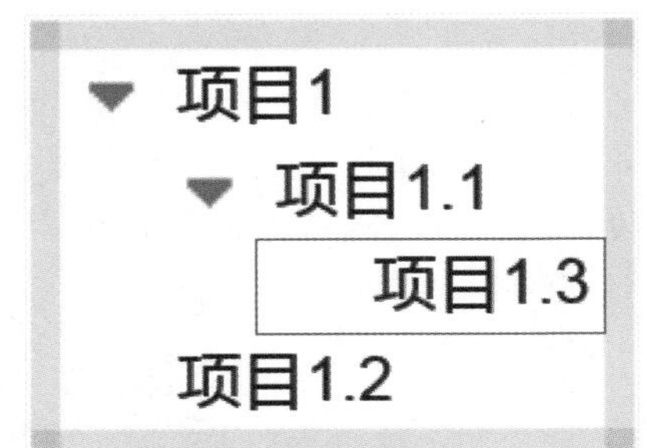

图4-182 降级菜单

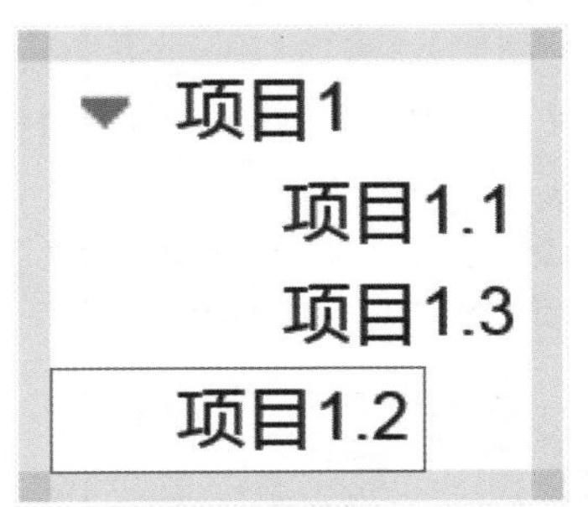

图4-183 升级菜单

选中“树”元件，单击鼠标右键，在弹出的快捷菜单中选择“编辑树属性”命令，如图4-184所示，弹出“树属性”对话框，如图4-185所示。也可以单击“样式”面板中的“编辑树属性”选项，如图4-186所示，同样可以打开“树属性”对话框。

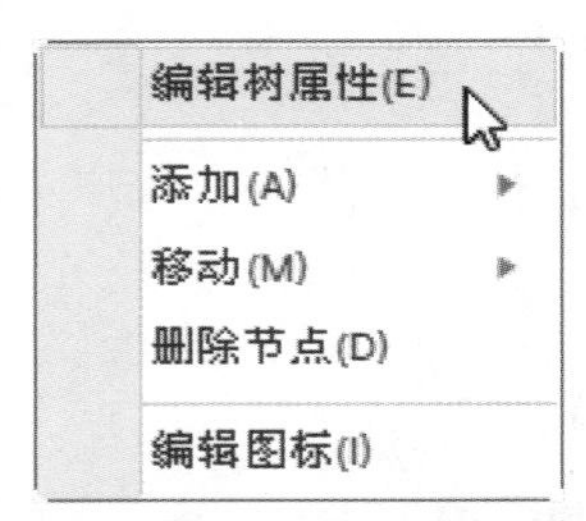

图4-184 选择“编辑树属性”命令

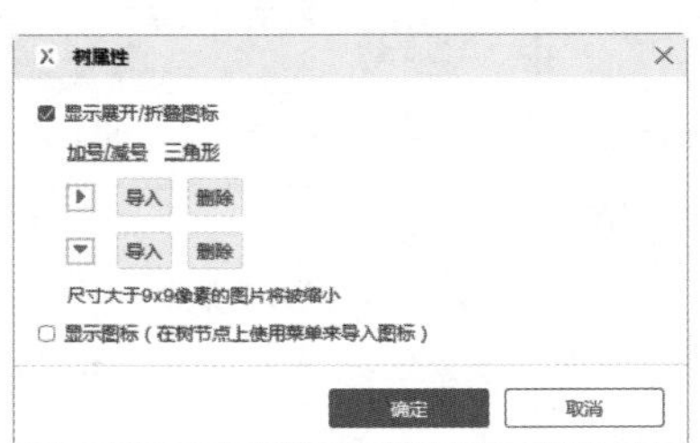

图4-185 “树属性”对话框

图4-186 单击“编辑树属性”选项

在“树属性”对话框中，用户可以选择将“显示展开/折叠图标”设置为“加号/减号”符号或“三角形”，也可以通过导入“9×9像素”图片的方法，设置个性化的展开图标，如图4-187所示。选择“显示图标（在树节点上使用菜单来导入图标）”复选框，将在菜单前面显示图标，如图4-188所示。

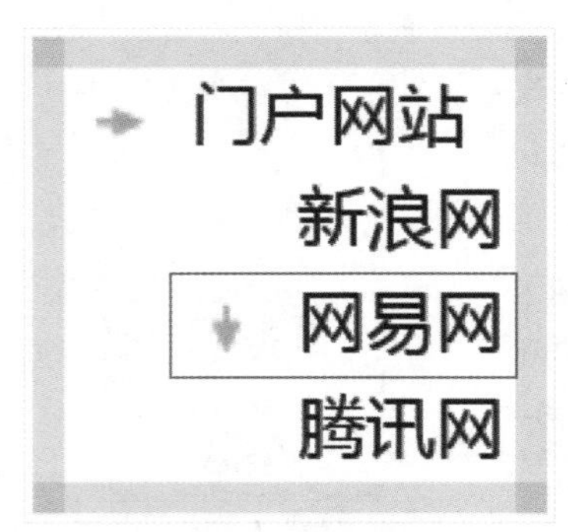

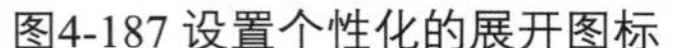

图4-187 设置个性化的展开图标

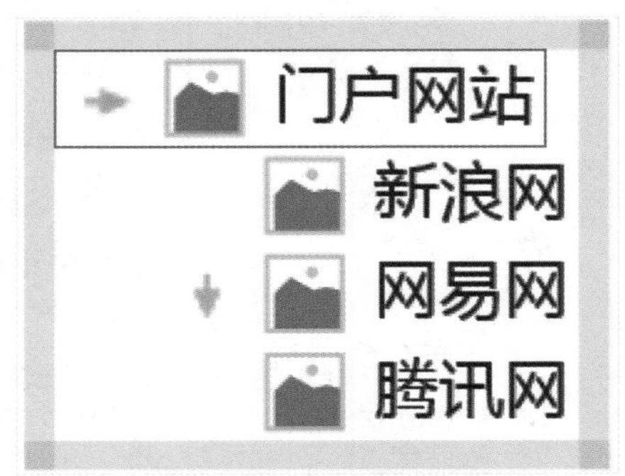

图4-188 在菜单前面显示图标

选中“树”元件，单击鼠标右键，在弹出的快捷菜单中选择“编辑图标”命令或者单击“样式”面板中的“编辑图标”选项，在弹出的“树节点图标”对话框中导入一个“16×16像素”的图片作为“仅当前节点”图标、“当前节点和所有同级节点”图标或“当前节点、所有同级节点和所有子节点”图标，“树节点图标”对话框如图4-189所示。图4-190所示为“仅当前节点”图标效果。

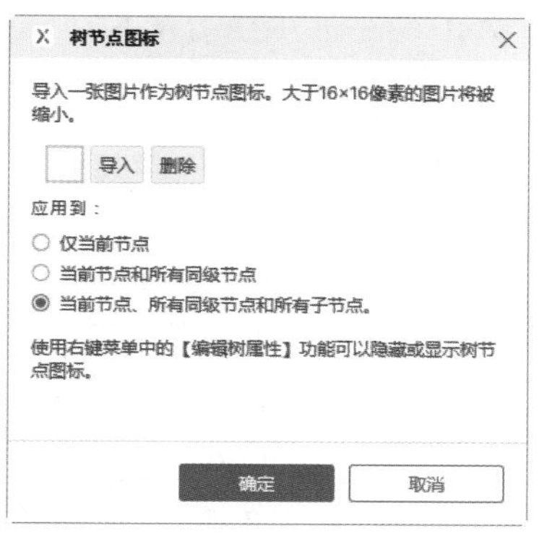

图4-189“树节点图标”对话框

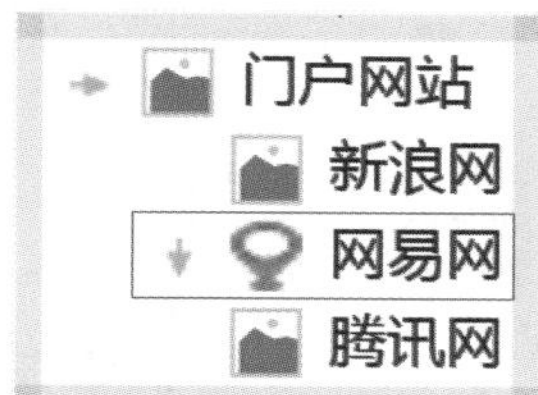

图4-190“仅当前节点”图标

Tips

树状菜单具有一定的局限性，若要显示树节点上添加的图标，则所有选项都会自动添加图标，且不能自定义元件的边框格式。如果想要制作更多效果，可以考虑使用动态面板。

应用案例

美化树状菜单的图标

源文件：源文件\第4章\美化树状菜单的图标.rp　视频：视频\第4章\美化树状菜单的图标.mp4

STEP 01 新建一个Axure文件。将“树”元件拖曳到页面中，效果如图4-191所示。分别双击单个选项，修改文字内容，如图4-192所示。

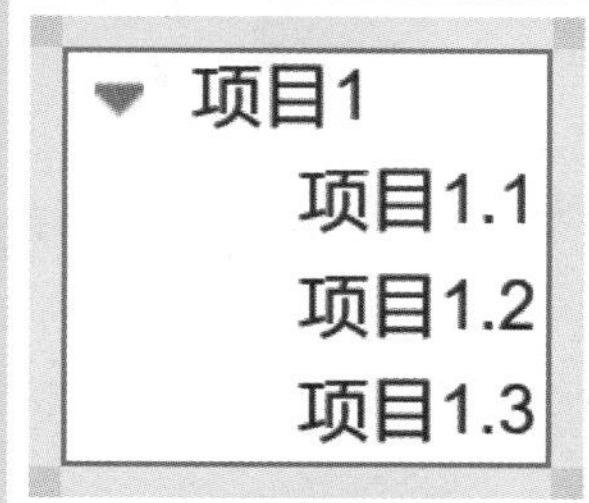

图4-191 添加“树”元件

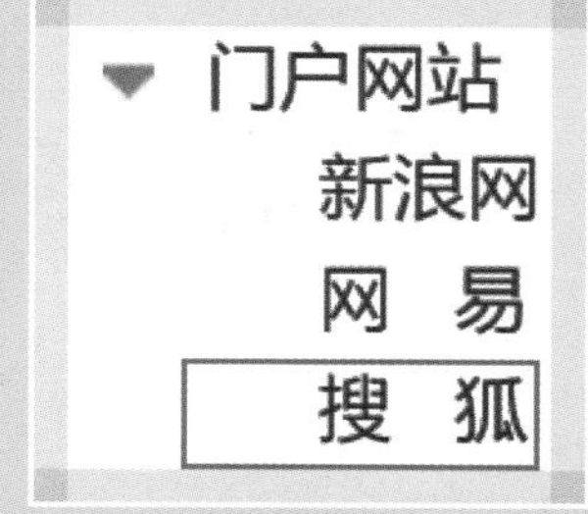

图4-192 修改文字内容

STEP 02 用鼠标右键单击“网易”选项，在弹出的快捷菜单中选择“添加 > 添加子菜单”命令，添加2个选项并修改文字内容，如图4-193所示。单击鼠标右键，在弹出的快捷菜单中选择“编辑树属性”命令，弹出“树属性”对话框，如图4-194所示。

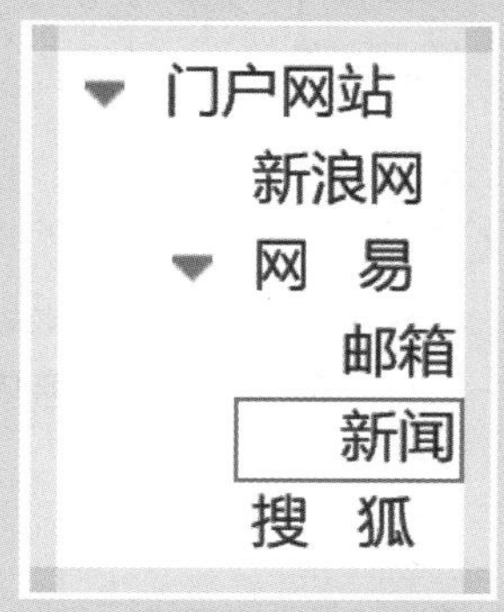

图4-193 添加子菜单并修改文字内容

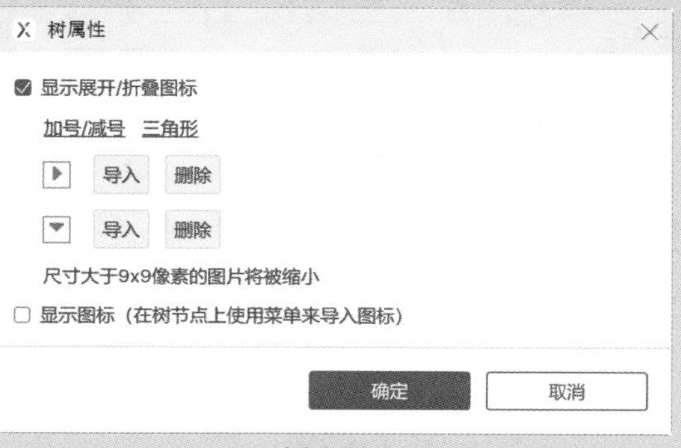

图4-194“树属性”对话框

STEP 03 单击第一个“导入”按钮，导入“素材\ 第4 章\41403.png”图片，单击第二个“导入”按钮，导入“41404.png”图片，如图4-195所示，单击“确定”按钮，效果如图4-196所示。

图4-195 导入素材　　图4-196 优化树状菜单

STEP 04 在元件上单击鼠标右键，在弹出的快捷菜单中选择“编辑图标”命令，弹出“树节点图标”对话框，单击“导入”按钮，导入“素材\ 第4 章\41405.png”图片，如图4-197所示。单击“确定”按钮，美化后的树状菜单如图4-198所示。

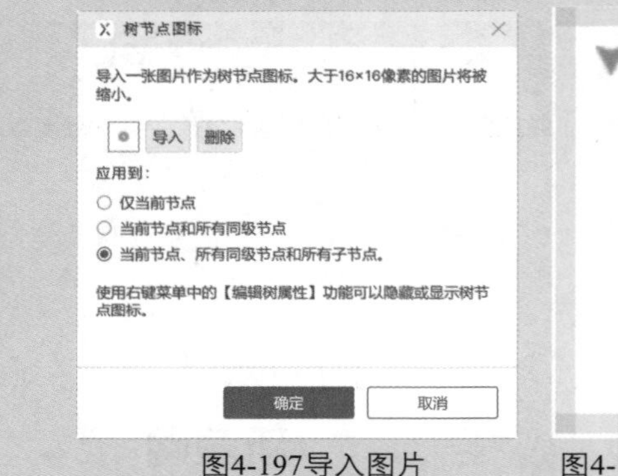

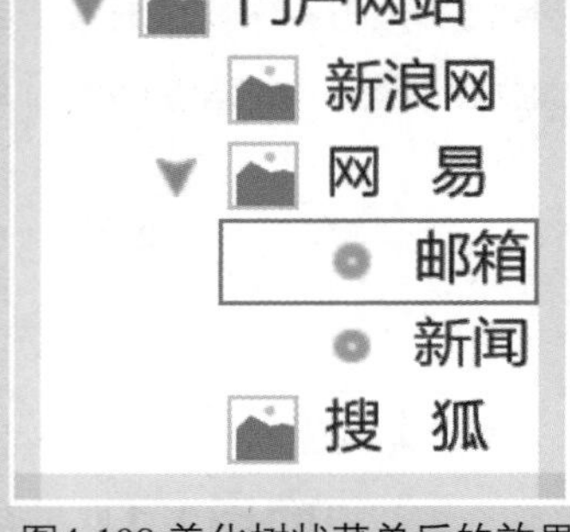

图4-197导入图片　　图4-198 美化树状菜单后的效果

2. 传统表格

使用表格元件可以在页面上显示表格数据。选择“传统表格”元件，将其拖曳到页面中，效果如图4-199所示。

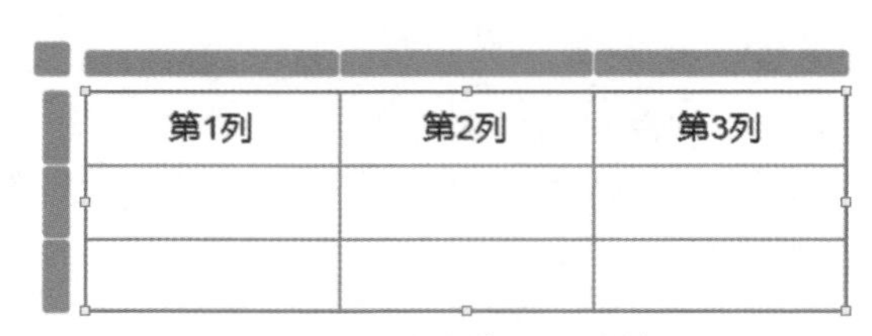

图4-199“传统表格”元件效果

用户可以通过单击表格左上角的灰色圆角矩形以快速选中整个表格，如图4-200所示。用户也可以通过单击表格顶部或左侧的圆角矩形，快速选中整列或者整行。图4-201所示为选中表格的整列。

第1列	第2列	第3列

图4-200 快速选中整个表格

第1列	第2列	第3列

图4-201 选中表格的整列

选择行或列后，可以在“样式”面板中为其指定“填充”和“线段”样式，也可以在工具栏中直接为其指定填充色、边框颜色和粗细，效果如图4-202所示。

用户如果想增加行或者列，可以在表格元件上单击鼠标右键，在弹出的快捷菜单中选择对应的命令，如图4-203所示。

图4-202 表格样式效果

选择行(R)
在上方插入行(A)
在下方插入行(B)
删除行
选择列(C)
在左侧插入列(L)
在右侧插入列(R)
删除列

图4-203 表格元件快捷菜单

- 选择行/选择列：执行该命令，将选中一行或者一列。
- 在上方插入行/在下方插入行：执行该命令，将在当前行的上方或下方插入一行。
- 在左侧插入列/在右侧插入列：执行该命令，将在当前列的左侧或右侧插入一列。
- 删除行/删除列：执行该命令，将删除当前所选行或列。

3. 传统菜单—横向

使用“传统菜单-横向”元件可以在页面上轻松制作水平菜单效果。在“元件库”面板中选择“传统菜单-横向”元件，将其拖曳到页面中，效果如图4-204所示。

图4-204 “传统菜单-横向”元件效果

双击元件上的菜单名，修改菜单文本，如图4-205所示。在元件上单击鼠标右键，在弹出的快捷菜单中选择“编辑菜单边距”命令，弹出“菜单边距”对话框，设置“边距”的值并选择应用的范围，如图4-206所示。

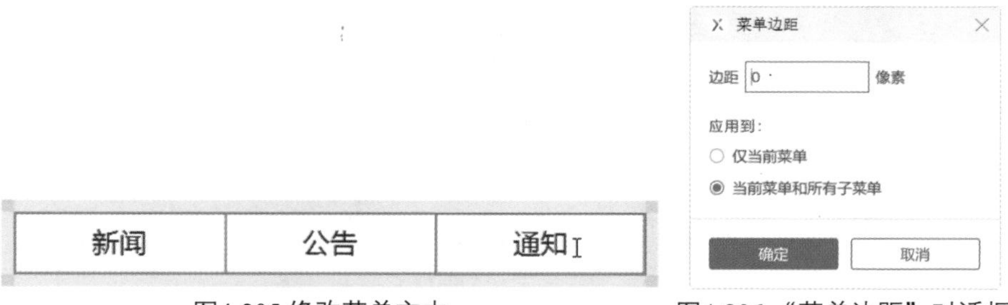

图4-205 修改菜单文本　　图4-206 “菜单边距”对话框

单击“确定”按钮，效果如图4-207所示。选择水平菜单，可以在“样式”面板中为其指定“填充”颜色，选择单元格，为其设置“填充”颜色，如图4-208所示。

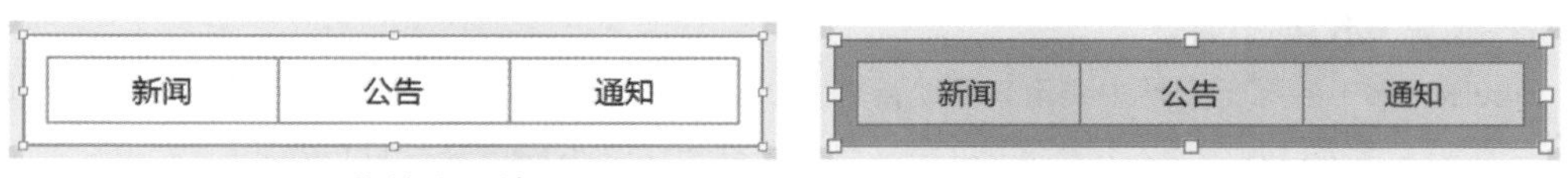

图4-207 菜单边框效果　　图4-208 设置“填充”颜色

用户如果希望添加菜单选项，可以在元件上单击鼠标右键，在弹出的快捷菜单中选择想要添加的菜单项命令，如图4-209所示。在当前菜单的前方或者后方添加菜单，效果如图4-210所示。选择“删除菜单项”命令，即可删除当前菜单。

图4-209 选择想要添加的菜单项命令

新闻 公告 通知 帮助

图4-210 添加菜单效果

在元件上单击鼠标右键，在弹出的快捷菜单中选择“添加子菜单”命令，即可为当前单元格添加子菜单，效果如图4-211所示。使用相同的方法可以继续为子菜单添加子菜单，效果如图4-212所示。

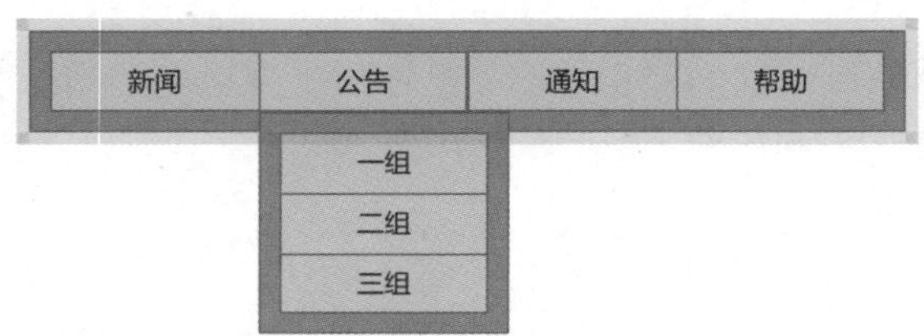

图4-211 添加子菜单效果

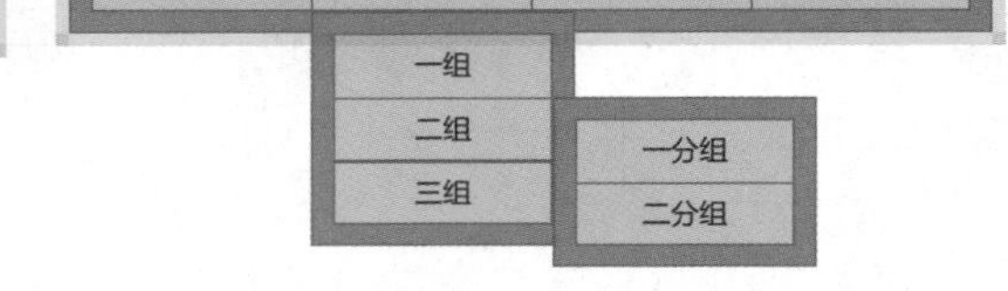

图4-212 为子菜单添加子菜单后的效果

Tips

除了通过快捷菜单进行菜单填充设置，用户还可以在“样式”面板的“菜单填充”选项下设置填充值。

4. 传统菜单—纵向

使用“传统菜单-纵向”元件可以在页面上轻松制作纵向菜单效果。选择“传统菜单-纵向”元件，将其拖曳到页面中，效果如图4-213所示。“传统菜单-纵向”元件与“传统菜单-横向”元件的使用方法基本相同，此处就不再详细介绍了。

图4-213“传统菜单-纵向”元件效果

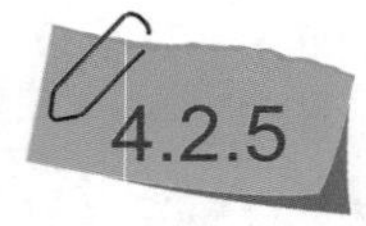

4.2.5 标记元件

Axure RP 10中的标记元件主要用来帮助用户对产品原型进行说明和标注。标记元件主要包括横向箭头、纵向箭头、便签、圆形标记和水滴标记等，如图4-214所示。接下来逐一进行介绍。

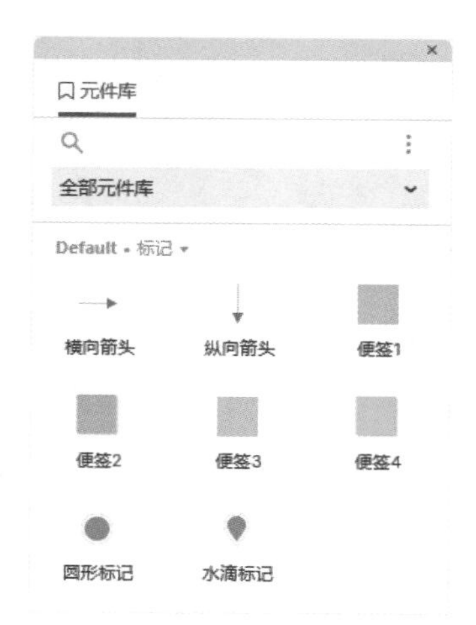

图4-214 标记元件

1. 横向箭头和纵向箭头

使用箭头可以标注产品原型的细节。Axure RP 10提供了横向箭头和纵向箭头两种箭头元件。选择"横向箭头"或"纵向箭头"元件，将其拖曳到页面中，效果如图4-215所示。

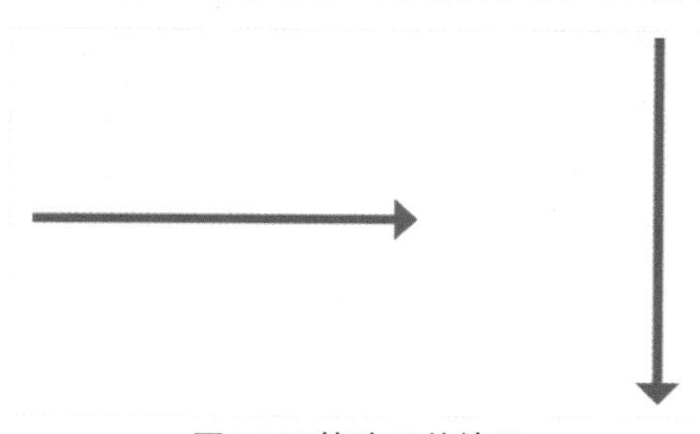

图4-215 箭头元件效果

选中箭头元件，可以在工具栏或"样式"面板中设置其图案、颜色、厚度和箭头样式。图4-216所示为设置箭头图案，图4-217所示为设置箭头样式。

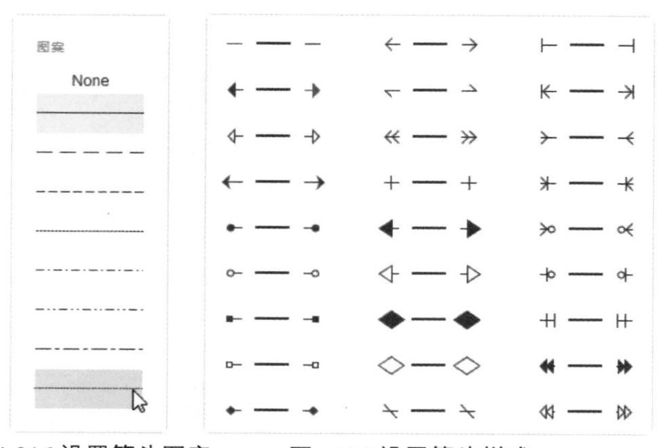

图4-216 设置箭头图案　　图4-217 设置箭头样式

2. 便签

Axure RP 10为用户提供了4种不同颜色的便签，以便用户在标注原型时使用。选择"便签"元件，将其拖曳到页面中，效果如图4-218所示。

便签1

便签2

便签3

便签4

图4-218“便签”元件效果

选择“便签”元件，用户可以在工具栏或“样式”面板中对其填充和线段样式进行修改，如图4-219所示。双击元件，即可在元件内添加文本内容，效果如图4-220所示。

图4-219 设置便签样式

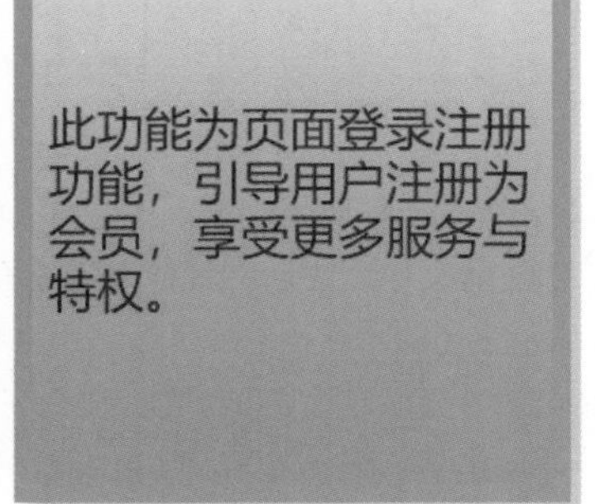

图4-220 添加文本内容

3．圆形标记和水滴标记

Axure RP 10为用户提供了2种不同形式的标记：圆形标记和水滴标记。选择“圆形标记”或“水滴标记”元件，将其拖曳到页面中，效果如图4-221所示。

“圆形标记”和“水滴标记”元件主是用于在完成的原型上进行标记说明。双击元件，可以为其添加文本，如图4-222所示。选中元件，可以在工具栏中修改其填充颜色、外部阴影、线宽、线段颜色、线段类型和箭头样式，修改后的效果如图4-223所示。

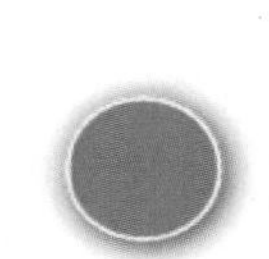

图4-221“圆形标记”和“水滴标记”元件效果

图4-222 添加文本

图4-223 修改样式后的效果

4.3 Flow（流程图）元件

Axure RP 10中为用户提供了专用的流程图元件，用户可以直接使用这些元件快速完成流程图的设计制作。默认情况下，流程图元件被保存在“元件库”面板的下拉列表框中，如图4-224所示。选择“Flow”（流程图）选项，即可将流程图元件显示出来，如图4-225所示。

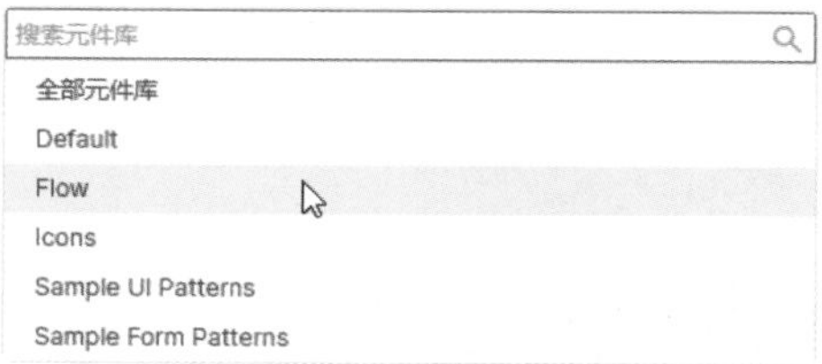

图4-224 “元件库”面板下拉列表框

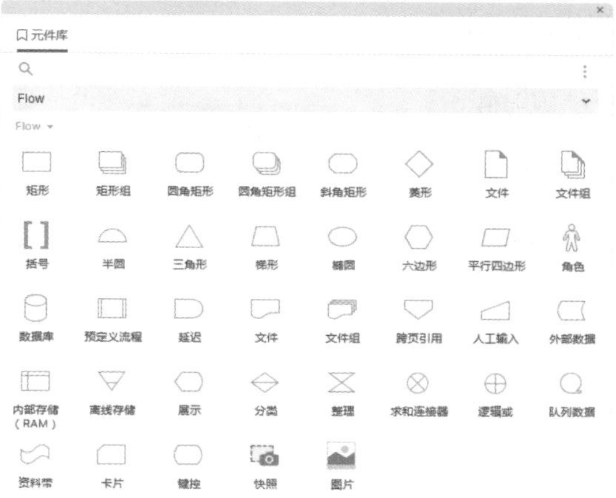

图4-225 Flow（流程图）元件

4.3.1 矩形和矩形组

矩形一般用于执行处理，在流程图中常被用作执行框，也可以是一个页面。矩形组则代表多个要执行的处理页面组。

在“元件库”面板的“Flow”元件库中选择“矩形”或“矩形组”元件，将其拖曳到页面中，效果如图4-226所示。

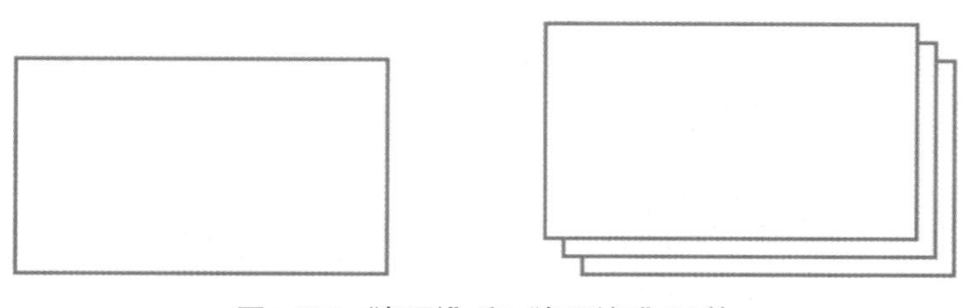

图4-226 “矩形”和“矩形组”元件

应用案例

制作手机产业流程图

源文件：源文件\第4章\制作手机产业流程图.rp 视频：视频\第4章\制作手机产业流程图.mp4

STEP 01 将“矩形”流程图元件拖曳到页面中并设置样式，如图4-227所示。双击元件输入文本，效果如图4-228所示。

图4-227 设置矩形样式

图4-228 输入文本效果

STEP 02 按住【Ctrl】键拖曳复制多个矩形元件并修改文本内容，效果如图4-229所示。单击工具栏中的“绘制元件间的连接线”按钮，将鼠标指针移动到第一个矩形元件右侧，如图4-230所示。

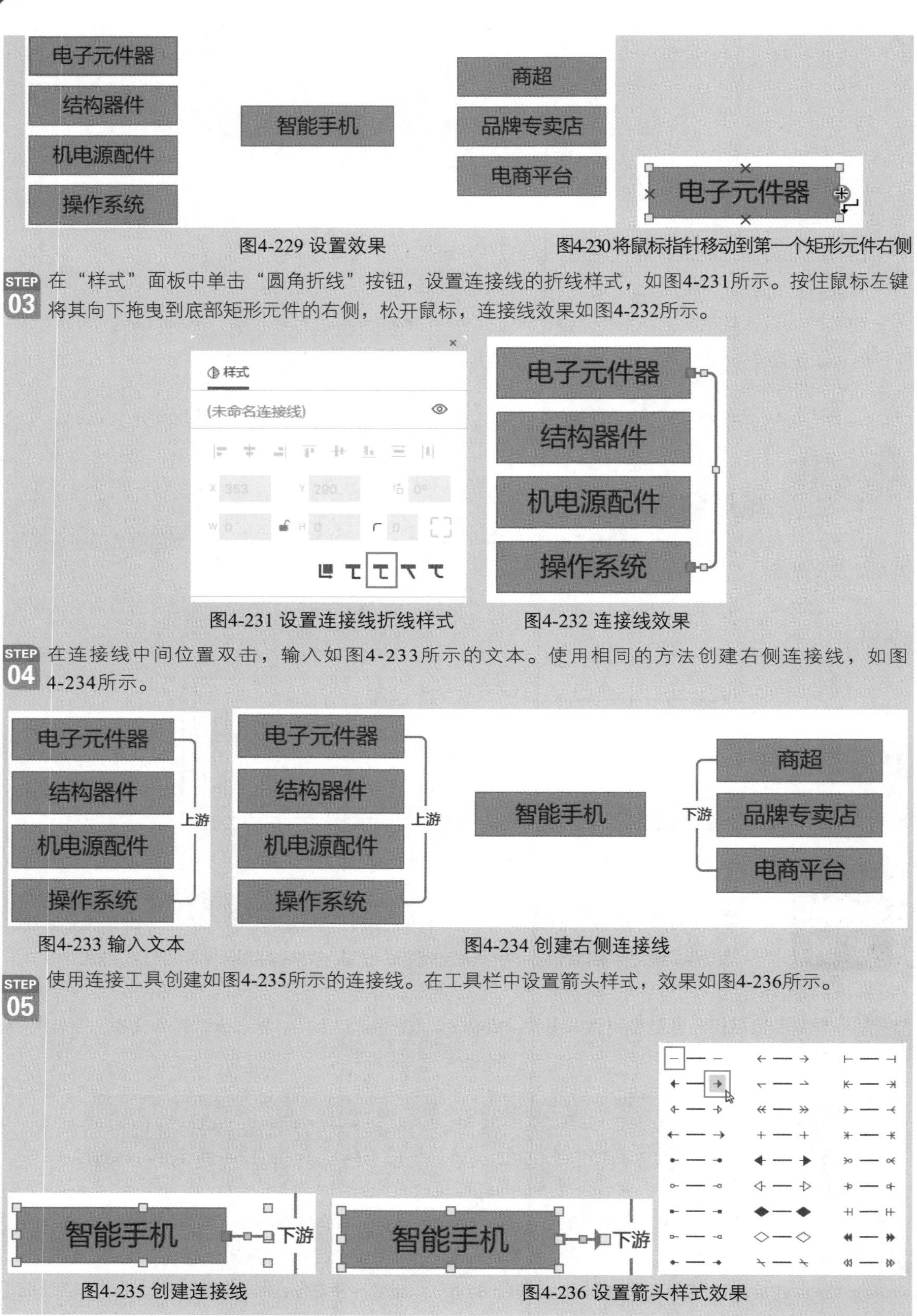

图4-229 设置效果

图4-230 将鼠标指针移动到第一个矩形元件右侧

STEP 03 在“样式”面板中单击“圆角折线”按钮，设置连接线的折线样式，如图4-231所示。按住鼠标左键将其向下拖曳到底部矩形元件的右侧，松开鼠标，连接线效果如图4-232所示。

图4-231 设置连接线折线样式

图4-232 连接线效果

STEP 04 在连接线中间位置双击，输入如图4-233所示的文本。使用相同的方法创建右侧连接线，如图4-234所示。

图4-233 输入文本

图4-234 创建右侧连接线

STEP 05 使用连接工具创建如图4-235所示的连接线。在工具栏中设置箭头样式，效果如图4-236所示。

图4-235 创建连接线

图4-236 设置箭头样式效果

STEP 06 使用相同的方法创建其他连接线，选中连接线并设置连接线线段类型为虚线，完成手机产业流程图的制作，效果如图4-237所示。

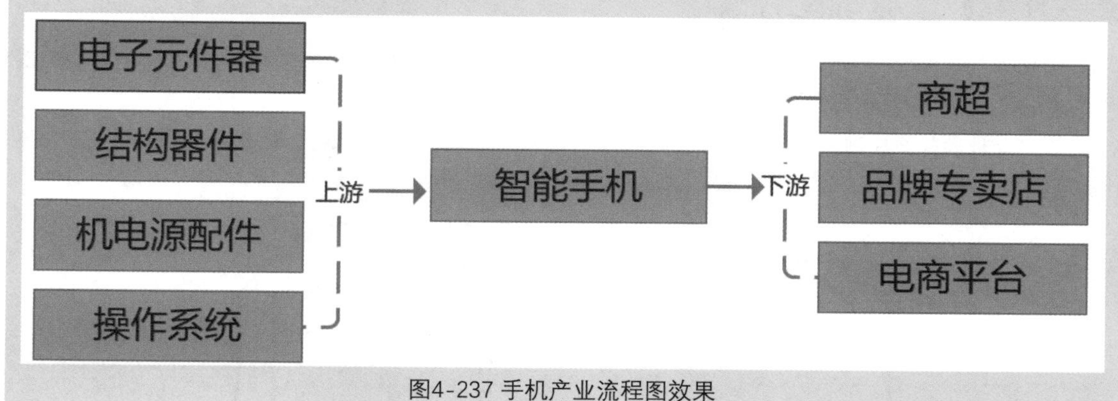

图4-237 手机产业流程图效果

4.3.2 圆角矩形和圆角矩形组

圆角矩形在流程图中代表程序的开始或者结束，常被用作起始框或者结束框。圆角矩形组则代表多个开始项目。

在“元件库”面板的“Flow”元件库中选择“圆角矩形”或“圆角矩形组”元件，将其拖曳到页面中，效果如图4-238所示。

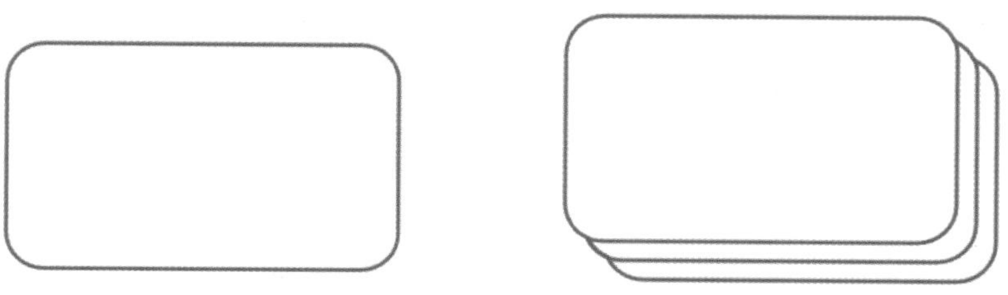

图4-238“圆角矩形”和“圆角矩形组”元件

4.3.3 斜角矩形和菱形

斜角矩形在流程图中代表数据。在“元件库”面板的“Flow”元件库中选择“斜角矩形”元件，将其拖曳到页面中，效果如图4-239所示。

菱形在流程图中通常表示决策或判断（如if···then···else），在程序流程图中常被用作判别框。在“元件库”面板的“Flow”元件库中选择“菱形”元件，将其拖曳到页面中，效果如图4-240所示。

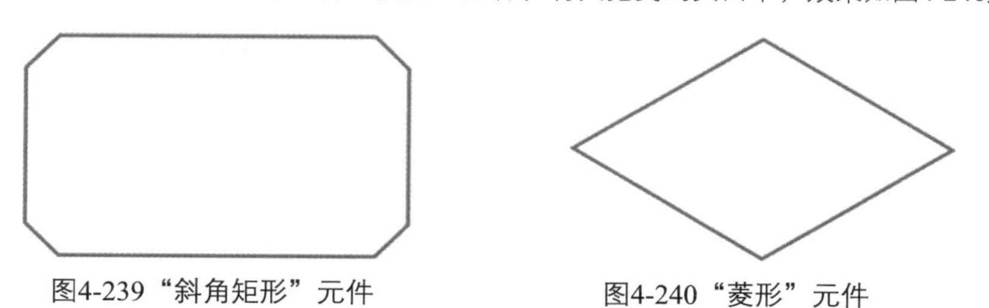

图4-239“斜角矩形”元件

图4-240“菱形”元件

4.3.4 文件和文件组

“文件”元件代表一个文件，可以是生成的文件或者调用的文件。如何定义，需要用户根据实际情况而定。“文件组”元件则代表多个文件。

在“元件库”面板的“Flow”元件库中选择“文件”或“文件组”元件，将其拖曳到页面中，效果如图4-241所示。

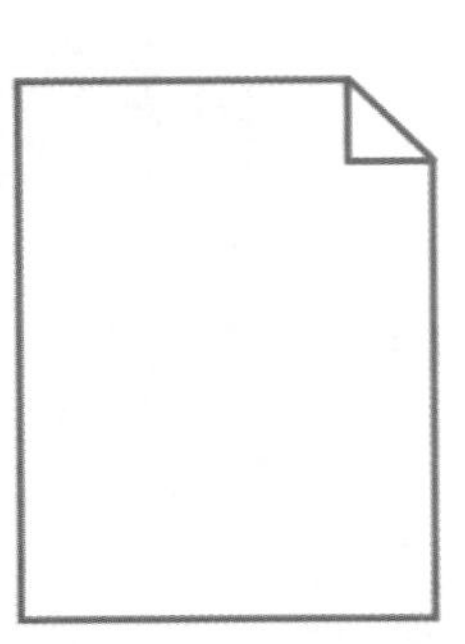

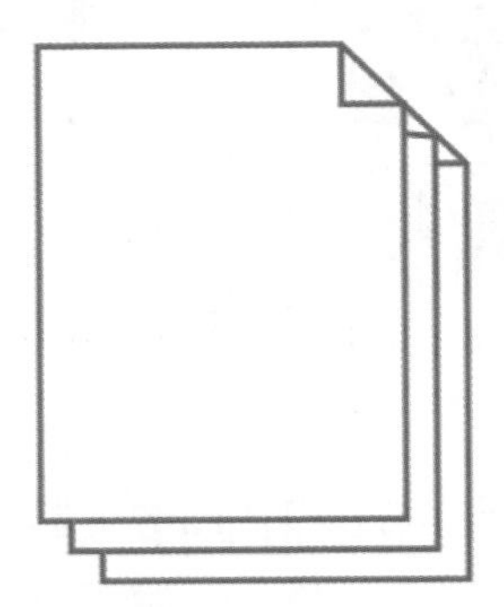

图4-241 “文件”和“文件组”元件

4.3.5 括号

“括号”元件主要代表注释或者说明，也可以用作条件叙述。一般情况下，当流程进行到某一个位置后需要做一段执行说明或者标注特殊行为时，会用到它。

在“元件库”面板的“Flow”元件库中选择“括号”元件，将其拖曳到页面中，效果如图4-242所示。

4.3.6 半圆

“半圆”元件经常作为页面跳转和流程跳转的标记，用于制作流程图。在“元件库”面板的“Flow”元件库中选择“半圆”元件，将其拖曳到页面中，效果如图4-243所示。

图4-242 “括号”元件

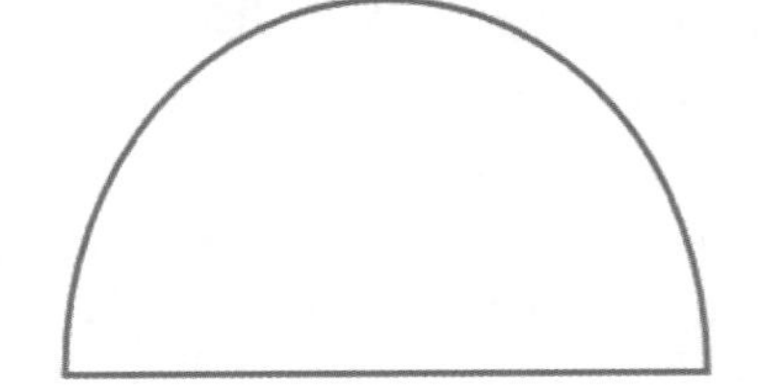

图4-243 “半圆”元件

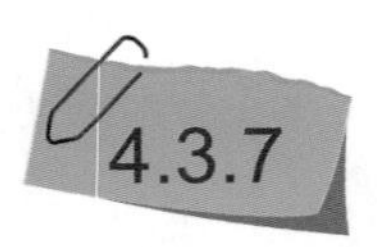

4.3.7 三角形

“三角形”元件主要用于传递信息，也可用于传递数据，且三角形元件一般与线条类的元件配合使用。

在“元件库”面板的“Flow”元件库中选择“三角形”元件，将其拖入到页面中，效果如图4-244所示。

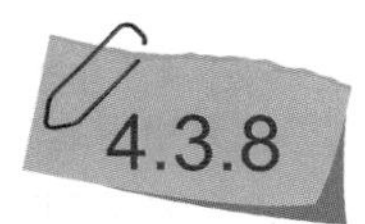

4.3.8 梯形

梯形元件一般代表手动操作。在“元件库”面板的“Flow”元件库中选择“梯形”元件，将其拖曳到页面中，效果如图4-245所示。

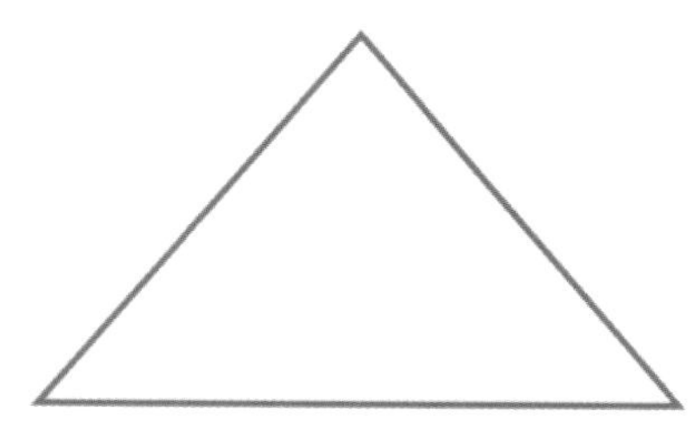

图4-244 “三角形”元件

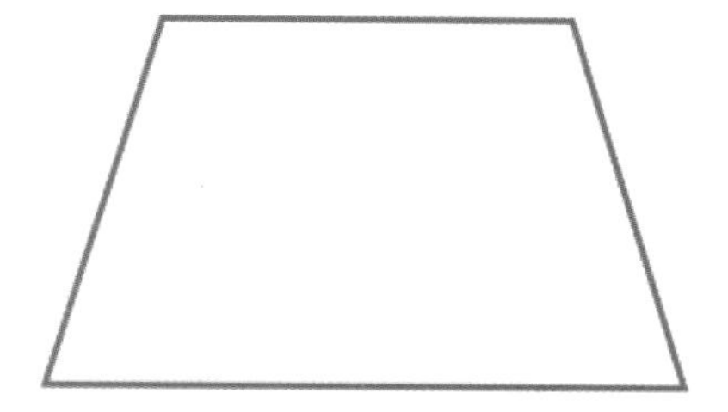

图4-245 “梯形”元件

4.3.9 椭圆

如果是一个小圆，可以表示按顺序进行流程。如果是椭圆形，通常作为流程的结束。有时，“椭圆”元件也代表一个案例。

在“元件库”面板的“Flow”元件库中选择“椭圆”元件，将其拖曳到页面中，效果如图4-246所示。

4.3.10 六边形

“六边形”元件表示准备的意思，制作流程图时，通常用作流程的起始，如起始框。在“元件库”面板的“Flow”元件库中选择“六边形”元件，将其拖曳到页面中，效果如图4-247所示。

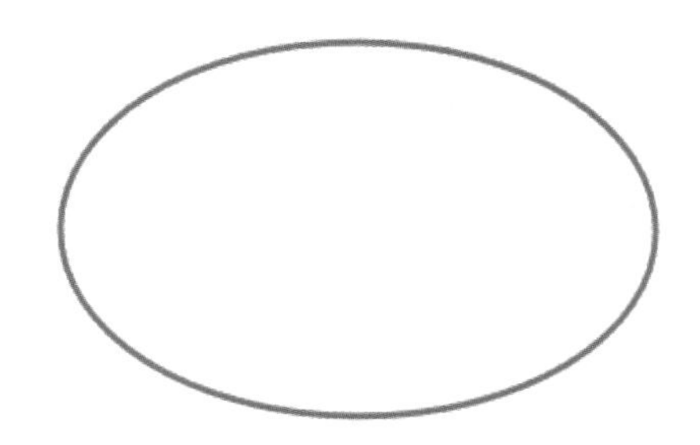

图4-246 “椭圆”元件

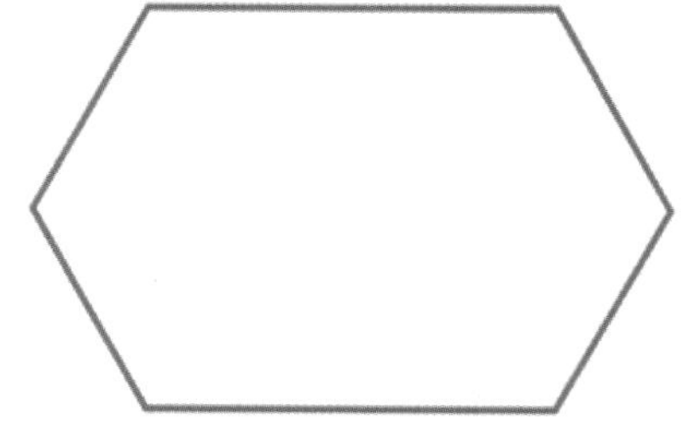

图4-247 “六边形”元件

4.3.11 平行四边形

“平行四边形”元件一般用来表示数据或确定的数据处理，也常被用来表示资料输入。在“元件库”面板的“Flow”元件库中选择“平行四边形”元件，将其拖曳到页面中，效果如图4-248所示。

4.3.12 角色

“角色”元件用来模拟流程中执行操作的角色。需要注意的是，角色并非一定是人，有时为机器自动执行，有时为模拟一个系统管理。在“元件库”面板的“Flow”元件库中选择“角色”元件，将其拖曳到页面中，效果如图4-249所示。

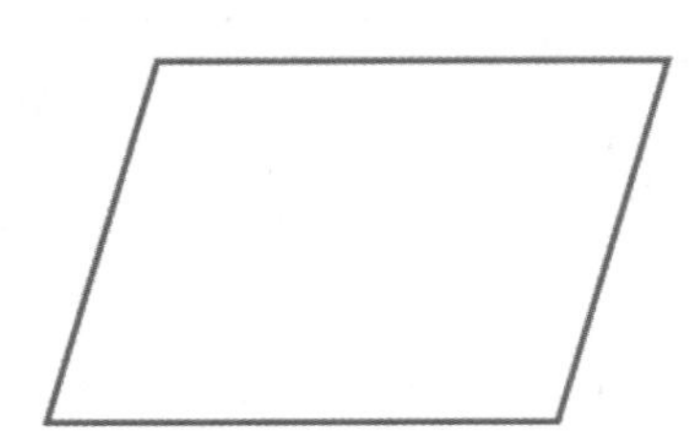

图4-248 “平行四边形”元件

图4-249 “角色”元件

4.3.13 数据库

“数据库”元件是指保存网站数据的数据库。在“元件库”面板的“Flow”元件库中选择“数据库”元件，将其拖曳到页面中，效果如图4-250所示。

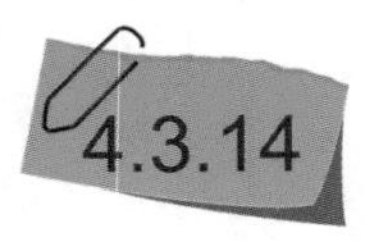

4.3.14 快照

此处的“快照”元件与“互动”元件中的“快照”元件功能相同，只是此处的“快照”元件参与流程图制作。在“元件库”面板的“Flow”元件库中选择“快照”元件，将其拖曳到页面中，效果如图4-251所示。

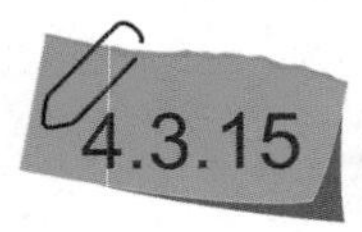

4.3.15 图片

“图片”元件在流程图元件中代表一个图片，在“元件库”面板的“Flow”元件库中选择“图片”元件，将其拖入到页面中，效果如图4-252所示。

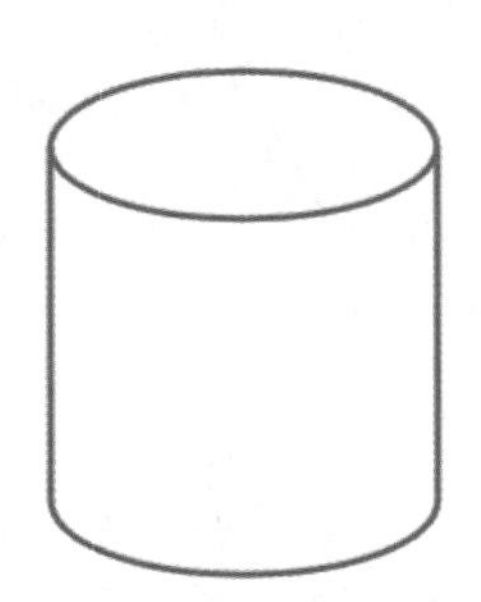

图4-250 “数据库”元件

图4-251 “快照”元件

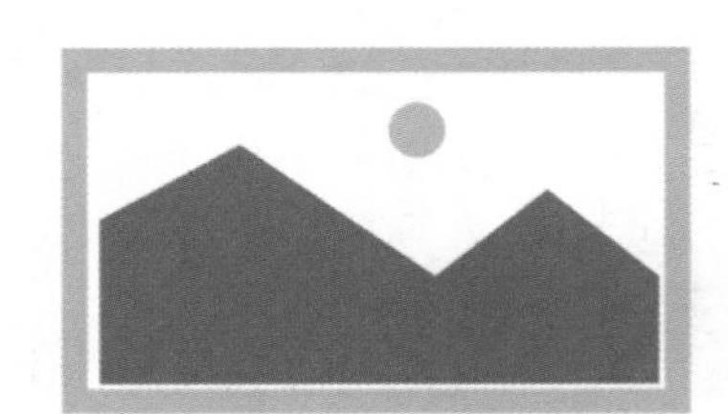

图4-252 “图片”元件

4.3.16 新增流程图元件

除了上述流程图元件，Axure RP 10中还新增了18个流程图元件，其位于“元件库”面板中的“数据库”元件后面，如图4-253所示。

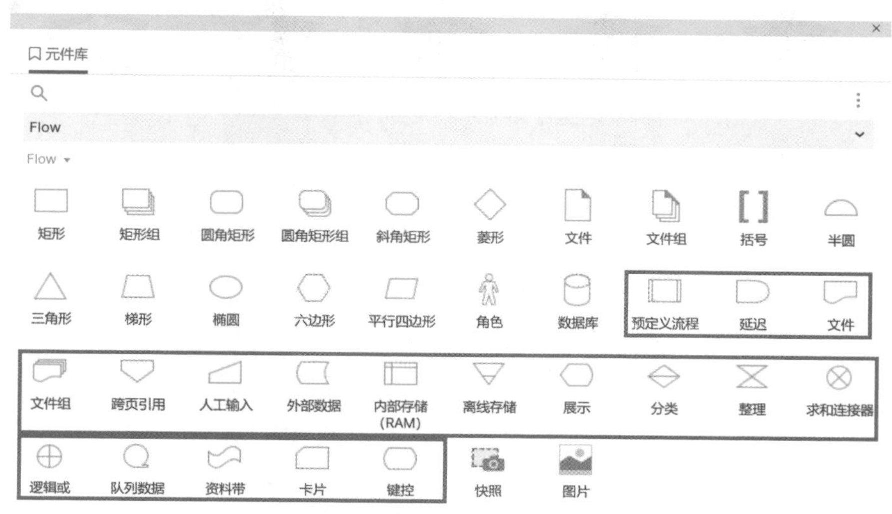

图4-253 新增的流程图元件

4.4 Icons（图标）元件

Axure RP 10为用户提供了很多美观实用的图标元件，用户可以直接使用这些元件快速完成产品原型的设计制作。默认情况下，图标元件被保存在“元件库”面板的下拉列表框中，如图4-254所示。选择“Icons”（图标）选项，即可将图标元件显示出来，如图4-255所示。

图4-254“元件库”面板下拉列表框

图4-255 Icons（图标）元件

Axure RP 10为用户提供了网页程序、可达性、手势、运输工具、性别、文件类型、加载中、表单控件、支付、图表、货币、文本编辑、方向、视频播放、品牌和医疗16种图标元件。

选中图标元件并将其拖曳到页面中，如图4-256所示。用户可以修改图标元件的填充和线段样式，以实现更丰富的图标效果，如图4-257所示。

图4-256 选中图标元件并将其拖曳到页面中

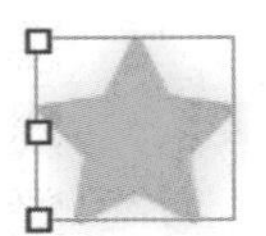  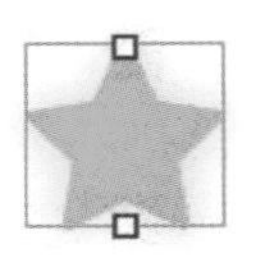  

图4-257 修改图标元件的填充和线段样式

4.5 Sample UI Patterns

"Sample UI Patterns"元件库为用户提供了一些常用且附带简单交互的元件，按照应用场景被分为容器、导航和内容3种，如图4-258所示。

将"加载中"元件拖曳到页面中，如图4-259所示。单击软件界面右上角的"预览"按钮，元件预览效果如图4-260所示。

图4-258 "Sample UI Patterns"元件库

图4-259 "加载中"元件

图4-260 预览效果

应用案例

制作幻灯片效果

源文件：源文件\第4章\制作幻灯片效果.rp 视频：视频\第4章\制作幻灯片效果.mp4

STEP 01 在"元件库"面板中选择"Sample UI Patterns"元件库，将"容器"分类下的"幻灯片"元件拖曳到页面中，如图4-261所示。双击该元件，单击顶部的"查看全部状态"选项，如图4-262所示。

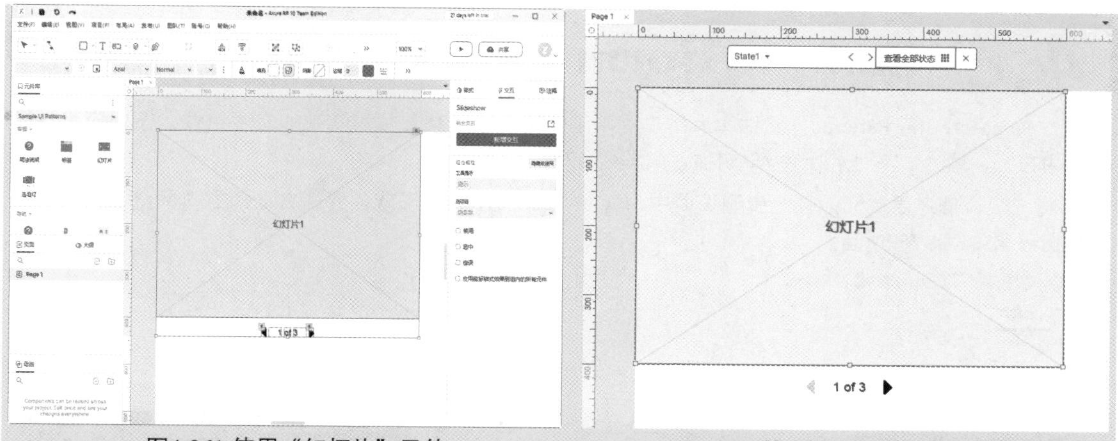

图4-261 使用“幻灯片”元件　　图4-262 单击“查看全部状态”选项

STEP 02 将“图片”元件拖曳到“幻灯片1”中并导入产品图片，效果如图4-263所示。继续使用相同的方法为其他两个幻灯片添加产品图片，效果如图4-264所示。

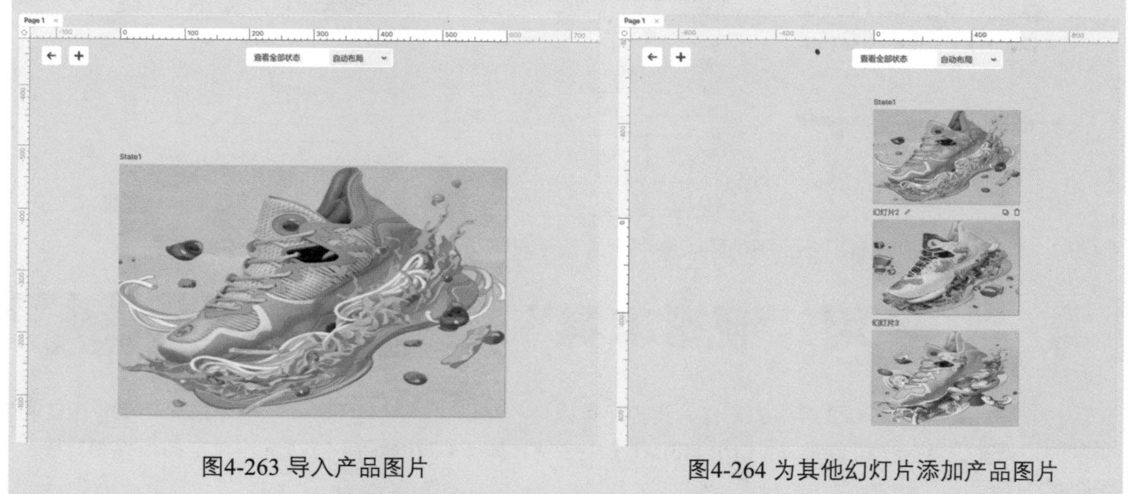

图4-263 导入产品图片　　图4-264 为其他幻灯片添加产品图片

STEP 03 单击返回按钮←，元件效果如图4-265所示。单击软件界面右上角的“预览”按钮，“幻灯片”元件预览效果如图4-266所示。

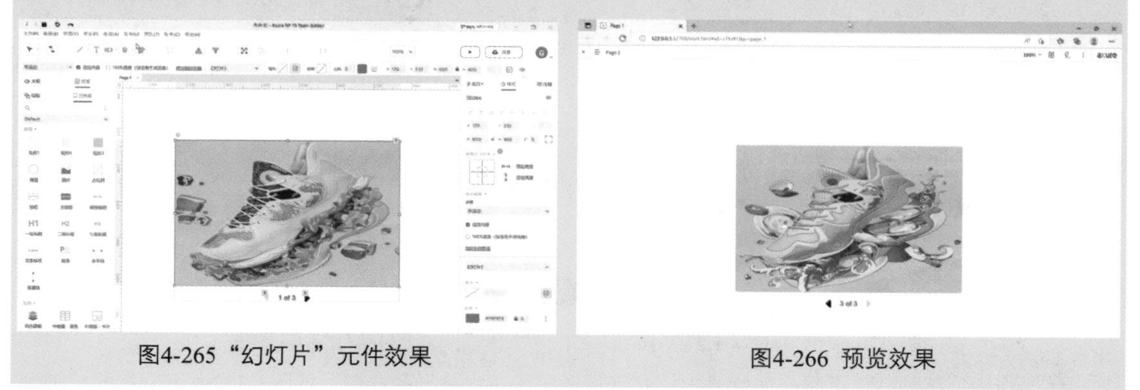

图4-265“幻灯片”元件效果　　图4-266 预览效果

4.6 Sample Form Patterns

“Sample Form Patterns”元件库为用户提供了一些常用且交互相对复杂的交互组件，按照应用场景被分为按钮、输入、其他和示例表单4种，如图4-267所示。

将“个人信息表单”元件拖曳到页面中，如图4-268所示。单击软件界面右上角的“预览”按钮，元件预览效果如图4-269所示。

图4-267 “Sample Form Patterns”元件库

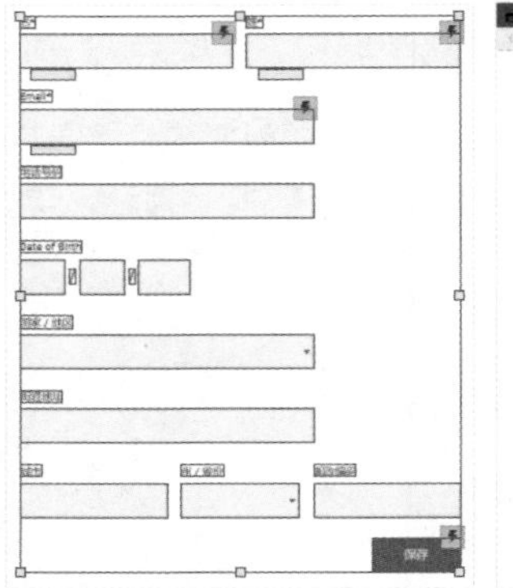

图4-268 “个人信息表单”元件

图4-269 预览效果

4.7 使用“钢笔工具”

除了使用“元件库”面板中的元件，用户还可以使用绘画工具绘制任意形状的图形元件。单击工具栏中的“钢笔工具”按钮或者按【Ctrl+Shift+P】组合键，如图4-270所示。在页面中单击即可绘制直线，如图4-271所示。

图4-270 单击“钢笔工具”按钮

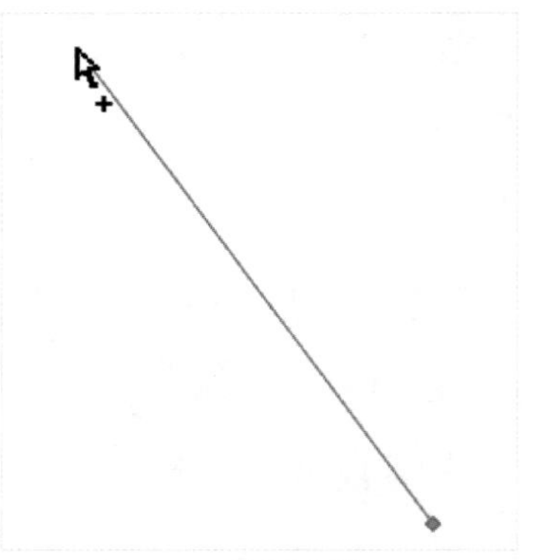

图4-271 绘制直线

将鼠标指针移动到页面另一处并单击，即可完成一段直线路径的绘制，如图4-272所示。将鼠标指针移动到页面另一处按下鼠标左键并拖曳，即可绘制一段曲线路径，如图4-273所示。

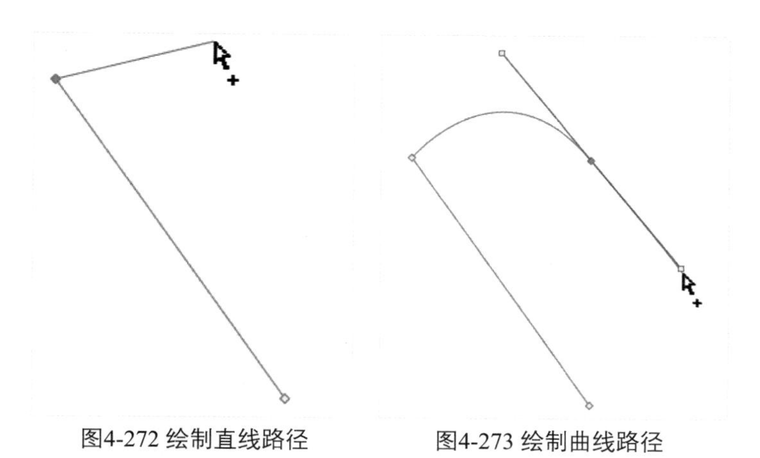

图4-272 绘制直线路径　　图4-273 绘制曲线路径

Tips

绘制不封闭路径的过程中，按键盘上的任意键将终止路径的绘制。

使用相同的方法依次绘制后，将鼠标指针移动到起始点位置，如图4-274所示。单击即可封闭路径，完成图形元件的绘制，如图4-275所示。

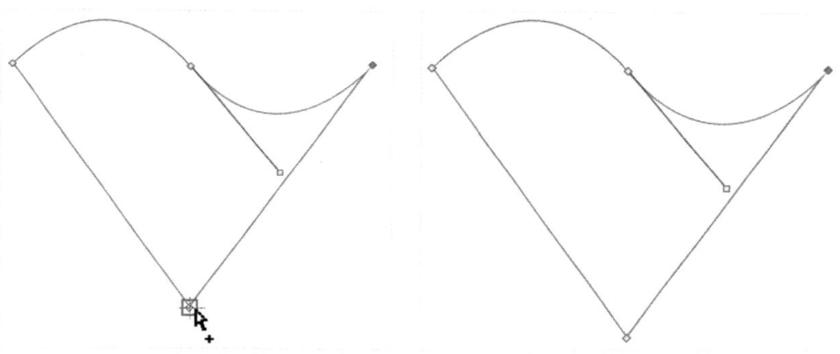

图4-274 将鼠标指针移动到起始位置　　图4-275 封闭路径

选中元件，单击鼠标右键，在弹出的快捷菜单中选择“变换形状 > 曲线化所有控制点”命令，如图4-276所示，即可将元件的所有锚点转换为曲线锚点，转换效果如图4-277所示。

单击鼠标右键，在弹出的快捷菜单中选择“变换形状 > 锐化所有控制点”命令，即可将元件的所有锚点转换为直线锚点。

图4-276 选择“曲线化所有控制点”命令

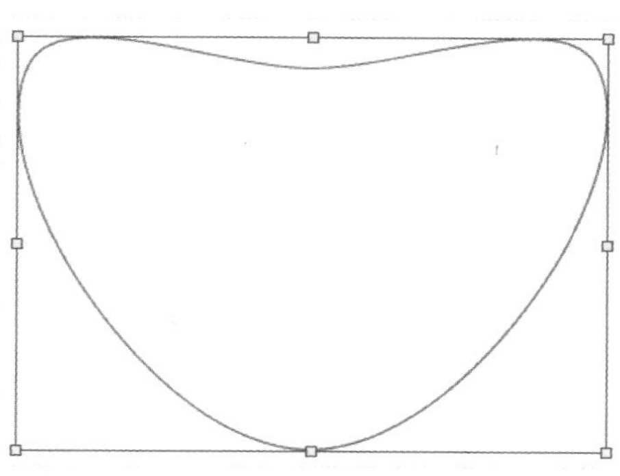

图4-277 转换效果

双击绘制的元件，进入编辑模式，将鼠标指针移动到曲线锚点上并双击，曲线锚点将转换为直线锚点，如图4-278所示。再次双击，直线锚点将转换为曲线锚点，如图4-279所示。

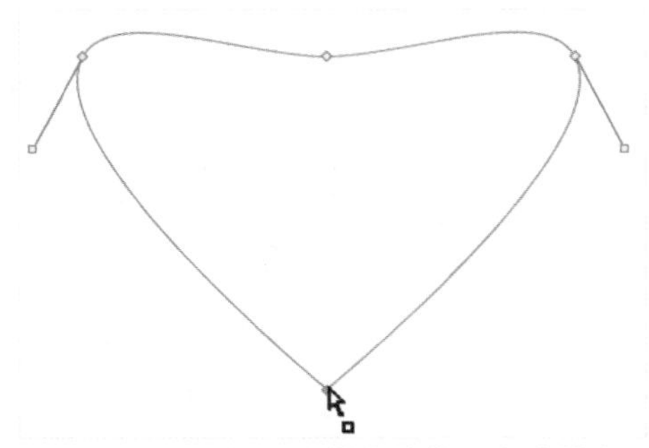
图4-278 双击将曲线锚点转换为直线锚点

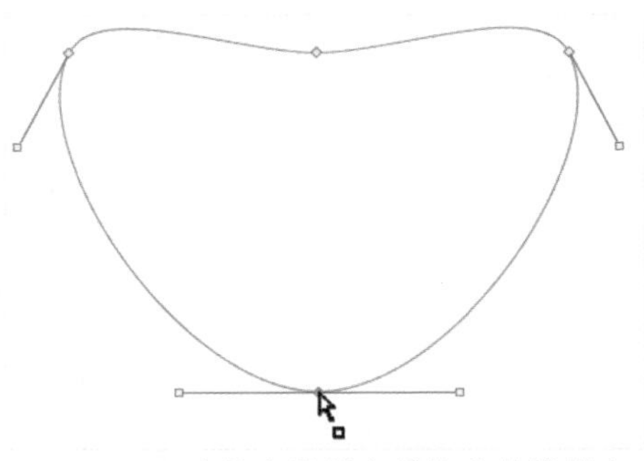
图4-279 双击将直线锚点转换为曲线锚点

应用案例 使用“钢笔工具”绘制图形

源文件：源文件\第4章\使用“钢笔工具”绘制图形.rp

视　频：视频\第4章\使用“钢笔工具”绘制图形.mp4

STEP 01 新建一个Axure文档。单击工具栏中的“钢笔工具”按钮，使用“钢笔工具”在页面中绘制一个如图4-280所示的三角形。

STEP 02 双击刚刚绘制的图形，进入编辑模式，双击顶部的顶点，将其转换为曲线锚点，效果如图4-281所示。

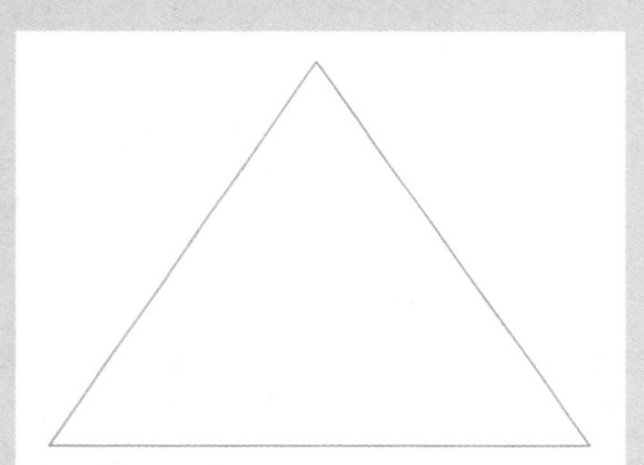
图4-280 绘制三角形

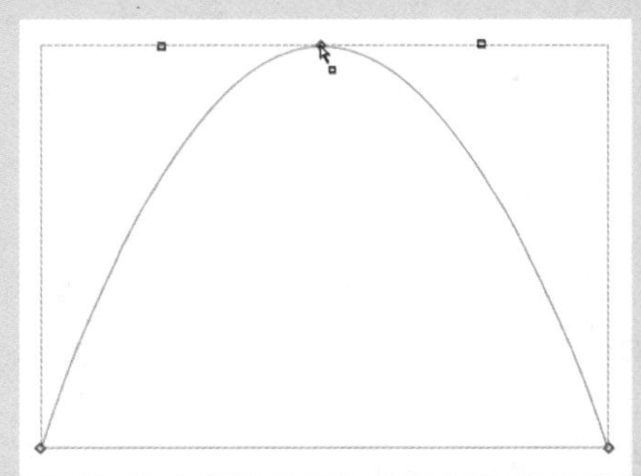
图4-281 转换为曲线锚点

STEP 03 将光标移动到左侧边上单击，添加一个锚点，并调整到如图4-282所示的位置。按住【Ctrl】键的同时拖动调整顶部的锚点控制轴，效果如图4-283所示。

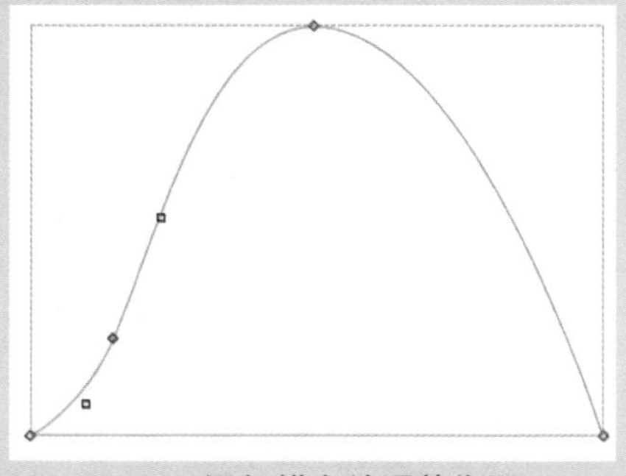
图4-282 添加锚点并调整位置

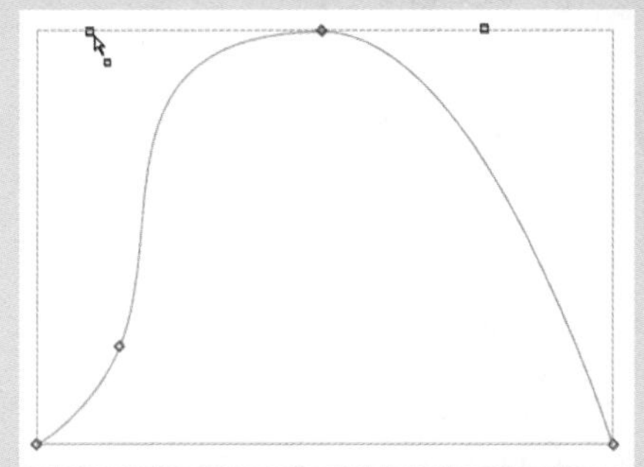
图4-283 调整锚点控制轴

STEP 04 使用相同的方法调整右侧的路径，效果如图4-284所示。将光标移动到底部路径上单击添加锚点，并调整路径形状，如图4-285所示。

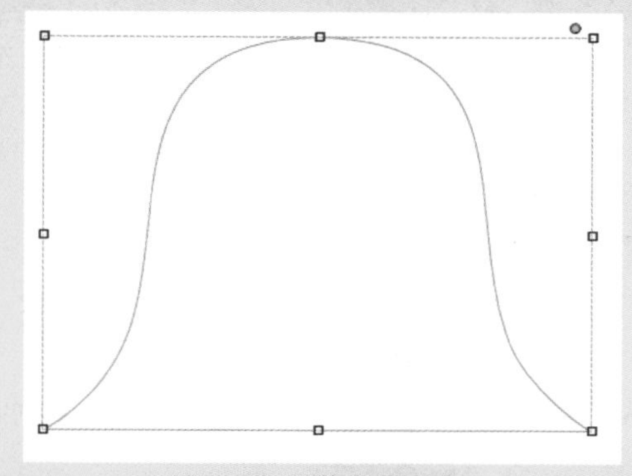
图4-284 调整右侧路径

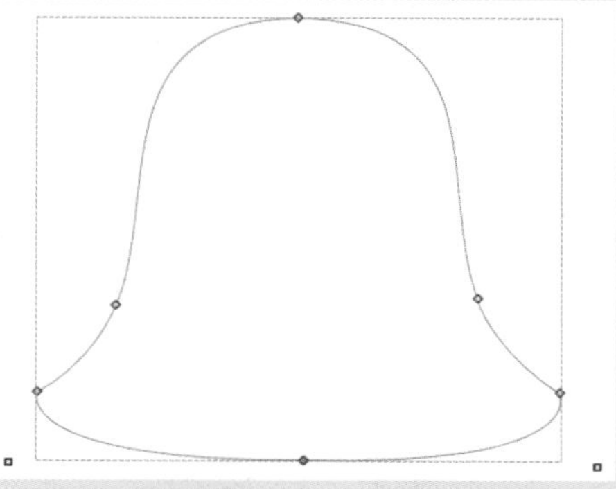
图4-285 添加底部锚点并调整路径形状

STEP 05 将“元件库”面板中的“椭圆”元件拖入到页面中，调整其大小和位置，如图4-286所示。使用相同的方法制作底部的原型，并调整其大小和位置，效果如图4-287所示。

图4-286 在顶部添加“椭圆”元件并调整大小和位置

图4-287 在底部添加“椭圆”元件并调整大小和位置

STEP 06 拖动选中所有对象，在工具栏中设置“边框”为最粗，最终效果如图4-288所示。

图4-288 最终效果

4.8 答疑解惑

通过对元件的学习，读者应该基本掌握在Axure RP 10中创建元件的方法和技巧，并掌握基本元件、表单元件、菜单和表格元件、标记元件、流程图元件及钢笔工具等的使用方法。

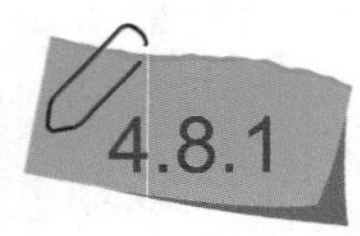

4.8.1 如何制作树状菜单元件的图标

使用菜单元件制作页面时，通常会有很多精美的小图标。用户除了可以从网上下载免费素材，还可以使用Photoshop等软件制作。需要注意的是，制作的图片尺寸要符合Axure RP 10的要求。

例如，树状菜单中的折叠图标要求在9px×9px以下，图标要求在16px×16px以下。在Photoshop中新建文档时，要完全符合这个要求，如图4-289所示。

图4-289 图标尺寸

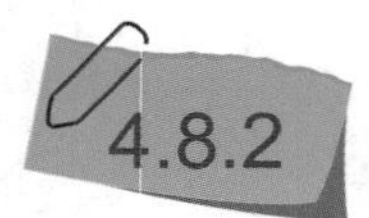

4.8.2 尽量用一个元件完成功能

很多Axure RP的初级和高级用户都在不经意间使用了不必要的元件。每一个添加到项目中的元件，后期需要更改时都会耗费更多时间，所有这些工作在经过多次迭代后会逐渐增加。因此，尽量使用一个元件完成功能，而不要使用多个元件叠加。

图4-290所示的标签是由矩形、文本标签和热区3个元件组成的。当需要修改元件时，会耗费大量时间。如果直接使用在矩形框中添加文字的方法，则会提高制作效率，如图4-291所示。

文本标签

图4-290 多个元件组成标签

文本标签

图4-291 用矩形元件组成标签

4.9 总结扩展

元件是Axure RP 10制作产品原型时最基本的单位，不同的元件具有不同的功能和意义。通过本章的学习，读者要了解所有元件的基本功能和使用方法，并在制作案例时总结不同元件的区别及应用技巧。

4.9.1 本章小结

本章带领读者对Axure RP 10中的元件进行了全面的学习和了解。通过学习本章内容，读者在了解每个元件的使用方法时，还对其在实际的原型设计中的应用技巧进行了研究。元件是组成原型的基本单位，只有熟练掌握其使用方法，才能完成原型作品的制作。

4.9.2 举一反三——制作一个手机展示原型

本案例将使用Axure RP 10中的元件完成一个手机购买水果App的页面原型制作。通过制作，读者要了解参考线的应用和各种元件的综合使用方法。

源文件：	源文件\第4章\制作一个手机展示原型.rp
视频文件：	视频\第4章\制作一个手机展示原型.mp4
难易程度：	★★★☆☆
学习时间：	15分钟

① 新建一个Axure RP页面，在宽320px和高360px的位置添加参考线。	② 将“图片”元件拖入页面，双击链接外部图片素材。
③ 拖入多个按钮元件，调整其大小和位置，并修改文本内容。	④ 将“文本框”、“文本标签”和“主按钮”元件拖入页面，并完善页面中的其他内容。

第5章 元件的属性和样式

Axure RP 10为元件提供了丰富的样式，用户可以利用元件样式制作出效果丰富且精美的页面效果。本章将针对元件的属性和样式进行详细介绍，包括元件的各项属性、元件样式的创建和应用，以及如何使用格式刷快速为元件创建样式的方法和技巧。

本章学习重点

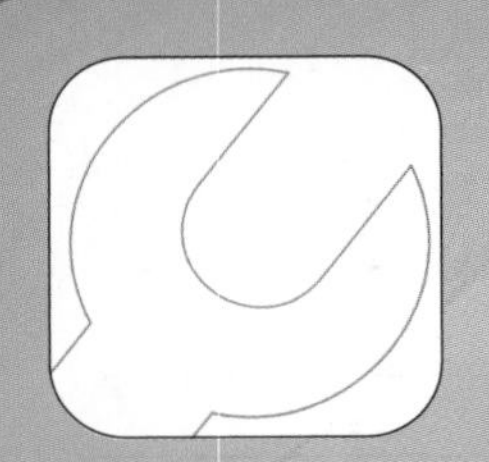

第 131 页
制作 iOS 系统功能图标

第 145 页
为商品列表添加样式

第149页
创建并应用元件样式

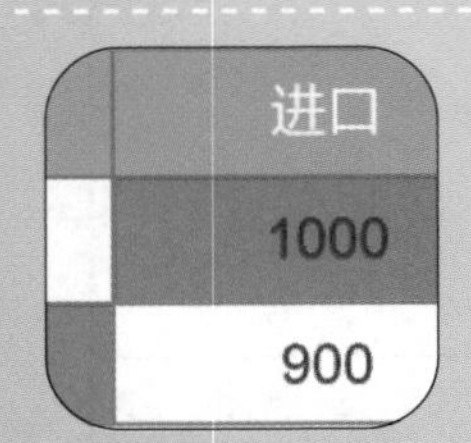

第152页
使用格式刷为表格添加样式

5.1 转换元件

为了实现更多的元件效果，便于原型的创建与编辑，Axure RP 10允许用户将元件转换为其他形状和图片，并可以再次编辑。

5.1.1 转换为形状

将任意元件拖曳到页面中，如图5-1所示。在元件上单击鼠标右键，在弹出的快捷菜单中选择“选择形状”命令，打开如图5-2所示的面板。

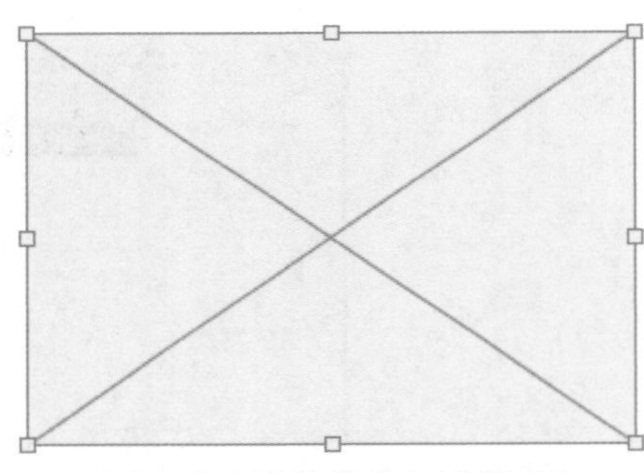

图5-1 将任意元件拖曳到页面中

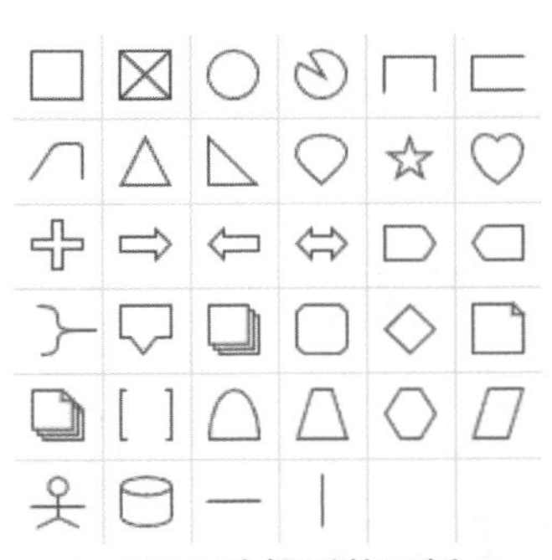

图5-2 选择形状面板

选择任意一个形状图标，元件将自动转换为该形状，效果如图5-3所示。拖曳图形上的控制点，可以继续编辑形状，效果如图5-4所示。

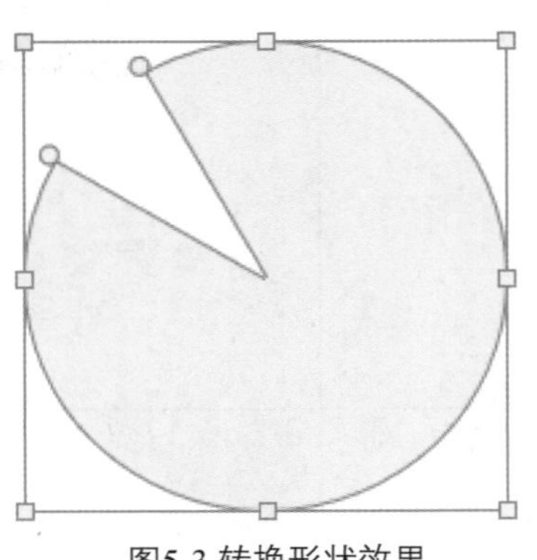

图5-3 转换形状效果

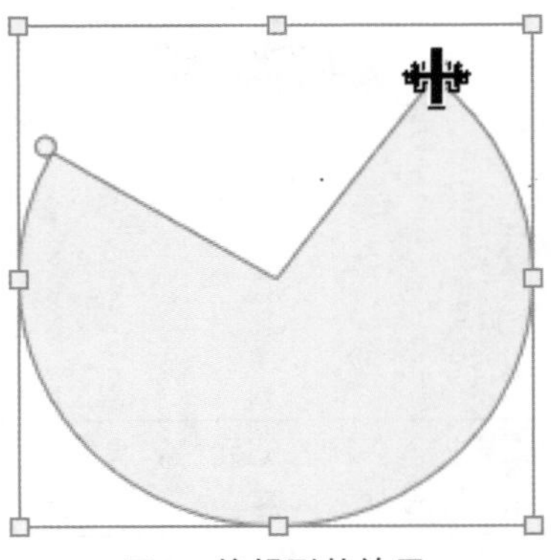

图5-4 编辑形状效果

用户也可以单击工具栏中的“矩形”按钮右侧的 按钮，在打开的下拉列表框中选择“形状”选项，如图5-5所示。在打开的形状面板中选择一个形状，在页面中拖曳鼠标即可绘制一个任意尺寸的形状，如图5-6所示。

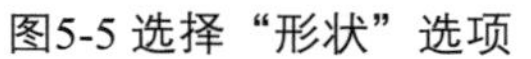
图5-5 选择“形状”选项

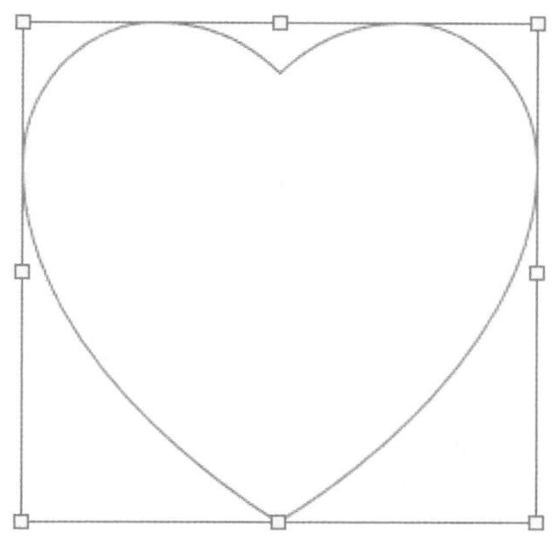
图 5-6 绘制任意尺寸的形状

5.1.2 转换为图片

有时为了便于操作，会将元件转换为图片元件。在元件上单击鼠标右键，在弹出的快捷菜单中选择“变换形状 > 转换为图片”命令，如图5-7所示，即可将当前元件转换为图片元件，效果如图5-8所示。

图5-7 选择“转换为图片”命令

图5-8 转换为图片元件的效果

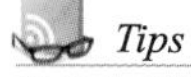
Tips

转换为图片的元件会失去其原有的属性，新元件将作为一个图片元件使用。

5.2 元件的属性

选择一个元件，用户可以在“样式”、“交互”或“注释”面板的顶部为其指定名称，以便通过动作为其添加交互效果，如图5-9所示。

图5-9 为元件指定名称

5.2.1 元件说明

在“注释”面板中，用户可以输入该元件的注释文字，如图5-10所示。也可以单击⚙按钮或者执行“项目 > 注释字段和字段集”命令，弹出“注释字段和字段集”对话框，为其添加自定义字段，如图5-11所示。

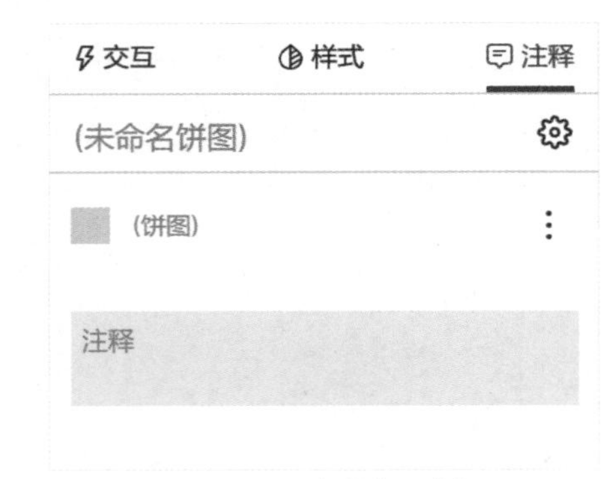

图5-10 “注释”面板

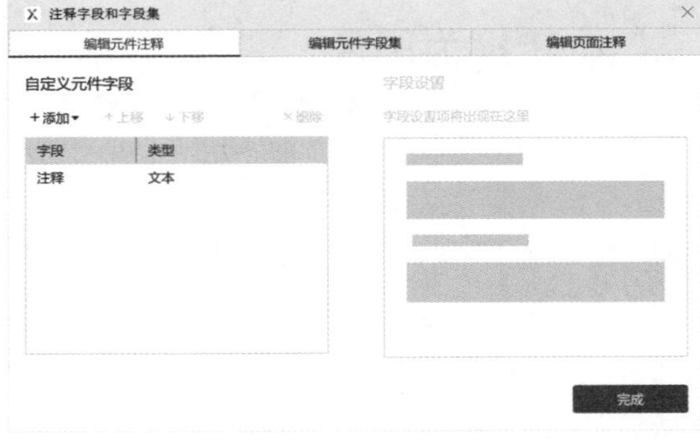

图5-11 “注释字段和字段集”对话框

5.2.2 编辑元件

Axure RP 10为用户提供了十分方便的编辑元件的方法。选中元件，单击工具栏中的“编辑控制点”按钮或者按【Ctrl+Alt+P】组合键，也可以双击元件的边框，即可进入编辑控制点模式，如图5-12所示。

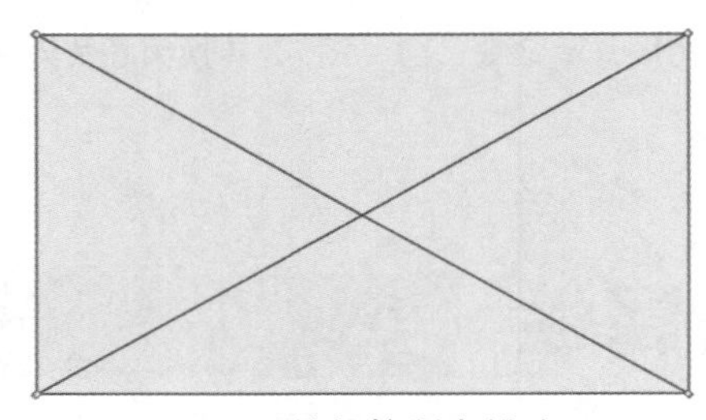

图5-12 编辑控制点模式

直接拖曳锚点，即可调整元件的形状，如图5-13所示。将鼠标指针移动到元件边框上，单击即可添加一个锚点。多次添加锚点并调整，效果如图5-14所示。

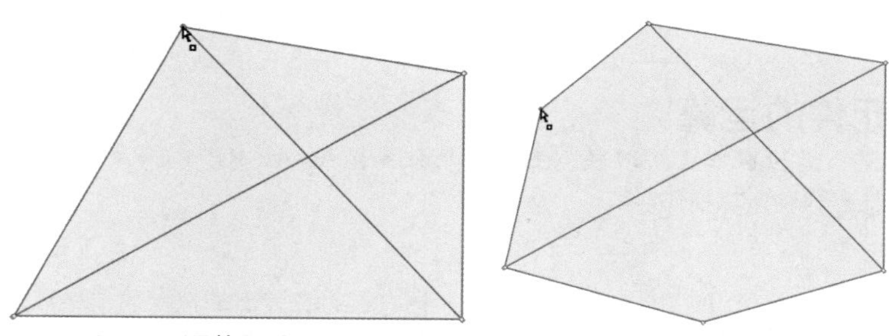

图5-13 调整元件的形状　　图5-14 多次添加锚点并调整后的效果

在锚点上单击鼠标右键，弹出如图5-15所示的快捷菜单。用户可以将锚点之间的线段转换为曲线、折线或者删除当前锚点。选择“曲线”命令后，锚点将变成曲线锚点，如图5-16所示。

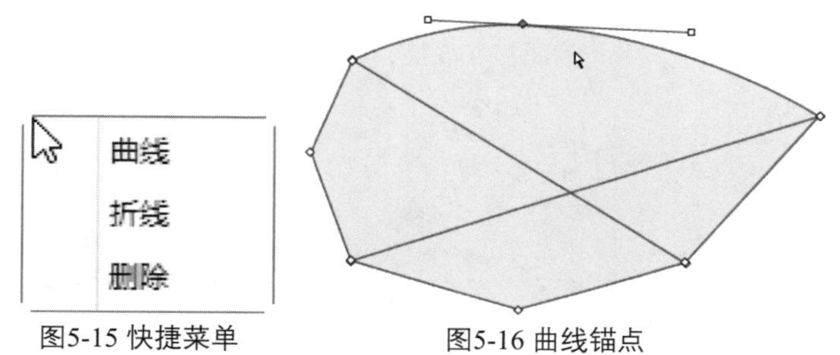

图5-15 快捷菜单　　图5-16 曲线锚点

曲线锚点由两条控制轴控制弧度，拖曳控制点可以同时调整两条控制轴，实现对曲线形状的改变，如图5-17所示。按住【Ctrl】键的同时拖曳锚点，可以实现调整单条控制轴的操作，如图5-18所示。

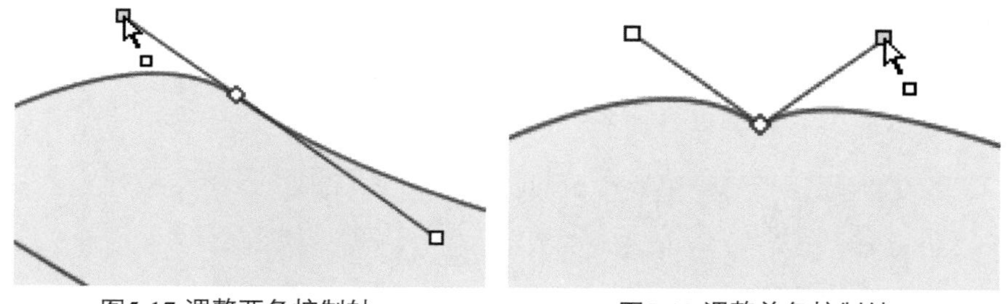

图5-17 调整两条控制轴　　图5-18 调整单条控制轴

选中任一锚点，用户也可以在工具栏中选择“锐利”或“平滑”选项，设置锚点的不同类型，使路径在折线和曲线间转换，如图5-19所示。单击“开放路径”选项，即可将路径从当前锚点处断开，按【Esc】键，路径将转换为开放路径，如图5-20所示。

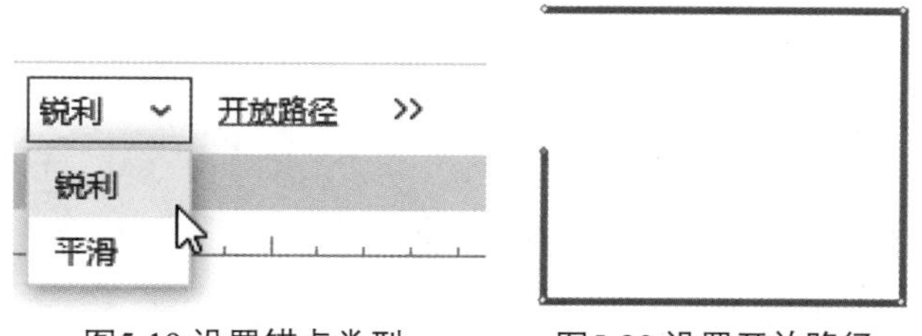

图5-19 设置锚点类型　　图5-20 设置开放路径

Tips

并不是所有的元件都可以完成开放路径操作，如编辑“占位符”元件时，“开放路径”选项为灰色不可用状态。

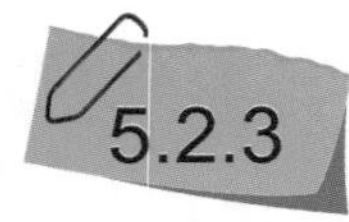

5.2.3 元件的运算

通过对元件进行运算操作，可以获得更多图形效果。Axure RP 10为用户提供了“合并”“相减”“相交”“排除”4种运算操作。

1．合并

选中两个及以上的元件，如图5-21所示，单击鼠标右键，在弹出的快捷菜单中选择“变换形状＞合并”命令或者按【Ctrl+Alt+U】组合键，即可将所选元件合并成一个新的元件，如图5-22所示。

图5-21 选中两个及以上的元件　　图5-22 合并元件

2．相减

选中两个及以上的元件，单击鼠标右键，在弹出的快捷菜单中选择“变换形状＞相减”命令，相减效果如图5-23所示。

3．相交

选中两个及以上的元件，单击鼠标右键，在弹出的快捷菜单中选择“变换形状＞相交”命令，相交效果如图5-24所示。

图5-23 相减效果

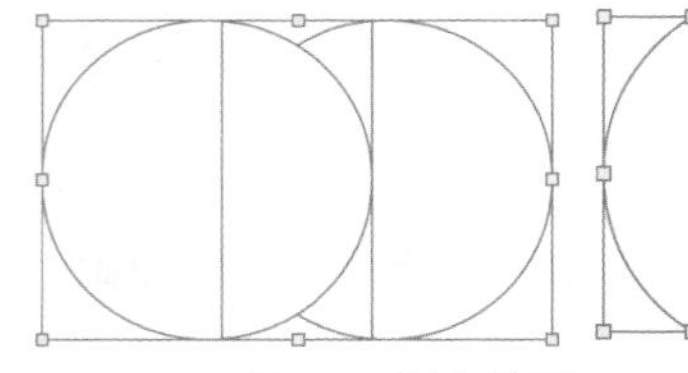

图5-24 相交效果

4．排除

选中两个及以上的元件，单击鼠标右键，在弹出的快捷菜单中选择“变换形状＞排除”命令，排除效果如图5-25所示。

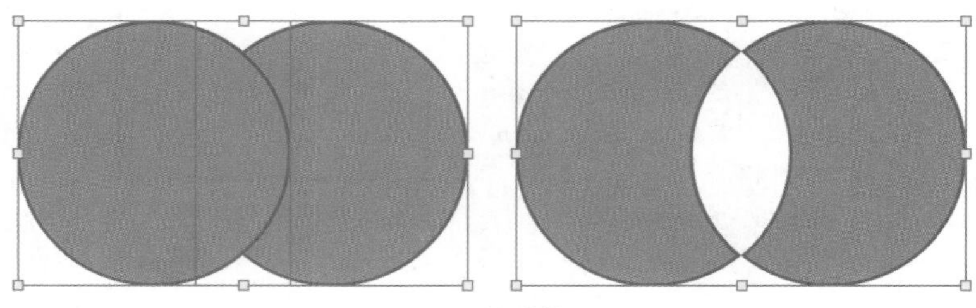

图5-25 排除效果

除了执行快捷命令完成元件的运算，用户还可以通过单击“样式”面板中的运算按钮完成元件的运算操作。选中两个及以上的元件后，“样式”面板中的运算按钮如图5-26所示。4个按钮分别代表合并、相减、相交和排除4种运算操作。

图5-26 4个运算按钮

应用案例 制作iOS系统功能图标

源文件：源文件\第5章\制作iOS系统功能图标.rp

视　频：视频\第5章\制作iOS系统功能图标.mp4

STEP 01 将“椭圆”元件拖曳到页面中，如图5-27所示。将“矩形1”元件拖曳到页面中，在“样式”面板中修改其圆角半径，如图5-28所示。

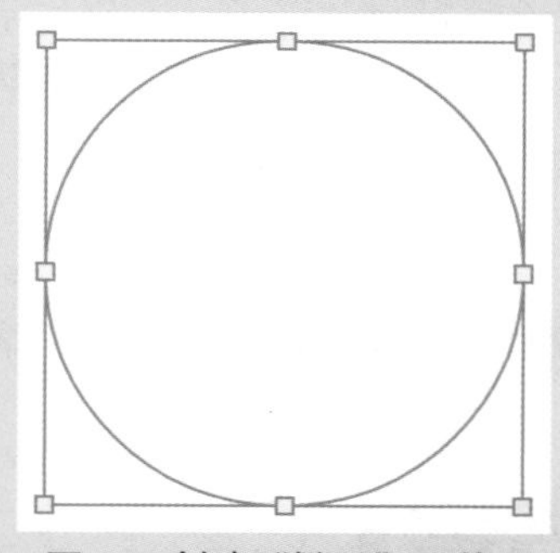

图5-27 创建“椭圆”元件

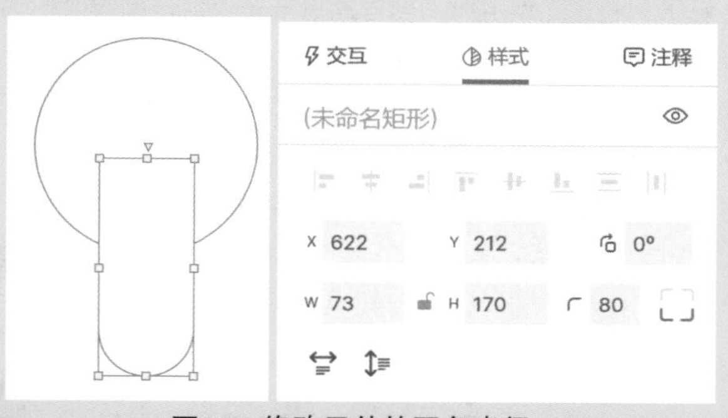

图5-28 修改元件的圆角半径

STEP 02 按住【Ctrl】键的同时向上拖曳鼠标复制一个矩形元件，效果如图5-29所示。将圆形元件和下方的矩形元件同时选中，单击“样式”面板中的“合并”按钮，效果如图5-30所示。

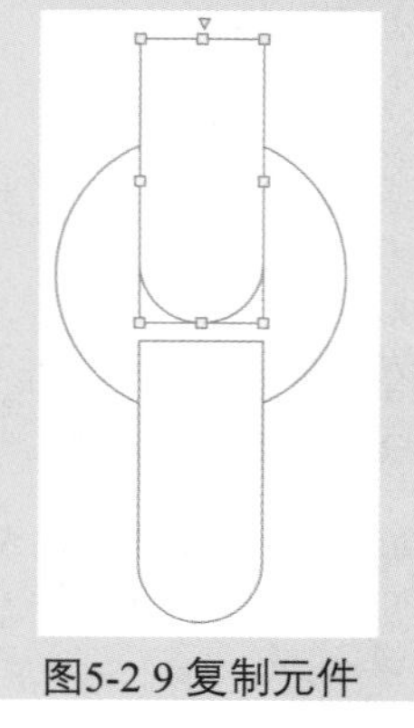

图5-2 9 复制元件

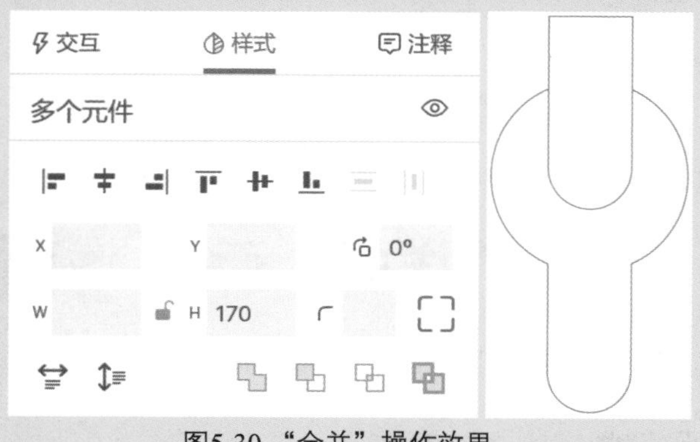

图5-30 “合并”操作效果

STEP 03 将合并元件与上方的矩形元件同时选中，单击“样式”面板中的“相减”按钮，效果如图5-31所示。

STEP 04 将鼠标指针移动到元件控制点上，按住【Ctrl】键的同时拖曳旋转元件，效果如图5-32所示。

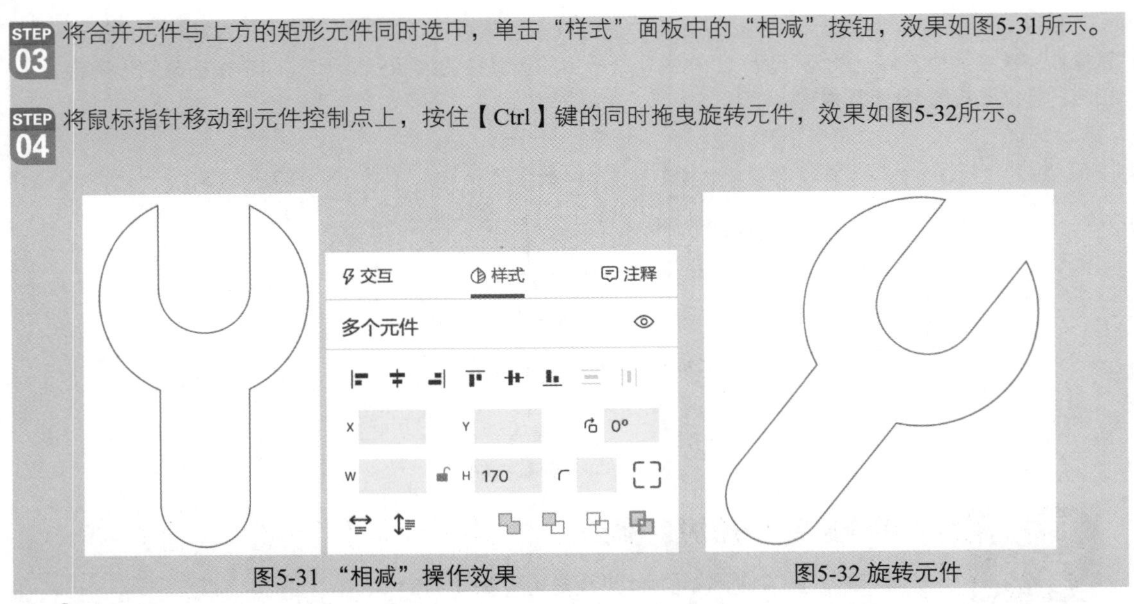

图5-31 “相减”操作效果

图5-32 旋转元件

5.2.4 元件提示

为了方便浏览者了解原型中每一个元件的功能，用户可以为元件添加“工具提示”。在预览页面时，当光标移动到该元件上时，会自动显示元件提示内容。

选中某个元件，单击鼠标右键，在弹出的快捷菜单中选择“工具提示”命令，弹出“工具提示”对话框，如图5-33所示。

输入提示内容，单击“确定”按钮，继续单击工具箱中的“预览”按钮，打开浏览器，将光标移至元件上方，稍等片刻即可自动显示元件的提示内容，如图5-34所示。

图5-33 “工具提示”对话框

图5-34 显示提示内容

5.3 使用“样式”面板

用户可以在“样式”面板中对元件的各种属性进行设置，包括元件命名、显示/隐藏对象、对齐与分布、位置和尺寸、圆角、适应文本宽度/适应文本高度、不透明度、排版、填充、边框、阴影和边距等参数，“样式”面板如图5-35所示。

图5-35 “样式”面板

5.3.1 元件命名

在设计制作产品原型时，会用到大量相同类型的元件。为了便于使用和控制，用户可以为相同类型的元件指定不同的名称。选中任意元件，单击“样式”面板顶部的文本框，输入想要为元件设置的名称，即可完成元件命名操作，如图5-36所示。

Tips

为了便于制作较为复杂的原型，尽量使用英文或拼音作为元件命名，不要使用毫无意义的字母和数字作为元件命名。

5.3.2 显示/隐藏元件

选中想要隐藏的元件，单击“样式”面板顶部右侧的◎图标或者工具栏中的◎图标，即可将选中元件隐藏，如图5-37所示。关于显示/隐藏元件的详细操作已在本书3.9节中详细讲解，此处不再赘述。

图5-36 元件命名　　图5-37 显示/隐藏元件

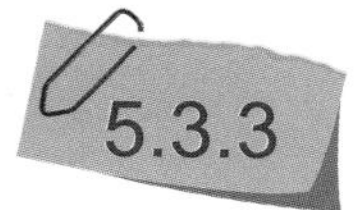

5.3.3 对齐与分布

当设计制作的产品原型文档中有多个元件时，为了保证效果，通常需要执行对齐和分布操作，如图5-38所示。关于对齐与分布的详细操作已在本书1.12节中详细讲解，此处不再赘述。

图5-38 对齐与分布

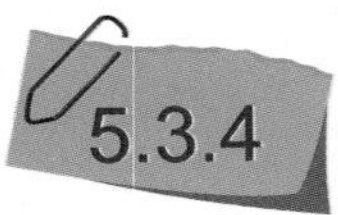

5.3.4 位置和尺寸

在页面中选中任意元件，打开“样式”面板，通过设置元件的“未命名形状”，可以为元件命名。同时，也可以准确地控制元件在页面中的位置和大小，如图5-39所示。

图5-39 命名元件并设置元件的位置和大小

用户可以在“X”和“Y”文本框中输入数值，更改元件的坐标位置。在“W”和“H”文本框中输入数值，控制元件的尺寸。

单击“锁定宽高比例”按钮，当按钮图标变为状态时，若单独修改“W”或“H”的数值，对应的“H”或“W”的数值将等比例改变。在“旋转”文本框中输入数值，将实现元件的精确旋转操作。

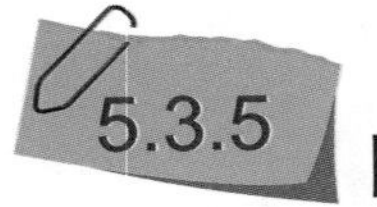

5.3.5 圆角

当选择“矩形”元件、“图片”元件和“按钮”元件时，可以在“圆角”选项的“半径”文本框中输入半径值，创建圆角矩形，效果如图5-40所示。

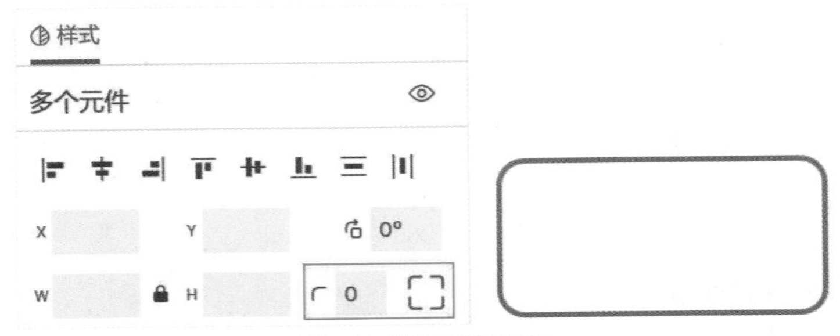

图5-40 创建圆角矩形

4个圆角边角分别代表矩形元件的4个边角的圆角效果。用户可以通过单击圆角边角，来取消圆角边角的效果，如图5-41所示。

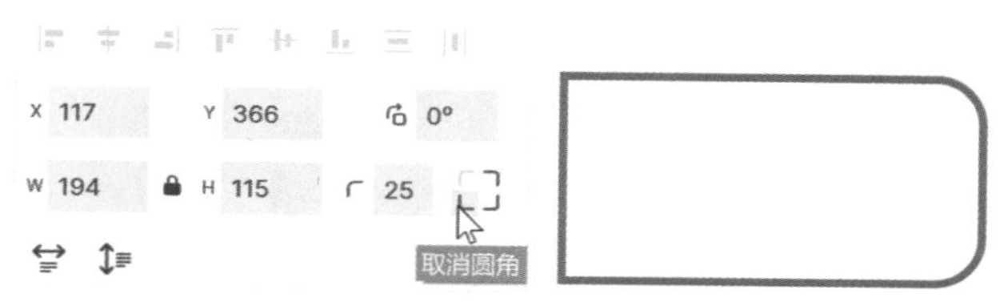

图5-41 设置取消圆角边角效果

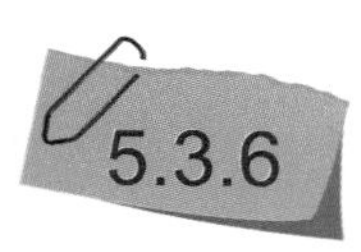

5.3.6 适应文本宽度/适应文本高度

用户如果希望矩形与文本保持一致的高度，可以单击“样式”面板中的“适应文本高度”按钮，效果如图5-42所示。如果希望矩形与文本保持一致的宽度，可以单击“样式”面板中的“适应文本宽度”按钮，效果如图5-43所示。

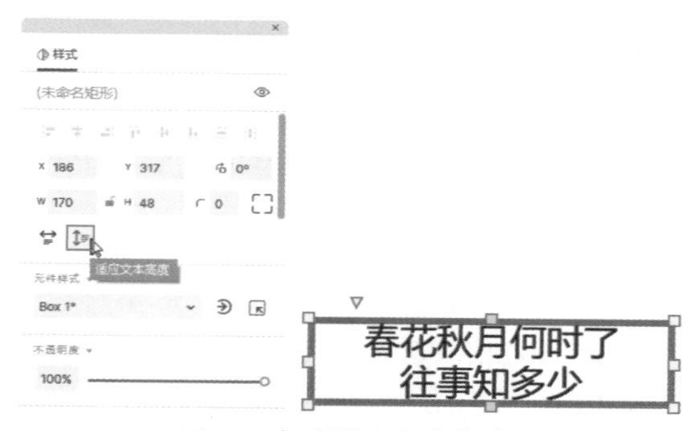

图5-42 自动适应文本高度

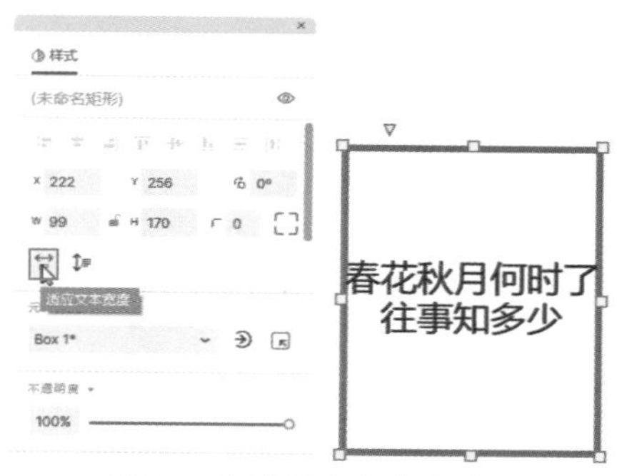

图5-43 自动适应文本宽度

Tips

关于“元件样式”的使用将在本书 5.4 节进行详细讲解。

5.3.7 不透明度

用户可以通过拖动“不透明度”选项后面的滑块或者在文本框中手动输入的方式修改元件的不透明度，以获得不同透明度的元件效果。“样式”面板中的“不透明度”选项如图5-44所示。

图5-44 “样式”面板中的“不透明度”选项

在页面中添加一个矩形元件并修改填充颜色，在“样式”面板的“不透明度”选项中为元件设置两个不同的样式参数，元件效果如图5-45所示。

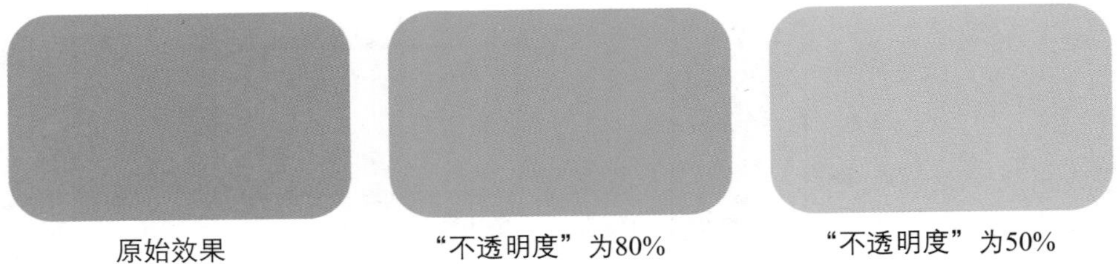

原始效果　　“不透明度”为80%　　“不透明度”为50%

图5-45 设置“不透明度”后的效果

Tips

在此处设置不透明度，将会同时影响元件的填充和边框。如果元件内有文字，也将会受到影响。如果需要分开设置，用户可以在拾色器面板中设置不透明度。

5.3.8 排版

除了双击元件可以为其添加文本，在元件上单击鼠标右键，在弹出的快捷菜单中选择“填充乱数假文”命令，如图5-46所示，也可以完成文本的添加，如图5-47所示。双击文本或选择快捷菜单中的“编辑文本”命令，可以进入文本编辑模式。

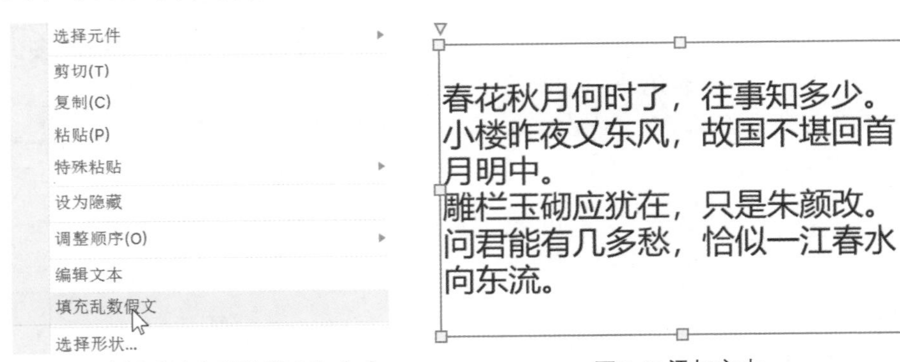

图5-46 选择“填充乱数假文”命令　　图5-47 添加文本

Axure RP 10为文本提供了丰富的文本属性。在“样式”面板的“排版”选项组中，用户可以对文本的字体、字体样式、字号、颜色、行距和对齐等参数进行设置，如图5-48所示。

图5-48 排版属性

单击“字体”文本框，用户可以在打开的“WEB安全字体”下拉列表框中选择字体，如图5-49所示。单击“字体样式”文本框，用户可以在打开的下拉列表框中选择合适的字体样式，如图5-50所示。

图5-49 “WEB安全字体”下拉列表框 图5-50 “字体样式”下拉列表框

用户可以在工具栏的“字号”文本框中单击，打开如图5-51所示的下拉列表框。也可以在“样式”面板的“排版”选项组的“字号”文本框中输入数值，如图5-52所示。这两种方式都可以控制文本的大小。

在“样式”面板的“排版”选项组中单击“字号”文本框下面的色块，可以在弹出的拾色器对话框中设置文本的颜色，如图5-53所示。

图5-51 “字号”下拉列表框 图5-52 在“字号”文本框中输入数值 图5-53 设置“文本颜色”

1. 行距

使用“文本段落”元件时，可以通过设置行距控制段落显示的效果，在“排版”选项组的“行距”文本框中输入数值即可，如图5-54所示。图5-55所示为行距分别为20和26后的效果。

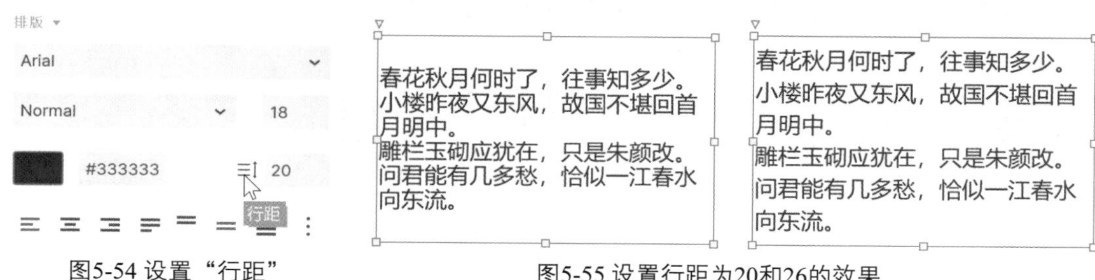

图5-54 设置“行距” 图5-55 设置行距为20和26的效果

2. 对齐

使用“标题”元件、“文本标签”元件和“文本段落”元件时，可以在“样式”面板的“排版”选项组中单击“对齐”按钮，将文本的水平对齐方式设置为左侧对齐、居中对齐、右侧对齐和两端对齐，如图5-56所示。文本的垂直对齐方式可以设置为顶部对齐、中部对齐和底部对齐，如图5-57所示。

图5-56 水平对齐方式 　　图5-57 垂直对齐方式

3. 文本修饰

单击“更多文本选项”按钮，打开如图5-58所示的面板。用户可以在其中完成项目符号、粗体、斜体、下画线、删除线的设置。

单击“项目符号”按钮，可以为段落文本添加项目符号标志。图5-59所示为添加项目符号后的文本效果。

文本修饰

B I U S

• 最新活动
• 公告
• 新闻列表

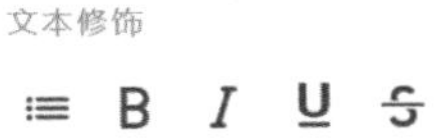

图5-58 “文本修饰”面板 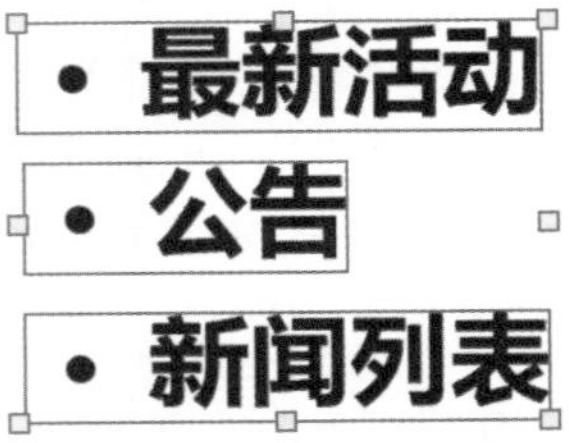　　图5-59 添加项目符号后的文本效果

在页面中添加一级标题元件，在“文本修饰”面板中单击“粗体”按钮，文本将加粗显示；单击“斜体”按钮，文本将斜体显示；单击“下画线”按钮，文本将添加下画线效果；单击“删除线”按钮，文本将添加删除线效果，如图5-60所示。

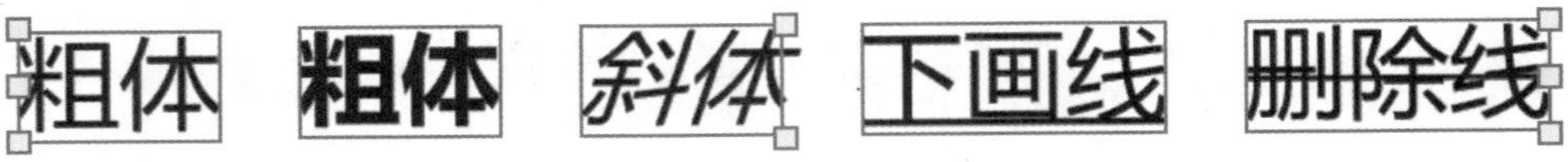

粗体 粗体 斜体 下画线 删除线

图5-60 文本修饰选项

4. 基线/字母大小写/字符间距

用户可以在“基线”文本框中选择Normal常规、Superscript上标和Subscript下标选项，制作出如图5-61所示的效果。用户可以在“字母大小写”文本框中选择Normal（常规）、Uppercase（大写）或Lowercase（小写）选项，如图5-62所示，完成后元件中的英文字母显示为相应的效果。

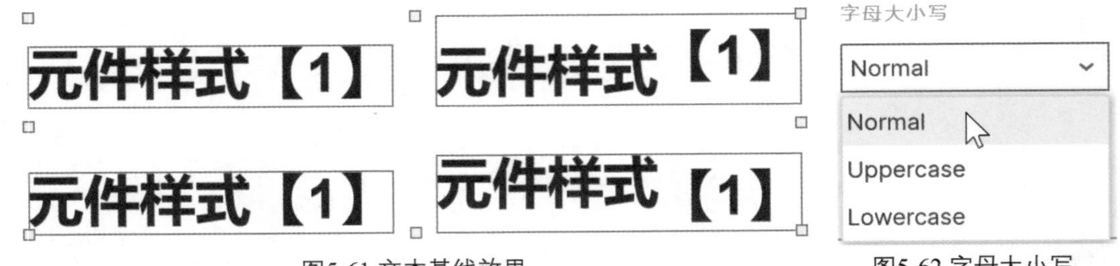

图5-61 文本基线效果　　图5-62 字母大小写

使用“标题”元件、“文本标签”元件和“文本段落”元件时，可以通过设置字间距来控制文本的美观度和对齐属性，将字间距分别设置为10和20后的效果如图5-63所示。

图5-63 设置不同字间距的效果

5. 文本阴影

单击“文本阴影”按钮，在打开的面板中选择“阴影”复选框，可以为文本添加外部阴影，效果如图5-64所示。

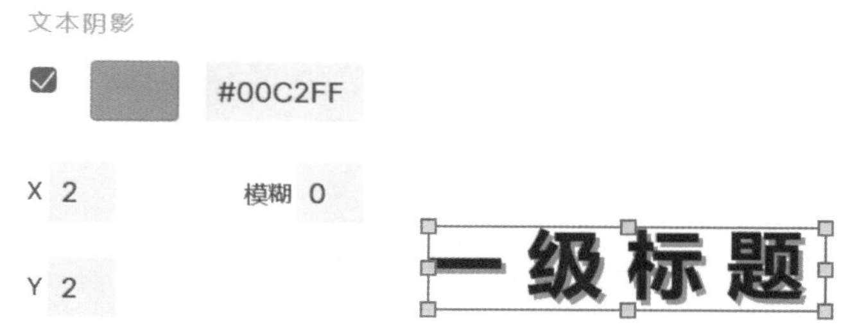

图5-64 文本阴影效果

5.3.9 填充

在Axure RP 10中，用户可以使用“颜色”和“图像”两种方式填充元件，如图5-65所示。单击“颜色”色块，打开拾色器面板，如图5-66所示。

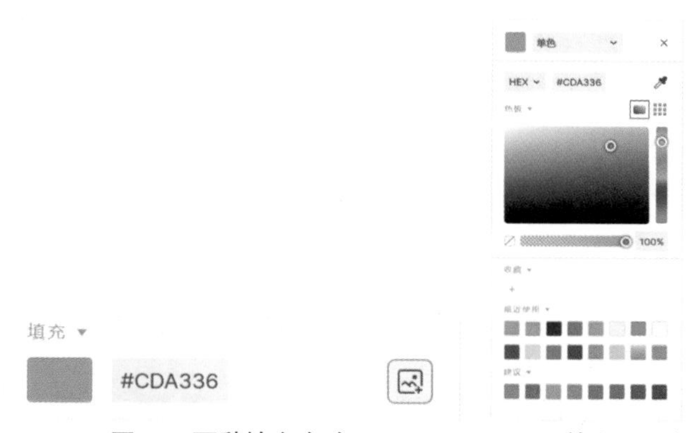

图5-65 两种填充方式　　图5-66 拾色器面板

Axure RP 10中提供了单色、线性和径向3种颜色填充类型。用户可以在拾色器面板中选择不同的填充类型，如图5-67所示。

选择“单色”填充类型，可以在拾色器面板中如图5-68所示的位置设置颜色的数值，从而获得想要的颜色。用户可以输入HEX数值和RGB数值两种模式的颜色值，也可以使用吸管工具吸取想要的颜色作为填充颜色。

图5-67 3种填充类型　　图5-68 设置颜色值

还可以通过单击拾色器面板中的“色板”选项，选择不同的模式填充颜色，如图5-69所示。

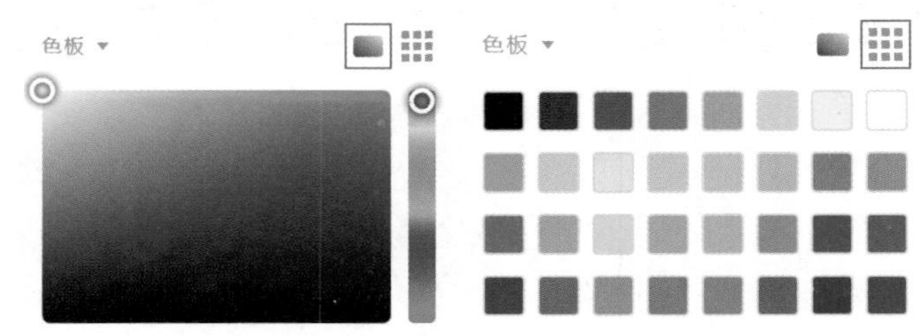

图5-69 选择不同的模式填充颜色

用户还可以拖动滑块或者在文本框中输入数值来设置颜色的透明度效果，如图5-70所示。滑块在最左侧或数值为0%时，填充颜色为完全透明；滑块在最右侧或数值为100%时，填充颜色为完全不透明。

图5-70 设置填充颜色透明度

在拾色器面板的“收藏”选项组中单击 + 图标，即可收藏当前所选元件的填充颜色，如图5-71所示。在想要删除的收藏颜色上单击鼠标右键，在弹出的快捷菜单中选择“删除”命令，即可删除收藏颜色，如图5-72所示。

图5-71 收藏颜色　　图5-72 删除收藏颜色

用户在调整元件的填充颜色时，为了便于比较，拾色器面板的“最近使用”选项组中保留了用户最近使用的16种颜色，如图5-73所示。当用户选择一种颜色后，拾色器面板的“建议”选项组中将会提供8种颜色供用户搭配使用，如图5-74所示。

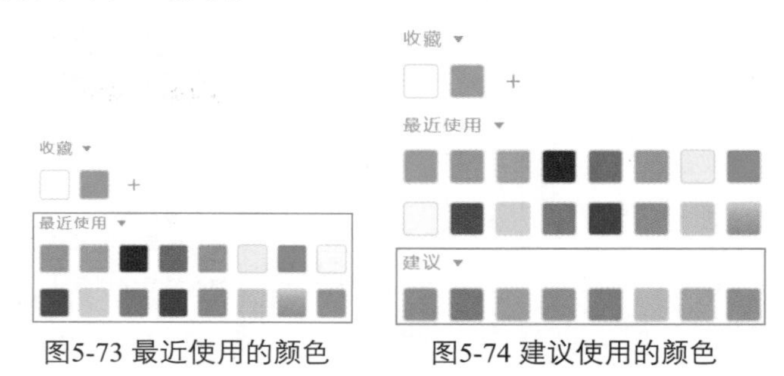

图5-73 最近使用的颜色　　图5-74 建议使用的颜色

当用户选择“线性”填充类型时，可以在拾色器面板顶部的渐变条上设置线性填充的效果，如图5-75所示。

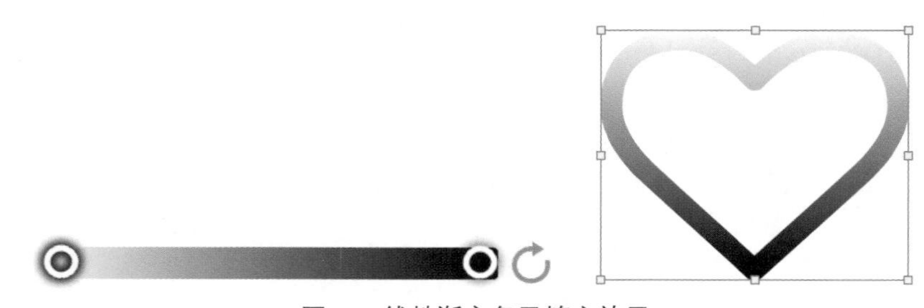

图5-75 线性渐变条及填充效果

默认情况下，线性渐变由两种颜色组成，用户可以通过分别单击渐变条两侧的锚点，设置颜色调整渐变效果，如图5-76所示。也可以在渐变条的任意位置单击添加锚点并设置颜色，以实现更为丰富的线性渐变效果，如图5-77所示。

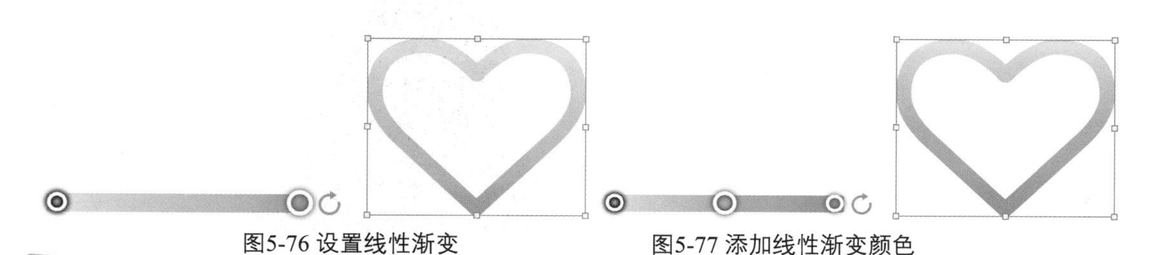

图5-76 设置线性渐变　　图5-77 添加线性渐变颜色

Tips

选中渐变条中的锚点，按【Delete】键或者按住鼠标左键并向下拖曳，即可删除锚点。

单击渐变条右侧的↻图标，可以顺时针90°、180°和270°旋转线性填充效果，如图5-78所示。

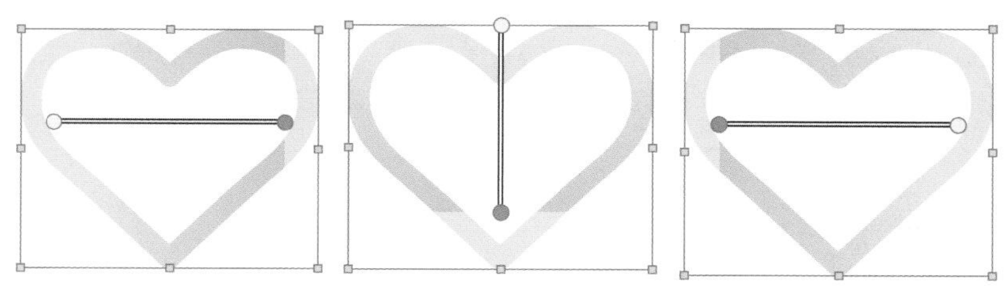

图5-78 旋转线性填充效果

用户如果想要获得更多角度的线性渐变效果，可以直接单击并拖曳元件上的两个控制点，从而获得任意角度的渐变效果，如图5-79所示。

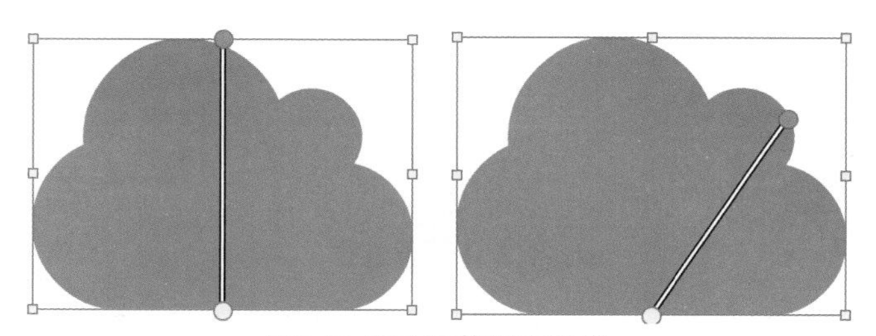

图5-79 拖动调整渐变角度

拖动如图5-80所示的锚点，可以放大或缩小径向渐变的范围。拖动中心锚点，可以调整径向渐变的中心点，如图5-81所示。拖动如图5-82所示的锚点，可以实现变形径向渐变的效果。

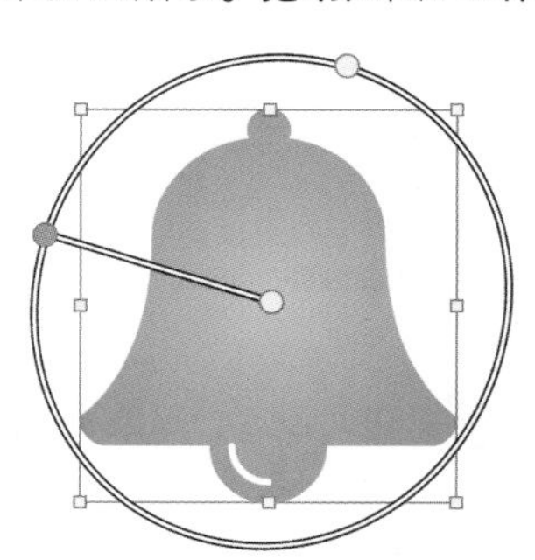

图5-80 调整渐变范围

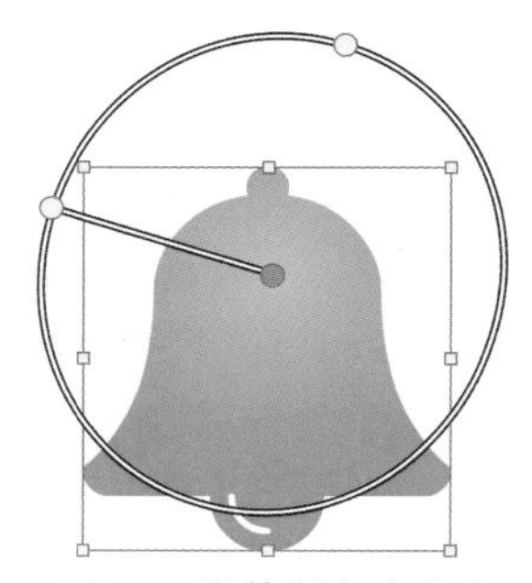

图5-81 调整渐变中心点

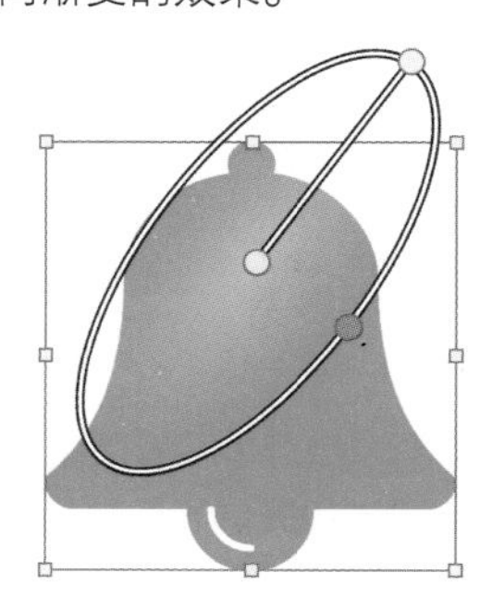

图5-82 调整渐变变形

除了使用不同类型的颜色填充元件，用户也可以使用图像填充元件。单击“设置图像”图标，弹出如图5-83所示的对话框。选择图片，设置对齐和重复，即可完成图片的填充，效果如图5-84所示。

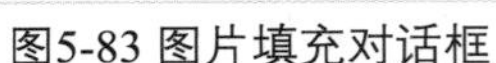

图5-83 图片填充对话框　　图5-84 图片填充效果

Tips

颜色填充和图片填充可以同时应用到一个元件上，图片填充效果会覆盖颜色填充效果。只有当图片采用透底图片素材时，颜色填充才会被显示出来。关于“图片”填充的使用方法，在本书第 3.3.2 节中已经进行了详细介绍，此处不再赘述。

5.3.10 边框

用户可以在“样式”面板的“边框”选项组中设置线段的颜色、线宽、图案、可见性和箭头样式属性，如图5-85所示。

图5-85 边框属性

选中元件，单击“颜色”色块，用户可以在打开的拾色器面板中为线段指定单色和渐变颜色，如图5-86所示。将线宽设置为0时，为线段设置的颜色将不能显示。

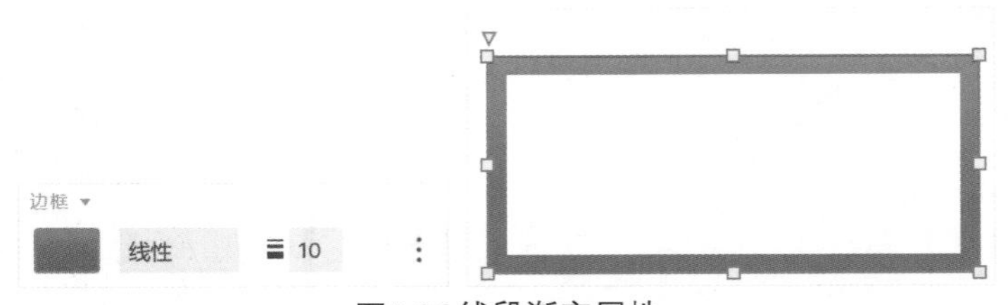

图5-86 线段渐变属性

单击“更多边框选项”按钮，打开如图5-87所示的面板，用户可以在此设置边框图案、箭头样式和可见性。Axure RP 10提供了包括None在内的9种线段类型供用户选择，如图5-88所示。选择元件，在打开的下拉列表框中任意选择一种类型，效果如图5-89所示。

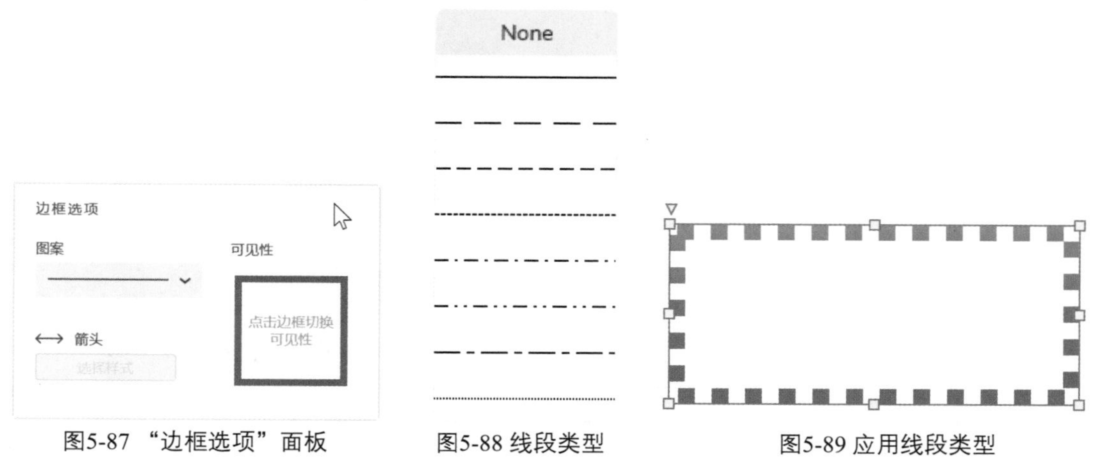

图5-87 “边框选项”面板　　图5-88 线段类型　　图5-89 应用线段类型

元件通常都有四边框，用户可以通过设置它的“可见性”，有选择地显示元件的线框，实现更丰富的元件效果，如图5-90所示。图5-91所示为将矩形元件左侧的边框可见性设置为隐藏后的效果。

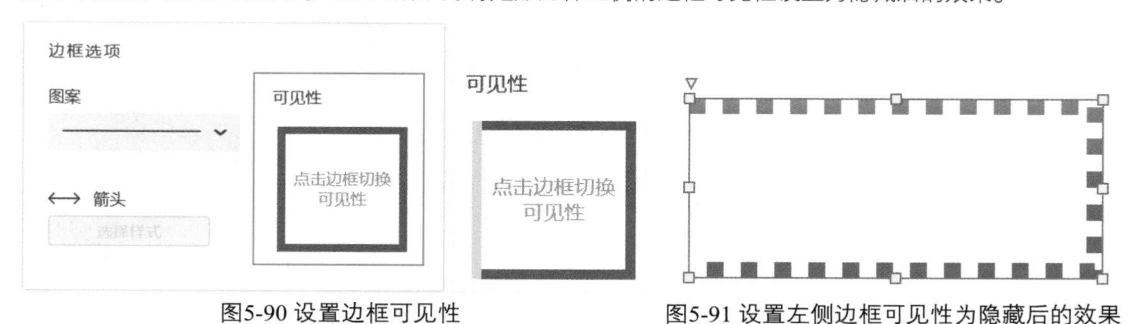

图5-90 设置边框可见性　　图5-91 设置左侧边框可见性为隐藏后的效果

使用“垂直线”和“水平线”元件时，用户可以在“样式”面板的“线段”选项组中单击“箭头样式”按钮，在打开的面板中为线条设置左右或上下箭头样式，如图5-92所示。

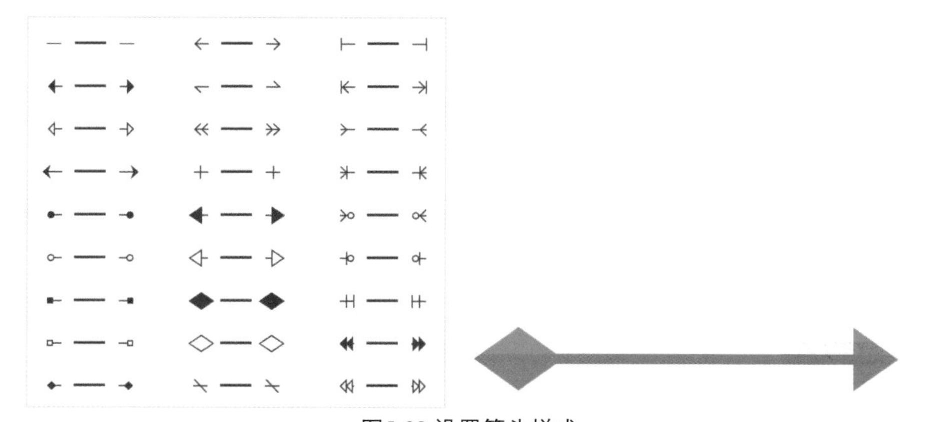

图5-92 设置箭头样式

5.3.11 阴影

Axure RP 10为用户提供了“外部”阴影和“内部”阴影两种阴影属性。“样式”面板中的“阴影”选项组如图5-93所示。选择“启用”复选框，为元件增加外部阴影效果，如图5-94所示。

图5-93 “阴影”选项组　　图5-94 外部阴影效果

用户可以设置阴影的颜色、偏移和模糊属性。偏移值为正值时，阴影在元件的右侧，偏移值为负值时，阴影在元件的左侧。模糊值越高，则阴影羽化效果越明显。

选择“内阴影”选项，打开如图5-95所示的面板。选择“启用”复选框，为元件增加内部阴影效果，如图5-96所示。

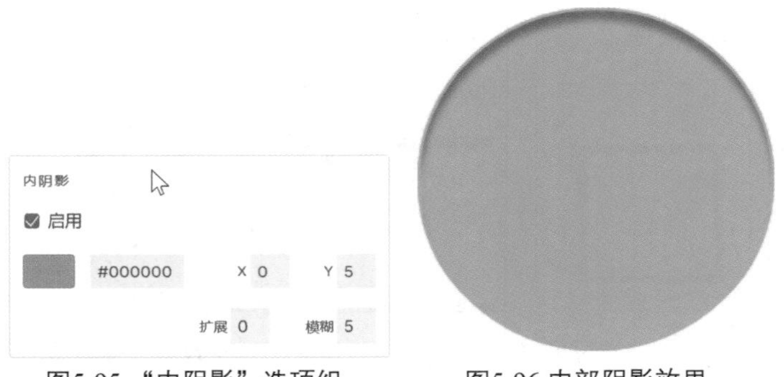

图5-95 “内阴影”选项组　　图5-96 内部阴影效果

Tips

用户通过设置颜色、偏移、模糊和扩展属性，可以实现更丰富的内部阴影效果。通过设置“扩展”参数，可以获得不同范围的内阴影效果。

5.3.12 边距

当用户在元件中输入文本时，为了获得更好的视觉效果，默认添加了2像素的边距，如图5-97所示。通过修改“样式”面板中的“边距”数值，可以实现对文本边距的控制，如图5-98所示。

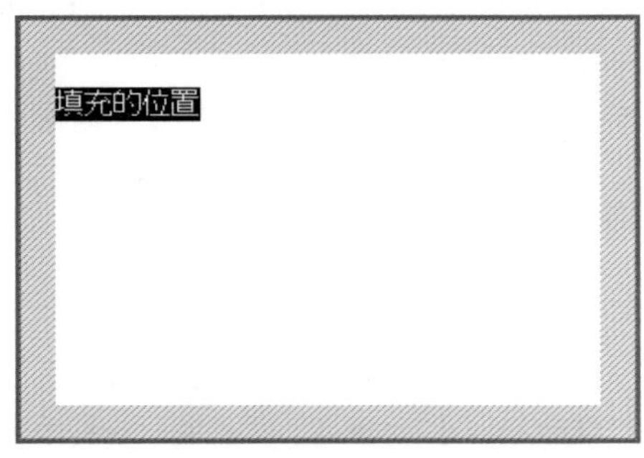

图5-97 默认边距

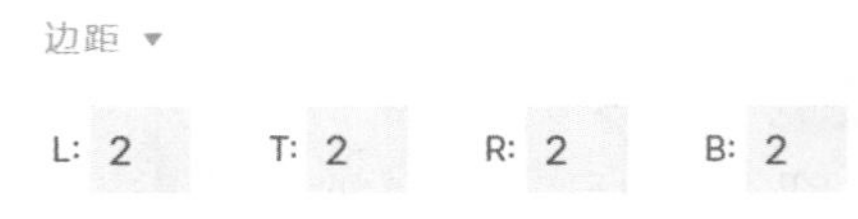

图5-98 设置边距数值

Tips

用户可以分别设置左侧、顶部、右侧和底部的边距，从而实现丰富的元件效果。

应用案例

为商品列表添加样式

源文件：源文件\第5章\为商品列表添加样式.rp 视频：视频\第5章\为商品列表添加样式.mp4

STEP 01 打开“素材\第5章\5-3-13.rp”文件，如图5-99所示。选中“作者：张晓景”文本元件，在“样式”面板的“排版”选项组中设置文本颜色，效果如图5-100所示。

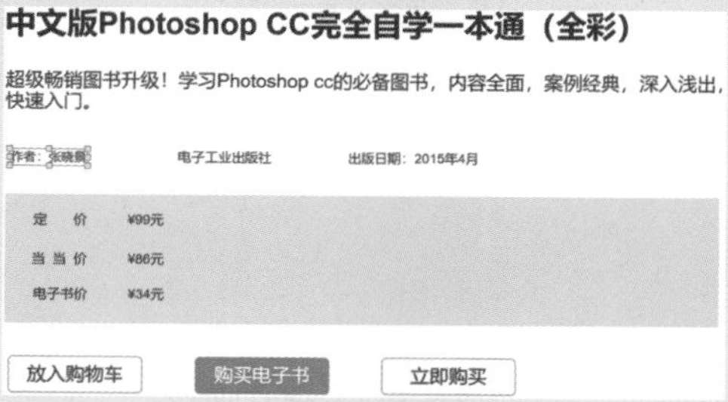

图5-99 打开素材

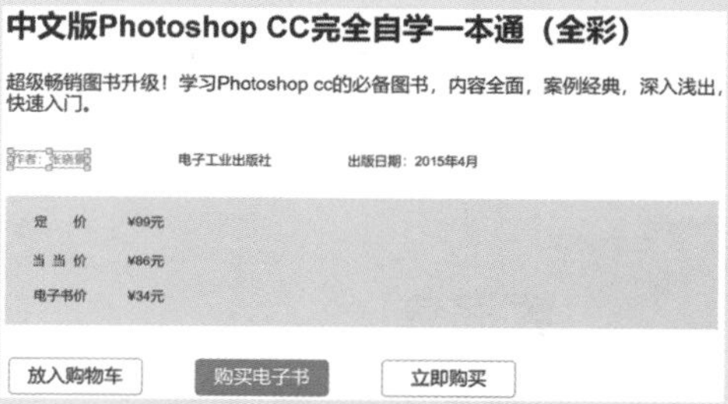

图5-100 设置文本颜色

STEP 02 选中部分价格文本，如图5-101所示。在“样式”面板的“排版”选项组中设置文本的字号和文本颜色，如图5-102所示。

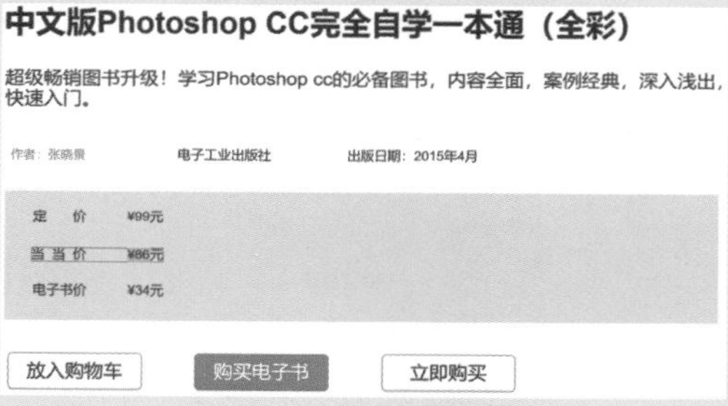

图5-101 选中部分价格文本

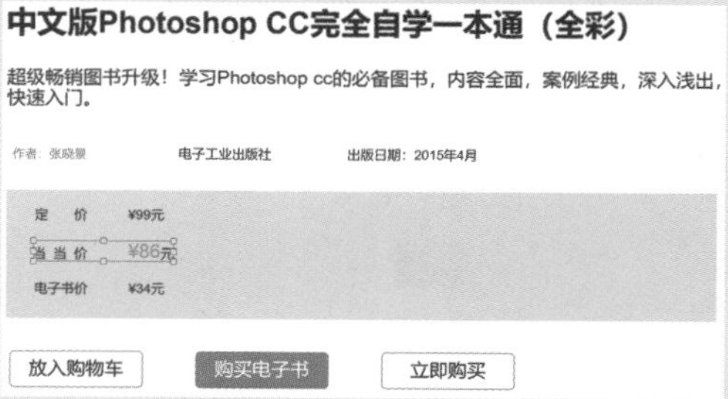

图5-102 设置文本颜色和字号

STEP 03 在页面中选中“放入购物车”按钮元件，在“样式”面板中设置填充颜色，双击按钮并选中按钮内的文本，在“样式”面板中修改文本的颜色，如图5-103所示。使用相同的方法为“购买电子书”按钮元件设置样式，如图5-104所示。

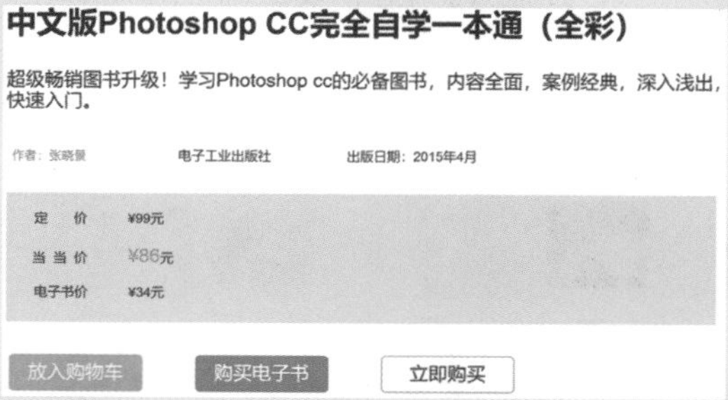

图5-103 设置“放入购物车”按钮元件的样式

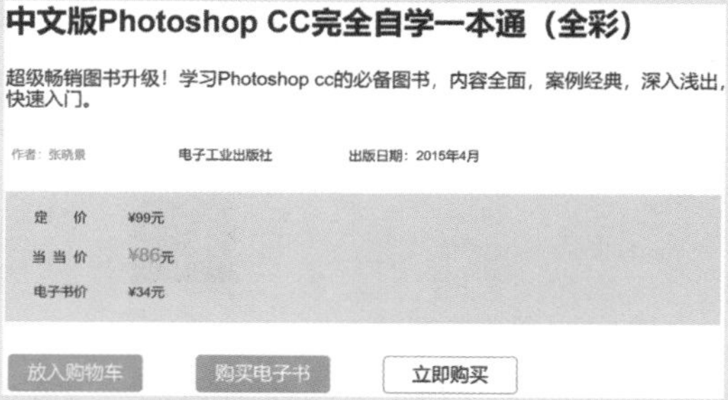

图5-104 设置“购买电子书”按钮元件的样式

STEP 04 选中“立即购买”按钮元件，在“样式”面板的“填充”“排版”“边框”选项组中分别设置按钮的样式，完成后的效果如图5-105所示。

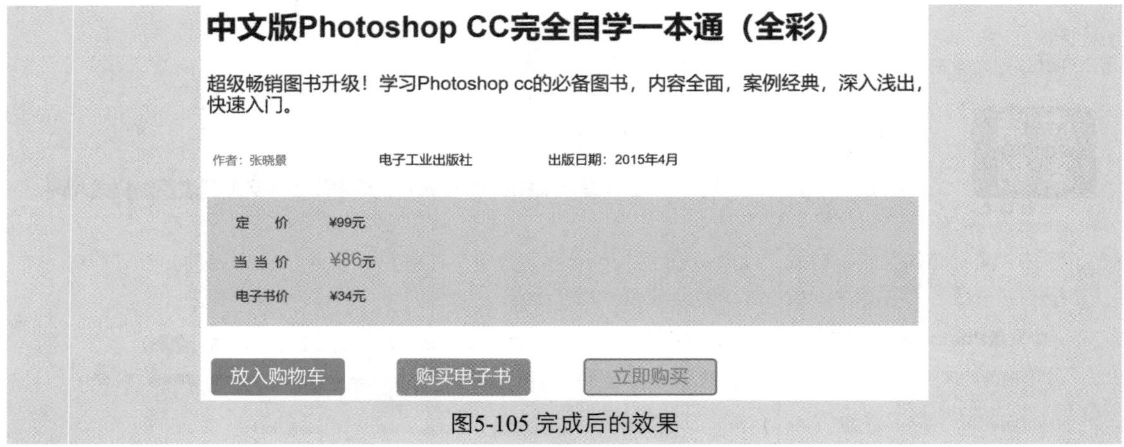

图5-105 完成后的效果

5.3.13 数据集

在工作界面中选中“中继器”元件，用户可以在“样式”面板中设置其内容的“FILL（填充）”“边框”“边距”样式，如图5-106所示。还可以对中继器实例特有的“布局”“ITEM BACKGROUND COLOR（背景）”“分页”样式进行设置，如图5-107所示。

图5-106 设置实例样式

图5-107 设置“中继器”元件的特有样式

1. 布局

在“布局”选项组中，默认情况下为“垂直”布局方式，如图5-108所示。选择“水平”单选按钮，元件将更改为水平布局，如图5-109所示。

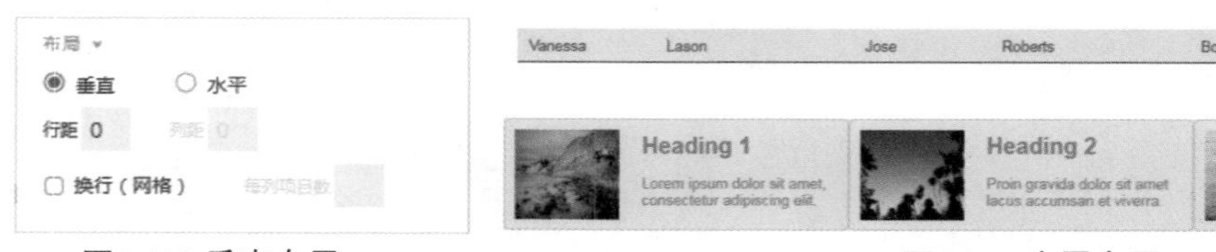

图5-108 垂直布局　　图5-109 水平布局

选择“垂直”布局时，可以在“行距”文本框中输入数值，用来控制行的间距，即上下间距。选择“水平”布局时，可以在“列距”文本框中输入数值，用来控制列的间距，即左右间距。

选择“换行（网格）”复选框，用户可以以网格的形式排列中继器实例项目内容，并可以设置每列中显示的数量，如图5-110所示。每列为2个项目的排列效果如图5-111所示。

布局
垂直 水平
行距 4 列距 5
换行（网格） 每列项目数 2

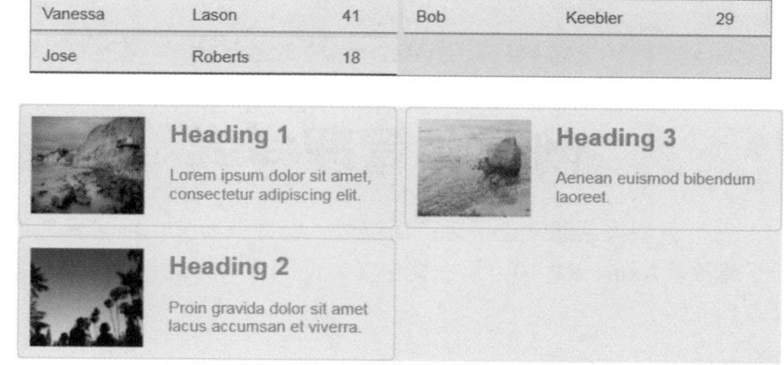

图5-110 设置每列中显示的内容数量

图5-111 每列为2个项目的排列效果

2. 背景

单击“背景”选项组下的第一个色块，用户可以在打开的拾色器面板中为中继器实例指定可编辑区域的背景颜色，如图5-112所示。选择“交替显示”复选框，单击第二个色块，为中继器背景设置交替背景颜色效果，如图5-113所示。

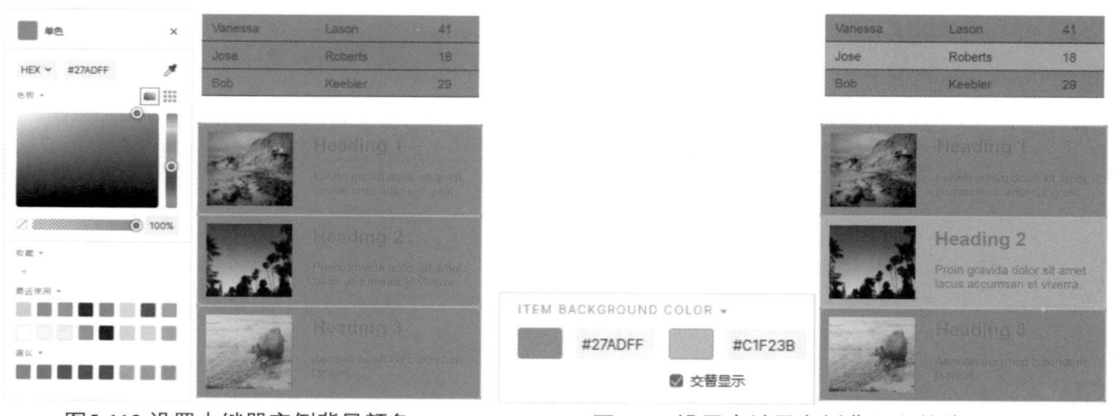

图5-112 设置中继器实例背景颜色

图5-113 设置中继器实例背景交替效果

设置的背景颜色位于中继器内容的最底层，有背景的中继器内容会遮挡背景颜色。双击进入中继器编辑模式，将内容填充颜色设置为“无”，即可显示背景颜色。

3. 分页

当中继器实例显示的内容较多时，用户可以在“分页”选项组中设置以分页的形式显示中继器实例内容。

选择“Paginate（多页显示）”复选框，用户可以在“每页项目数”文本框中输入每页显示内容的数量，在“起始页”文本框中设置起始显示页码，如图5-114所示。

图5-114 设置分页

Tips

分页功能主要用于多数据的展示，可以通过添加交互函数来切换不同的页面数据。

5.4 创建和管理样式

一个原型作品通常由很多页面组成，每个页面又由很多元件组成，逐个设置元件样式既费事又不便于修改。Axure RP 10为用户提供了方便的页面样式和元件样式，既方便用户快速添加样式，又便于修改。

5.4.1 创建元件样式

将“椭圆”元件拖曳到页面中，“样式”面板中显示其元件样式默认为“Ellipse”，如图5-115所示。单击“管理元件样式”按钮，弹出“元件样式管理”对话框，左侧为Axure RP 10默认提供的元件样式，右侧为元件样式对应的样式属性，如图5-116所示。

图5-115 默认元件样式　　图5-116 “元件样式管理”对话框

用户可以选择“填充颜色”复选框，修改填充颜色为蓝色，如图5-117所示，即可完成元件样式的编辑与修改。单击“确定”按钮，默认的“椭圆”元件将变成蓝色，如图5-118所示。

图5-117 修改填充颜色

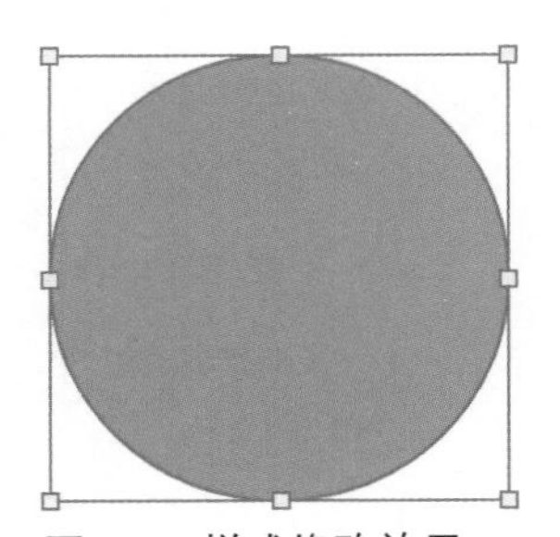

图5-118 样式修改效果

选中页面内的任意元件，用户也可以在工具栏最左侧查看和修改该元件的元件样式，单击“管理元件样式”按钮，如图5-119所示，也可以弹出“元件样式管理”对话框。

图5-119 单击“管理元件样式”按钮

应用案例 创建并应用元件样式

源文件：源文件\第5章\创建并应用元件样式.rp 视频：视频\第5章\创建并应用元件样式.mp4

STEP 01 新建一个文件并将“文本标签”元件拖曳到页面中。单击“样式”面板中的“管理元件样式”按钮，在弹出的“元件样式管理”对话框中单击“添加”按钮，修改样式名称为“标题文字16”，分别在右侧设置其样式属性，如图5-120所示。单击“复制”按钮，将“标题文字16”样式进行复制并修改名称为“标题文字17”，如图5-121所示。

图5-120 添加新样式并设置属性

图5-121 复制样式并修改名称

STEP 02 在“元件样式管理”对话框的右侧设置其样式属性，如图5-122 所示，完成“标题文字17”元件样式的设置。在“元件样式管理”对话框中单击“添加”按钮，新建一个名称为“正文12”的样式并设置其样式属性，如图5-123所示，设置完成后单击“确定”按钮。

图5-122 设置“标题文字17”元件样式

图5-123 设置“正文12”元件样式

STEP 03 双击“文本标签”元件，进入文本编辑状态，修改元件的文本内容，如图5-124所示。修改完成后单击页面的空白处，再次选中“文本标签”元件，在“样式”面板中设置元件样式为“标题文字16”，如图5-125所示。

设计师信息

图5-124 修改文本内容

设计师信息

图5-125 设置元件样式

STEP 04 将“文本标签”元件拖曳到页面中，并修改元件内的文字内容，完成后在“样式”面板中为元件设置“标题文字17”元件样式，应用效果如图5-126 所示。使用相同的方法在页面中添加“文本标签”元件并修改元件内的文字内容，修改后为其应用“正文12”元件样式，应用效果如图5-127 所示。

设计师信息
姓名

图5-126 应用“标题文字17”元件样式后的效果

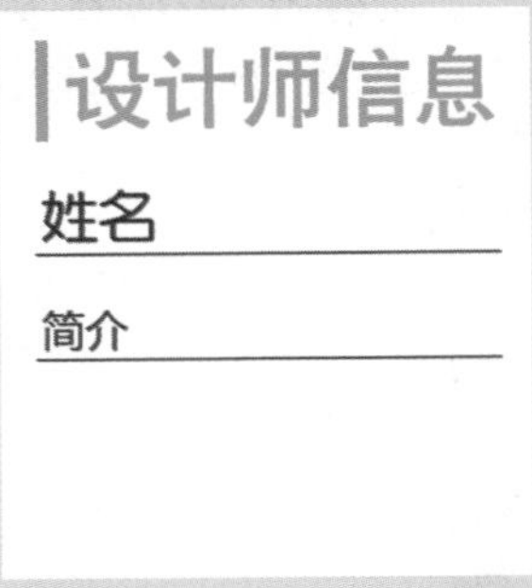

设计师信息
姓名
简介

图5-127 应用“正文12”元件样式后的效果

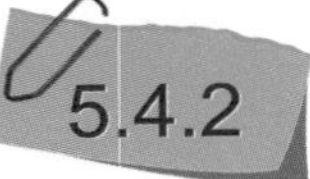

5.4.2 样式的编辑与修改

元件样式创建完成后，如果需要修改样式，可以再次单击“管理元件样式”按钮，在弹出的“元件样式管理”对话框中编辑样式，如图5-128所示。

图5-128 “元件样式管理”对话框

- 添加 +添加：单击该按钮，将新建一个样式。
- 复制 复制：单击该按钮，将复制选中的样式。

- 删除 ×删除：单击该按钮，将删除选中的样式。
- 上移 ↑上移/下移 ↓下移：单击该按钮，所选样式将向上或向下移动一级。
- 从选中的元件复制样式属性 从选中的元件复制样式属性：单击该按钮，将复制当前样式的属性到内存中，选择另一个样式，然后再次单击该按钮，将会使用复制的属性替换该样式的属性。

Tips

一个样式可能会被同时应用到多个元件上，当修改了该样式的属性后，应用了该样式的元件将同时发生变化。

5.5 格式刷

格式刷的主要功能是将元件样式或修改后的元件样式快速应用到其他元件上。执行“编辑 > 格式刷”命令，弹出“格式刷”对话框，如图5-129所示。

图5-129 “格式刷”对话框

5.5.1 使用“格式刷”命令

使用图片元件和按钮元件制作如图5-130所示的原型，选中第一个按钮，为其设置样式，如图5-131所示。执行“编辑 > 格式刷”命令，弹出“格式刷”对话框，选择第二个按钮，单击该对话框底部的“应用”按钮，即可将第一个按钮的样式指定给元件，效果如图5-132所示。

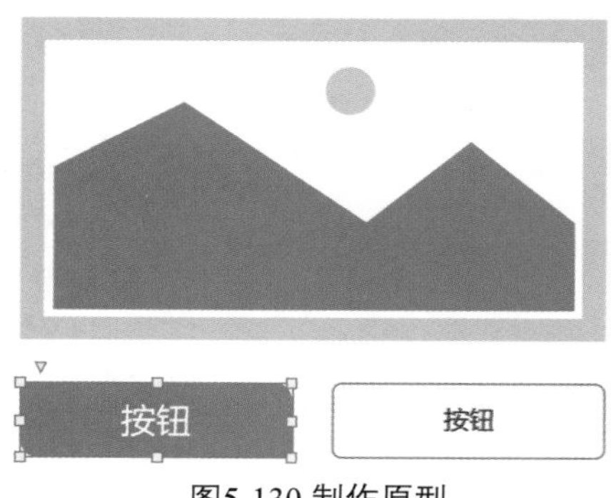

图5-130 制作原型

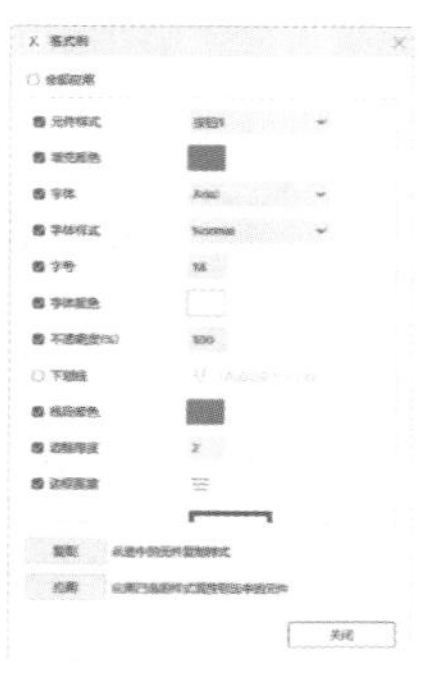

图5-131 设置样式

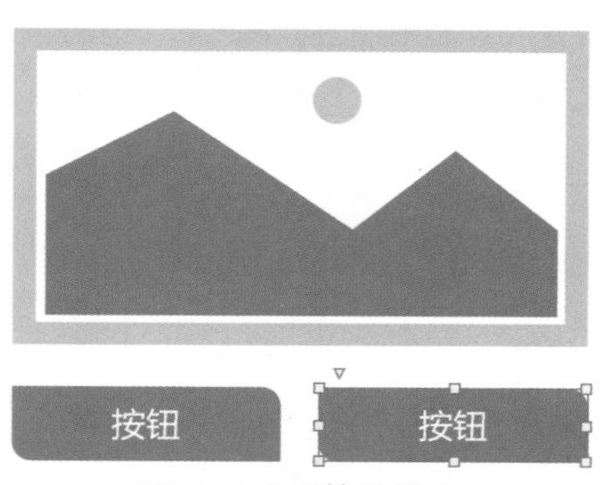

图5-132 应用按钮样式

Tips

用户还可以使用“格式刷”命令，快速为个别元件指定特殊的样式。需要注意的是，无论是定义的样式还是格式刷样式，通常都只能应用到一个完整的元件上，不能只应用到元件的局部。

应用案例

使用格式刷为表格添加样式

源文件：源文件\第5章\使用格式刷为表格添加样式.rp
视　频：视频\第5章\使用格式刷为表格添加样式.mp4

STEP 01 新建一个Axure RP文件，将“元件库”面板中的“菜单和表格”选项下的“传统表格”元件拖入到页面中，效果如图5-133所示。修改表格文字内容，效果如图5-134所示。

第1列	第2列	第3列

图5-133 添加“传统表格”元件

出口	进口	差值
1000	1000	500
800	900	-100

图5-134 修改表格文字内容

STEP 02 执行“编辑＞格式刷”命令，在弹出的“格式刷”对话框中设置“填充颜色”和“字体颜色”参数，如图5-135所示。选择第一行单元格，单击“应用”按钮，效果如图5-136所示。

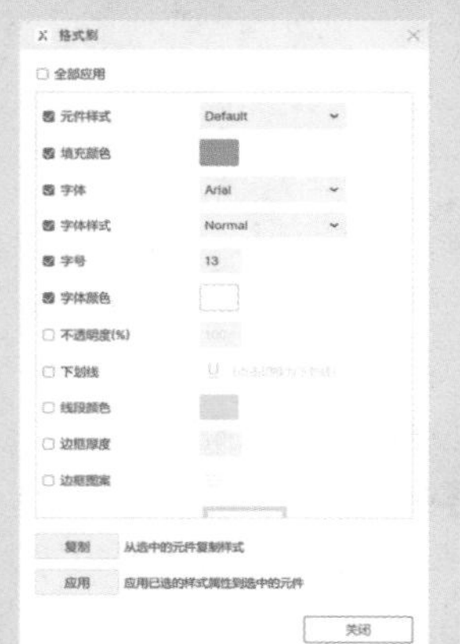

图5-135 设置参数

出口	进口	差值
1000	1000	500
800	900	-100

图5-136 第一行单元格效果

STEP 03 将“填充颜色”设置为红色，按住【Shift】键并选择如图5-137所示的单元格。单击“格式刷”对话框底部的“应用”按钮，效果如图5-138所示。

出口	进口	差值
1000	1000	500
800	900	-100

图5-137 选择相应的表格

出口	进口	差值
1000	1000	500
800	900	-100

图5-138 表格效果

5.6 “大纲”面板

一个产品原型项目中通常包含很多元件，元件之间会出现叠加或者遮盖，这就给用户的操作带来了不便。在Axure RP 10中，用户可以在“大纲”面板中管理元件，如图5-139所示。

“大纲”面板中将显示当前页面中所有的元件，单击面板中的元件选项，页面中对应的元件被选中；选中页面中的元件，面板中对应的选项也会被选中，如图5-140所示。

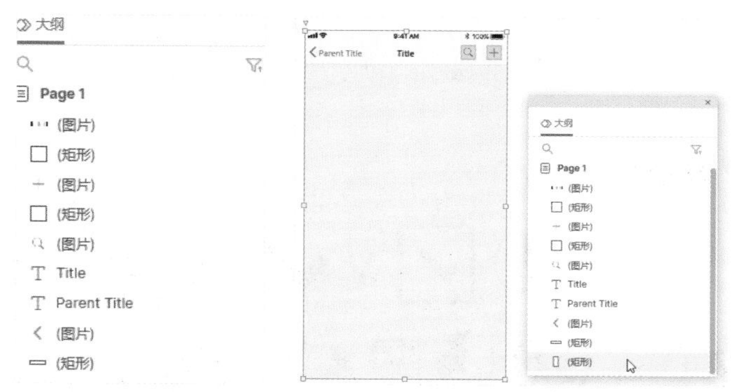

图5-139 “大纲”面板　　　　图5-140 选中元件

单击面板右上角的“排序和过滤”按钮，打开如图5-141所示的下拉列表框，用户可以根据需要选择显示的内容。用户可以在“大纲”面板顶部的搜索文本框中输入想要查找的元件名，找到想找的对象，如图5-142所示。

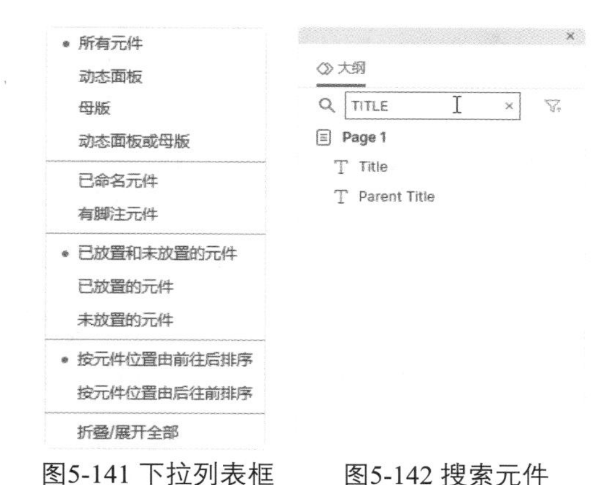

图5-141 下拉列表框　　　　图5-142 搜索元件

5.7 答疑解惑

掌握元件的属性和应用样式的方法，能够方便读者制作出效果逼真的页面原型。熟练应用样式，可以大大提高制作效率。

5.7.1 制作页面前的准备工作

在开始制作一个原型作品前，要将页面中所用到的样式一一进行创建。这样做除了可以控制页面显示效果，还能大大节省制作时间。如果需要修改元件效果，直接修改样式也能快速进行全部修改。一边制作原型，一边设置样式是一种不好的操作习惯。

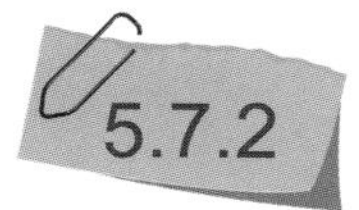

5.7.2 使用字体图标而不是图片

在原型中添加图标时，通常会采用导入图片的方式。如果需要修改图片的颜色，就需要打开一个图片编辑软件，对图片进行更改，然后再导出一个新图片供Axure RP 10导入，既烦琐又增加了原型文件的大小。

如果用户想要使用图标，建议使用一个字体图标。这种图标看起来像图片，实际上是一种特殊的字体，用户可以直接修改文字的大小和颜色等属性，操作方便且便于修改，如图5-143所示。

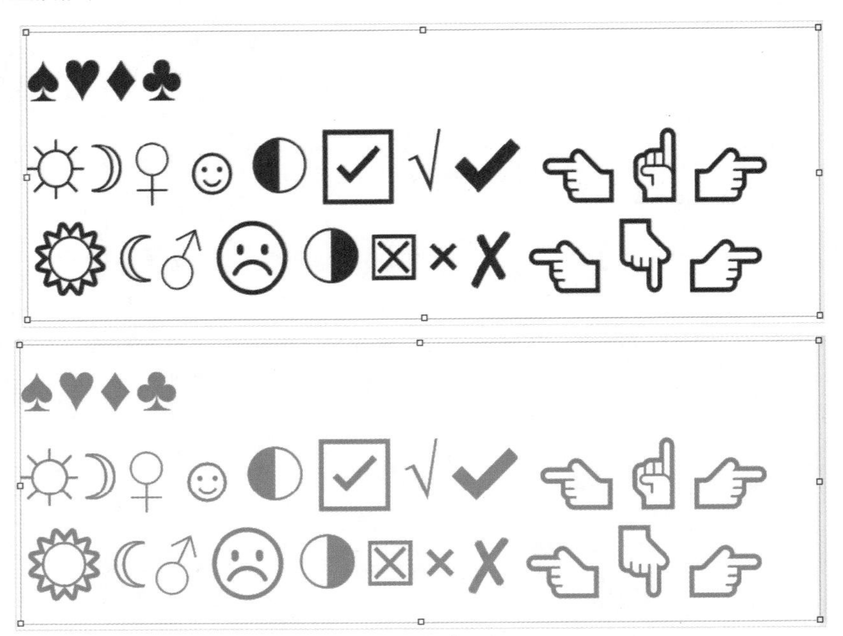

图5-143 字体图标

5.8 总结扩展

本章主要讲解了元件的属性和样式设置，详细了解元件的属性有利于更好地制作原型产品，熟悉样式的应用可以大大提高工作效率。

5.8.1 本章小结

本章主要介绍了Axure RP 10中元件的属性及应用元件样式的方法和技巧。通过学习本章内容，读者应该更深刻地理解各个元件的属性，同时能够熟练地为元件设置各种样式，包括填充、边框、阴影、透明度和边距等，并掌握创建样式和格式刷工具的使用方法和技巧。

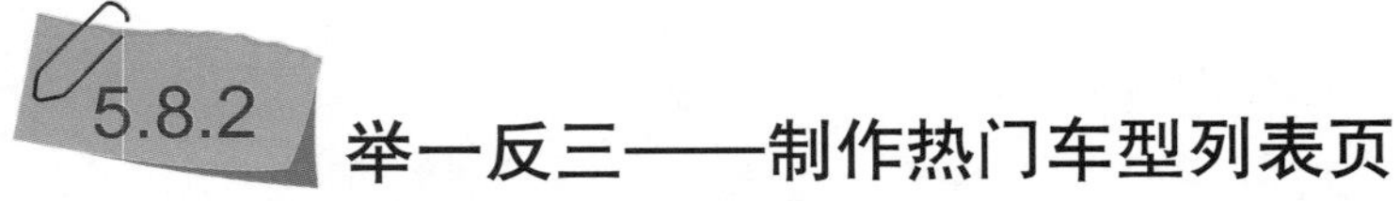

5.8.2 举一反三——制作热门车型列表页

本案例将使用元件制作一个热门车型的页面。首先使用元件搭建页面效果，然后再通过设置样式，将样式快速应用到元件中。

源文件：	源文件\第5章\制作热门车型列表页.rp
视频文件：	视频\第5章\制作热门车型列表页.mp4
难易程度：	★★★☆☆
学习时间：	10分钟

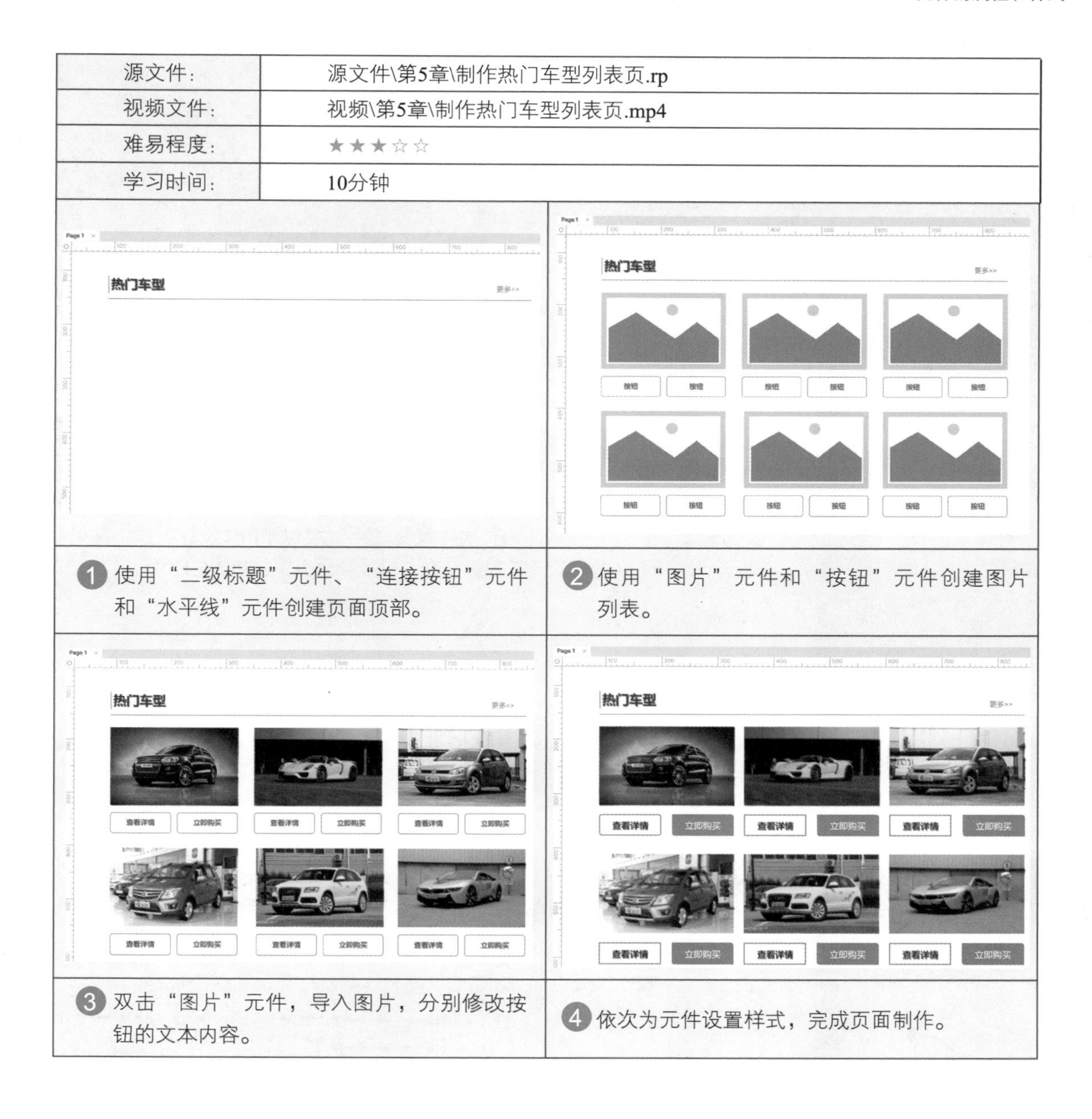

❶ 使用“二级标题”元件、“连接按钮”元件和“水平线”元件创建页面顶部。

❷ 使用“图片”元件和“按钮”元件创建图片列表。

❸ 双击“图片”元件，导入图片，分别修改按钮的文本内容。

❹ 依次为元件设置样式，完成页面制作。

读书笔记

第6章 母版与第三方元件库

制作一款大型原型设计时，不同的页面通常会使用很多相同的内容元素，可以将这些相同的内容元素制作成母版供用户使用。当用户修改母版时，所有应用了该母版的页面都会随之发生改变。

用户也可以将一些常用的元件制作成一个单独的元件库，供自己或合作伙伴使用。本章将针对母版的创建和使用，以及第三方元件库的创建和使用进行详细讲解。

本章学习重点

搜索...
状态栏
导航栏
标签栏

第 160 页
制作 iOS 系统母版

第 161
新建 iOS 系统布局母版

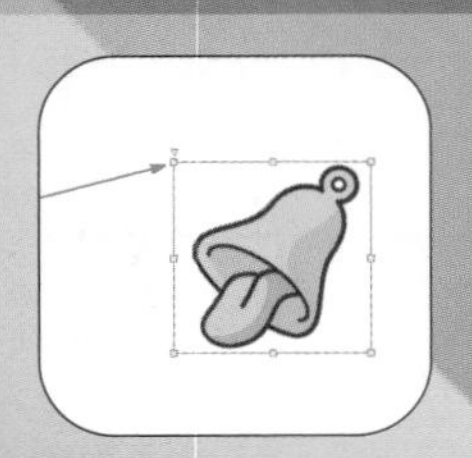

第 172 页
创建图标元件库

第 176 页
创建图标组元件库

6.1 母版的概念

母版是指原型项目页面中一些重复出现的元素。可以将重复出现的元素定义为母版，供用户在不同的页面中反复使用，类似于PPT设计制作中的母版功能。Axure RP 10的母版通常被保存在“母版”面板中，如图6-1所示。

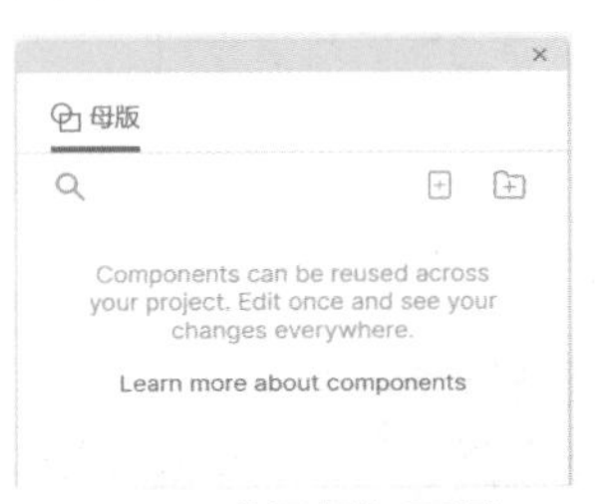

图6-1 “母版”面板

6.1.1 母版的应用

一个App原型项目中包含很多页面，每个页面的内容都不相同。但是由于系统的要求，每个页面中都必须包含状态栏、导航栏和标签栏，如图6-2所示。

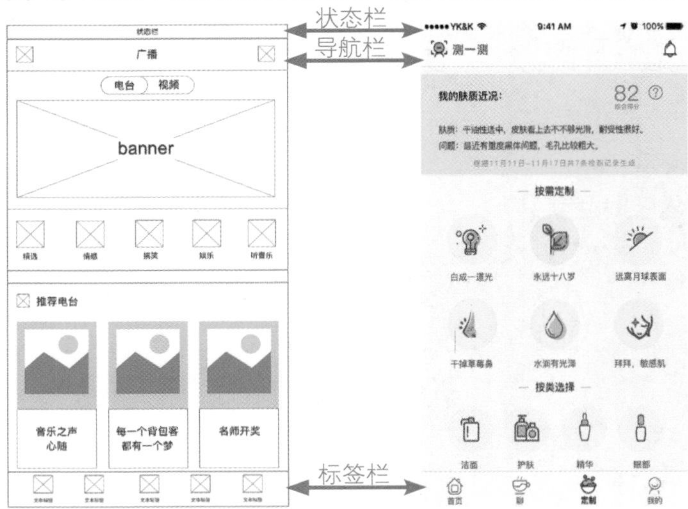

图6-2 页面中的共有元素

一般情况下，可以将一个页面中的以下部分制作成母版。

- 页面导航。
- 网站顶部，包括网站状态栏和导航栏。
- 网站底部，通常指页面的标签栏。
- 经常重复出现的元件，如分享按钮。
- Tab面板切换的元件，在不同的页面中，同一个Tab面板会有不同的呈现。

6.1.2 使用母版的好处

在一整套UI页面中使用母版，既能保持整体页面的设计风格一致，同时也方便设计师随时修改页面中的相同内容。

对母版进行修改后，所有应用了该母版的页面都会自动更新，可以节省大量工作时间。母版页面中的说明只需要编写一次，避免了在输出UX规范文档时造成额外工作和错误。

母版的使用也会减小Axure RP文件的体积，加快原型文件的预览速度。

6.2 “母版”面板

用户在“母版”面板中可以完成添加母版文件、删除母版文件、重命名母版文件、添加文件夹和查找母版文件等操作。

6.2.1 添加母版

单击“母版”面板右上角的“添加母版”按钮，即可新建一个母版文件，如图6-3所示。用户可以同时创建多个母版文件并为其重命名，如图6-4所示。

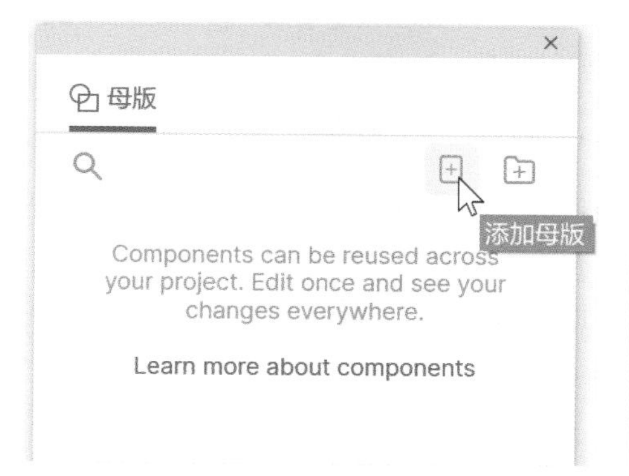

图6-3 添加母版

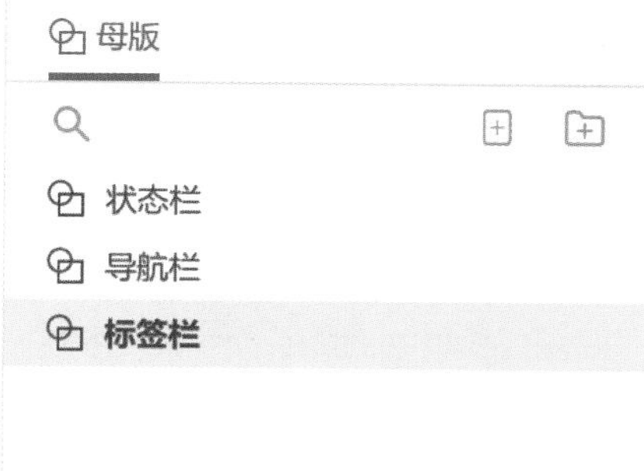

图6-4 创建多个母版并重命名

在母版文件上单击鼠标右键，在弹出的快捷菜单中选择“添加”命令，在打开的子菜单中包括“文件夹”“在上方添加母版”“在下方添加母版”“添加子级母版”等命令。选择某一命令，即可在当前母版文件的上方或下方添加对应的文件，如图6-5所示。

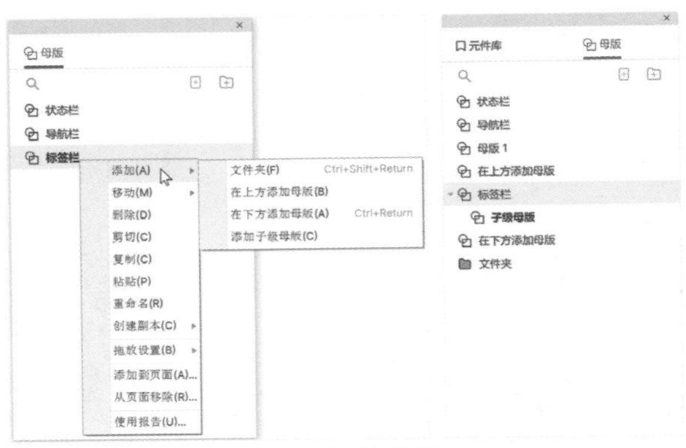

图6-5 快捷菜单

在母版文件上单击鼠标右键，在弹出的快捷菜单中选择“移动”命令，可以完成对母版文件的上移、下移、降级和升级操作，如图6-6所示。

用户在母版文件上单击鼠标右键，还可以在弹出的快捷菜单中对母版进行删除、剪切、复制、粘贴、重命名和创建副本等操作，如图6-7所示。

图6-6 “移动”子菜单　　图6-7 快捷菜单

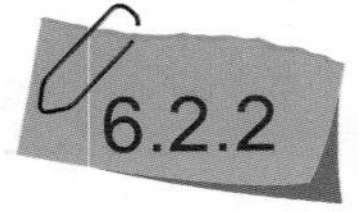

6.2.2 添加文件夹

同一个项目中可能会有多个母版，为了方便管理，用户可以通过新建文件夹将同类或相同位置的母版进行分类管理。

单击“母版”面板右上角的“添加文件夹”按钮或者在母版文件上单击鼠标右键，在弹出的快捷菜单中选择“添加 > 文件夹”命令，即可在面板中新建一个文件夹，如图6-8所示。

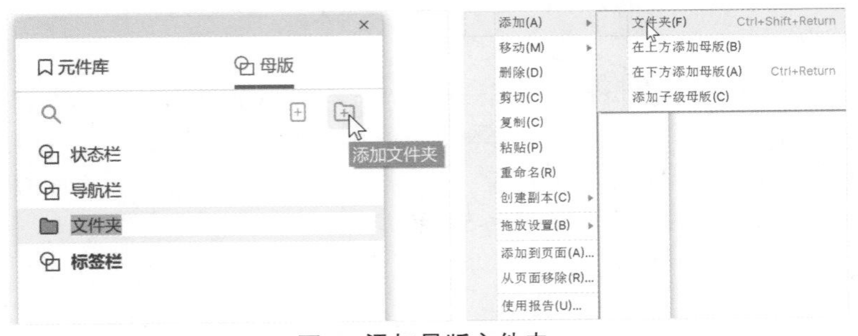

图6-8 添加母版文件夹

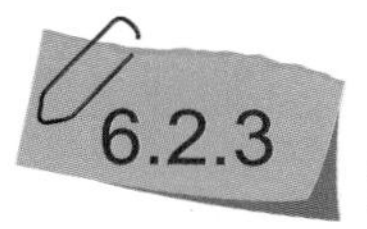

6.2.3 查找母版

当面板中存在很多母版文件时，单击“母版”面板顶部的“搜索”按钮或搜索框，如图6-9所示。在文本框中输入想要查找的母版文件名称，即可快速查找到该母版文件，如图6-10所示。

图6-9 单击“搜索”按钮　　图6-10 搜索母版文件

6.3 创建与编辑母版

双击“母版”面板中的母版文件，即可进入该母版的编辑状态，用户在工作界面中的全部操作都会被保存在母版文件中。

6.3.1 创建母版

在“母版”面板中，双击已经创建好的“母版”文件，即可进入该母版文件的编辑页面，页面标签栏将显示当前母版的名称，如图6-11所示。用户可以使用“元件”面板中的各种元件完成母版页面的创建，如图6-12所示。

图6-11 编辑页面母版　　图6-12 创建母版页面

母版创建完成后，执行“文件 > 保存”命令，即可将母版文件保存，此时，用户已经完成母版文件的全部编辑操作。

应用案例

制作iOS系统母版

源文件：源文件\第6章\制作iOS系统母版.rp 视频：视频\第6章\制作iOS系统母版.mp4

STEP 01 新建一个文件，单击“母版”面板右上角的“添加母版”按钮，添加一个母版并将其命名为“状态栏”，如图6-13所示。

图6-13 添加母版并命名

STEP 02 单击“元件库”面板右上角的“更多元件库选项”按钮，在打开的下拉列表框中选择“导入本地元件库”选项，如图6-14所示。打开“素材\第6章\iOS11元件库.rplib”文件，完成后将“系统状态栏”选项下的“黑”元件拖曳到页面中，如图6-15所示。

图6-14 选择“导入本地元件库”选项

图6-15 添加元件

STEP 03 在“母版”面板中新建一个名为“导航栏”的母版文件，如图6-16所示。在“元件”面板中将“标题栏”选项下的“标准-页面标题”元件拖曳到页面中，如图6-17所示。

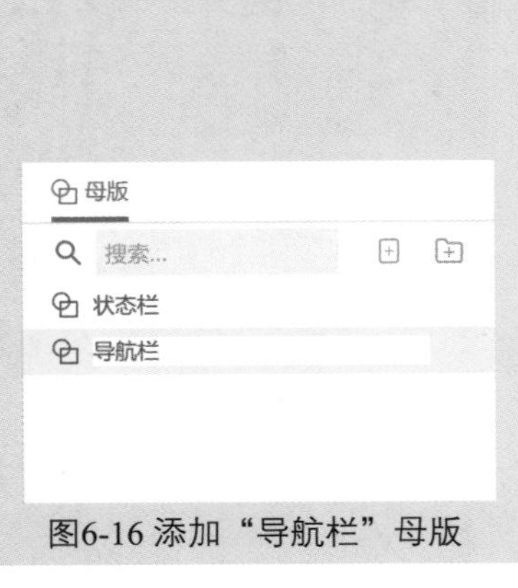

图6-16 添加“导航栏”母版

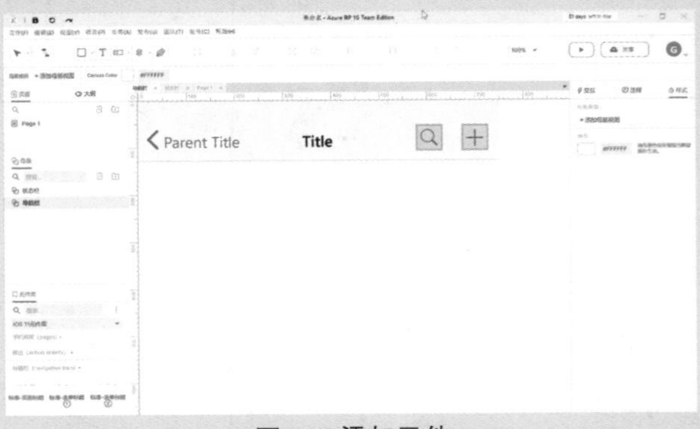

图6-17 添加元件

STEP 04 继续使用相同的方法，完成“标签栏”母版的制作，如图6-18所示。

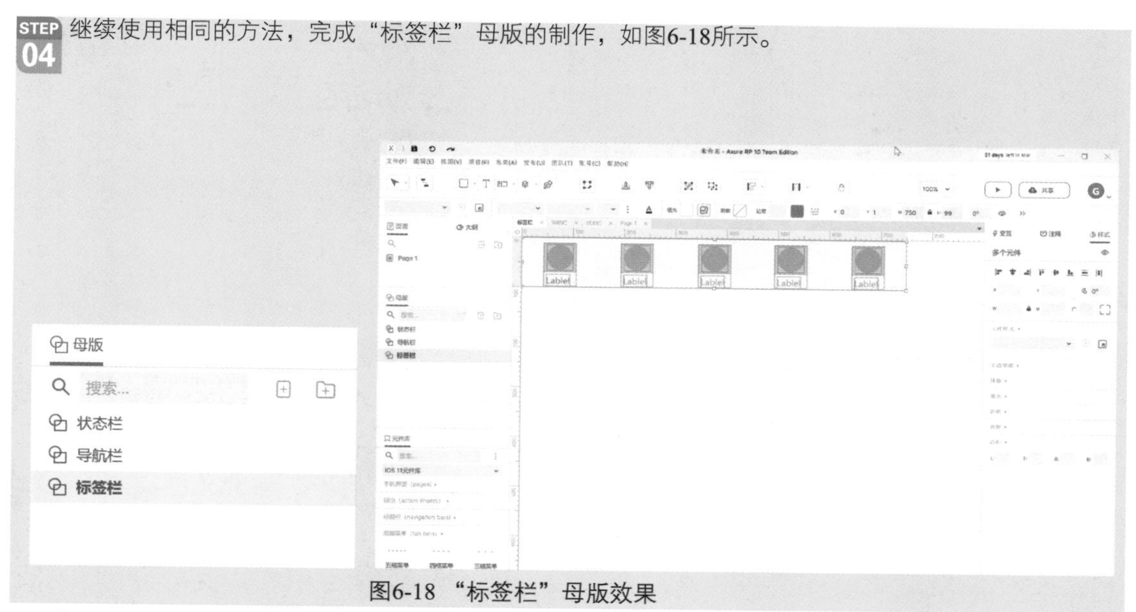

图6-18 “标签栏”母版效果

6.3.2 创建子母版

Axure RP 10允许在母版中套用子母版，这样可以使母版的层次更加丰富，应用领域更加广泛。接下来学习如何创建子母版。

应用案例 新建iOS系统布局母版

源文件：源文件\第6章\新建iOS系统布局母版.rp

视　频：视频\第6章\新建iOS系统布局母版.mp4

STEP 01 打开“素材\第6章\6-3-4.rp”文件，在“母版”面板中新建一个名为“结构”的母版，如图6-19 所示。拖曳调整母版文件的层级，如图6-20所示。

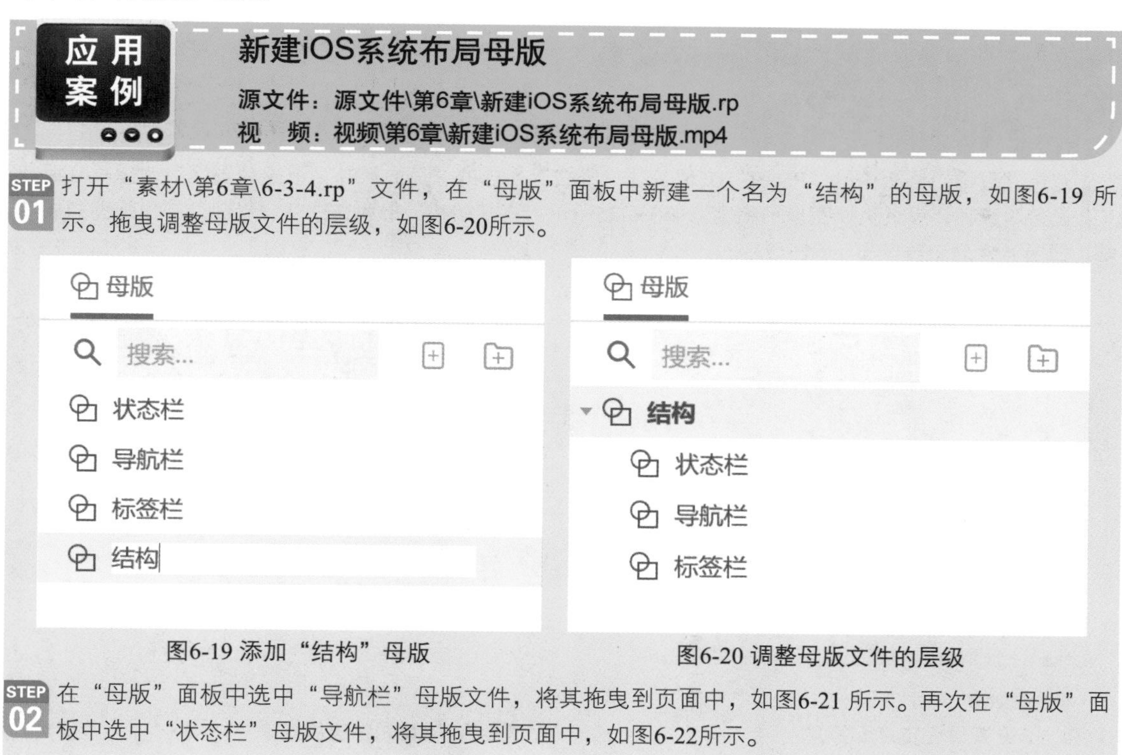

图6-19 添加“结构”母版

图6-20 调整母版文件的层级

STEP 02 在“母版”面板中选中“导航栏”母版文件，将其拖曳到页面中，如图6-21 所示。再次在“母版”面板中选中“状态栏”母版文件，将其拖曳到页面中，如图6-22所示。

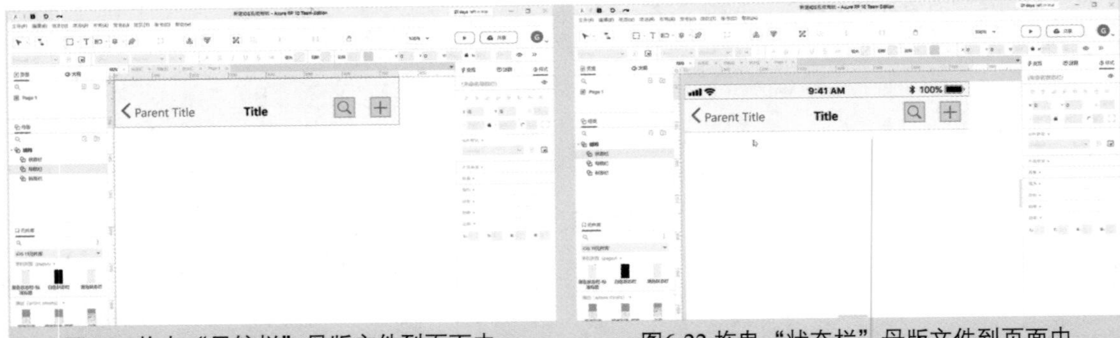

图6-21 拖曳“导航栏”母版文件到页面中　　图6-22 拖曳“状态栏”母版文件到页面中

STEP 03 在“母版”面板中选中“标签栏”母版文件，将其拖曳到页面中，如图6-23所示。在“样式”面板中设置其坐标，如图6-24所示。

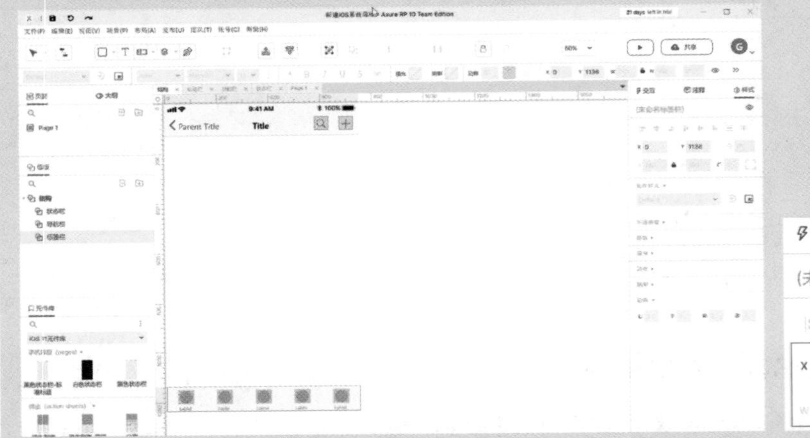

图6-23 拖曳“标签栏”母版文件到页面中

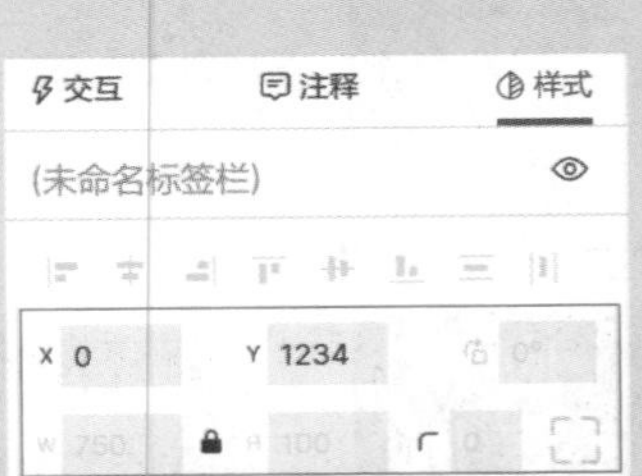

图6-24 设置坐标

STEP 04 双击“页面”面板中的“Page1”文件，在“样式”面板的“页面尺寸”下拉列表框中选择“自定义设备”选项，设置页面宽度和高度，如图6-25所示。将“结构”母版文件从“母版”面板拖曳到页面中，母版元件应用效果如图6-26所示。

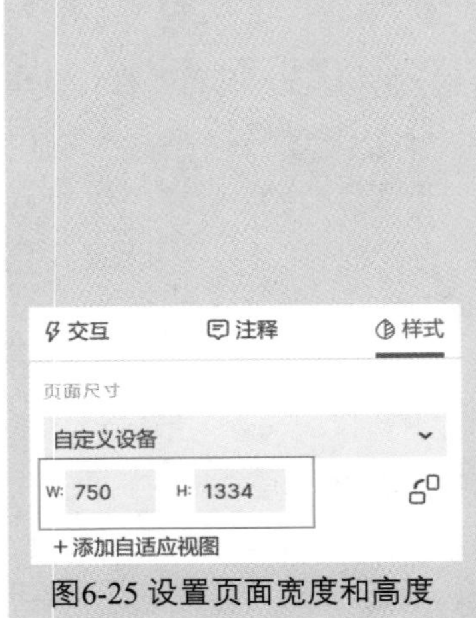

图6-25 设置页面宽度和高度

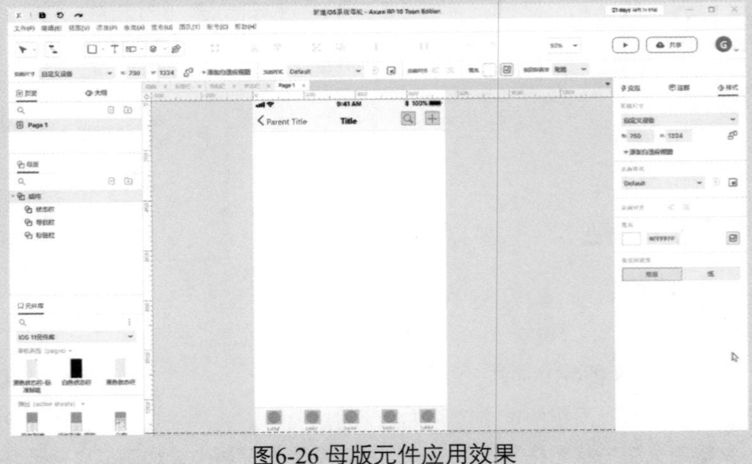

图6-26 母版元件应用效果

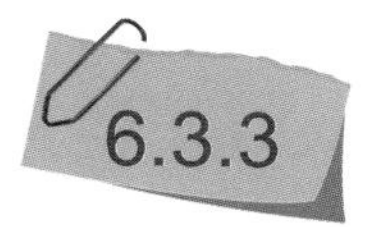

删除母版

选中页面中想要删除的母版实例，按【Delete】键，即可将其删除。在“母版”面板中选中想要删除的母版，按【Delete】键，或者单击鼠标右键，在弹出的快捷菜单中选择“删除”命令，即可删除当前母版文件。

6.4 转换为母版

除了可以通过新建母版的方式创建母版，用户还可以将制作完成的页面转换为母版文件。在想要转换为母版的页面中选择全部或局部内容，如图6-27所示，单击鼠标右键，在弹出的快捷菜单中选择“转换为母版”命令，如图6-28所示。

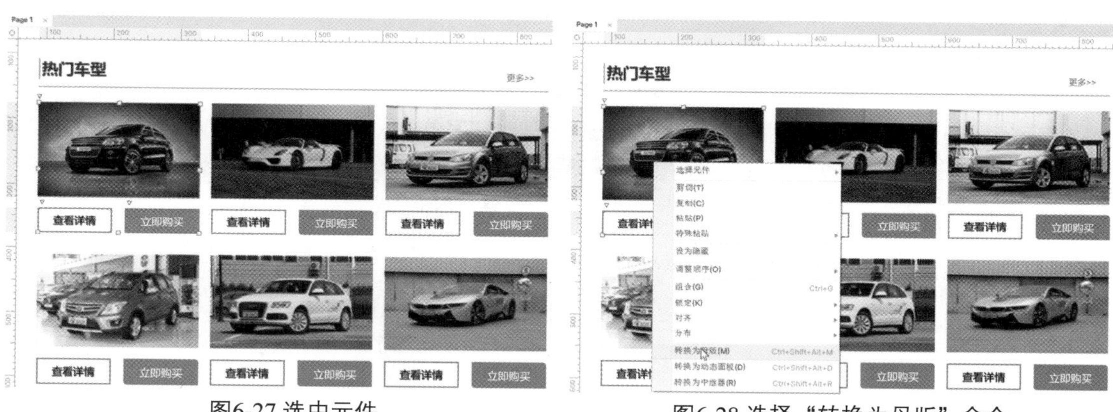

图6-27 选中元件　　图6-28 选择“转换为母版”命令

弹出“创建母版”对话框，为其指定名称，如图6-29所示。母版名称设置完成后，单击“继续”按钮，即可完成母版的转换。转换完成后的母版将排列在“母版”面板中，如图6-30所示。

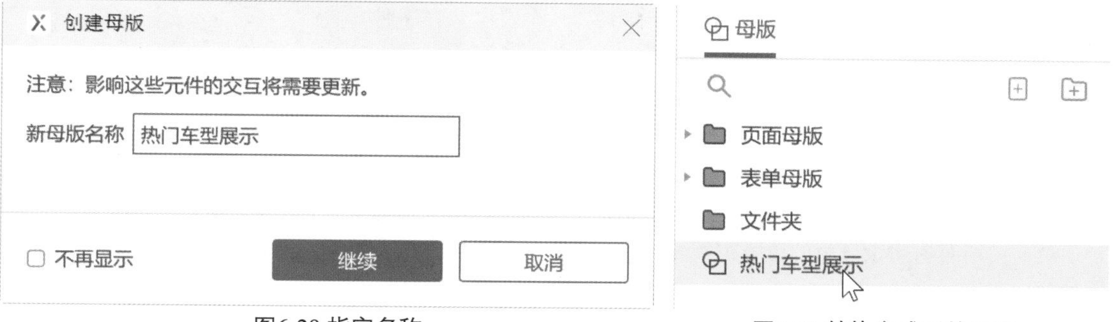

图6-29 指定名称　　图6-30 转换完成后的母版

6.5 母版的使用情况

完成母版的创建后，用户可以通过多种方法将母版应用到页面中。当修改母版内容时，页面中应用了该母版的部分也会发生相应的变化。

6.5.1 拖放行为

用户可以通过拖曳的方式，将母版文件拖入页面。双击“页面”面板中的一个页面，进入编辑状态。在“母版”面板中选择一个母版文件，将其直接拖曳到页面中，如图6-31所示，即可完成母版的使用。

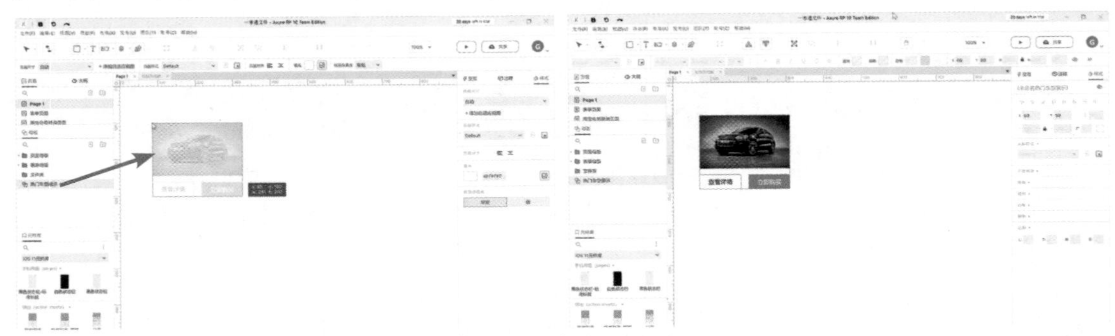

图6-31 拖曳应用母版

使用直接拖曳的方式应用母版，Axure RP 10提供了3种不同的方式供用户选择。在“母版”面板中的母版文件上单击鼠标右键，弹出如图6-32所示的快捷菜单。用户可以在“拖放设置”子菜单中选择“任意放置”“锁定到母版中所在位置”“从母版中脱离”3种拖曳行为。

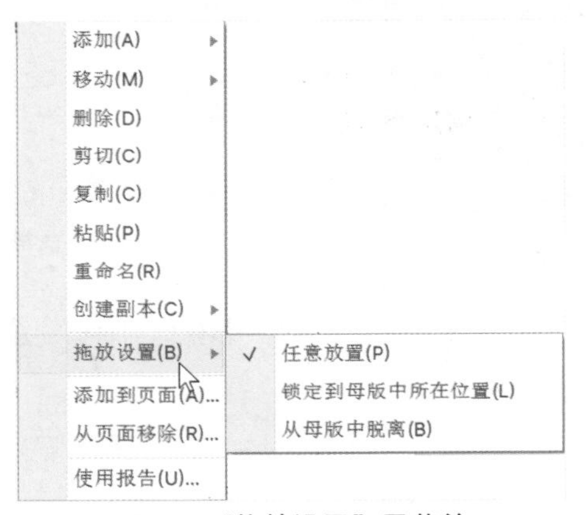

图6-32 “拖放设置”子菜单

1. 任意放置

“任意放置”行为是母版的默认拖放行为，是指将母版拖曳到页面中的任意位置。当修改母版文件时，页面中所有引用该母版的母版实例都会同步更新，只有坐标不会同步。拖放任意位置图标如图6-33所示。

图6-33 拖放任意位置图标

默认情况下使用拖曳的方式将母版放置于页面，选择的都是“任意放置”命令。用户可以在页面中随意拖动母版文件到任何位置，且用户只能更改母版实例的位置，不能设置其他参数，如图6-34所示。

用户可以在“交互”面板中对母版实例的“文本”“按钮”“图片”元件进行“样式覆盖”操作，如图6-35所示。

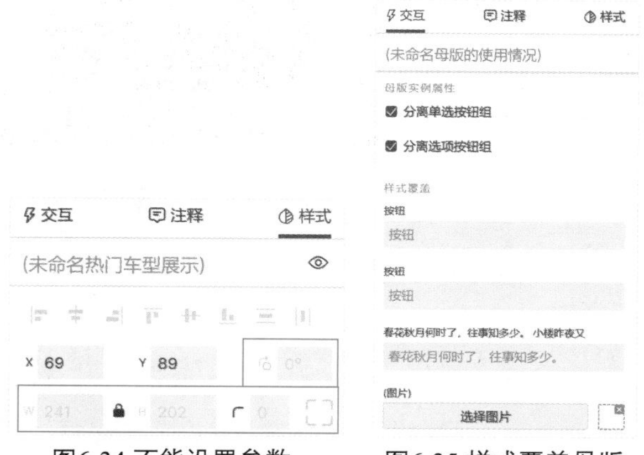

图6-34 不能设置参数　　图6-35 样式覆盖母版

用户可以直接在“按钮”文本框和“文本”文本框中输入内容，替换母版实例元件中的文本；单击“选择图片”按钮，可以替换“图片”元件中的图片，效果如图6-36所示。

图6-36 样式覆盖母版效果

2. 锁定到母版中所在位置

“锁定到母版中所在位置”行为是指将母版拖曳到页面后，母版实例中元素的坐标会自动继承母版页面中元素的位置，不能修改。对母版文件所做的修改会立即更新到原型设计母版实例中。选择“锁定到母版中所在位置”命令，母版文件图标的显示效果如图6-37所示。

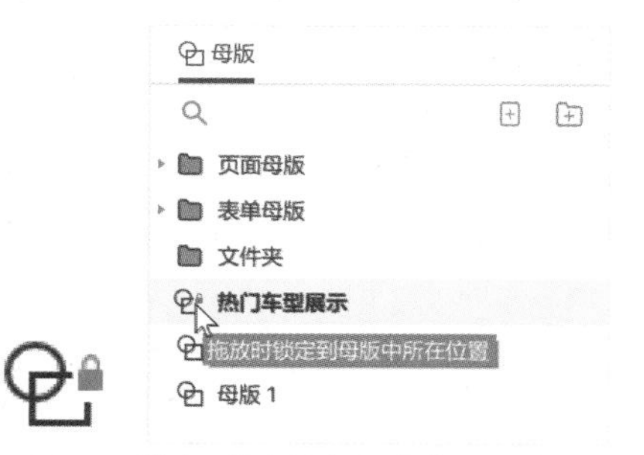

图6-37 锁定到母版中所在位置图标

在“热门车型展示”母版文件上单击鼠标右键，在弹出的快捷菜单中选择“拖放设置 > 锁定到母版中所在位置”命令，如图6-38所示。再次将“热门车型展示”母版文件拖入页面，如图6-39所示。

图6-38 选择“锁定到母版中所在位置” 命令　　　　图6-39 拖入母版文件

母版元件四周出现红色的线条，代表当前元件为固定位置母版。该母版将固定在（x：0，y：0）的位置，不能移动。双击该元件，即可进入“热门车型展示”母版文件中，用户可以对其进行再次编辑。保存后，页面中的母版元件将同时发生变化。

采用“锁定到母版中所在位置”拖曳到页面中的母版元件，默认情况下为锁定状态。单击鼠标右键，在弹出的快捷菜单中选择“锁定 > 解锁位置和尺寸”命令，弹出如图6-40所示的对话框。根据提示，用户可以在母版元件上单击鼠标右键，在弹出的快捷菜单中选择“从母版中脱离”命令，如图6-41所示，即可脱离母版，自由移动。

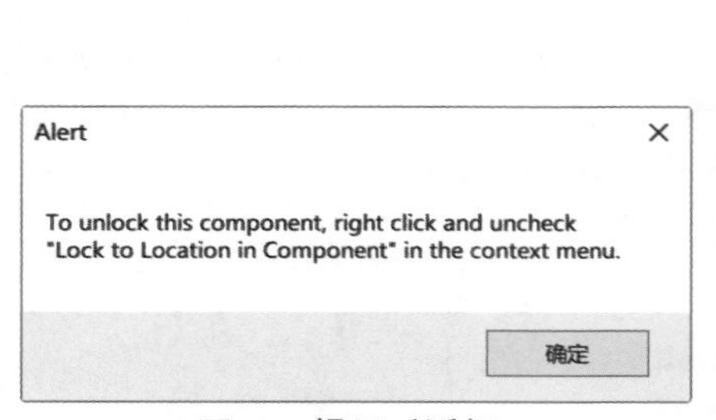

图6-40 提示对话框

图6-41 选择“从母版中脱离”命令

Tips

脱离母版后的母版实例将单独存在，不再与母版文件有任何关联。

3. 从母版中脱离

“从母版中脱离”行为是指将母版拖入页面后，母版实例将自动脱离母版，成为独立的内容。可以再次编辑，而且修改母版后对其不再有任何影响。“从母版中脱离”文件图标如图6-42所示。

图6-42 “从母版中脱离”图标

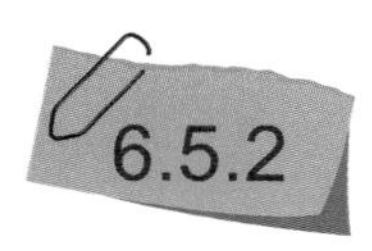

6.5.2 添加到页面

除了采用拖曳的方式应用母版，还可以通过“添加到页面”命令完成母版的使用。在母版文件上单击鼠标右键，在弹出的快捷菜单中选择“添加到页面”命令，如图6-43所示，弹出“添加母版到页面”对话框，如图6-44所示。

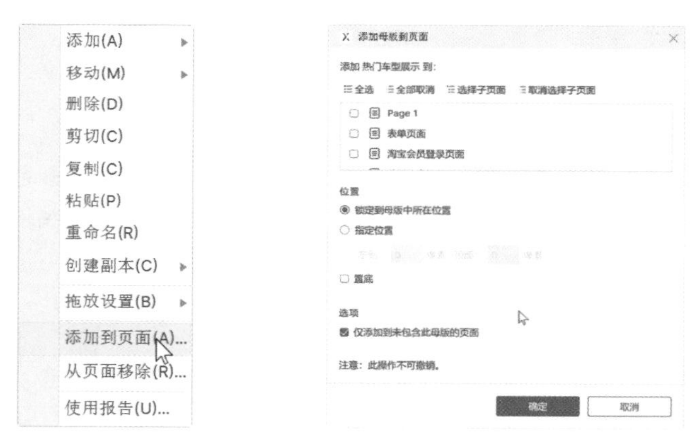

图6-43 选择“添加到页面”命令　　图6-44 “添加母版到页面”对话框

用户可以在该对话框的顶部选择想要添加母版的页面，如图6-45所示。同时可以选中多个页面添加母版，如图6-46所示。

图6-45 选择添加母版的页面　　图6-46 同时选中多个页面

在该对话框顶部有4个选择按钮，可以帮助用户快速全选、全部取消、选择子页面和取消选择子页面，如图6-47所示。

全选　全部取消　选择子页面　取消选择子页面

图6-47 4个按钮

- 全选：单击该按钮，将选中所有页面。
- 全部取消：单击该按钮，将取消所有页面的选择。
- 选择子页面：单击该按钮，将选中所有子页面。
- 取消选择子页面：单击该按钮，将取消所有子页面的选择。

用户可以选中“锁定到母版中所在位置”单选按钮，将母版添加到指定的位置，也可以选择“指定位置”单选按钮，为母版指定一个新的位置，如图6-48所示。选择“置底”复选框，当前母版将会添加到页面的底层，如图6-49所示。

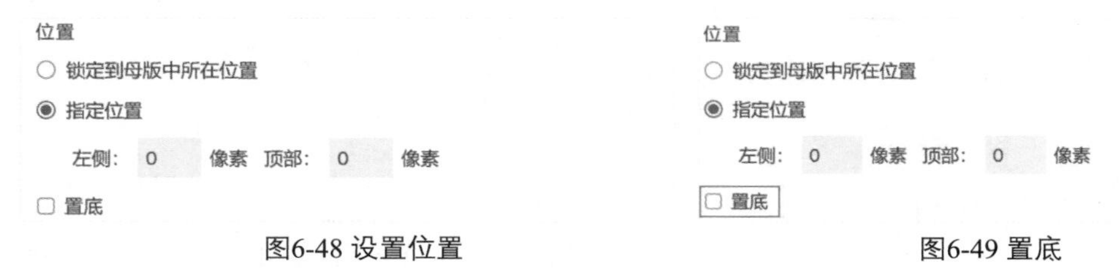

图6-48 设置位置　　图6-49 置底

Tips

如果用户选择了“仅添加到未包含此母版的页面”复选框，则只能为没有应用该母版的页面添加母版。

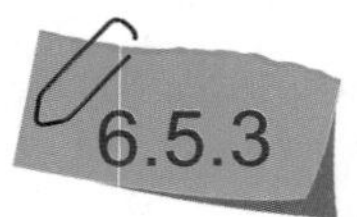

6.5.3 从页面移除

用户可以一次性移除多个页面中的母版实例。在“母版”面板中选择要移除的母版文件，单击鼠标右键，在弹出的快捷菜单中选择“从页面移除”命令，如图6-50所示，弹出“从页面移除母版”对话框，如图6-51所示。

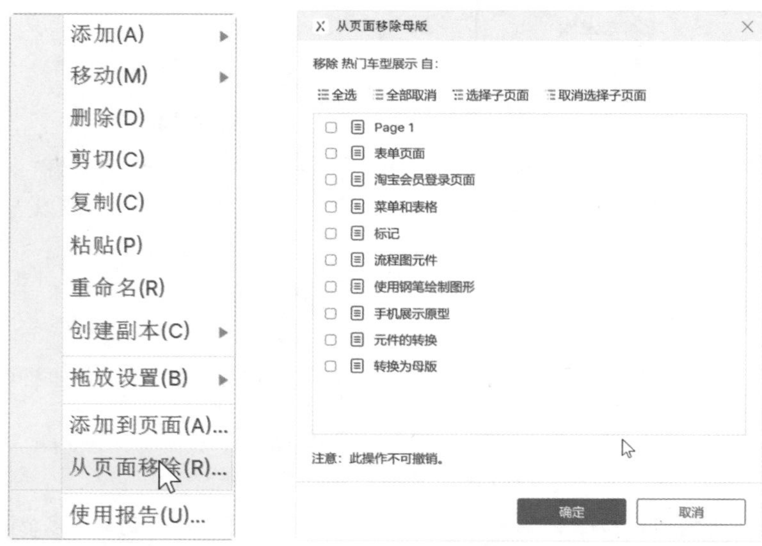

图6-50 选择“从页面移除”命令　　图6-51 “从页面移除母版”对话框

在页面列表框中选择想要移除的母版实例的页面，单击“确定”按钮，即可完成移除母版操作。

Tips

使用“添加到页面”和“从页面移除”命令添加或删除母版实例的操作是无法通过“撤销”命令撤销的，需要再次重新操作。

6.5.4 使用报告

为了便于查找和修改母版，Axure RP 10提供了母版的使用情况报告供用户参考。在“母版”面板中选择需要查看的母版，单击鼠标右键，在弹出的快捷菜单中选择“使用报告”命令，如图6-52所示。在弹出的“母版使用报告”对话框中将显示使用了当前母版的页面，如图6-53所示。

图6-52 选择“使用报告”命令　图6-53 “母版使用报告”对话框

在“母版使用报告”对话框中可以查看应用了当前母版的母版文件和页面文件，选择某一选项，单击“确定”按钮，即可快速进入相应的母版或页面中。

6.6 使用第三方元件库

在网上可以找到很多第三方元件库素材，同时Axure RP 10允许用户载入并使用第三方元件库。

6.6.1 下载元件库

Axure官方网站也为用户准备了很多实用的元件库。单击“元件库”面板中的“更多元件库选项”按钮，在打开的下拉列表框中选择“浏览在线元件库”选项，如图6-54所示，即可打开Axure官方网站页面，如图6-55所示。

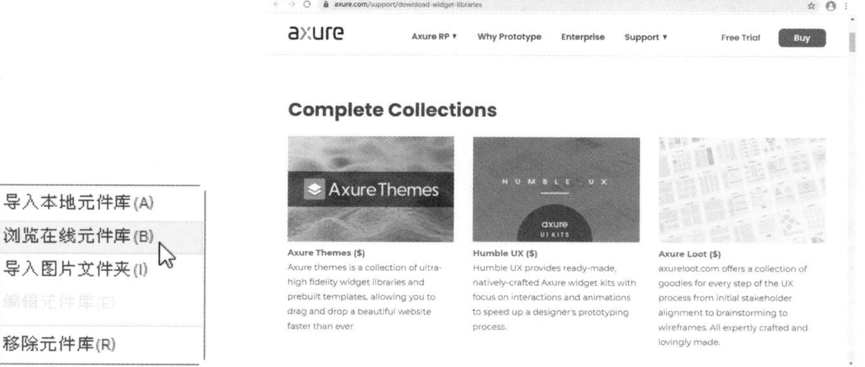

图6-54 选择“浏览在线元件库”选项　图6-55 Axure官方网站页面

在页面中选择并下载iOS系统元件库，下载后的元件库文件扩展名为“.rplib”，如图6-56所示。

图6-56 下载的元件库文件

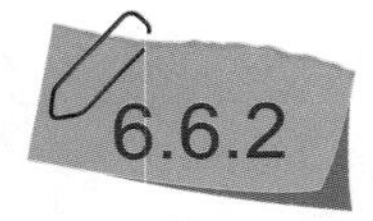

6.6.2 载入元件库

下载元件库文件后，单击“元件库”面板中的“更多元件库选项”按钮，在打开的下拉列表中选择“导入本地元件库”选项，在弹出的“打开”对话框中选择下载的元件库文件，如图6-57所示。

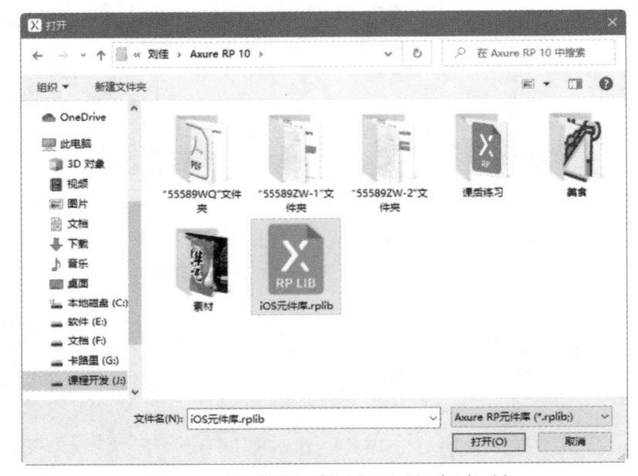

图6-57 选择下载的元件库文件

单击“打开”按钮，“元件库”面板效果如图6-58所示。将元件拖曳到页面中，如图6-59所示。

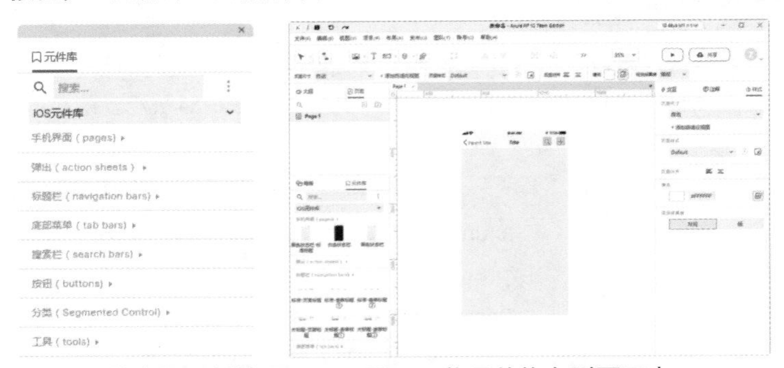

图6-58 “元件库”面板效果　　图6-59 将元件拖曳到页面中

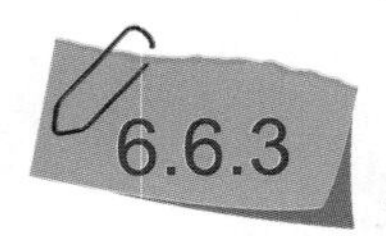

6.6.3 移除元件库

用户如果需要删除元件库，可以在“元件库”面板中选择想要删除的元件库，单击面板右上角的“更多元件库选项”按钮，在打开的下拉列表框中选择“移除元件库”选项，即可将当前元件库删除，如图6-60所示。

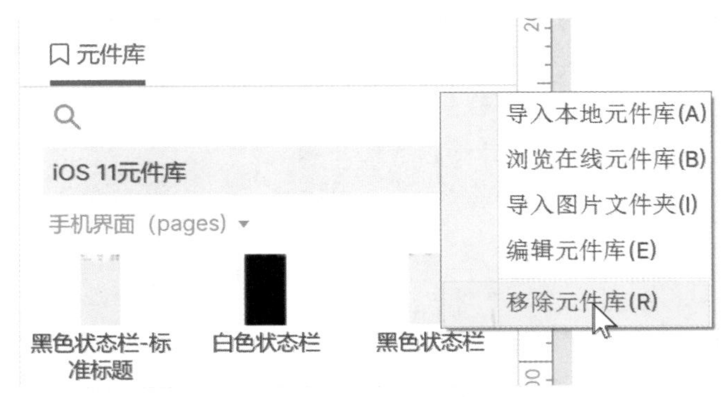

图6-60 选择“移除元件库”选项

6.7 创建元件库

根据工作需求，如在与其他UI设计师合作某个项目时，为保证项目的一致性和完成性，设计师需要创建一个自己的元件库。

6.7.1 新建元件库

执行“文件 > 新建元件库”命令，如图6-61所示，即可打开新建元件库工作界面，如图6-62所示。

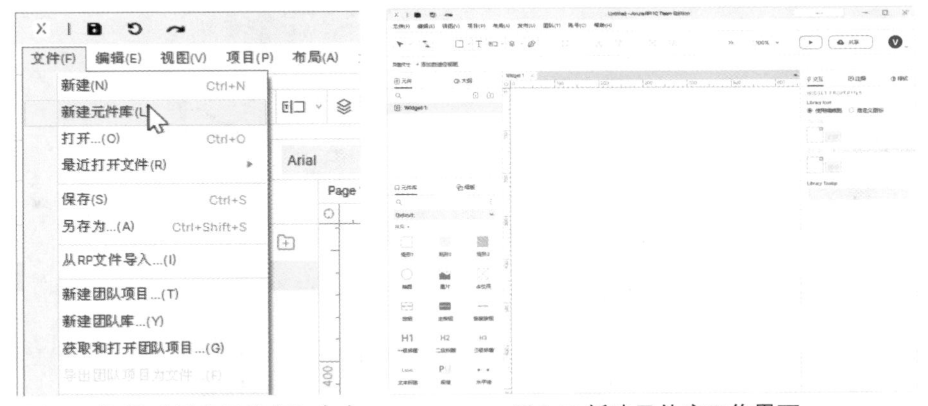

图6-61 执行“新建元件库”命令　　图6-62 新建元件库工作界面

新建元件库的工作界面和项目文件的工作界面基本一致，主要区别有以下几点。

- 新建元件库工作界面的顶部位置显示当前元件库的名称，而不是当前文件的名称，如图6-63所示。

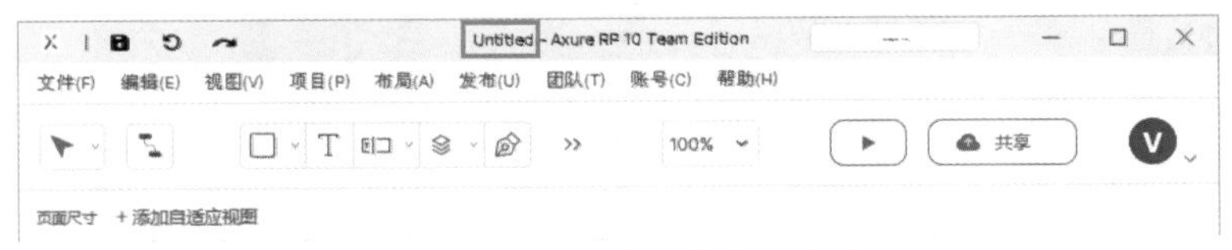

图6-63 显示当前元件库的名称

- “页面”面板变成了“元件”面板，更方便用户新建与管理元件，如图6-64所示。
- “交互”面板中将显示新建元件的图标属性，如图6-65所示。用户可以为元件设置不同的尺寸，以适用于不同屏幕尺寸的设备中。

图6-64 “页面”面板变成“元件”面板

图6-65 “交互”面板

应用案例 创建图标元件库

源文件：源文件\第6章\创建图标元件库.rp 视频：视频\第6章\创建图标元件库.mp4

STEP 01 执行“文件＞新建元件库”命令，工作界面如图6-66所示。单击工具栏中的“矩形”按钮右侧的图标，在打开的下拉列表框中选择“图片”选项，将“素材\第4章\custom.png”图片插入页面中，如图6-67所示。

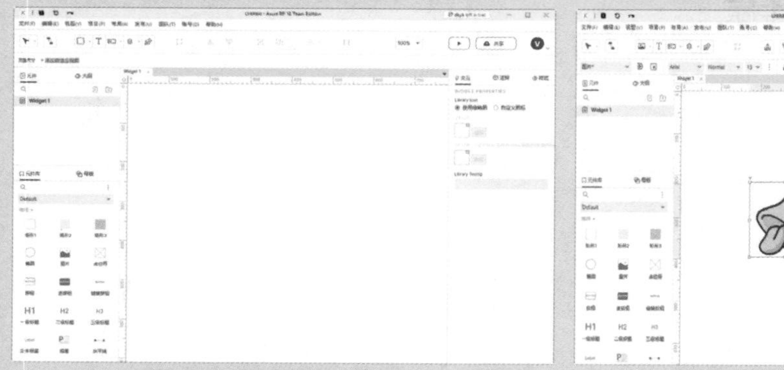

图6-66 新建元件库工作界面

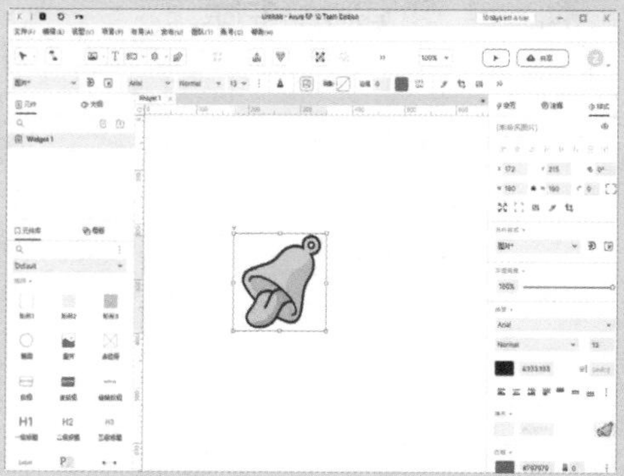

图6-67 插入图片素材

STEP 02 在“元件”面板中修改元件名称为“铃声”，如图6-68所示。执行“文件＞保存”命令，将元件库以“self.rplib”为名进行保存，如图6-69所示。

图6-68 修改元件名称

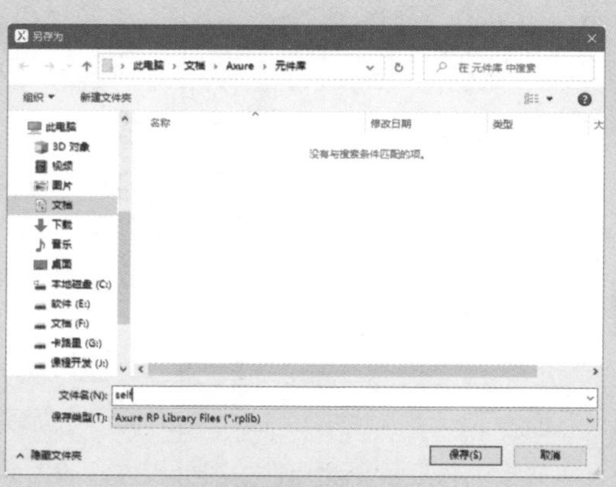

图6-69 保存元件库

STEP 03 新建一个Axure RP 10文件，单击“元件库”面板中的“更多元件库选项”按钮，在打开的下拉列表中选择“导入本地元件库”选项，如图6-70所示。在弹出的“打开”对话框中选择“self.rplib”文件，单击“打开”按钮，如图6-71所示。

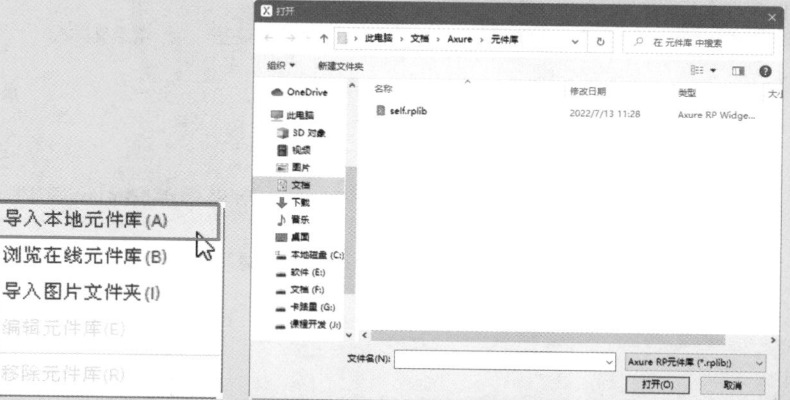

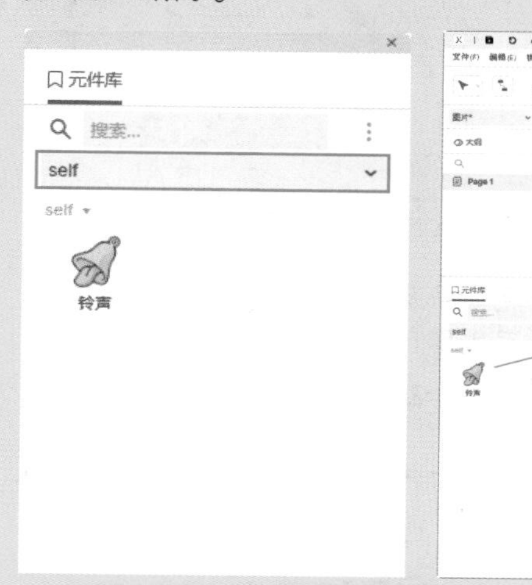

图6-70 选择“导入本地元件库”选项

图6-71 选择相应的文件

STEP 04 “元件库”面板中将显示导入的元件库，如图6-72所示。选中“铃声”元件，将其拖曳到页面中，效果如图6-73所示。

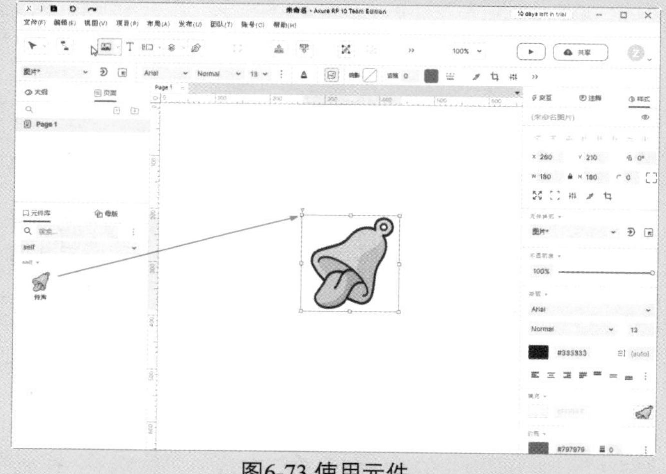

图6-72 导入元件库

图6-73 使用元件

6.7.2 元件库的图标样式

在新建元件时，为了使新建的元件库能够适配不同尺寸的屏幕，Axure RP 10为每个元件都提供了不同的图标样式。在“样式”面板中可以为元件库选择“使用缩略图”或“自定义图标”两种样式。

1. 使用缩略图

默认情况下，一般会采用“使用缩略图”样式，在不同尺寸的屏幕上缩放元件尺寸显示元件效果，如图6-74所示。

2. 自定义图标

用户也可以选择使用“自定义图标”样式，分别指定28px×28px或56px×56px两种尺寸的图标，供原型在不同尺寸的屏幕上显示，以获得较好的显示效果，如图6-75所示。

图6-74 使用缩略图　　图6-75 自定义图标

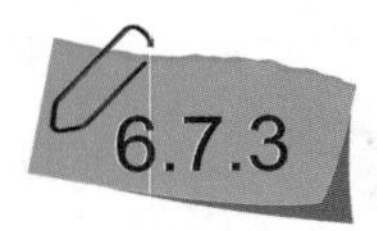

6.7.3 编辑元件库

选择新建的元件库，单击“元件库”面板中搜索框右侧的“更多元件库选项”按钮⋮，如图6-76所示。在打开的下拉列表中选择“编辑元件库”选项，如图6-77所示。

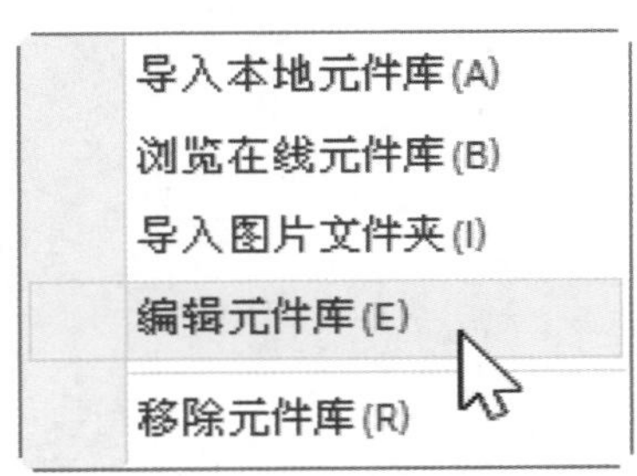

图6-76 单击“更多元件库选项”按钮　　图6-77 选择“编辑元件库”选项

单击“元件”面板中的“添加元件”按钮⊞，添加一个名为“美食”的元件，如图6-78所示。导入图片后，执行“文件 > 保存”命令，保存元件库文件，完成元件库的编辑，如图6-79所示。

图6-78 添加元件　　图6-79 完成元件库的编辑

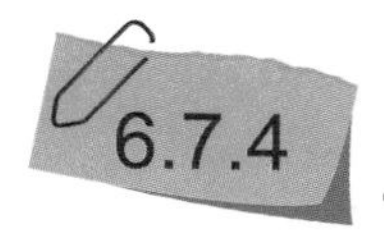

6.7.4 导入图片文件夹

在“元件库”面板的“更多元件库选项”下拉列表框中选择“导入图片文件夹”选项，如图6-80所示，在弹出的“选择文件夹”对话框中选择文件夹，如图6-81所示。

导入本地元件库(A)
浏览在线元件库(B)
导入图片文件夹(I)
编辑元件库(E)
移除元件库(R)

图6-80 选择“导入图片文件夹”选项

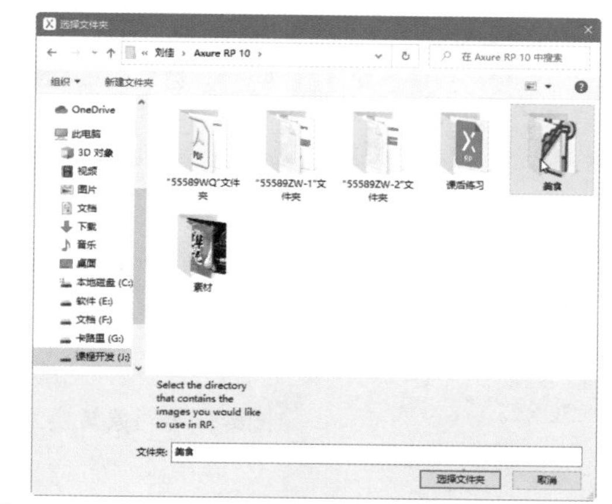

图6-81 选择文件夹

单击“选择文件夹”按钮，即可将文件夹中的图片添加到“元件库”面板中，文件夹添加效果如图6-82所示。

图6-82 文件夹添加效果

6.8 答疑解惑

母版的使用对于原型的制作非常重要，在设计制作产品原型时，合理地使用母版可以将制作过程变得清晰且易于修改。

6.8.1 不要复制对象，而是转换为母版

在制作原型的过程中，如果遇到重复的对象，不要通过复制的方法创建对象，最好是将当前对象转换为母版，如图6-83所示，然后再多次使用。这样做的好处在于当用户希望修改对象的属性时，只需要修改母版文件即可，而不需要查找元件逐一进行修改。

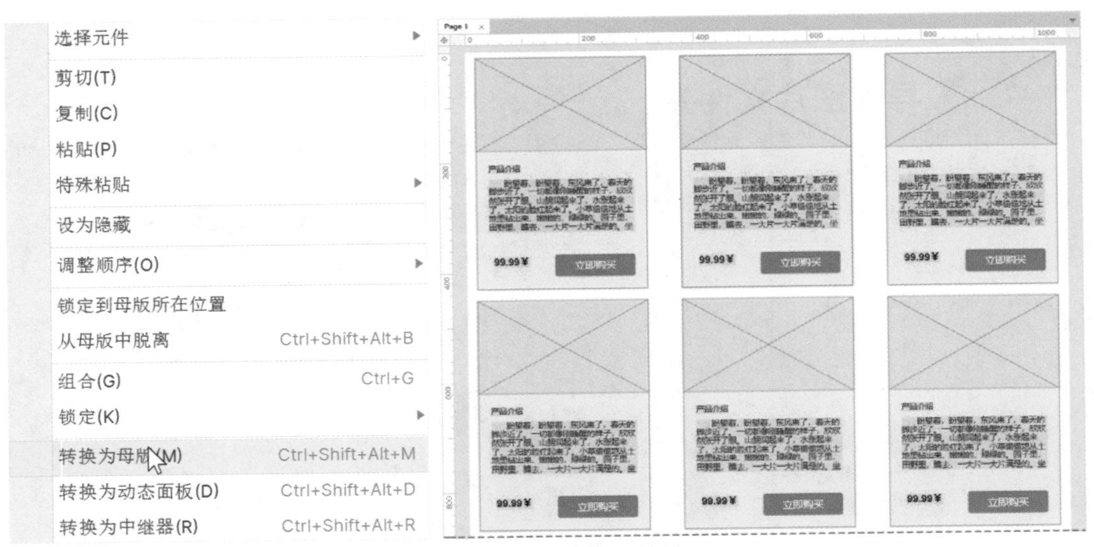

图6-83 将对象转换为母版

6.8.2 如何将较大的组合转换为母版

不要将太大的组合对象变成组合对象，这样的组合往往需要修改母版的很多地方。通常采用合并母版的方式，这样既可以减小对象的体积，又便于管理。

6.9 总结扩展

利用母版可以大大提高工作效率，既方便制作大型的原型产品，又便于对产品进行修改。为了更加快速地制作原型，使用第三方元件库制作原型也是一个不错的选择。

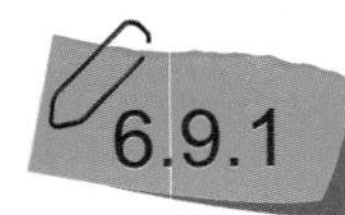

6.9.1 本章小结

本章主要介绍了母版的创建和使用方法，以及第三方元件库的创建和使用方法。通过学习本章内容，读者应该对创建母版有所了解。

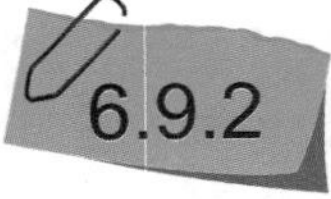

6.9.2 举一反三——创建图标组元件库

本案例将创建一个图标组元件库。首先新建一个元件库并保存，然后导入外部图片素材，再新建一个文件夹，创建多个元件并保存。

源文件:	源文件\第6章\创建图标组元件库.rp
视频文件:	视频\第6章\创建图标组元件库.mp4
难易程度:	★★★☆☆
学习时间:	15分钟

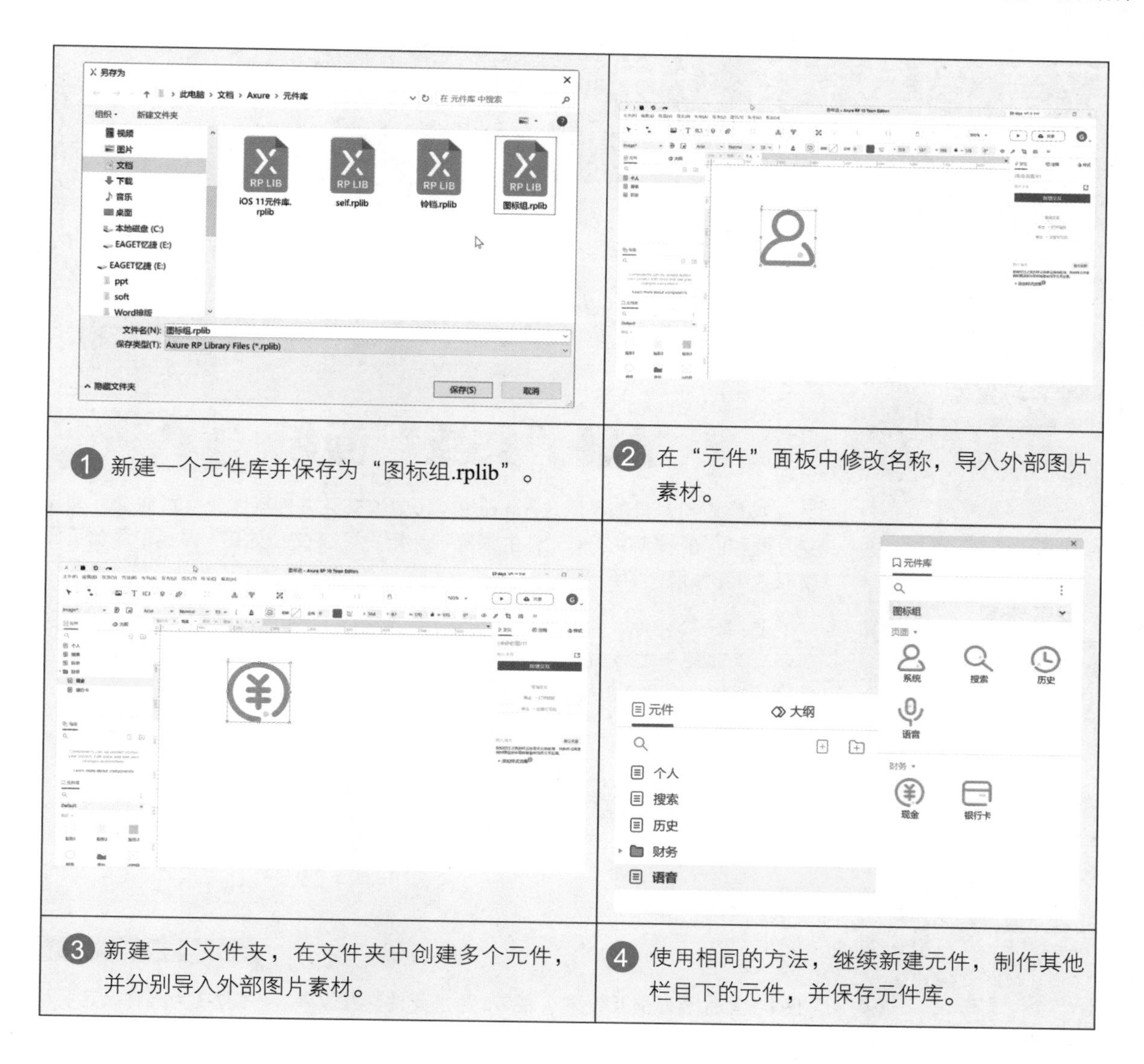

1 新建一个元件库并保存为“图标组.rplib”。

2 在“元件”面板中修改名称，导入外部图片素材。

3 新建一个文件夹，在文件夹中创建多个元件，并分别导入外部图片素材。

4 使用相同的方法，继续新建元件，制作其他栏目下的元件，并保存元件库。

第7章 简单交互设计

在整个项目制作过程的前期，产品经理必须向客户或设计师讲解产品的整体用户体验，让他们从线框图开始就参与到整个项目的设计中。通常情况下，客户和设计师不喜欢静态说明的线框图，因为他们必须根据线框图去自己想象一些预期功能的交互状态。为了方便不同层次的读者学习，本书将交互设计分为两章进行介绍，本章将讲解使用Axure RP 创建简单交互的方法，关于高级的交互设计将在第8章进行学习。

本章学习重点

新闻
体育新闻
娱乐新闻

第 188 页
元件的显示/隐藏

第 190 页
使用动态面板制作轮播图

第199页
制作抽奖幸运转盘

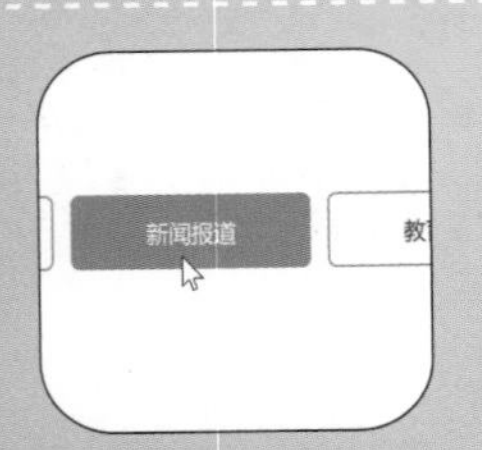

第202页
制作动态按钮

7.1 了解“交互”面板

按照应用对象的不同，Axure RP 10中的交互事件可以分为页面交互和元件交互两种。在未选中任何元件的情况下，用户可以在“交互”面板中添加页面的交互效果，如图7-1所示。

选择一个元件，用户可以在“交互”面板中添加元件的交互效果，如图7-2所示。为了便于在添加交互的过程中管理元件，用户应在“交互”面板顶部为元件指定名称，如图7-3所示。

图7-1 添加页面交互效果　图7-2 添加元件交互效果　图7-3 为元件指定名称

Tips

用户在“交互”面板中为元件指定名称后，“样式”面板顶部也将显示该元件名。同样，在“样式”面板中设置的元件名也将显示在“交互”面板中。

单击“新增交互”按钮，用户可以在打开的下拉列表框中为页面或者元件选择事件触发方式，如图7-4所示。

图7-4 选择事件触发方式

单击“交互”面板右上角的“交互编辑器 ”按钮，弹出“交互编辑器”对话框，如图7-5所示。Axure RP 10中的所有交互操作都可以在该对话框中完成。

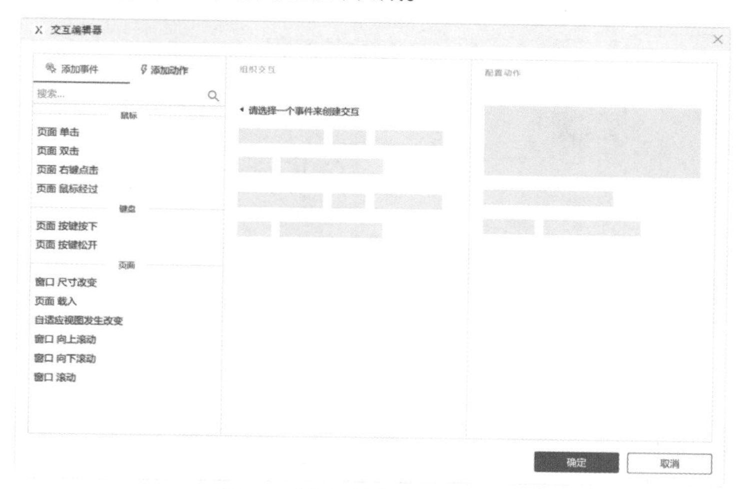

图7-5 “交互编辑器”对话框

元件“交互”面板底部有3个常用的交互按钮，如图7-6所示。单击某个按钮，即可快速完成元件交互的制作，如图7-7所示。

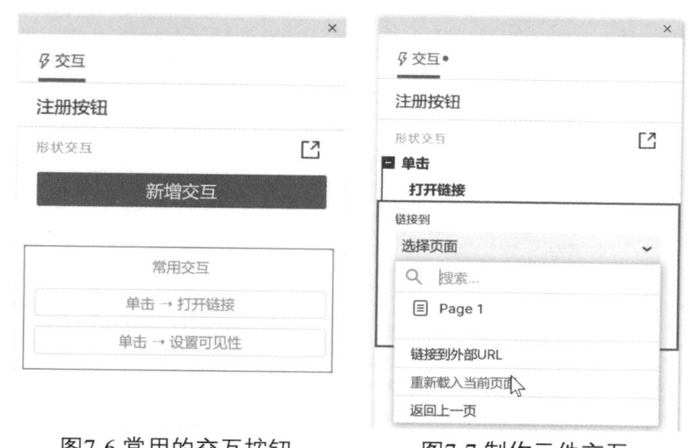

图7-6 常用的交互按钮　　图7-7 制作元件交互

7.2 页面交互基础

在网站或者手机端操作时，会有很多页面交互效果，如翻页、缩放和打开/关闭窗口等，接下来针对页面交互事件进行学习。

7.2.1 页面交互事件

将页面想象成舞台，而页面交互事件就是在大幕拉开时向用户呈现的效果。需要注意的是，在原型中创建的交互命令是由浏览器来执行的，也就是说页面交互效果需要“预览”才能看到。

在页面的空白位置处单击，在“交互”面板中单击“新增交互”按钮或者打开“交互编辑器”对话框，可以看到事件触发方式，如图7-8所示。

图7-8 事件触发方式

触发事件可以理解为产生交互的条件。例如，当页面载入时，将会如何显示？当窗口滚动时，将会如何显示？将会发生的事情就是交互事件的动作。

选择“页面 载入”选项，“交互”面板将自动打开添加动作列表框，如图7-9所示。在“交互编辑器”对话框中，则会将触发事件添加到“组织交互”中，并自动激活“添加动作”选项，如图7-10所示。

图7-9 添加动作列表框　　　　图7-10 “交互编辑器”对话框

页面交互动作包括打开链接、关闭窗口、在框架内打开链接和滚动到元件（锚链接），下面逐一进行讲解。

7.2.2 打开链接

选择“打开链接”动作后，用户可以继续设置动作，选择链接页面和链接打开窗口，如图7-11所示。

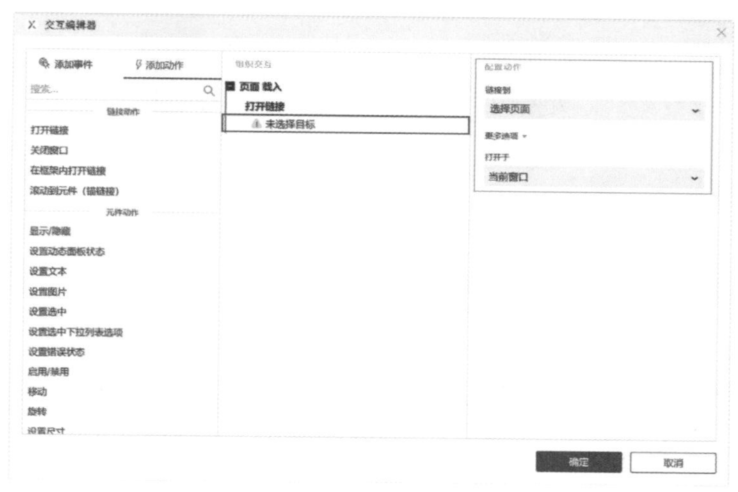

图7-11 设置动作

单击“选择页面”下拉按钮，用户可以在打开的下拉列表框中选择打开项目页面、链接到外部URL、重新载入当前页面或返回上一页，如图7-12所示。

单击“当前窗口”下拉按钮，用户可以在打开的下拉列表框中选择使用当前窗口、新窗口/标签页、弹窗或父窗口打开链接页面，如图7-13所示。

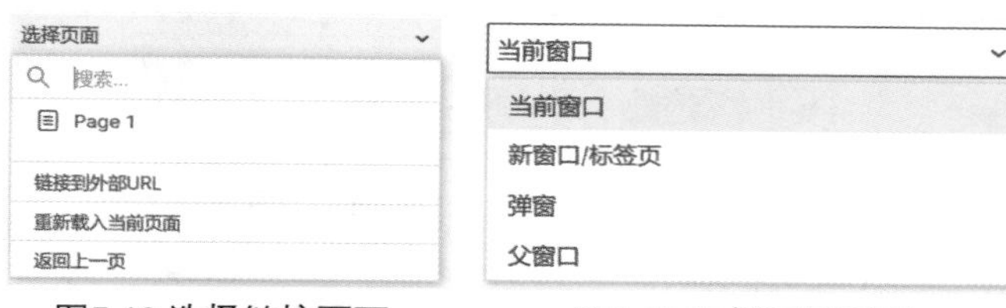

图7-12 选择链接页面　　图7-13 选择打开页面

1. 当前窗口

用当前浏览器窗口显示打开链接页面，用户可以选择打开当前项目的页面，或者打开一个链接，也可以选择重新加载当前页面和返回上一页，如图7-14所示。

2. 新窗口/标签页

使用一个新的窗口或标签页显示打开链接页面，用户可以选择打开当前项目的页面，也可以选择打开一个链接，如图7-15所示。

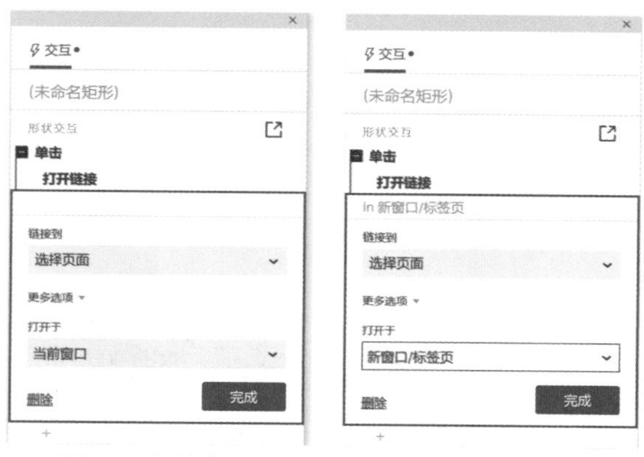

图7-14 当前窗口　　图7-15 新窗口/标签页

3. 弹窗

弹出一个新的窗口显示打开链接页面，用户可以选择打开当前项目的页面，也可以选择打开一个链接，并且可以设置“弹窗属性”，如图7-16所示。需要注意的是，窗口的尺寸是页面本身的尺寸加上浏览器尺寸的总和。

4. 父窗口

使用当前项目的页面显示打开链接页面，用户可以选择打开当前项目的页面，也可以选择打开一个链接，如图7-17所示。

图7-16 弹窗

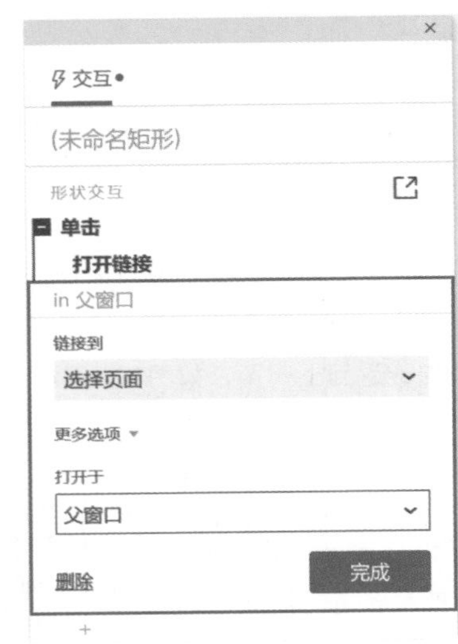

图7-17 父窗口

打开页面链接

源文件：源文件\第7章\打开页面链接.rp　视频：视频\第7章\打开页面链接.mp4

STEP 01 新建一个文件，单击“交互”面板中的“新增交互”按钮，在打开的下拉列表框中选择“页面 载入”选项，如图7-18所示。在打开的下拉列表框中选择“打开链接”选项，如图7-19所示。

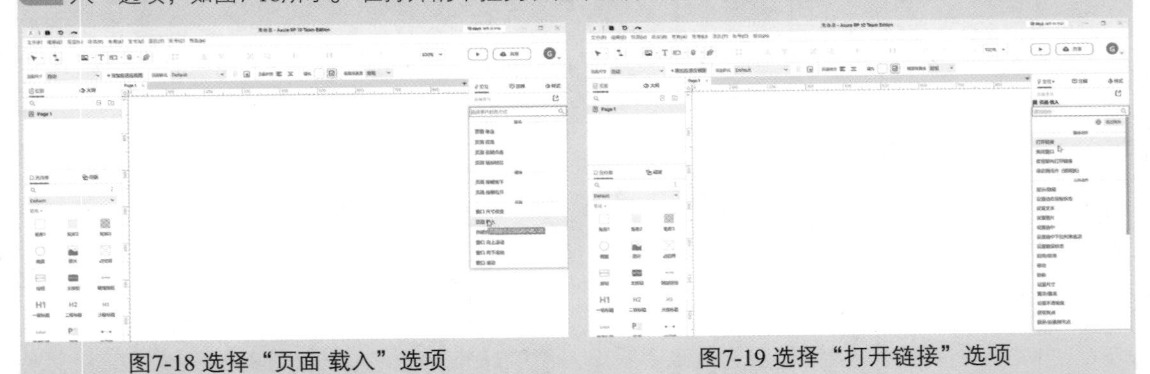

图7-18 选择“页面 载入”选项　　图7-19 选择“打开链接”选项

STEP 02 在“链接到”下拉列表框中选择“链接到外部URL”选项，如图7-20所示。在文本框中输入如图7-21所示的URL地址。

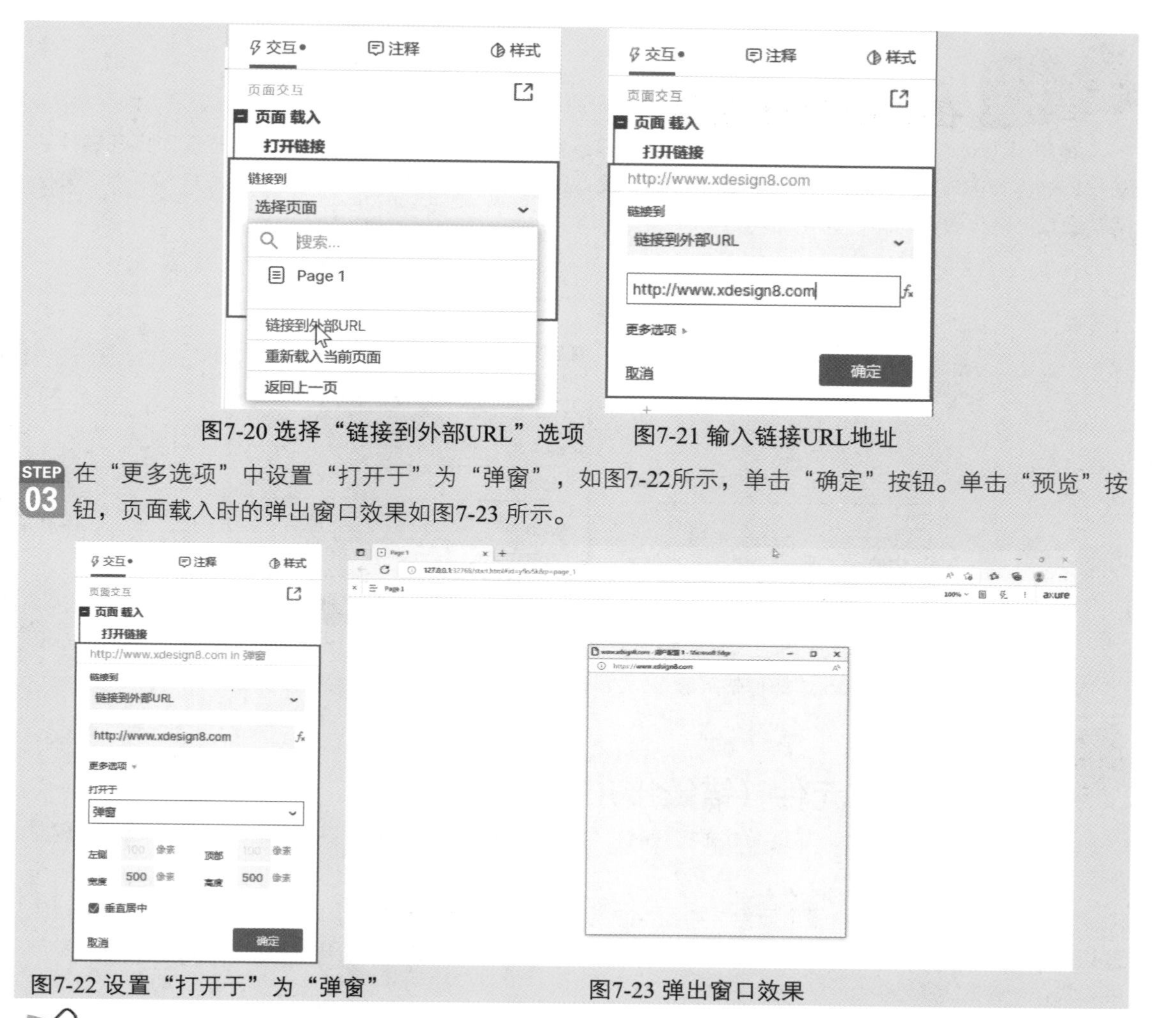

图7-20 选择“链接到外部URL”选项　　图7-21 输入链接URL地址

STEP 03 在“更多选项”中设置“打开于”为“弹窗”，如图7-22所示，单击“确定”按钮。单击“预览”按钮，页面载入时的弹出窗口效果如图7-23 所示。

图7-22 设置“打开于”为“弹窗”　　图7-23 弹出窗口效果

7.2.3 关闭窗口

选择“关闭窗口”动作，将实现在浏览器中打开时自动关闭当前浏览器窗口的操作，如图7-24所示。

图7-24 选择“关闭窗口”动作

7.2.4 在框架内打开链接

使用“内联框架”元件可以实现多个子页面显示在同一个页面的效果。选择“在框架内打开链接”动作，弹出如图7-25所示的对话框。通过设置参数，实现更改框架链接页面的操作。用户可以为“父框架”设置链接页面，如图7-26所示。

图7-25 选择框架层级

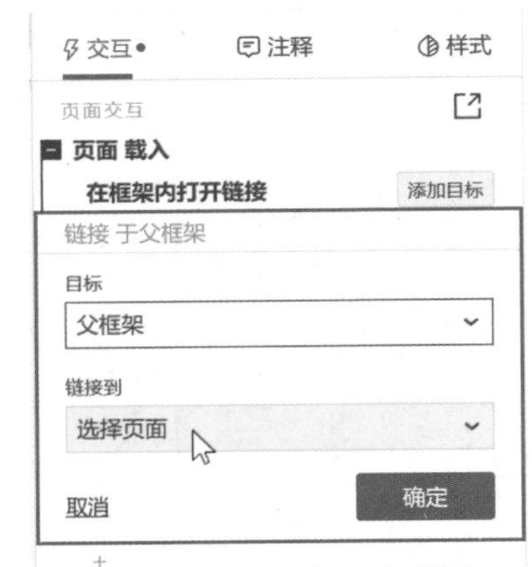

图7-26 为“父框架”设置链接页面

7.2.5 滚动到元件（锚链接）

“滚动到元件（锚链接）”是指页面打开时，自动滚动到指定的位置，这个动作可以用来制作“返回顶部”的效果。

用户首先要指定滚动到哪个元件，如图7-27所示。然后设置滚动的方向为“水平”“垂直”或“垂直和水平”，如图7-28所示。单击“动画”选项下的“无”下拉按钮，在打开的下拉列表框中选择一种动画方式，如图7-29所示。

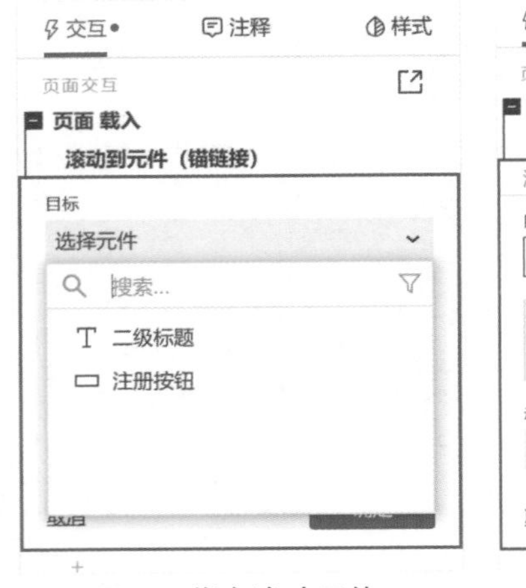

图7-27 指定滚动元件

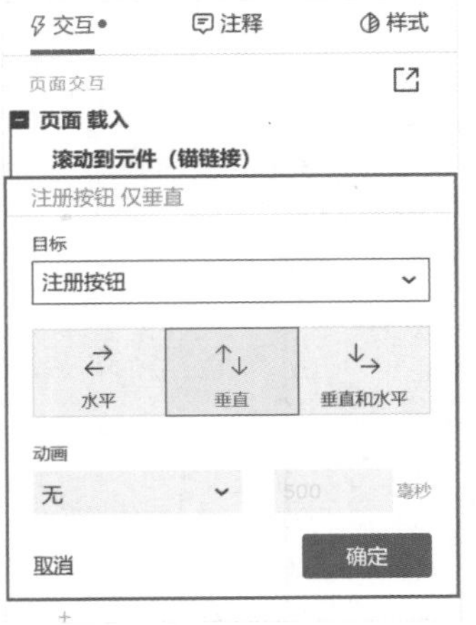

图7-28 设置滚动方向

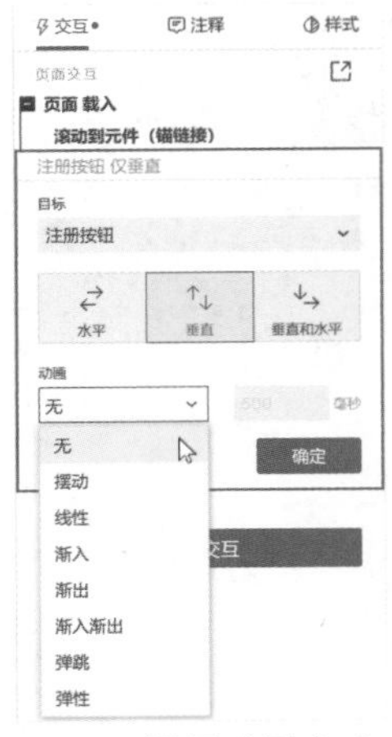

图7-29 设置动画方式

选择一种动画方式后，可以在后面的文本框中设置动画持续的时间，如图7-30所示。单击“确定”按钮，即可完成滚动到元件的交互效果。

图7-30 设置动画持续时间

Tips

页面滚动的位置受页面长度的影响，如果页面不够长，则底部的对象无法实现滚动效果。

7.3 元件交互基础

在制作交互效果时，最为常见的方式是用户触发某种事件，满足某种条件后，产生交互效果。

7.3.1 元件交互事件

选中页面中的元件后，单击“交互”面板中的“新增交互”按钮或者打开“交互编辑器”对话框，可以看到元件交互触发事件，如图7-31所示。

图7-31 “交互”面板和“交互编辑器”对话框

元件触发事件有鼠标、键盘和形状3种，当用户使用鼠标操作、按下或松开键盘或元件本身发生变化时，都可以实现不同的动作，如图7-32所示。

图7-32 元件触发事件

任意选择一种触发事件后，用户可以在“交互”面板或“交互编辑器”对话框中添加动作，如图7-33所示。

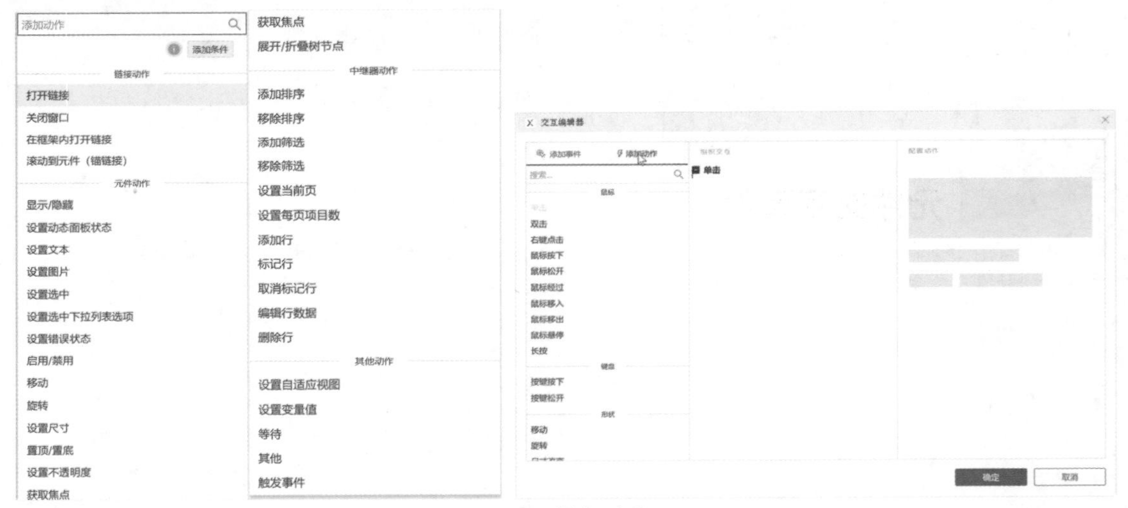

图7-33 添加动作

Axure RP 10提供了显示/隐藏、设置动态面板状态、设置文本、设置图片、设置选中、设置选中下拉列表选项、设置错误状态、启用/禁用、移动、旋转、设置尺寸、置顶/置底、设置不透明度、获取焦点和展开/折叠树节点15种动作供用户使用，接下来逐一进行讲解。

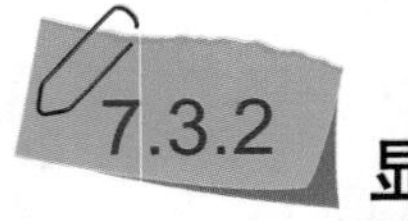

7.3.2 显示/隐藏

在“交互编辑器”对话框左侧的列表框中选择“显示/隐藏”动作，在打开的面板中选择应用该动作的元件，如图7-34所示。如果没有在该对话框中选择元件，用户也可以在右侧的“目标”下拉列表框中选择要应用的元件，如图7-35所示。

图7-34 选择应用动作的元件　　图7-35 “目标”下拉列表框

Tips

由此可见，当页面中包含多个相同元件时，为每个元件指定不同的名称非常有必要。

用户可以在“交互编辑器”对话框右侧的“配置动作”选项组中设置显示/隐藏元件的动作，如图7-36所示。

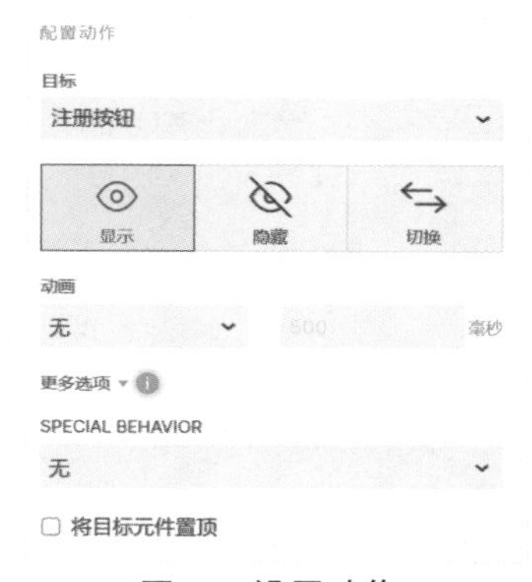

图7-36 设置动作

1. 显示

单击“显示”按钮，可将元件设置为显示状态。用户可以在“动画”下拉列表框中选择一种动画形式，并在时间文本框中输入动画持续的时间，如图7-37所示。在“更多选项”的SPECIAL BEHAVIOR下拉列表框中可以选择更多的显示方式，如图7-38所示。

图7-37 设置动画选项　　图7-38 “更多选项”下拉列表框

- 设为弹窗遮罩：允许用户设置一个背景颜色，实现类似遮罩的效果。
- 设为弹出：选择此选项，将自动结束触发时间。
- 向下/向右推动元件：将触发事件的元件向一个方向推动。

选择“将目标元件置顶”复选框，动画效果将出现在所有对象上方，避免被其他元件遮挡，看不到完整的动画效果。

2. 隐藏

单击“隐藏”按钮，可将元件设置为隐藏状态，也可以设置隐藏动画效果和持续时间，如图7-39所示。在“更多选项”的SPECIAL BEHAVIOR下拉列表框中选择“向下拉动元件”或“向右拉动元件”选项，可以实现元件向一个方向隐藏的动画效果，如图7-40所示。

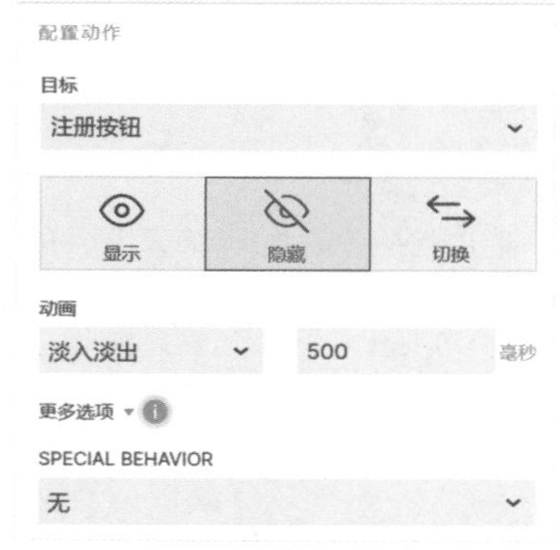

图7-39 设置动画效果和持续时间

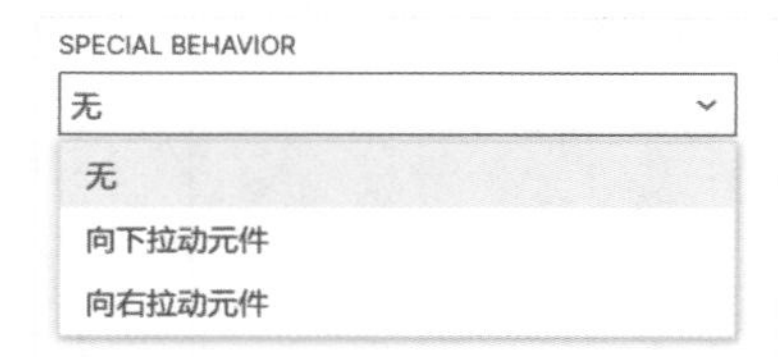

图7-40 选择“向下拉动元件”或“向右拉动元件”选项

3. 切换

要实现“切换”可见性，需要使用两个以上的元件。用户可以分别设置显示动画和隐藏动画，其他设置与“隐藏”状态相同，这里不再一一介绍。

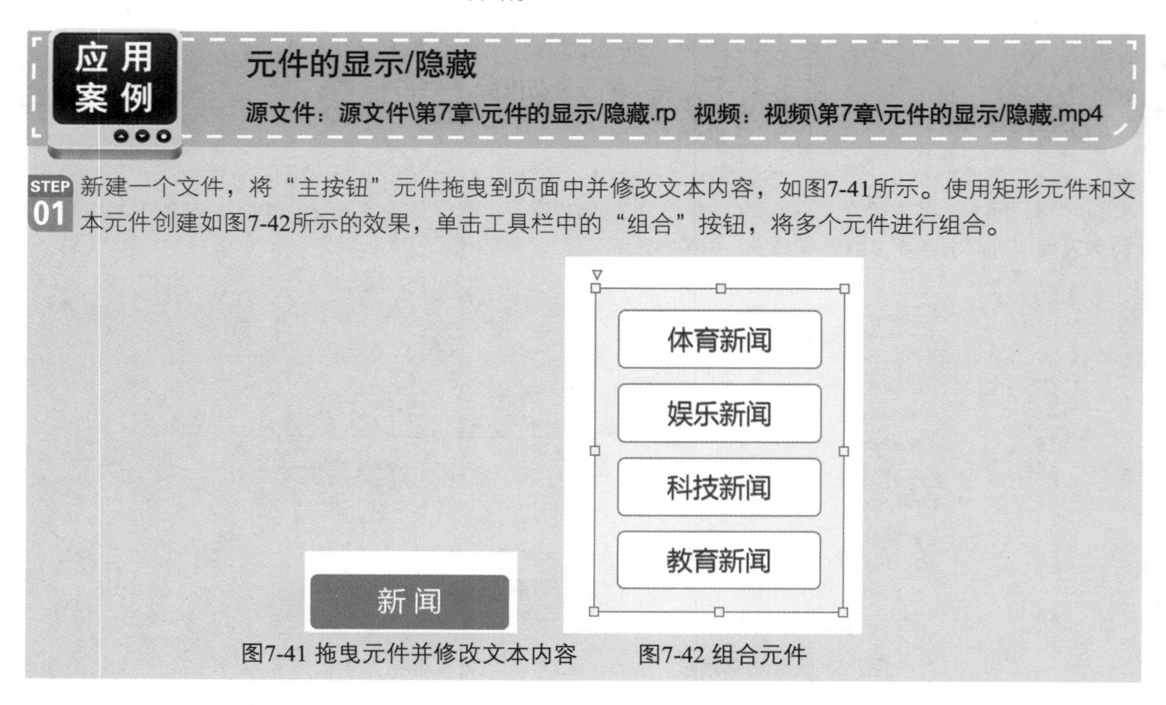

应用案例　元件的显示/隐藏

源文件：源文件\第7章\元件的显示/隐藏.rp　视频：视频\第7章\元件的显示/隐藏.mp4

STEP 01 新建一个文件，将“主按钮”元件拖曳到页面中并修改文本内容，如图7-41所示。使用矩形元件和文本元件创建如图7-42所示的效果，单击工具栏中的“组合”按钮，将多个元件进行组合。

图7-41 拖曳元件并修改文本内容　　图7-42 组合元件

STEP 02 在“样式”面板中分别指定两个元件的名称为“提交”和“菜单”，如图7-43所示。将“菜单”组合元件移动到如图7-44所示的位置。单击“样式”面板中的“隐藏”按钮，隐藏“菜单”元件，如图7-45所示。

图7-43 为元件指定名称　　图7-44 移动元件　　图7-45 隐藏元件

STEP 03 选中“提交”元件，在“交互编辑器”对话框中添加“单击”事件中的“显示/隐藏”动作，设置动作的过程如图7-46所示。单击“确定”按钮，完成交互制作。单击“预览”按钮，预览效果如图7-47所示。

图7-46 设置动作　　图7-47 预览效果

7.3.3 设置动态面板状态

“设置动态面板状态”动作主要针对“动态面板”元件，将“元件库”面板中的“动态面板”元件拖曳到页面中，单击“交互”面板中的“新增交互”按钮或者在“交互编辑器”对话框中选择“鼠标移入”事件，添加“设置动态面板状态”动作，设置各项参数，即可完成交互效果，如图7-48所示。

图7-48 添加“设置动态面板状态”动作

应用案例 使用动态面板制作轮播图

源文件：源文件\第7章\使用动态面板制作轮播图.rp

视　频：视频\第7章\使用动态面板制作轮播图.mp4

STEP 01 新建一个文件，将“动态面板”元件拖曳到页面中。在“样式”面板中设置元件的各项参数，如图7-49所示。页面效果如图7-50所示。

图7-49 设置元件的各项参数

图7-50 页面效果

STEP 02 双击进入动态面板编辑界面，如图7-51所示。添加4个动态面板状态并分别重命名，如图7-52所示。

图7-51 进入动态面板编辑界面

项目1
项目2
项目3
项目4
项目5
＋ 添加状态

图7-52 添加状态并重命名

STEP 03 进入“项目1”状态编辑页面，将“图片”元件从“元件库”面板拖曳到页面中，调整其大小和位置，如图7-53所示。双击“图片”元件，导入外部图片素材，如图7-54所示。

图7-53 将“图片”元件拖曳到页面中

图7-54 导入外部图片素材

STEP 04 使用相同的方法为其他4个页面导入图片素材，此时的“大纲”面板如图7-55所示。返回“项目1”页面，分别拖入5 张图片并进行排列，如图7-56所示。

图7-55 “大纲”面板

图7-56 拖入图片素材并排列

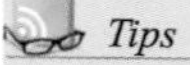

Tips

可以通过拖曳的方式调整“大纲”面板中“动态面板”状态页面的前后顺序，此顺序将影响轮播图的播放顺序。

STEP 05 将小图重命名为“图片1”～“图片5”，此时的“样式”面板如图7-57所示。选中“图片1”元件，在“交互编辑器”对话框中添加“鼠标移入”事件，然后添加“设置动态面板状态”动作并设置动作参数，如图7-58所示。

图7-57 设置元件名称

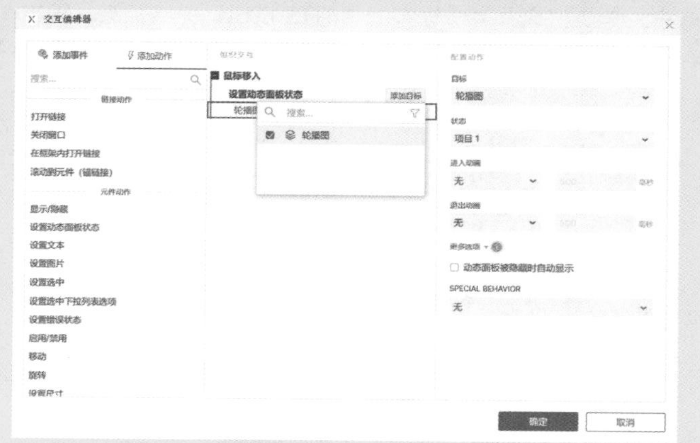

图7-58 为“图片1”添加动作并设置参数

STEP 06 选中“图片2”元件，添加“鼠标移入”事件，然后添加“设置动态面板状态”动作，如图7-59所示。设置“进入动画”和“退出动画”效果为“淡入淡出”，时间为500毫秒，如图7-60所示。

图7-59 为“图片2”添加动作

图7-60 设置动作参数

STEP 07 使用相同的方法为“图片3”～“图片5”元件添加相同的交互效果，如图7-61所示。单击“预览”按钮，预览效果如图7-62所示。

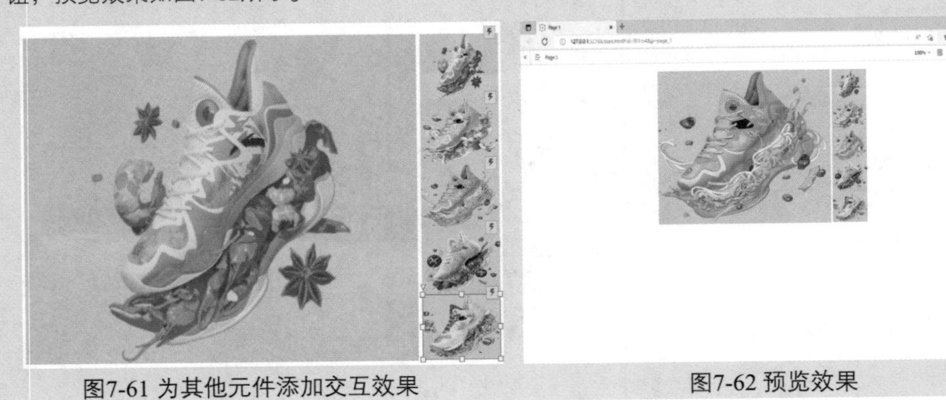

图7-61 为其他元件添加交互效果　　图7-62 预览效果

7.3.4 设置文本

“设置文本”动作可以实现为元件添加文本或修改元件文本内容的操作。将“矩形2”元件拖曳到页面中，单击“交互”面板右上角的按钮，弹出“交互编辑器”对话框，在该对话框左侧的“添加事件”选项卡中选择“鼠标移入”事件，如图7-63所示。完成后添加“设置文本”动作，在打开的面板中选择“当前元件”选项，如图7-64所示。

图7-63 添加“鼠标移入”事件

图7-64 选择“当前元件”选项

在“交互编辑器”对话框的右侧设置动作参数，设置文本的值为“为元件添加设置文本动作”，如图7-65所示。设置完成后，单击“确定”按钮，在工具栏中单击“预览”按钮，打开浏览器，将鼠标指针移至矩形上，预览效果如图7-66所示。

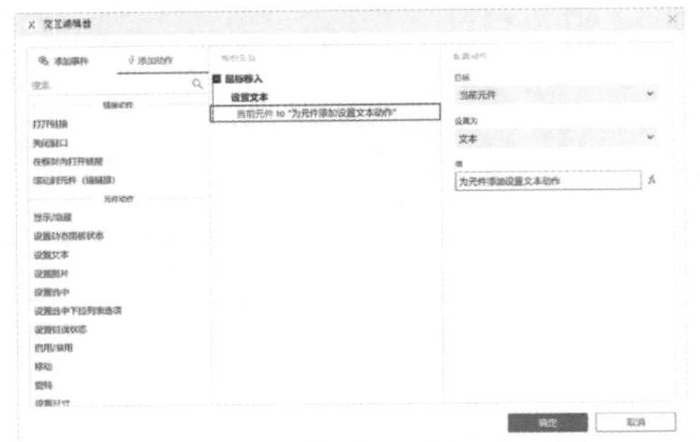

图7-65 设置动作参数

图7-66 预览效果

7.3.5 设置图片

“设置图片”动作可以为图片指定不同状态的显示效果，下面通过一个案例进行讲解。

应用案例

制作按钮交互状态

源文件：源文件\第7章\制作按钮交互状态.rp 视频：视频\第7章\制作按钮交互状态.mp4

STEP 01 新建一个Axure RP文件，将“图片”元件拖曳到页面中，设置元件名称为“提交”，如图7-67所示。设置元件尺寸后，再为元件设置图片背景“素材\第7章\73901.jpg”，如图7-68所示。

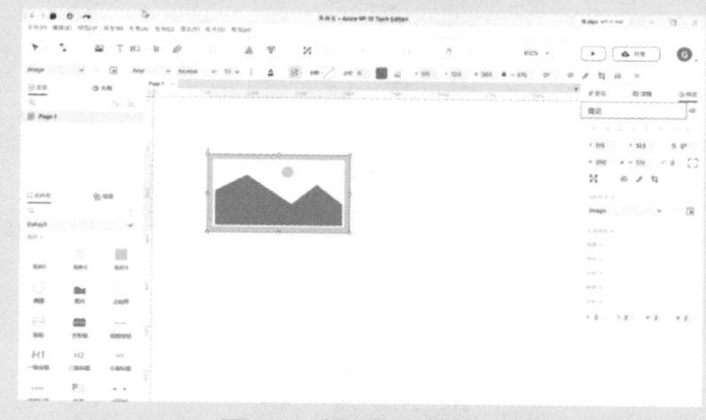

图7-67 设置元件名称

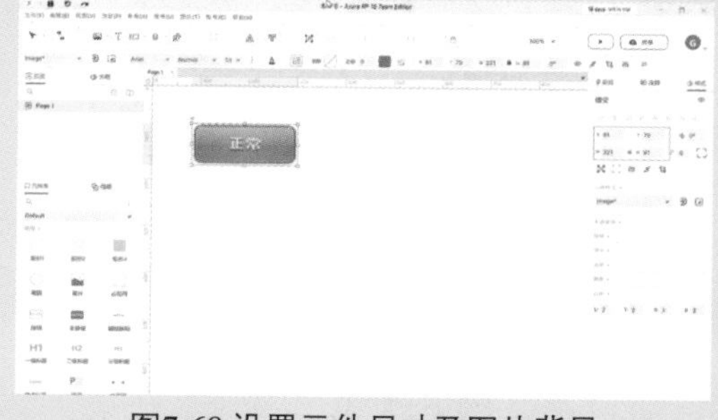

图7-68 设置元件尺寸及图片背景

STEP 02 在“交互编辑器”对话框中添加“单击”事件，如图7-69所示。完成后添加“设置图片”动作，选择“提交”元件，如图7-70所示。

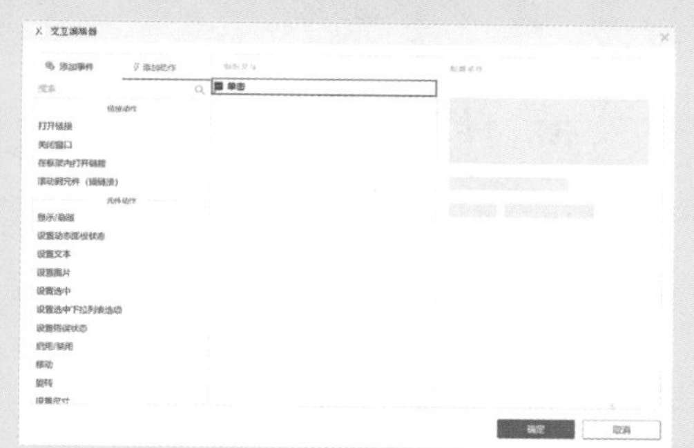

图7-69 添加“单击”事件

图7-70 添加“设置图片”动作并选择“提交”元件

STEP 03 单击“设置常规状态图片”选项后的“选择”按钮，弹出“打开”对话框，在其中选择“73901.jpg”图片，单击“打开”按钮，效果如图7-71所示。继续使用相同的方法添加“设置鼠标经过状态图片”和“设置鼠标按下状态图片”，如图7-72所示。

图7-71 添加常规状态图片

图7-72 添加其他图片

STEP 04 设置完成后，在“交互编辑器”对话框中单击“确定”按钮，完成为元件添加交互的操作。单击工具栏中的“预览”按钮，预览效果如图7-73所示。

图7-73 预览效果

7.3.6 设置选中

使用“设置选中”动作可以设置元件是否为选中状态，此动作通常是为了配合其他事件而设置的一种状态。

为某个元件添加了“设置选中”动作后，在“交互编辑器”对话框的右侧或“交互”面板的弹出面板中，可以为该动作选择目标元件和设置参数。单击“设置”输入框，在打开的下拉列表框中包括“值”、“变量值”、“选中状态”和“元件禁用状态”4个选项，如图7-74所示。

要想使用该动作，元件必须本身具有选中选项或使用了如“设置图片”等动作。简单来说，就是为一个按钮元件设置选中动作后，该元件在预览时将显示为选中状态。

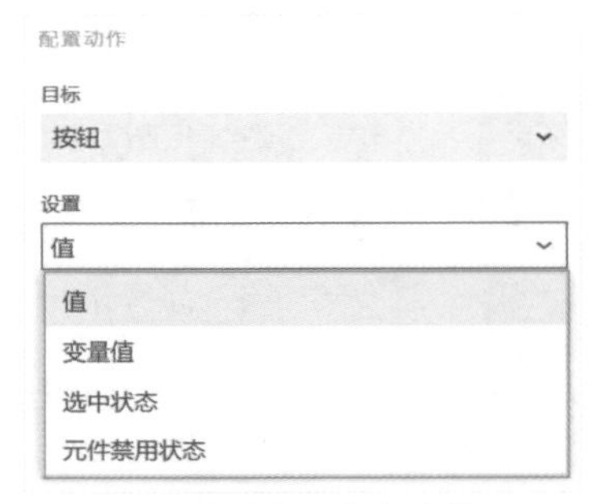

图7-74 设置选中动作

7.3.7 设置选中下拉列表选项

该动作主要被应用于“下拉列表”元件和“列表框”元件。用户可以通过“设置选中下拉列表选项”动作，来设置当单击列表元件时，列表中的哪个选项被选中。

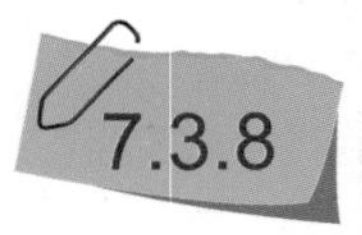

7.3.8 设置错误状态

该动作为Axure RP 10的新增功能。用户可以使用该动作为元件设置一个错误状态，可以为这个错误状况设置样式，也可以通过设置错误状态触发其他动作。

制作用户名输入错误提示

源文件：源文件\第7章\制作用户名输入错误提示.rp
视　频：视频\第7章\制作用户名输入错误提示.mp4

STEP 01 单击工具栏中的“文本框”按钮，在页面中拖曳绘制一个文本框，如图7-75所示。在“交互”面板中设置“提示文本”和“隐藏时机”选项，如图7-76所示。

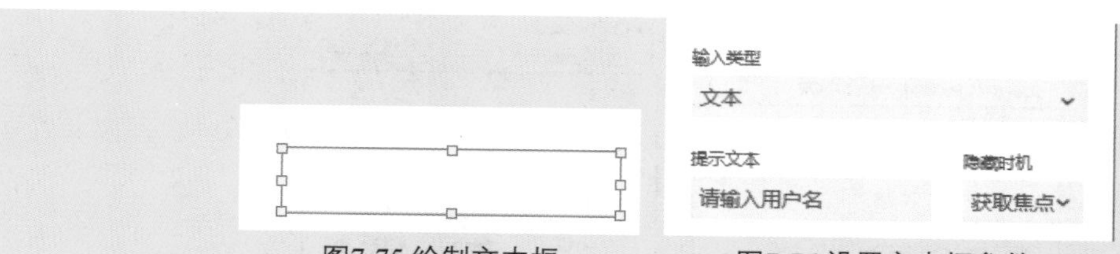

图7-75 绘制文本框　　图7-76 设置文本框参数

STEP 02 在“样式”面板中设置圆角半径为20，设置文字的大小为30，左边距为20，文本框效果如图7-77所示。将“一级标题”元件拖曳到页面中，调整其大小和位置并输入如图7-78所示的文本。单击选项栏中的“隐藏元件”按钮，将文字隐藏，如图7-79所示。

图7-77 文本框效果　　图7-78 标题文字效果　　图7-79 隐藏文字标题

STEP 03 选中文本框元件，单击“交互”面板中的“新增交互”按钮，在打开的下拉列表框中选择“失去焦点”选项，再选择“设置错误状态”选项，选择目标为当前文本框，如图7-80所示。

STEP 04 单击“失去焦点”后的“条件”按钮，在弹出的“条件编辑”对话框中单击“添加条件”按钮，为动作添加一个“如果文本框为空”条件，如图7-81所示。

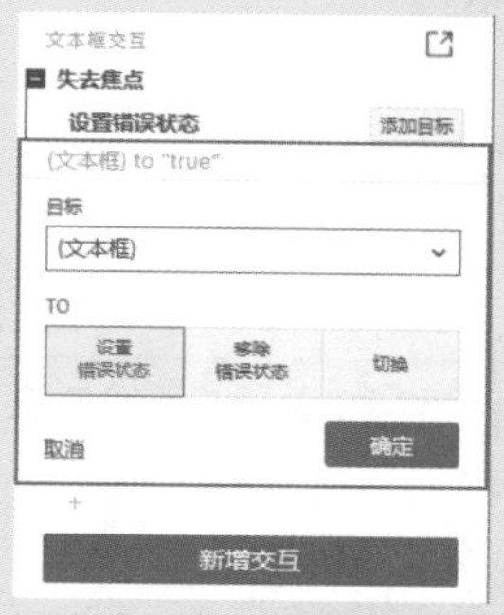

图7-80 设置错误状态　　图7-81 添加文本框为空条件

STEP 05 再次单击“条件”按钮，为动作添加一个“如果文本框中包含-符号”条件，如图7-82所示。单击Case 2下方的“+”图标，添加“设置错误状态”动作，“交互”面板如图7-83所示。

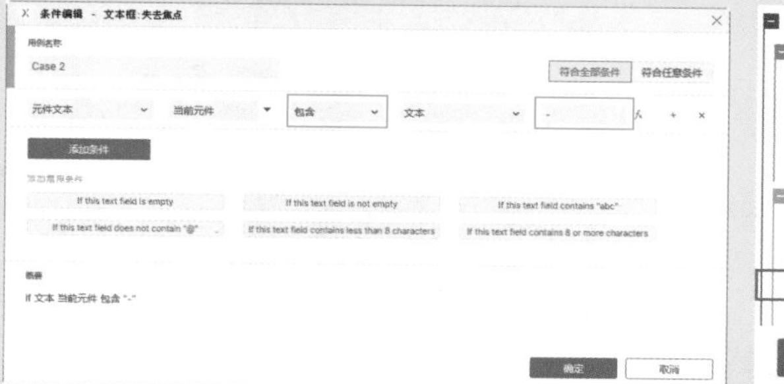

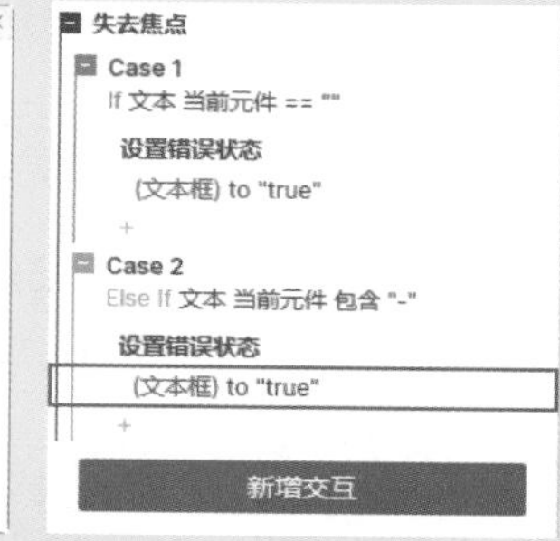

图7-82 添加文本框有特殊符号条件　　图7-83 添加“设置错误状态”动作

STEP 06 单击“交互”面板下方的“添加样式效果”选项，在打开的下拉列表框中选择“错误样式”选项，设置“线段颜色”为红色，如图7-84所示。单击“新增交互”按钮，选择“设置错误状态”事件，选择“显示/隐藏”动作并选择“说明文字”元件，设置其为“显示”，如图7-85所示。

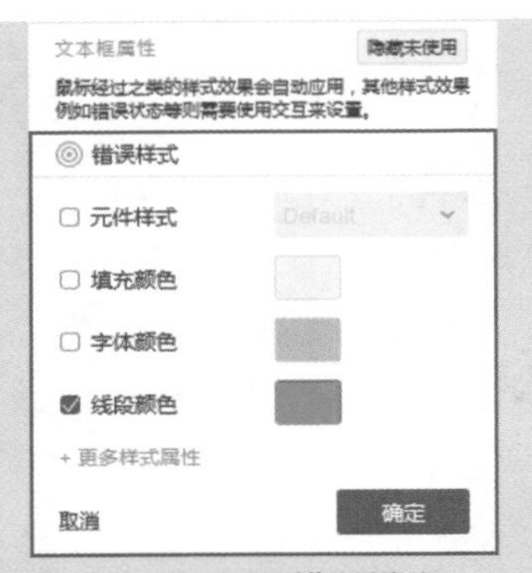

图7-84 设置错误样式

图7-85 设置隐藏元件

STEP 07 单击Case 1下方的“+”图标，添加“设置文本”动作，选择“说明文字”元件并设置“值”参数，如图7-86所示。使用同样的方法为Case 2添加如图7-87所示的动作。

STEP 08 单击“失去焦点”右侧的“Add Case”按钮，直接单击“确定”按钮，单击Case 3下方的“+”图标，选择“设置错误状态”事件，再选择文本框并设置“移除错误状态”，如图7-88所示

图7-86 设置文本

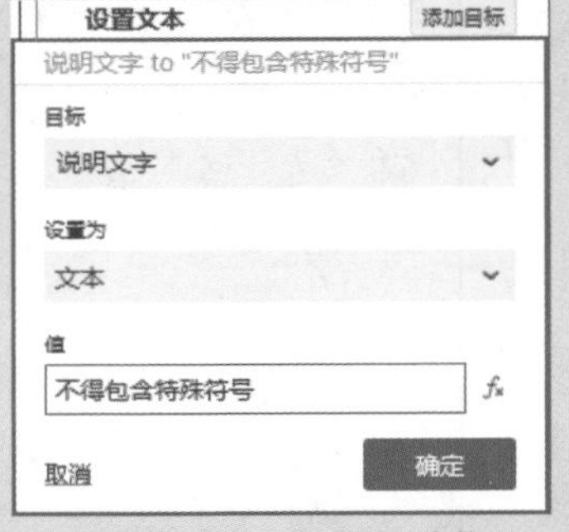

图7-87 为Case2添加动作

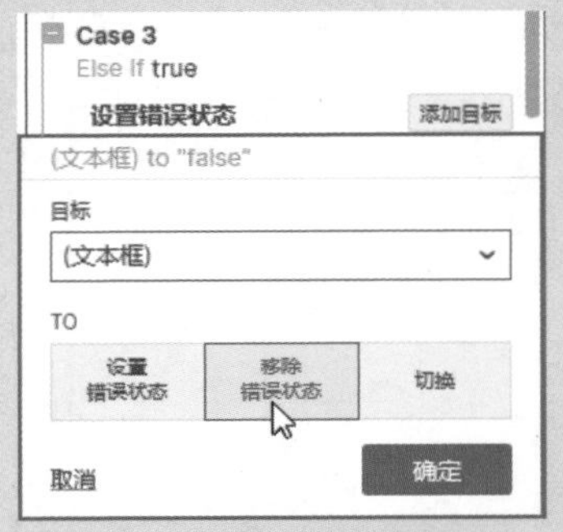

图7-88 设置“移除错误状态”

STEP 09 单击“新增交互”按钮，选择“错误状态移除”选项，再选择“显示/隐藏”动作，并设置“说明文字”状态为“隐藏”，如图7-89所示。单击“预览”按钮，预览页面效果如图7-90所示。

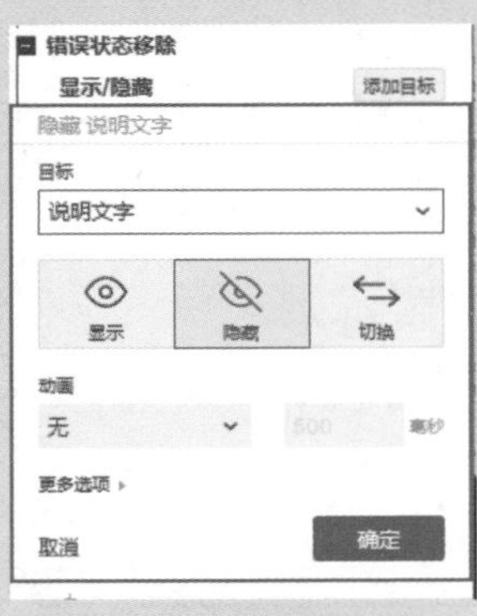

图7-89 设置隐藏文本

图7-90 预览页面效果

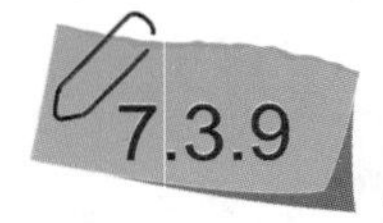

7.3.9 启用/禁用

用户可以使用该动作设置元件的使用状态为启用或禁用，也可以设置当满足某种条件时，元件被启用或禁用，此动作通常会配合其他动作一起使用。

7.3.10 移动

用户可以为某个元件添加“移动”动作，在“交互编辑器”对话框的右侧或“交互”面板的弹出面板中选择“移动”方式为“To”或“By”，如图7-91所示。在右侧的文本框中设置移动的坐标位置，如图7-92所示。

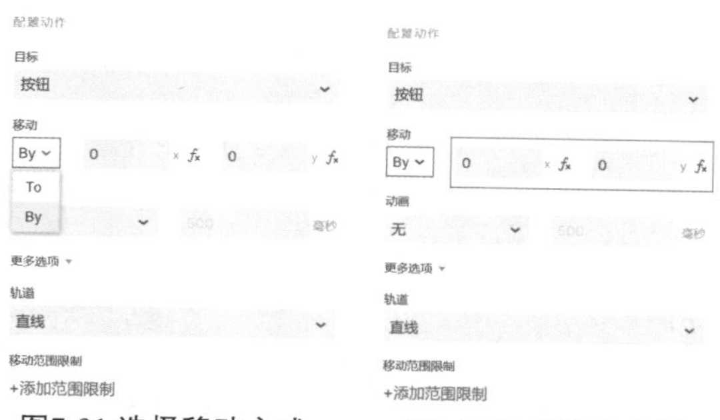

图7-91 选择移动方式　　图7-92 设置移动坐标

单击“动画”文本框，打开如图7-93所示的“动画”下拉列表框，在“时间”文本框中输入持续时间。可以通过为“移动”动作设置轨道，控制元件移动的方式，如图7-94所示。也可以通过为“移动”动作设置范围限制，控制元件移动的界限，如图7-95所示。

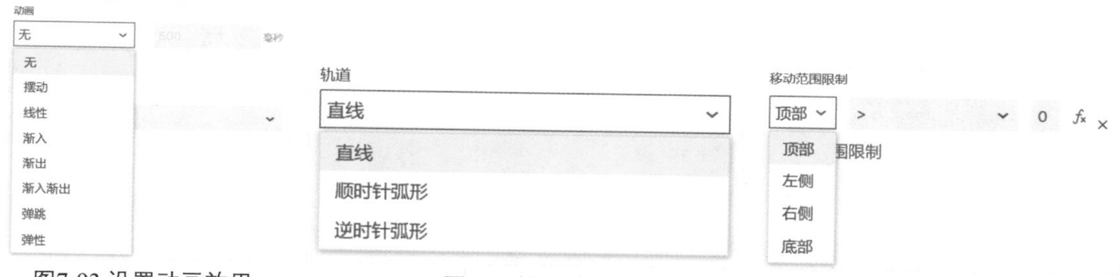

图7-93 设置动画效果　　图7-94 设置轨道　　图7-95 设置移动范围限制

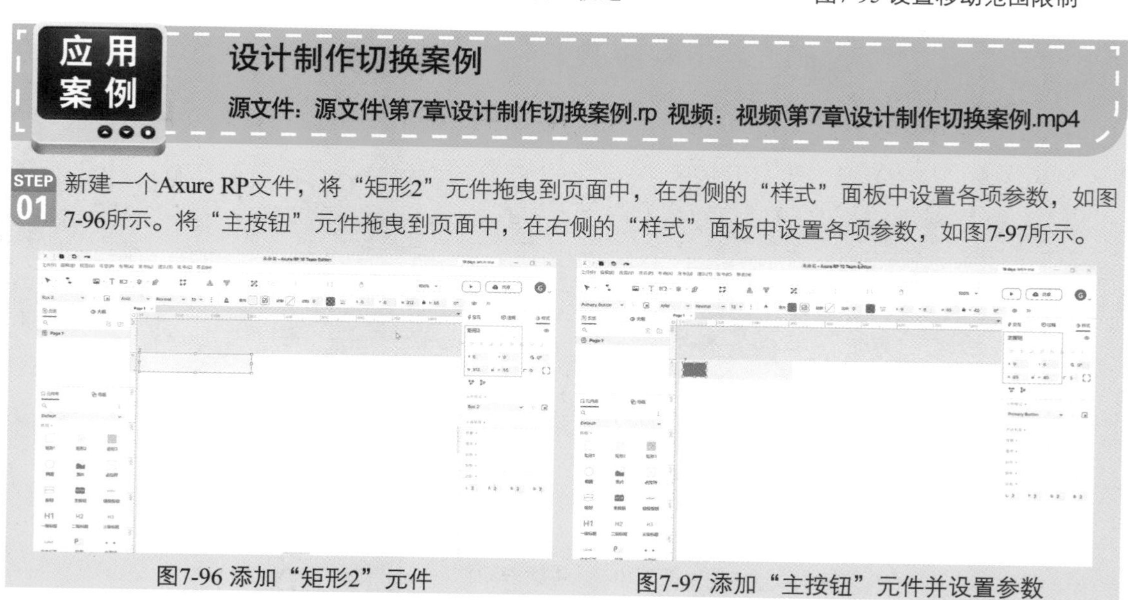

应用案例

设计制作切换案例

源文件：源文件\第7章\设计制作切换案例.rp　视频：视频\第7章\设计制作切换案例.mp4

STEP 01 新建一个Axure RP文件，将“矩形2”元件拖曳到页面中，在右侧的“样式”面板中设置各项参数，如图7-96所示。将“主按钮”元件拖曳到页面中，在右侧的“样式”面板中设置各项参数，如图7-97所示。

图7-96 添加“矩形2”元件　　图7-97 添加“主按钮”元件并设置参数

STEP 02 选择“主按钮”元件，为其添加“单击”事件，如图7-98所示。选择“移动”动作，选择“主按钮”选项，设置移动动作参数，如图7-99所示。

图7-98 添加事件

图7-99 设置动作及参数

STEP 03 单击“确定”按钮，完成交互效果的设置，单击工具栏中的“预览”按钮，在浏览器中的预览效果如图7-100所示。

图7-100 预览效果

7.3.11 旋转

“旋转”动作可以实现元件旋转效果。用户可以在“配置动作”选项组中设置元件旋转的角度、方向、锚点偏移、动画及时间，如图7-101所示。

图7-101 设置旋转动作

应用案例

制作抽奖幸运转盘

源文件：源文件\第7章\制作抽奖幸运转盘.rp 视频：视频\第7章\制作抽奖幸运转盘.mp4

STEP 01 新建一个文件，将“图片”元件拖曳到页面中并导入图片素材，如图7-102所示。将“流程图”元件库中的三角形元件拖曳到页面中，调整其大小、填充和线段颜色，页面效果如图7-103所示。选中图片元件，并将其重命名为“转盘”。

图7-102 添加“图片”元件并导入素材

图7-103 添加“三角形”元件并设置大小及颜色

STEP 02 在“交互编辑器”对话框中添加“单击”事件，如图7-104所示。完成后添加“设置变量值”动作，添加一个名为“angle”的全局变量，设置目标变量和值的函数或表达式，如图7-105所示。

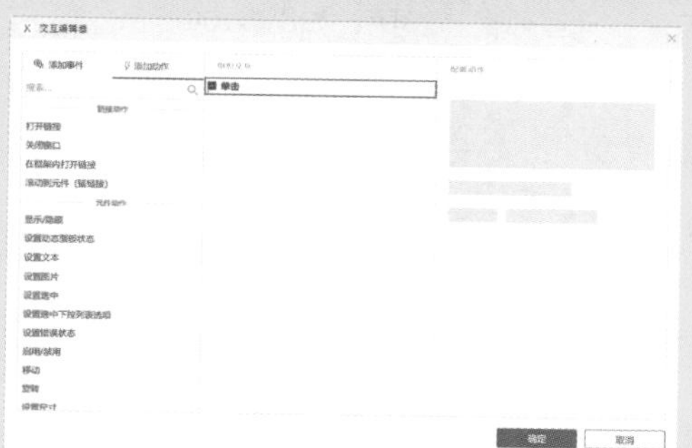

图7-104 添加事件

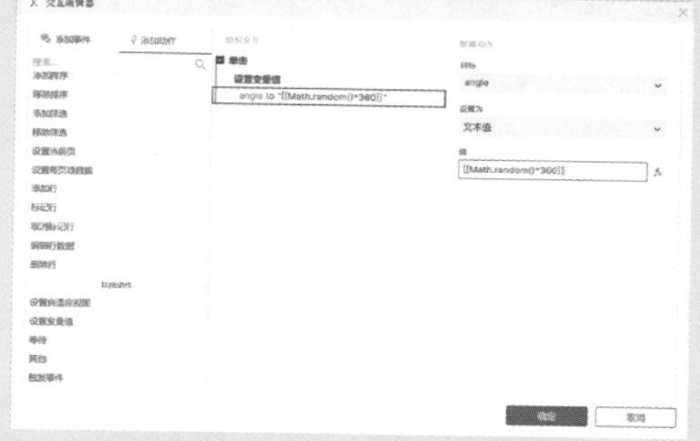

图7-105 添加“设置变量值”动作并设置参数

STEP 03 完成后继续添加“旋转”动作，为动作设置目标元件、旋转方向、旋转方式和交互动画等参数，如图7-106所示。最后添加“等待”动作，设置等待5000 毫秒，设置完成后单击“确定”按钮，如图7-107所示。

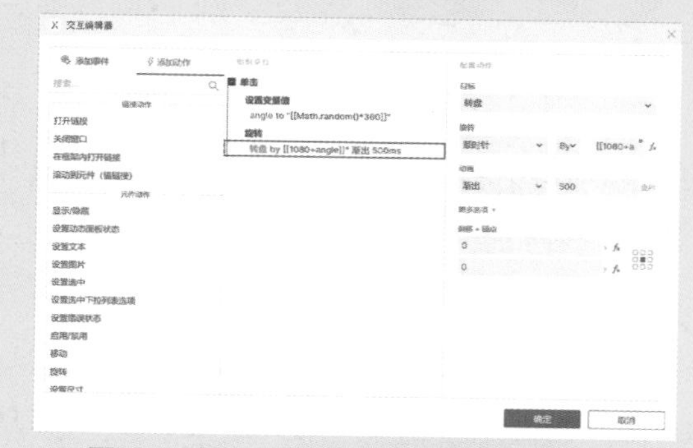

图7-106 添加“旋转”动作并设置参数

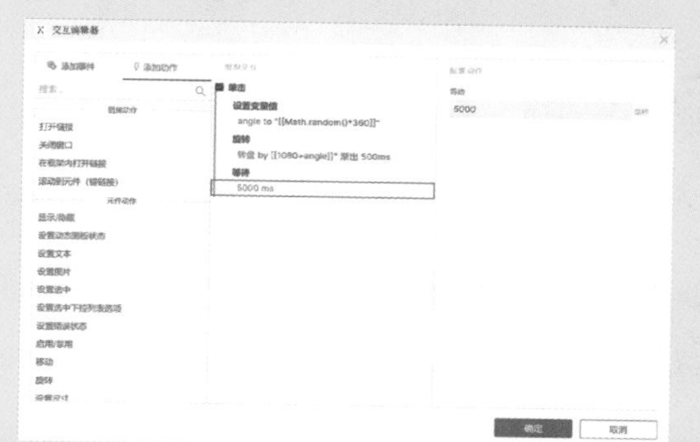

图7-107 添加“等待”动作并设置参数

STEP 04 单击工具栏中的“预览”按钮，在浏览器中的预览效果如图7-108所示。

图7-108 预览效果

7.3.12 设置尺寸

使用“设置尺寸”动作可以为元件指定一个新的尺寸。用户可以在尺寸文本框中输入当前元件的尺寸。单击“锚点”图形可以选择不同的中心点，锚点不同，动画效果也不同，如图7-109所示。

在“动画”下拉列表框中选择不同的动画形式，如图7-110所示。在“时间”文本框中输入动画持续的时间。

图7-109 设置尺寸和锚点

图7-110 设置动画形式

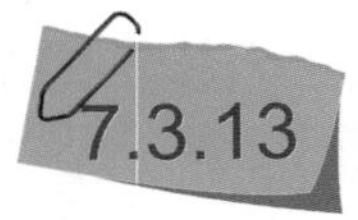

7.3.13 置顶/置底

使用“置顶/置底”动作可以实现当满足条件时将元件置于所有对象的顶层或底层。添加该动作后，用户可以在“配置动作”选项组中设置将元件置于顶层或置于底层，如图7-111所示。

7.3.14 设置不透明度

使用“设置不透明”动作可以设置元件的隐藏或半透明效果。添加该动作后，用户可以在“配置动作”选项组中为元件设置不透明度和动画等参数，如图7-112所示。

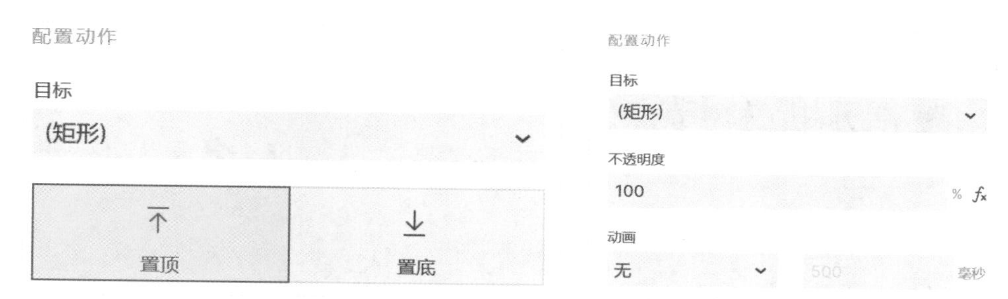

图7-111 设置元件置顶/置底　　图7-112 设置元件的不透明度和动画等参数

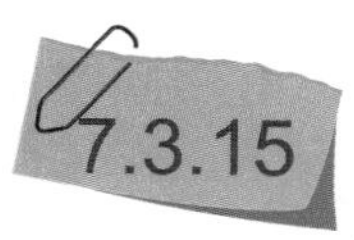

7.3.15 获取焦点

“获取焦点”是指当一个元件被单击时的瞬间，如用户在“文本框”元件上单击，然后输入文字，这个单击的动作就是获取了该文本框的焦点。该动作只针对“表单元件”起作用。

将“文本框”元件拖入到页面中，在“交互”面板中输入提示文本，如图7-113所示。选择元件，添加“获取焦点”事件，添加“获取焦点”动作，选择“文本框”元件并选择“选中文本框或文本域中的文本”复选框，如图7-114所示。

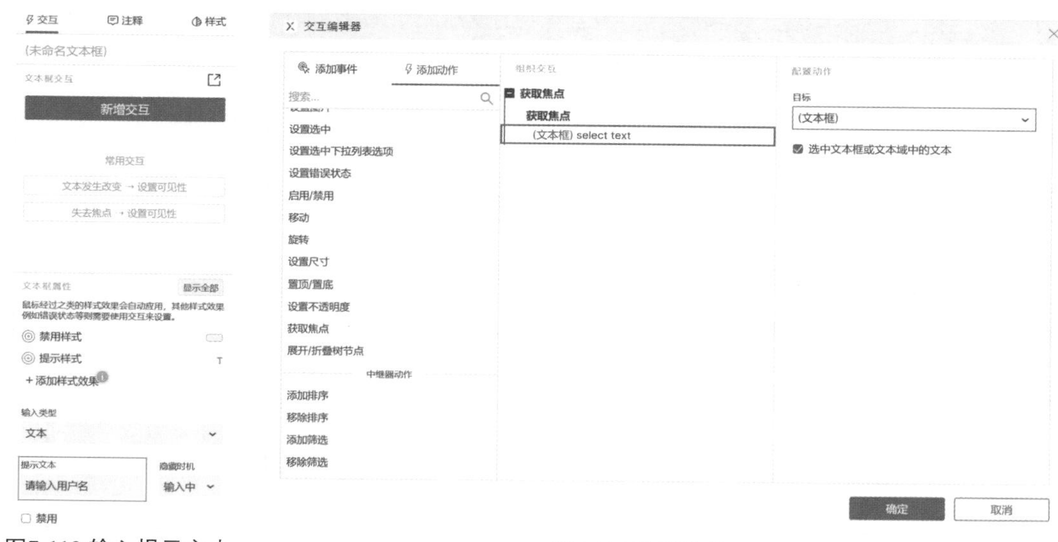

图7-113 输入提示文本　　图7-114 设置动作

单击“确定”按钮，完成交互的制作。单击“预览”按钮，预览效果如图7-115所示。

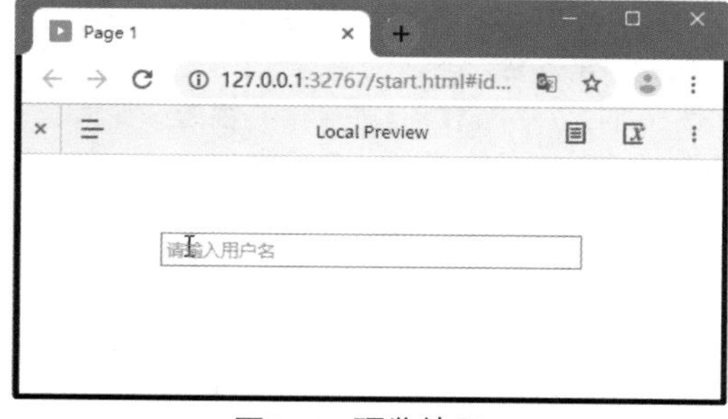

图7-115 预览效果

7.3.16 展开/折叠树节点

“展开/折叠树节点”动作主要应用于“树”元件。通过为元件添加该动作，可以实现展开或收起树节点的操作，如图7-116所示。

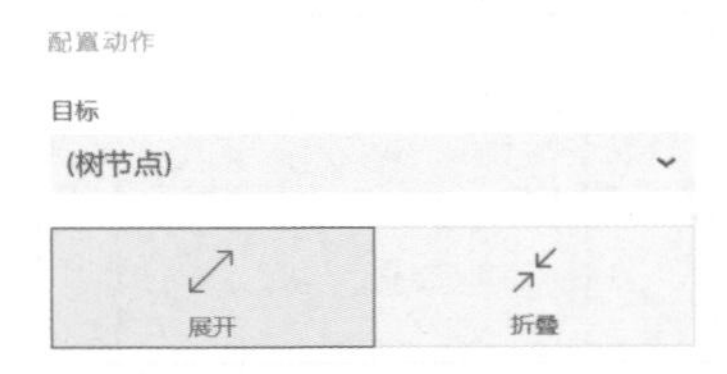

图7-116 设置动作参数

7.4 设置交互样式效果

用户可以通过设置交互样式，快速为元件制作精美的交互效果。交互样式设置的事件只有6种，分别是鼠标经过、鼠标按下、选中、禁用、获取焦点和错误。

选中元件，单击鼠标右键，在弹出的快捷菜单中选择“样式效果”命令，如图7-117所示。弹出“样式效果”对话框，用户可以在该对话框中完成交互样式的设置，如图7-118所示。

图7-117 选择“样式效果”命令　　　　图7-118 “样式效果”对话框

用户可以选择在不同的状态下为元件设置样式，以实现当鼠标经过、鼠标按下、选中、禁用、获取焦点和错误时不同的样式。

应用案例

制作动态按钮

源文件：源文件\第7章\制作动态按钮.rp　视频：视频\第7章\制作动态按钮.mp4

STEP 01 新建一个文件，将“按钮”元件拖曳到页面中，单击鼠标右键，在弹出的快捷菜单中选择“样式效果”命令，弹出“样式效果”对话框，在“鼠标经过”选项卡下设置“填充颜色”“字体颜色”“边框厚度”等参数，如图7-119所示。

STEP 02 设置完成后，分别选择“鼠标按下”和“选中”选项卡，设置“填充颜色”“字号”“边框厚度”等参数，如图7-120所示。

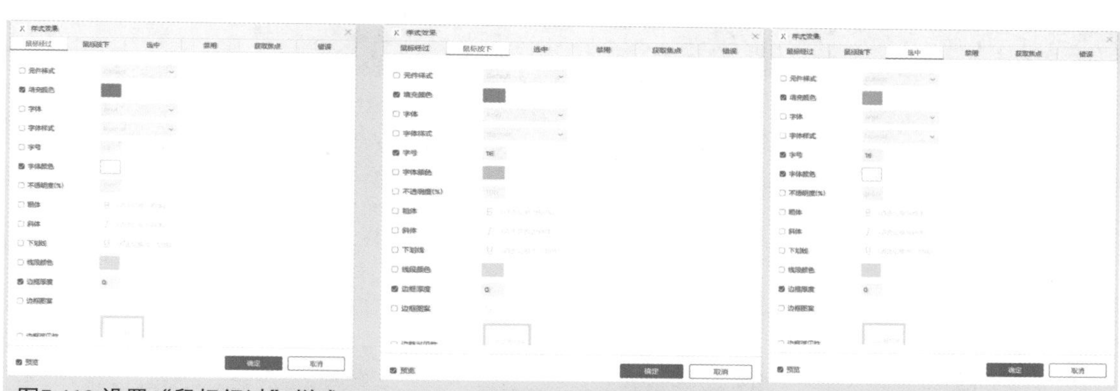

图7-119 设置“鼠标经过”样式　　图7-120 设置“鼠标按下”和“选中”样式

STEP 03 设置完成后单击“确定”按钮，单击鼠标右键，在弹出的快捷菜单中选择“转换为母版”命令，弹出“创建母版”对话框，设置母版名称，如图7-121所示。

STEP 04 完成后单击“继续”按钮，母版的显示效果如图7-122所示。

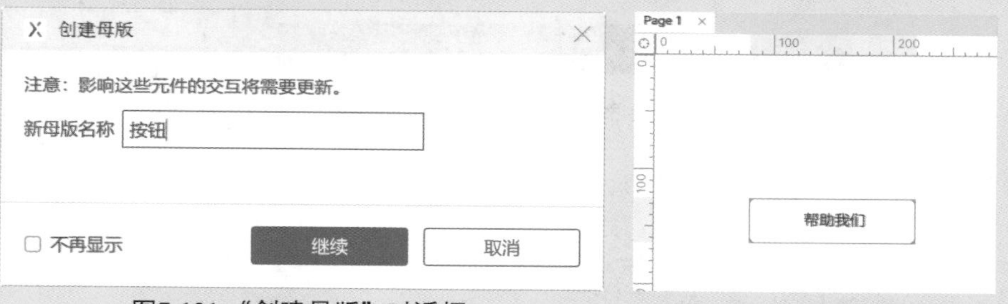

图7-121 “创建母版”对话框　　图7-122 母版显示效果

STEP 05 选中“按钮”母版并按住【Ctrl】键向右拖曳母版，连续复制3个母版，在“样式”选项卡下分别将母版元件命名为“pic 1”“pic 2”“pic 3”“pic 4”，如图7-123所示。

STEP 06 在页面的空白处单击，在“交互”面板中单击“新增交互”按钮，在打开的下拉列表框中选择“页面载入”事件，继续在打开的下拉列表框中选择“设置文本”动作，如图7-124所示。

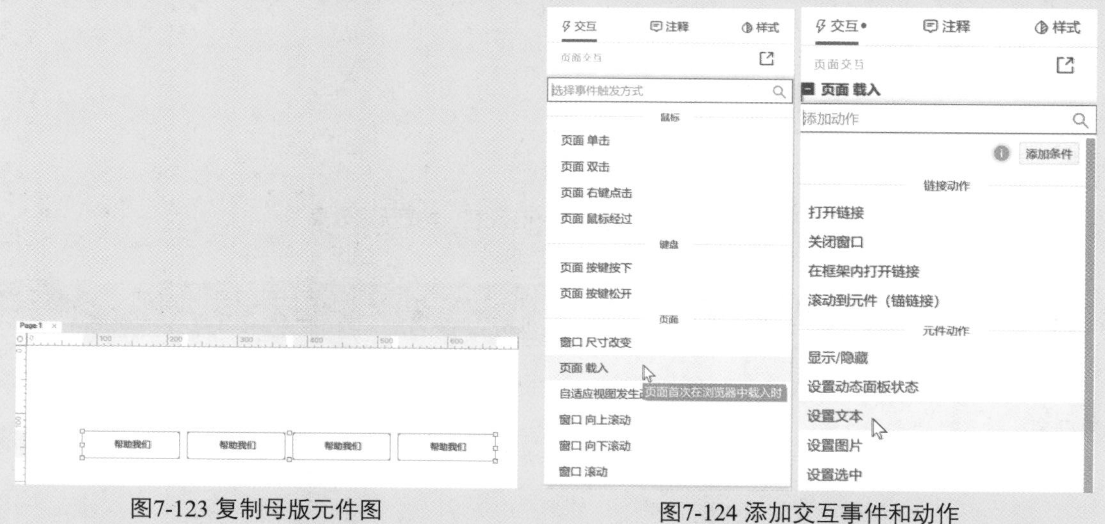

图7-123 复制母版元件图　　图7-124 添加交互事件和动作

STEP 07 在打开的面板中设置“目标”为“pic 1”元件、“设置为”为“文本”、“值”为“首页”，完成后单击“完成”按钮。继续单击“添加目标”按钮，为“pic 2”元件和“pic 3”元件设置文本值，如图7-125所示。完成后继续添加“设置选中”动作并设置参数。

STEP 08 单击“新增交互”按钮，在打开的面板中选择“页面 鼠标经过”事件，继续在打开的面板中选择“设置选中”动作，参数设置如图7-126所示。

图7-125 设置动作参数

图7-126 添加“设置选中”动作并设置参数

STEP 09 单击工具栏中的“预览”按钮，完成后的预览效果如图7-127所示。

图7-127 “选中”及“鼠标经过”样式预览效果

7.5 答疑解惑

页面交互设计是原型设计中非常重要的一环，读者在了解了添加事件和动作功能的前提下，还要善于思考，综合运用多种元素，从而完成逼真的页面效果。

7.5.1 如何通过“动态面板”元件实现焦点图片效果

用户需要在页面中添加“动态面板”元件，在“动态面板”元件的编辑状态中创建不同的状态用以呈现放大的焦点图片。在主页中为“动态面板”的每一个状态创建相应的缩略图。

为每一个缩略图添加“鼠标移入”事件，然后在“交互编辑器”对话框中选择“设置动态面板状态”动作，在配置动作时，为每一个缩略图选择相应的状态并设置交互动画，如图7-128所示。

设置完成后单击“确定”按钮，在浏览器中预览，当鼠标移入缩略图中时，即可查看大图的焦点图片效果，如图7-129所示。

图7-128 设置参数

图7-129 预览效果

7.5.2 使用“设置尺寸”动作完成进度条的制作

灵活地运用各种动作，可以实现丰富的交互效果。“设置尺寸”动作除了可以设置在元件上，也可以在“页面 载入”事件中使用。

当页面载入时，使用“设置尺寸”动作将“矩形”元件或“动态面板”元件的宽度设置为1，然后再次使用“设置尺寸”动作设置元件的宽度，并设置“动画”形式和持续时间，如图7-130所示。

图7-130 设置交互事件及动作

设置完成后，可以制作出类似进度条的动画效果。在打开的浏览器中，进度条的预览效果如图7-131所示。

图7-131 进度条预览效果

7.6 总结扩展

使用Axure RP 10制作交互效果是学习Axure RP 10制作产品原型的重中之重，用户只有熟练地掌握制作交互设计的方法，才能制作出与上线发布后一致的产品原型。

7.6.1 本章小结

本章介绍了向元件中添加比较简单的交互效果的方法和技巧。通过学习本章内容，读者应该熟练掌握为各种元件添加交互事件和交互动作的方法，并掌握为交互动作设置各种参数的技巧。同时，还要学会为元件添加“样式效果”，从而彻底掌握为元件制作简单交互效果的方法和技巧。

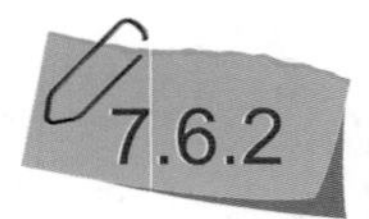

7.6.2 举一反三——设计制作按钮交互样式

掌握了Axure RP 10中元件样式和交互样式的设置方法后，用户应多加练习，从而加深对相关知识点的理解。接下来通过设计制作一个按钮的交互样式，进一步理解设置交互样式的知识点。

源文件:	源文件\第7章\设计制作按钮交互样式.rp
视频文件:	视频\第7章\设计制作按钮交互样式.mp4
难易程度:	★★★☆☆
学习时间:	15分钟

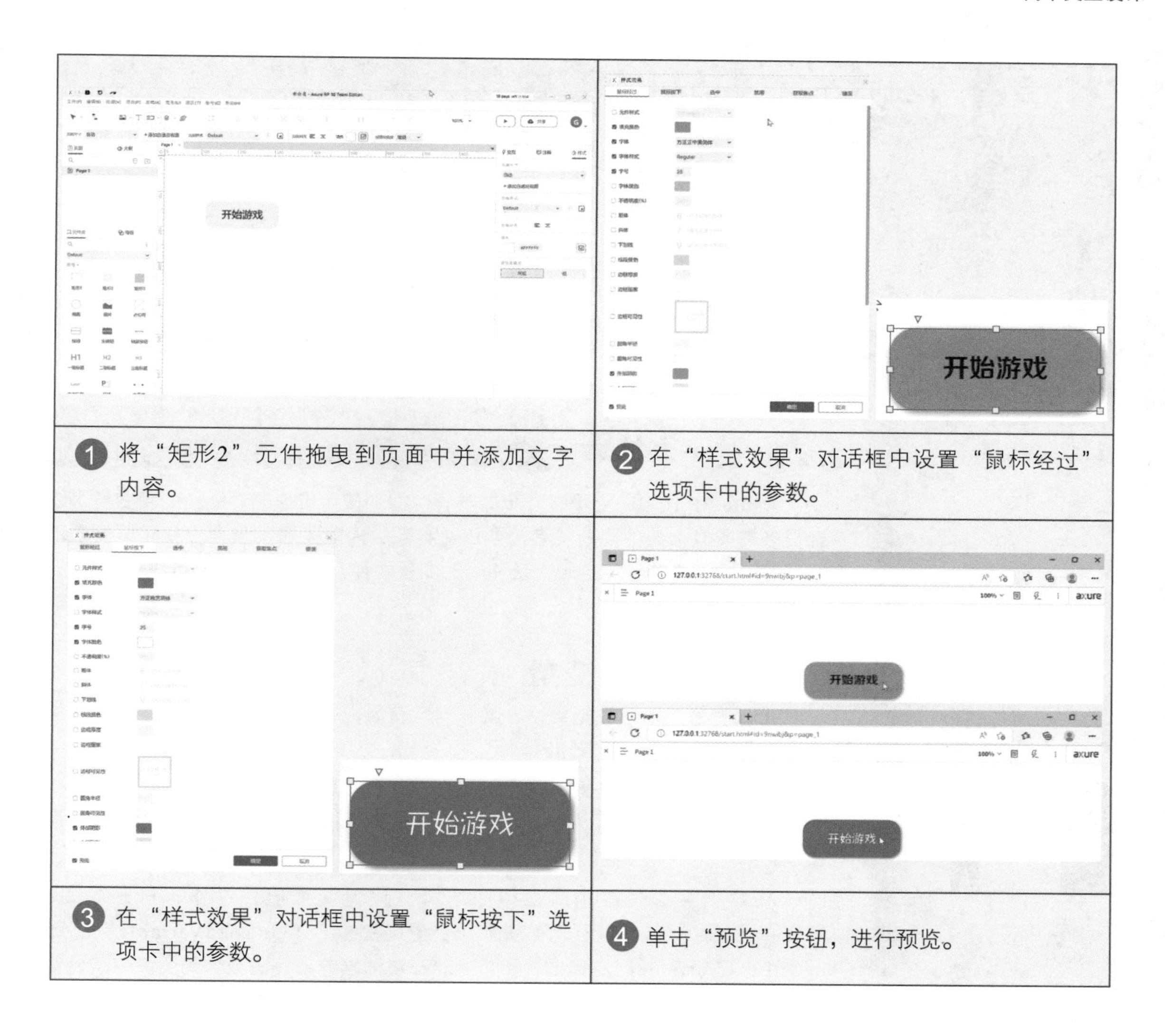

❶ 将“矩形2”元件拖曳到页面中并添加文字内容。

❷ 在“样式效果”对话框中设置“鼠标经过”选项卡中的参数。

❸ 在“样式效果”对话框中设置“鼠标按下”选项卡中的参数。

❹ 单击“预览”按钮，进行预览。

读书笔记

第8章 高级交互设计

本章将针对Axure RP 10中难度较高的“全局变量”动作进行介绍，并对全局变量、局部变量和设置条件3个知识点进行案例讲解。在制作案例的过程中，要逐渐理解变量的原理和应用技巧，同时，本章也将针对“中继器”动作、其他动作及函数的使用进行介绍。

本章学习重点

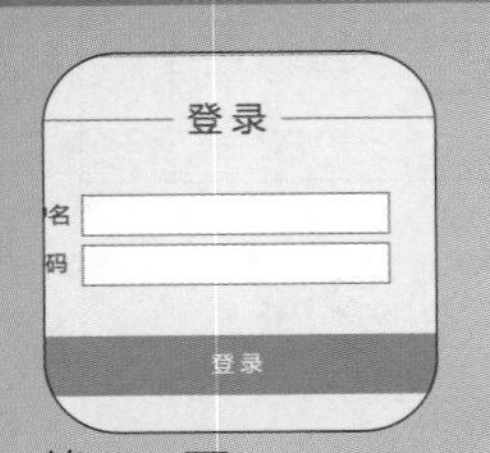

第 216 页
设计制作用户登录页面

第 228 页
使用中继器设置排序

第 238 页
设计制作商品详情页

第 241 页
设计制作产品局部放大效果

8.1 变量

Axure RP 10中的变量是一个非常有个性和使用价值的功能。利用变量可以实现很多需要复杂条件判断或者需要传递参数的功能逻辑，大大丰富了原型演示可实现的效果。变量分为全局变量和局部变量两种，接下来逐一进行讲解。

8.1.1 全局变量

全局变量是一个数据容器，就像一个硬盘，可以把需要的内容存入，随身携带，在需要时可通过读取随时调用。

全局变量的作用范围为一个页面内，即在“页面”面板中的一个节点内（不包含子节点）有效，所以这里的“全局”也不是指整个原型文件内的所有页面都通用，有一定的局限性。

在“交互编辑器”对话框中选择“设置变量值”动作，打开如图8-1所示的面板。默认情况下只包含一个全局变量：“OnLoadVariable”。选择“OnLoadVariable”复选框，用户可以在对话框的右侧完成全局变量值的设置，如图8-2所示。

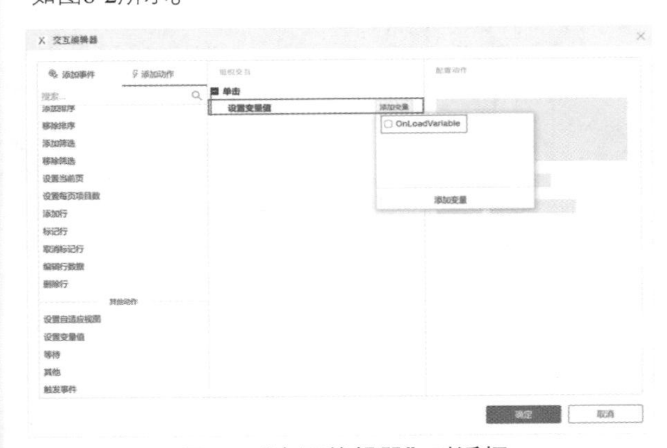

图8-1 “交互编辑器”对话框　　图8-2 设置全局变量的值

Axure RP 10共提供了11种全局变量值供用户使用，具体功能如下。

- 文本值：直接获取一个常量，可以是数值或字符串。
- 变量值：获取另外一个变量的值。

- 变量值长度：获取另外一个变量的值的长度。
- 元件文本：获取元件上的文字。
- 焦点元件文本：获取焦点元件上的文字。
- 元件值长度：获取元件文字的值的长度。
- 被选项：获取被选择的项目。
- 元件禁用状态：获取元件的禁用状态。
- 选中状态：获取元件的选中状态。
- 面板状态：获取面板的当前状态。
- 元件错误状态：获取元件的错误状态。

单击“交互编辑器”对话框右侧的“目标”下拉按钮，在打开的下拉列表框中单击“添加变量”按钮，即可创建一个新的全局变量，如图 8-3所示。在弹出的“全局变量”对话框中单击“添加”按钮，即可新建一个全局变量，如图8-4所示。

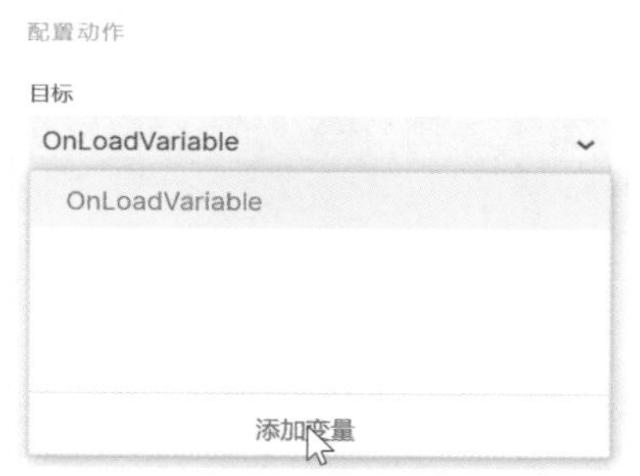

图8-3 添加变量

图8-4 添加全局变量

用户可以重命名全局变量，以便查找和使用，如图8-5所示。单击“上移”或“下移”按钮，可以调整全局变量的顺序。单击“删除”按钮，将删除选中的全局变量。单击“确定”按钮，即可完成全局变量的创建，如图8-6所示。

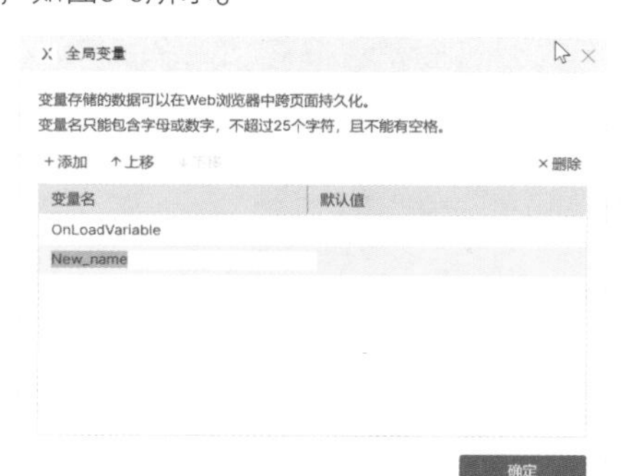

图8-5 重命名全局变量

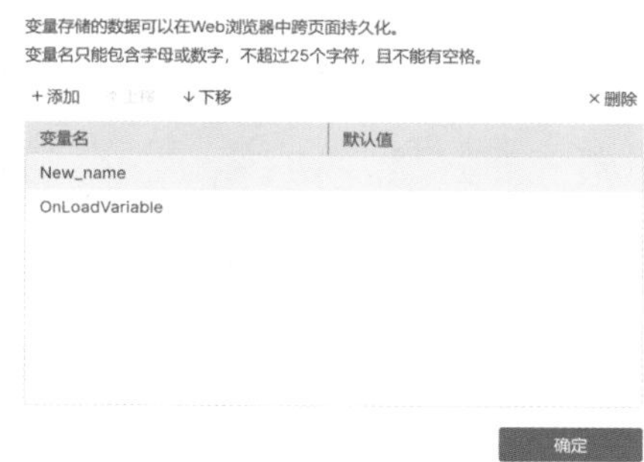

图8-6 移动和删除全局变量

使用全局变量

源文件：源文件\第8章\使用全局变量.rp　视频：视频\第8章\使用全局变量.mp4

STEP 01 新建一个Axure RP 文件，分别将“一级标题”元件和“主按钮”元件拖曳到页面中，如图8-7所示。分别将两个元件命名为“标题”和“提交”并修改元件文本，如图8-8所示。

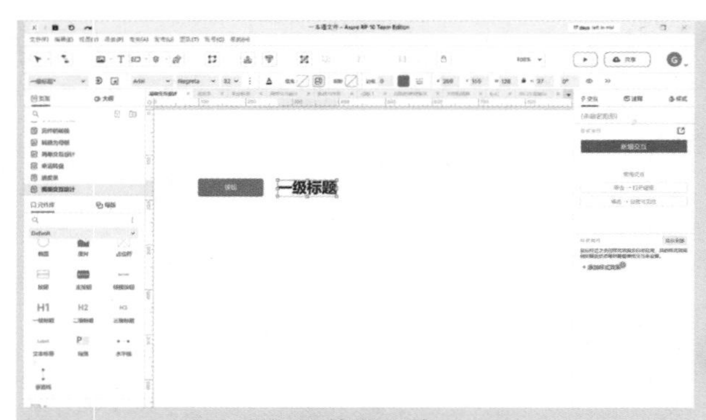

图8-7 使用元件

图8-8 修改元件文本

STEP 02 在“交互编辑器”对话框中选择“页面 载入”事件，如图8-9所示。在“添加动作”面板中选择“设置变量值”动作，如图8-10所示。

图8-9 选择事件

图8-10 选择“设置变量值”动作

STEP 03 单击“添加变量”按钮，并在弹出的“全局变量”对话框中单击“添加”按钮，新建一个名为“wenzi”的全局变量，如图8-11所示。单击“确定”按钮，设置动作的各项参数，如图8-12所示。

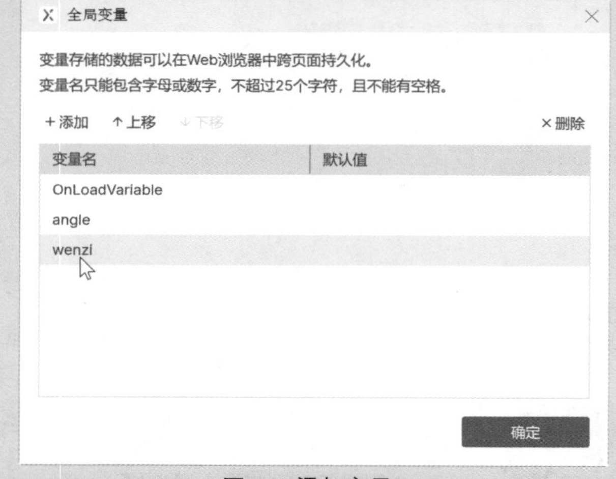

图8-11 添加变量

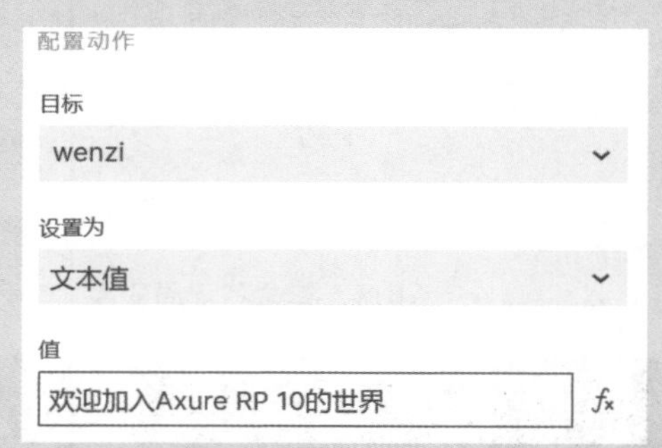

图8-12 设置动作的各项参数

STEP 04 单击“确定”按钮，“交互”面板如图8-13所示。选择“提交”按钮元件，在“交互编辑器”对话框中添加“单击”事件，再添加“设置文本”动作，选择“标题”选项，如图8-14所示。

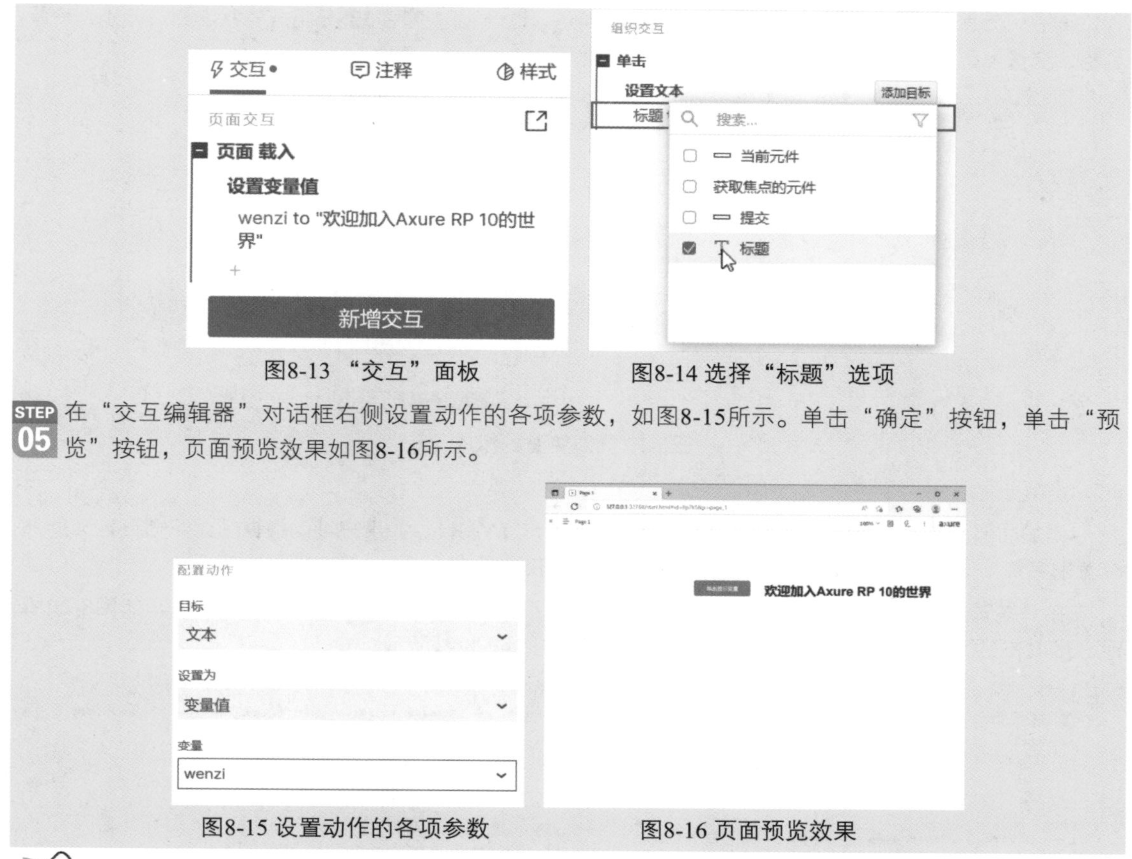

图8-13 “交互”面板　　图8-14 选择“标题”选项

STEP 05 在“交互编辑器”对话框右侧设置动作的各项参数，如图8-15所示。单击“确定”按钮，单击“预览”按钮，页面预览效果如图8-16所示。

图8-15 设置动作的各项参数　　图8-16 页面预览效果

8.1.2 局部变量

局部变量仅适用于元件或页面的一个动作中，动作外的环境无法使用局部变量。可以为一个动作设置多个局部变量，Axure RP 10中没有限制变量的数量。不同的动作中，局部变量的名称可以相同，不会相互影响。

1. 添加局部变量

用户可以在如图8-17所示的“交互编辑器”对话框的“组织交互”选项组中添加局部变量，单击“值”文本框右侧的图标，弹出“编辑文本”对话框，如图8-18所示。

图8-17 “交互编辑器”对话框

图8-18 “编辑文本”对话框

单击“添加局部变量”链接，即可添加一个局部变量。局部变量由3部分组成，从左到右分别是变量名称、变量类型和添加变量的目标元件，如图8-19所示。

图8-19 局部变量的组成

2. 编辑局部变量

添加局部变量时，系统默认设置局部变量的名称为“LVAR1”，用户可以根据个人习惯自定义局部变量的名称。局部变量名称必须是字母或数字，不允许包含空格。

在“编辑文本”对话框中，用户可以在变量类型下拉列表框中选择局部变量的类型，如图8-20所示。可以在目标元件下拉列表框中选择添加变量的元件，如图8-21所示。

图8-20 选择局部变量的类型

图8-21 选择添加变量的元件

3. 插入局部变量

完成局部变量的添加后，单击对话框上方的“插入变量或函数”链接，在打开的下拉列表框中选择要添加的局部变量，即可完成变量的插入，如图8-22所示。单击“删除”按钮，即可将当前局部变量删除，如图8-23所示。

图8-22 插入局部变量

图8-23 删除局部变量

8.1.3 添加条件

用户可以为动作设置条件，控制动作发生的时机。单击“交互”面板中事件选项后面的“条件”按钮或者单击“交互编辑器”对话框事件选项后的“条件”按钮，如图8-24所示。

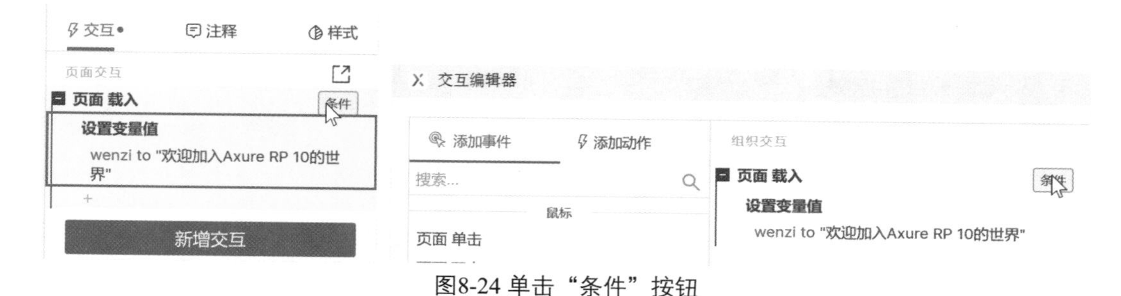

图8-24 单击“条件”按钮

弹出“条件编辑”对话框，单击“添加条件”按钮，即可为事件添加一个条件，如图8-25所示。

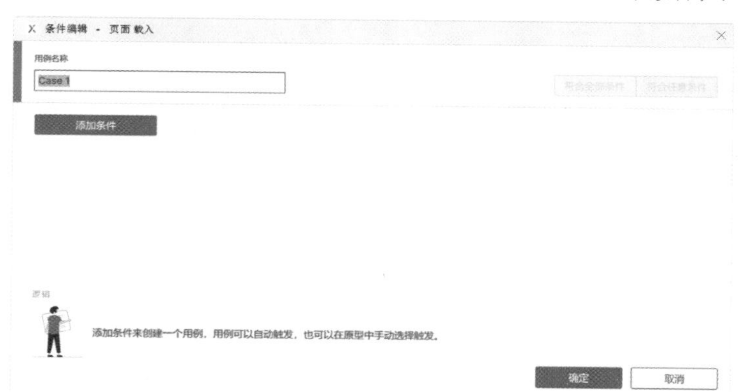

图8-25 添加条件

添加动态条件包括用来进行逻辑判断的值、确定变量或元件名称、逻辑判断的运算符、用来选择被比较的值和输入框5部分，如图8-26所示。

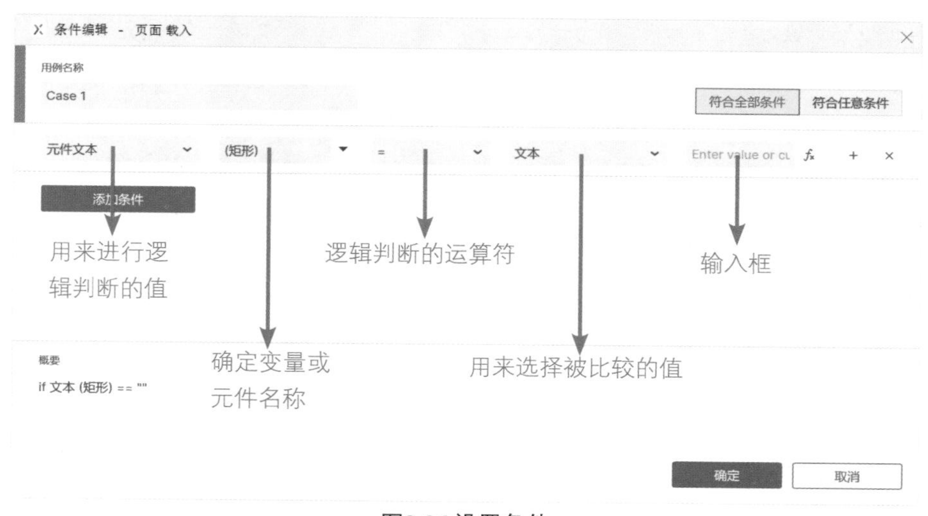

图8-26 设置条件

用户可以单击“条件编辑”对话框右侧的“符合全部条件”或“符合任意条件”按钮，来确定条件逻辑。

- 符合全部条件：必须同时满足所有条件编辑器中的条件，用例才有可能发生。
- 符合任意条件：只要满足所有条件编辑器中的任何一个条件，用例就会发生。

Tips

可以通过设置条件逻辑，设置执行一个动作必须同时满足多个条件，或者仅需满足多个条件中的任何一个。

1. 用来进行逻辑判断的值

在用来进行逻辑判断的值选项的下拉列表框中有16种选择值的方式，如图8-27所示。

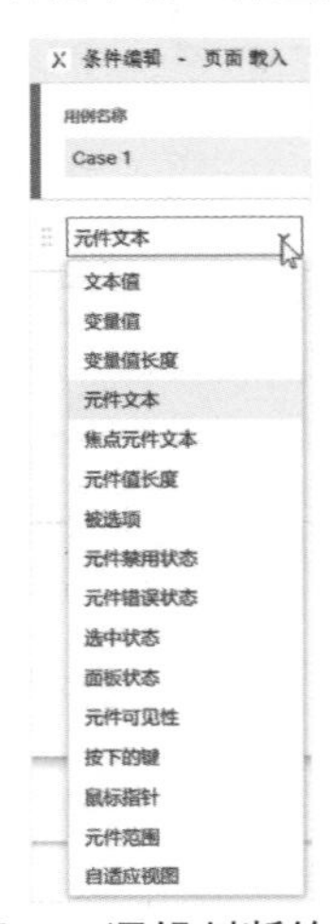

图8-27 逻辑判断的值

- 文本值：自定义变量值。
- 变量值：能够根据一个变量的值来进行逻辑判断。例如，可以添加一个名为“日期”的变量，并且判断只有当日期为3月18日时，才发生“Happy Birthday”的用例。
- 变量值长度：在验证表单时，需要验证用户选择的用户名或者密码长度。
- 元件文本：用来获取某个文本输入框中文本的值。
- 焦点元件文本：当前获得焦点的元件文本。
- 元件值长度：与变量值长度相似，只不过判断的是某个元件的文本长度。
- 被选项：可以根据页面中某个复选框元件的选中与否来进行逻辑判断。
- 元件禁用状态：某个元件的禁用状态。根据元件的禁用状态来判断是否执行某个用例。
- 元件错误状态：某个元件的错误状态。根据元件的错误状态来判断是否执行某个用例。
- 选中状态：某个元件的选中状态。根据元件是否被选中来判断是否执行某个用例。
- 面板状态：某个动态面板的状态。根据动态面板的状态来判断是否执行某个用例。
- 元件可见性：某个元件是否可见。根据元件是否可见来判断是否执行某个用例。
- 按下的键：根据按下键盘上的某个键来判断是否执行某些操作。
- 鼠标指针：可以通过当前指针获取鼠标的当前位置，实现鼠标拖曳的相关功能。
- 元件范围：为元件事件添加条件事件指定的范围。
- 自适应视图：根据一个元件的所在面板进行判断。

2. 确定变量或元件名称

确定变量或元件名称是根据前面的选择方式来确定的。如果前面选择的逻辑判断值是“变量值”选项，确定变量或元件名称可以选择“OnLoadVariable”选项。也可以选择“新建”选项，添加新的变量，如图8-28所示。

图8-28 确定变量或元件名称

3. 逻辑判断的运算符

用户可以在该选项的下拉列表框中选择添加逻辑判断运算符，如图8-29所示。Axure RP 10共为用户提供了10种逻辑判断运算符。

图8-29 选择逻辑判断运算符

4. 用来选择被比较的值

此选项的值是和“用来进行逻辑判断的值”做比较的值，选择的方式和“用来进行逻辑判断的值”一样，如图8-30所示。例如选择比较两个变量，刚才选择了第1个变量的名称，现在就要选择第2个变量的名称。

图8-30 用来选择被比较的值

5. 输入框

如果“用来选择被比较的值”选择的是“文本”，则需要在输入框中输入具体的值，如图8-31所示。Axure RP 10会根据用户在前面几部分中的输入，在“概要”选项组中生成一段描述，便于用户判断条件是否是逻辑正确的，如图8-32所示。

图8-31 在输入框中输入数值

图8-32 概要描述

单击“ *fx* ”按钮，可以在输入值时使用一些常规的函数，如获取日期、截断和获取字符串、预设置参数等。单击“ + ”或“添加条件”按钮，即可添加一行，新增一个条件。单击“ × ”按钮，即可删除一个条件。

Tips

添加交互时，打开元件编辑器，首先选择要使用的若干个动作，然后再针对动作进行参数设定即可。

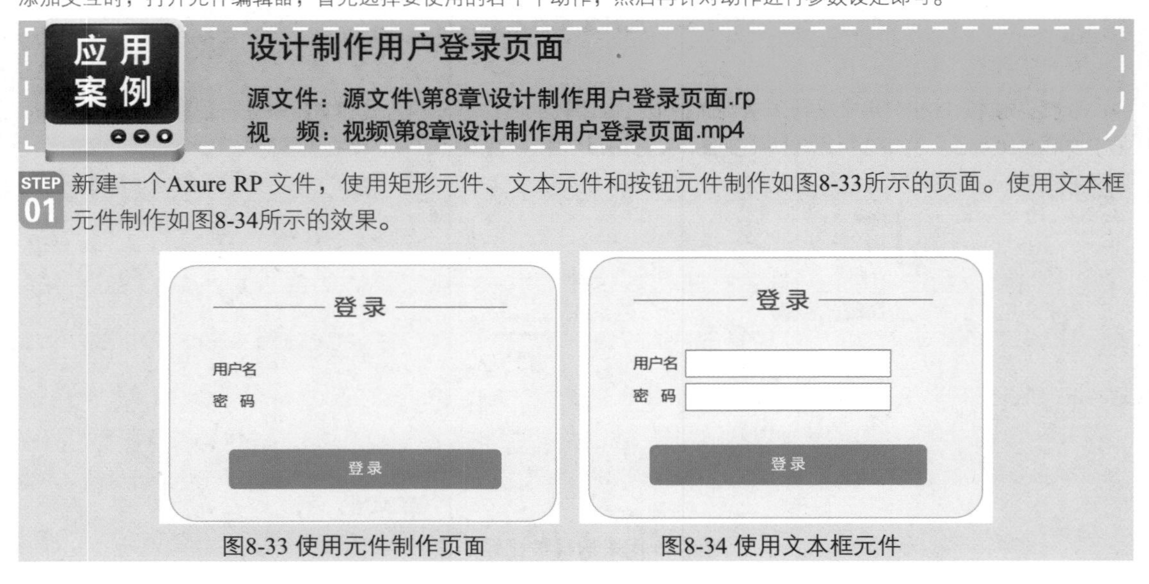

应用案例

设计制作用户登录页面

源文件：源文件\第8章\设计制作用户登录页面.rp

视　频：视频\第8章\设计制作用户登录页面.mp4

STEP 01 新建一个Axure RP 文件，使用矩形元件、文本元件和按钮元件制作如图8-33所示的页面。使用文本框元件制作如图8-34所示的效果。

图8-33 使用元件制作页面　　图8-34 使用文本框元件

STEP 02 分别将两个文本框元件在“交互”面板中命名为“用户名”和“密码”，将“登录”按钮元件命名为“登录”，如图8-35所示。选中“登录”按钮元件，在“交互编辑器”对话框中为其添加“单击”事件，如图8-36所示。

图8-35 为元件命名　　图8-36 添加“单击”事件

STEP 03 单击“条件”按钮，弹出“条件编辑”对话框。单击“添加条件”按钮新建条件，并设置各项参数，如图8-37所示。单击“添加条件”按钮，并设置各项参数，如图8-38所示。

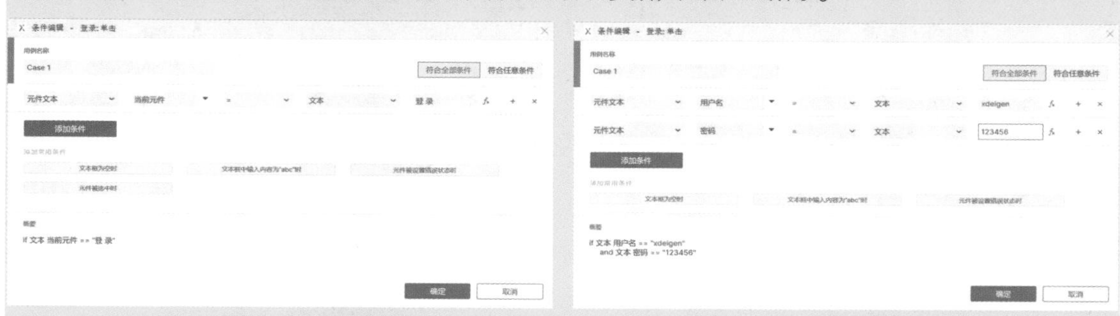

图8-37 新建条件并设置参数　　图8-38 添加新的条件并设置参数

STEP 04 完成后单击“确定”按钮，返回“交互编辑器”对话框，在“添加动作”选项卡中单击“打开链接”动作，设置动作的各项参数，如图8-39所示。使用矩形元件和文本元件制作如图8-40所示的效果。

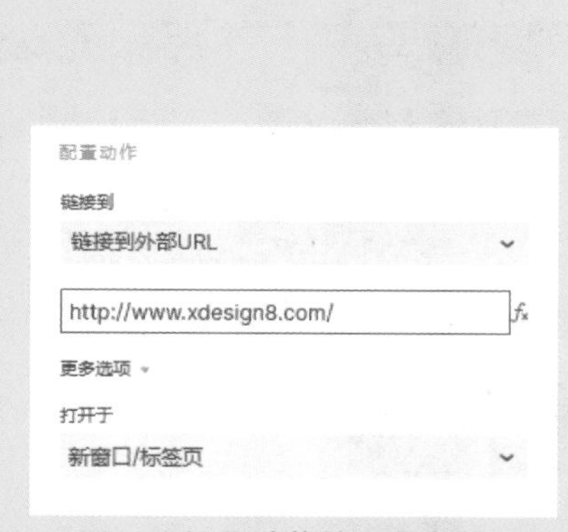

图8-39 设置动作的各项参数

图8-40 使用元件

STEP 05 指定元件名称为“错误提示”，并将其隐藏，如图8-41所示。再次单击“条件”按钮，不进行任何设置，对话框效果如图8-42所示。

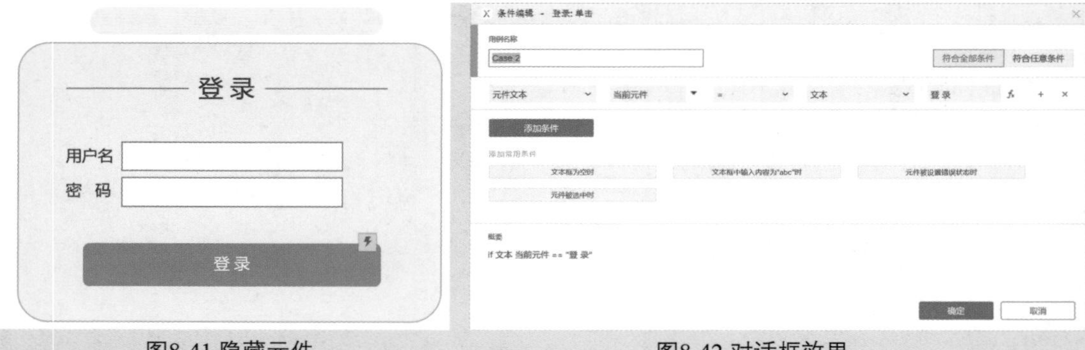

图8-41 隐藏元件　　图8-42 对话框效果

STEP 06 单击“确定”按钮，添加“显示/隐藏”动作，设置各项参数，如图8-43所示。

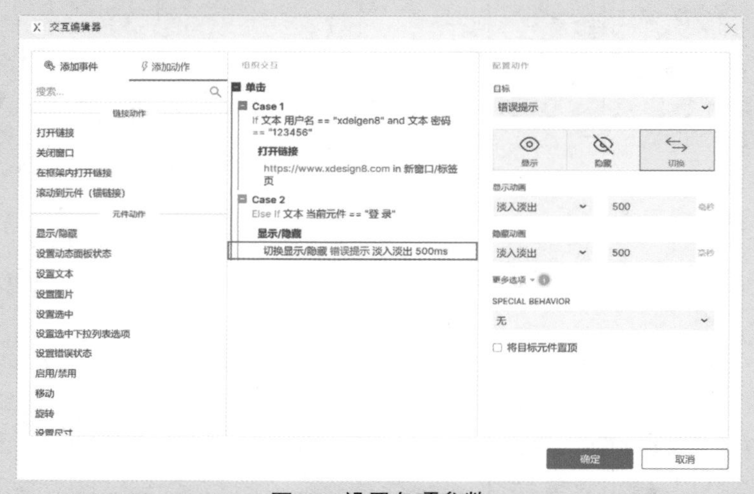

图8-43 设置各项参数

STEP 07 单击“确定”按钮，完成交互的制作。单击工具栏中的“预览”按钮，预览效果如图8-44所示。

图8-44 预览效果

Tips

没有输入用户名和密码或输入错误的用户名和密码时，界面将弹出提示内容。设置用户名为“xdesign8”，密码为“123456”时，将打开指定的网址。

8.2 使用表达式

表达式是由数字、运算符、数字分组符号（括号）、变量等组合而成的公式。在Axure RP 10中，表达式必须写在符号[[ ]]中，否则将不能作为正确的表达式进行运算。

8.2.1 运算符的类型

运算符是用来执行程序代码运算的，会针对一个以上操作数项目进行运算。Axure RP 10中共包含4种运算符，分别是算术运算符、关系运算符、赋值运算符和逻辑运算符。

1. 算术运算符

算术运算符就是人们常说的加、减、乘、除符号，分别是“+”“-”“*”“/”，如a+b、b/c等。除了以上4个算术运算符，还有一个取余数运算符，符号是“%”。取余数是指将前面的数字中完整包含了后面的部分去除，只保留剩余的部分，如18%5，结果为3。

2. 关系运算符

Axure RP 10中共有6种关系运算符，分别是“<”“≤”“>”“≥”“==”“!=”。关系运算符用于对其两侧的表达式进行比较，并返回比较结果。比较结果只有“真”或“假”两种，即“True”或“False”。

3. 赋值运算符

Axure RP 10中的赋值运算符是“=”。赋值运算符能够将其右侧的表达式运算结果赋值给左侧一个能够被修改的值，如变量、元件文字等。

4. 逻辑运算符

Axure RP 10中的逻辑运算符有两种，分别是“&&”和“‖”。“&&”表示“并且”的关系，“‖”表示“或者”的关系。逻辑运算符能够将多个表达式连接在一起，形成更复杂的表达式。

在Axure RP中还有一种逻辑运算符“！”，表示“不是”的意思，它能够将表达式结果取反。

例如，！（a+b&&=c），返回的值与（a+b&&=c）的值相反。

8.2.2 表达式的格式

a+b、a>b或者a+b&&=c等都是表达式。在Axure RP中只有在值被编辑时才可以使用表达式，表达式必须写在[[ ]]中。

下面举几个例子进行说明。

[[name]]：这个表达式没有运算符，返回值是“name”的变量值。

[[18/3]]：这个表达式的结果是6。

[[name=='admin']]：当变量“name”的值为“admin”时，返回“True”，否则返回“False”。

[[num1+num2]]：当两个变量值为数字时，这个表达式的返回值为两个数字的和。

Tips

如果想将两个表达式的内容连接在一起或者将表达式的返回值与其他文字连接在一起，只需将它们写在一起即可。

应用案例 制作滑动解锁页面

源文件：源文件\第8章\制作滑动解锁页面.rp 视频：视频\第8章\制作滑动解锁页面.mp4

STEP 01 新建一个Axure RP 文件，使用“矩形”元件和“文本”元件制作如图8-45所示的页面。使用“图片”元件和“文本”元件继续制作页面，如图8-46所示。

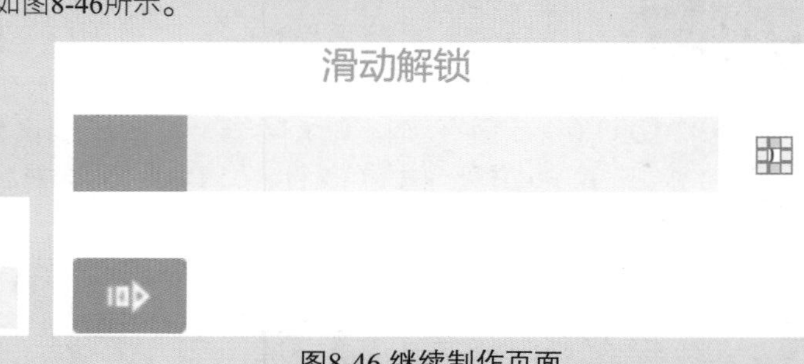

图8-45 使用元件制作页面

图8-46 继续制作页面

STEP 02 选中图片元件并将其转换为“动态面板”元件。在“交互编辑器”对话框中添加“拖动”事件，并添加情形，设置“条件编辑”对话框中的参数，如图8-47所示，单击“确定”按钮。添加“移动”动作，设置动作参数，如图8-48所示。

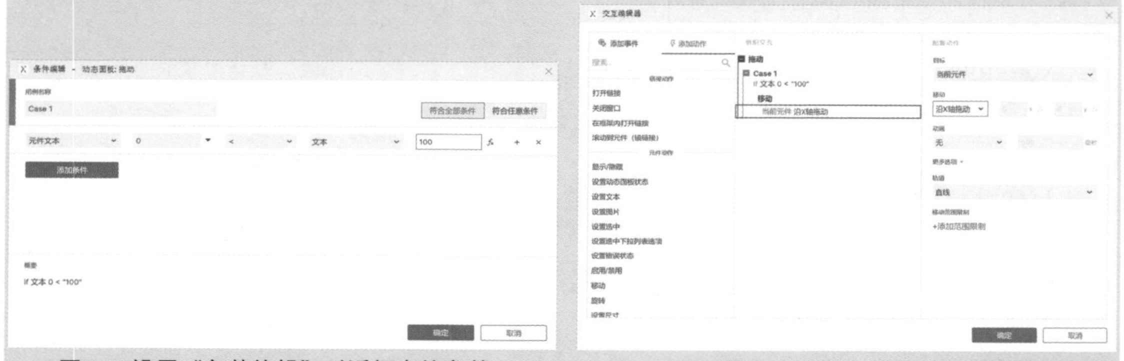

图8-47 设置“条件编辑”对话框中的参数

图8-48 添加“移动”动作并设置参数

STEP 03 单击“添加范围限制”选项并设置参数，如图8-49所示。单击“fx”按钮，弹出“编辑值”对话框，如图8-50所示。

图8-49 单击“添加范围限制”选项并设置参数

图8-50 “编辑值”对话框

STEP 04 单击“添加局部变量”链接，新建一个局部变量并设置参数，如图8-51所示。单击“插入变量或函数”链接，选择变量并设置参数，如图8-52所示。

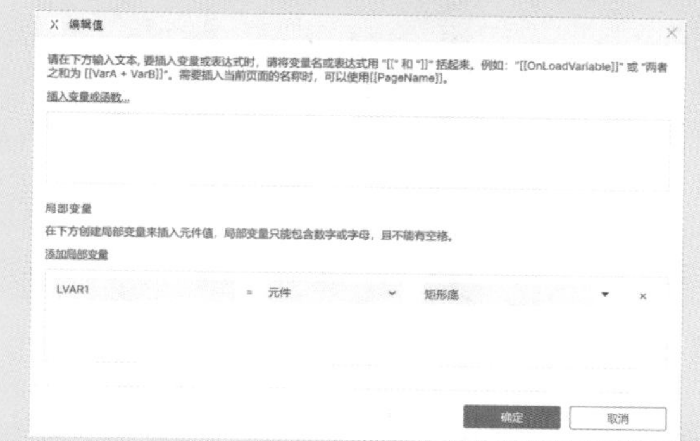

图8-51 新建局部变量并设置参数

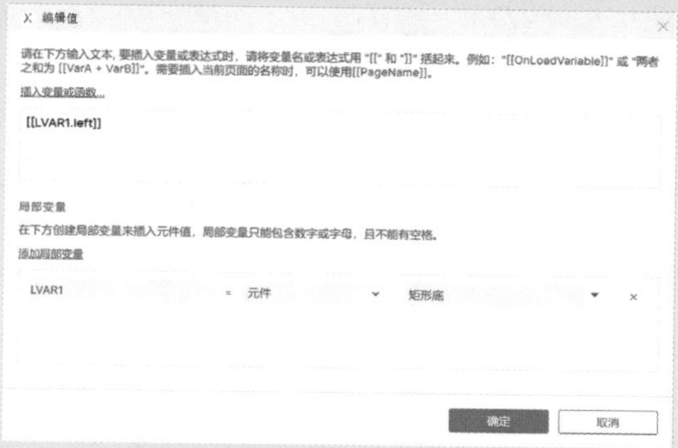

图8-52 选择变量并设置参数

STEP 05 单击“确定”按钮，面板效果如图8-53所示。使用相同的方法设置右侧范围限制，如图8-54所示。

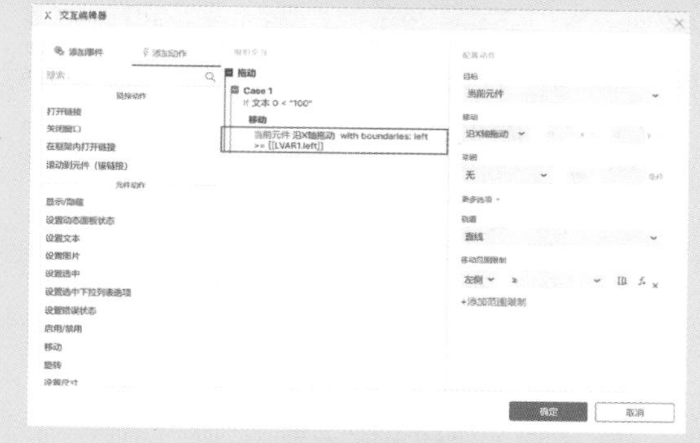

图8-53 面板效果

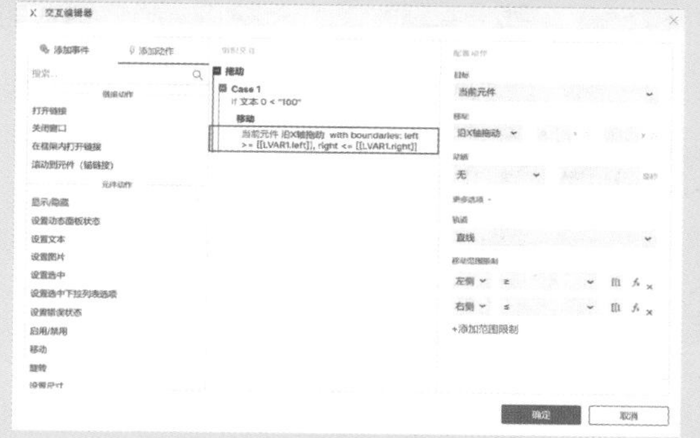

图8-54 设置右侧范围限制

应用案例 为滑动解锁设置情形

源文件：源文件\第8章\为滑动解锁设置情形.rp 视频：视频\第8章\为滑动解锁设置情形.mp4

STEP 01 接上一个案例，选中“动态面板”元件并打开“交互编辑器”对话框，添加“设置文本”动作，如图8-55所示。单击“f_x”按钮，在弹出的“编辑文本”对话框中创建局部变量并插入变量或函数，如图8-56所示。

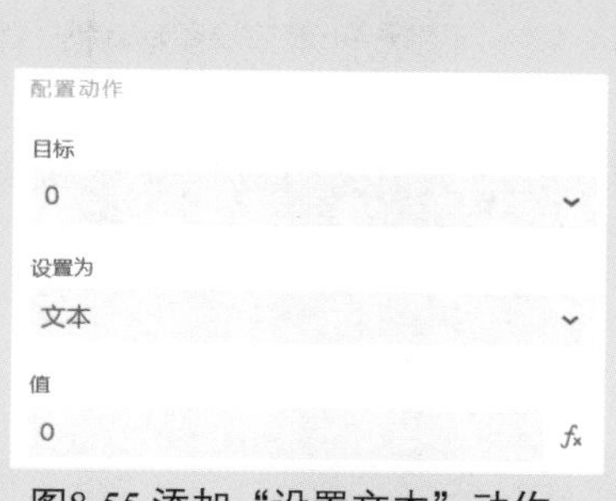

图8-55 添加“设置文本”动作

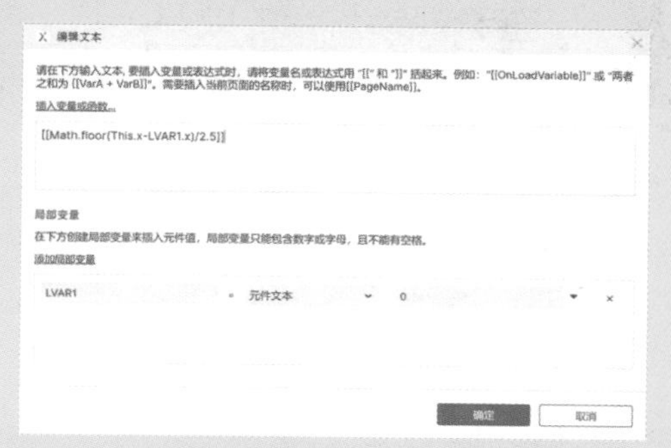

图8-56 创建局部变量并插入变量或函数

STEP 02 单击“确定”按钮后，添加“设置尺寸”动作，选择“橙色矩形”元件，单击“w”选项后的“fx”按钮，在“编辑值”对话框中创建局部变量并插入变量或函数，如图8-57所示。设置“h”的值为35，如图8-58所示。

图8-57 创建局部变量并插入变量或函数　　图8-58 设置值

STEP 03 再次为“拖动”事件添加情形，设置“条件编辑”对话框中的参数，如图8-59所示。单击“确定”按钮后添加“设置文本”动作，如图8-60所示。

图8-59 设置“条件编辑”对话框中的参数　　图8-60 添加“设置文本”动作

查看滑动解锁的效果

源文件：源文件\第8章\查看滑动解锁的效果.rp 视频：视频\第8章\查看滑动解锁的效果.mp4

STEP 01 接上一个案例，选中“动态面板”元件并打开“交互编辑器”对话框，添加“拖动后松开”事件并添加条件，“条件编辑”对话框如图8-61所示。添加“移动”动作，设置动作各项参数，如图8-62所示。

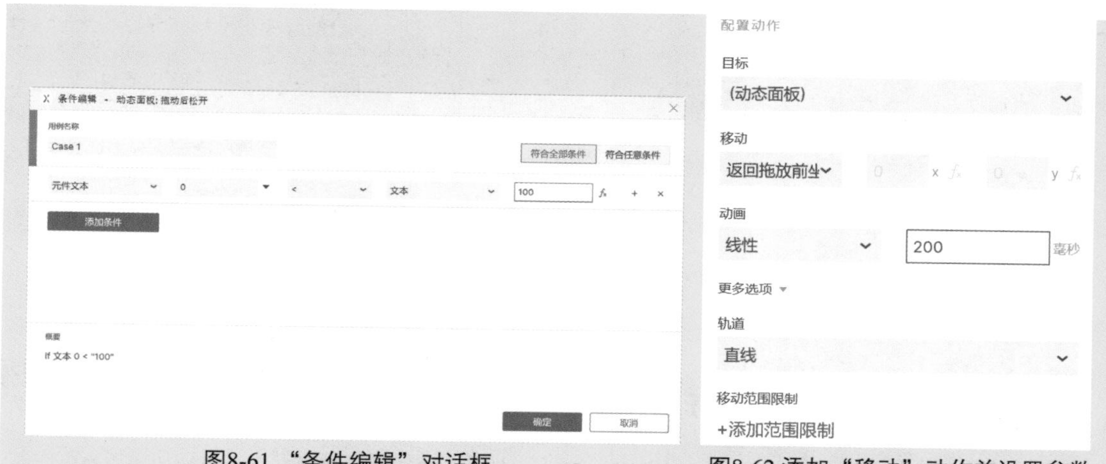

图8-61 “条件编辑”对话框

图8-62 添加“移动”动作并设置参数

STEP 02 添加“设置尺寸”动作，设置动作各项参数，如图8-63所示。添加“设置文本”动作，设置动作各项参数，如图8-64所示。

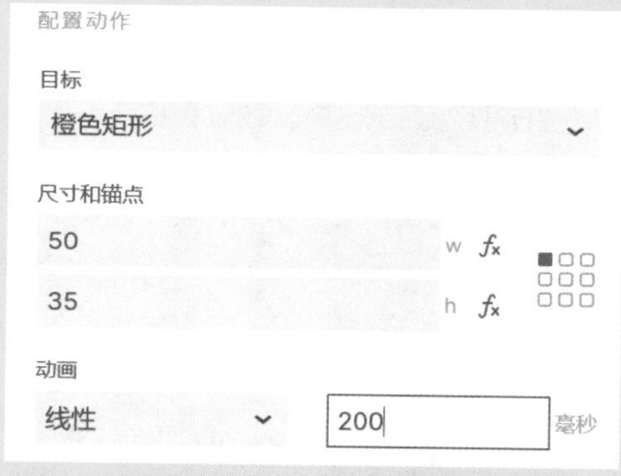

图8-63 添加“设置尺寸”动作并设置参数

图8-64 添加“设置文本”动作并设置参数

STEP 03 单击“确定”按钮，将图片元件拖曳到如图8-65所示的位置。选中“0”文本元件，将其隐藏，如图8-66所示。

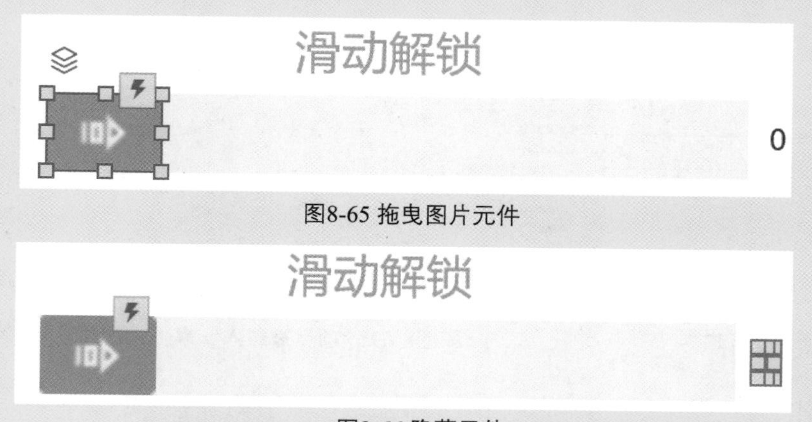

图8-65 拖曳图片元件

图8-66 隐藏元件

STEP 04 单击“预览”按钮，预览页面效果。拖曳图片元件效果如图8-67所示。

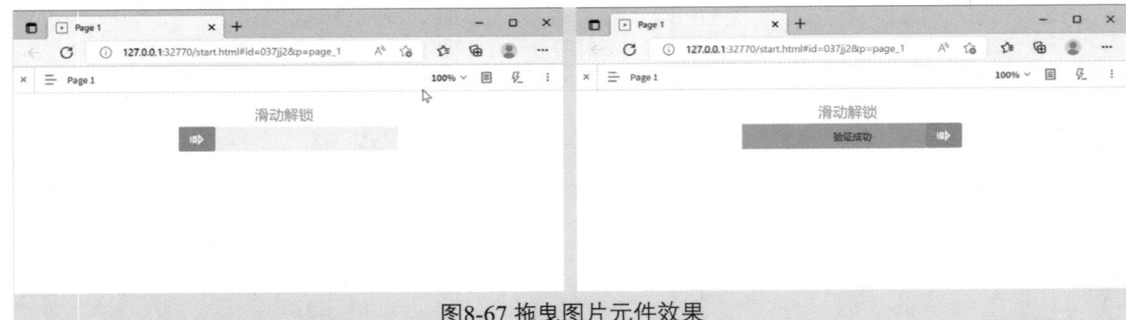

图8-67 拖曳图片元件效果

8.3 中继器的组成

“中继器”元件是Axure RP 10中的一款高级元件，是一个存放数据集的容器。通常使用中继器来显示商品列表、联系人信息列表和数据表等。

8.3.1 项目交互

项目交互主要用于将数据集中的数据传递到产品原型中的元件并显示出来，或者根据数据集中的数据执行相应的动作。

单击“交互”面板中的“新建交互”按钮，即可看到项目交互事件，项目交互只有“载入”“项目被载入”“项目尺寸改变”3个触发事件，如图8-68所示。

3个触发事件中比较常用的是“项目被载入”事件。选中“中继器”元件，在“交互编辑器”对话框中可以看到添加“项目被载入”事件的动作设置，如图8-69所示。

图8-68 项目交互事件

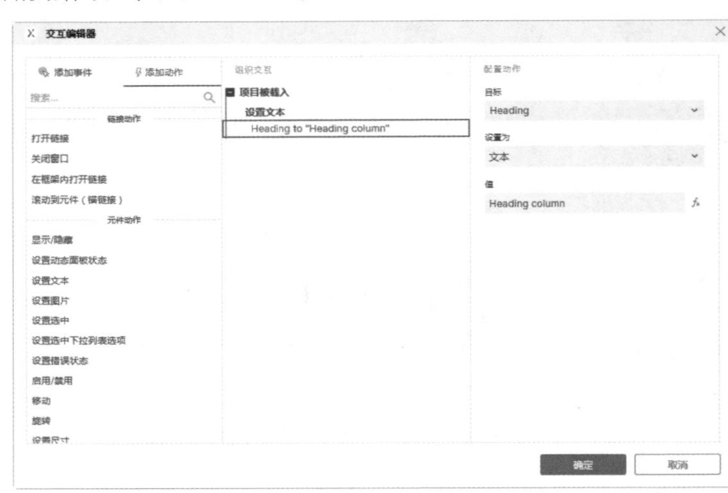

图8-69 “项目被载入”事件的动作设置

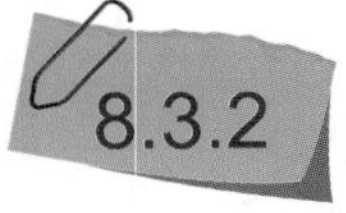

8.3.2 中继器元件动作

在“交互编辑器”对话框中，为中继器提供了11种动作，如图8-70所示。为中继器添加某些动作，可以完成添加、删除和修改等操作，并能够实时呈现，这就让原型产品的效果更加丰富、逼真。而如果添加排序的各种动作，则可使中继器具有筛选功能，能够让数据按照不同的条件排列。

图8-70 中继器元件的动作

8.4 中继器动作

掌握了中继器元件的相关内容后，下面来学习中继器数据集的操作。用户通过为数据集添加交互，可以完成添加、删除和修改等操作，并能够实时呈现，让产品原型的效果更加丰富、逼真。同时中继器还具有筛选功能，能够让数据按照不同的条件排列。

8.4.1 设置分页与数量

通过数据集填充中继器项目的数据，如果希望这些数据能够分页显示，可以通过“样式”面板设置分页。然后通过添加“设置当前页”动作来动态设置中继器实例项目默认显示的数据页，如图8-71所示。

- 设置每页项目数：允许改变当前可见页的数据项的数量，如图8-72所示。
- 显示所有项目：设置中继器在一页中显示所有项。
- 每页显示多少项目：设置中继器每页显示数据项的数量。

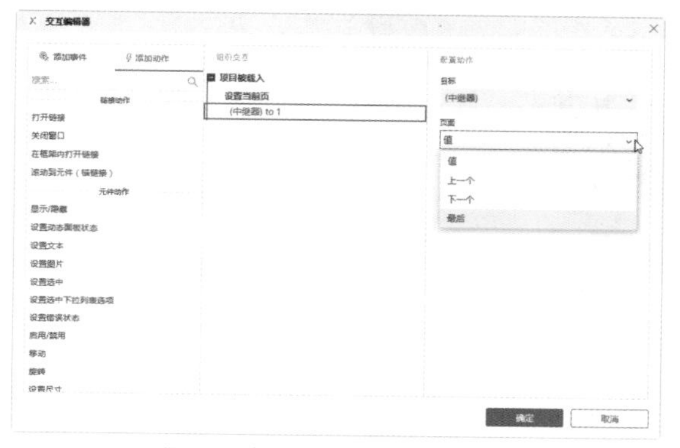

图8-71 设置当前显示页面

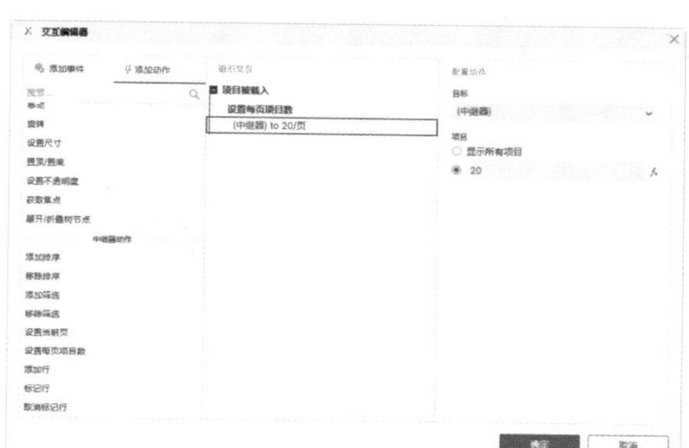

图8-72 设置每页项目数

应用案例　使用中继器添加分页

源文件：源文件\第8章\使用中继器添加分页.rp 视频：视频\第8章\使用中继器添加分页.mp4

STEP 01 打开“素材\第8章\8-3-1.rp”文件，页面效果如图8-73所示。选中中继器元件实例，单击“交互”面板中的“新增交互”按钮，在打开的下拉列表框中选择“载入”选项，如图8-74所示。

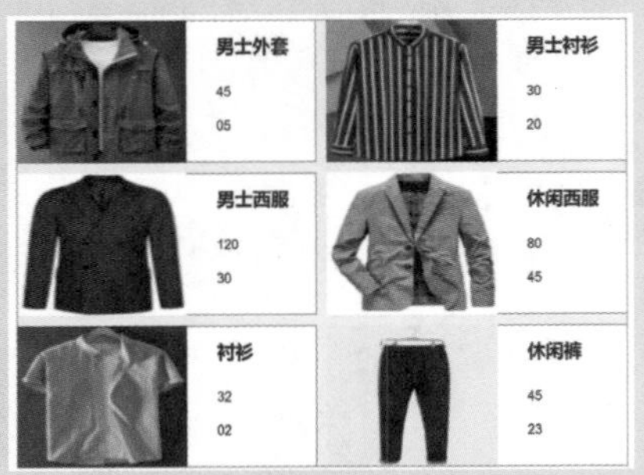

图8-73 页面效果

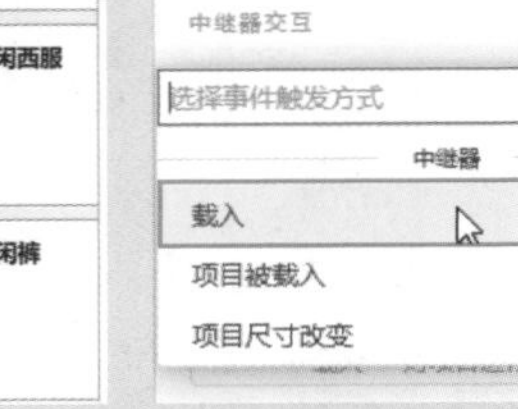

图8-74 添加“载入”事件

STEP 02 在打开的下拉列表框中选择“设置每页项目数”动作，选中“中继器”选项，如图8-75所示。设置每页显示项目数量为4，如图8-76所示。

图8-75 设置中继器每页项目数

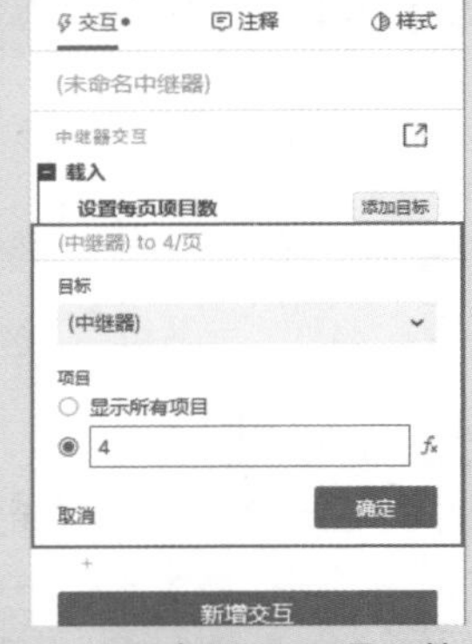

图8-76 设置每页显示项目数量

STEP 03 单击“确定”按钮，“交互”面板如图8-77所示。单击界面右上角的“预览”按钮，预览效果如图8-78所示。在“样式”面板的“分页”选项组中设置参数，如图8-79所示，实现分页效果。

图8-77 设置参数

图8-78 预览效果

分页
Paginate
每页项目数 4　　起始页 1

图8-79 设置分页参数

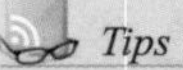

Tips

在“样式”面板中设置的分页效果将直接显示在页面中，而通过脚本实现的效果则只能在预览页面时才显示。

STEP 04 使用“按钮”元件创建如图8-80所示的效果。选中“首页”按钮元件，在“交互编辑器”对话框中添加“单击”事件，再选择“设置当前页”动作，选中“中继器”选项，设置“页面”为“值”，“页码”为1，如图8-81所示。

图8-80 使用“按钮”元件

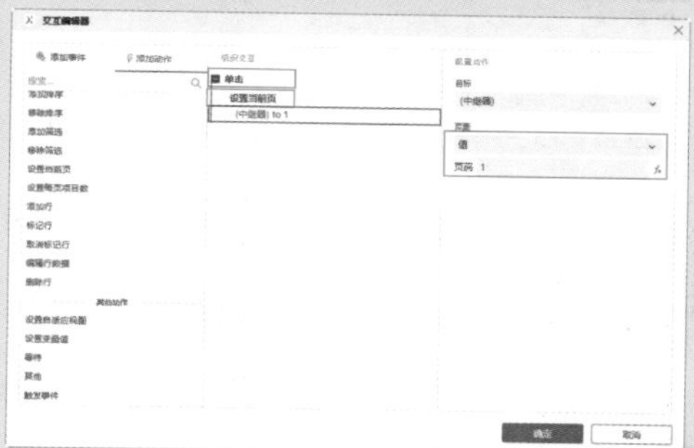

图8-81 设置当前显示页面

STEP 05 使用同样的方法为“上一页”按钮元件选择“上一个”动作，为“下一页”按钮元件选择“下一个”动作，为“尾页”按钮元件选择“最后”动作。设置完成后，单击“预览”按钮或按【Ctrl+.】组合键预览页面，预览效果如图8-82所示。

图8-82 预览效果

8.4.2 添加和移除排序

使用中继器的“添加排序”动作可以对数据集中的数据项进行排序，在“交互编辑器”对话框的“配置动作”面板中设置各项参数，如图8-83所示。

使用中继器的“移除排序”动作可以移除已添加的排序规则，可以在“交互编辑器”对话框的“配置动作”面板中选择移除所有设置，或者输入名称移除指定的设置，如图8-84所示。

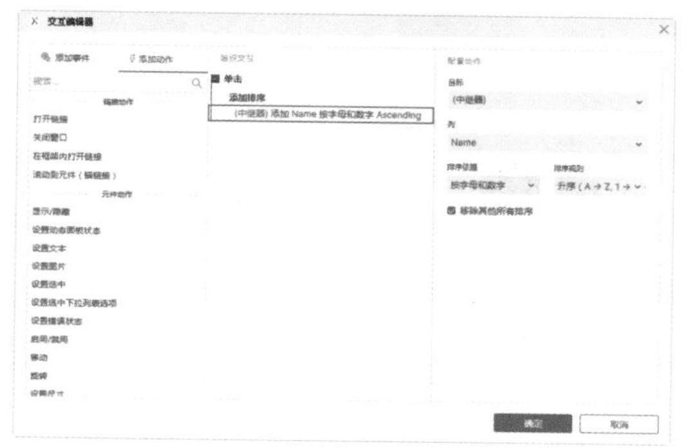

图8-83 添加排序

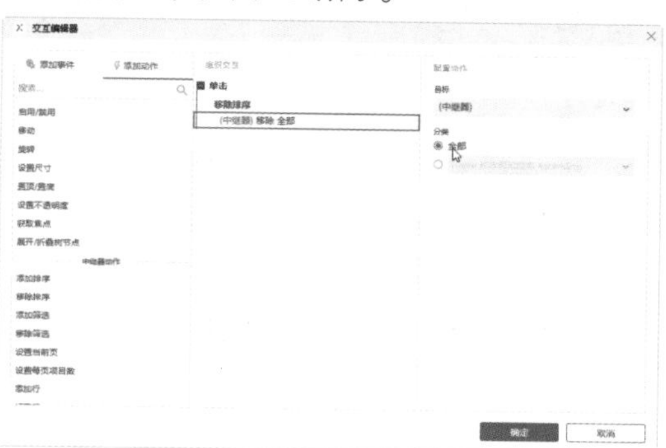

图8-84 移除排序

应用
案例

使用中继器设置排序

源文件：源文件\第8章\使用中继器设置排序.rp 视频：视频\第8章\使用中继器设置排序.mp4

STEP 01 打开“素材\第8章\8-3-2.rp”文件，页面效果如图8-85所示。将“按钮”元件拖曳到页面中，调整大小、位置和文字内容，制作如图8-86所示的两个按钮。

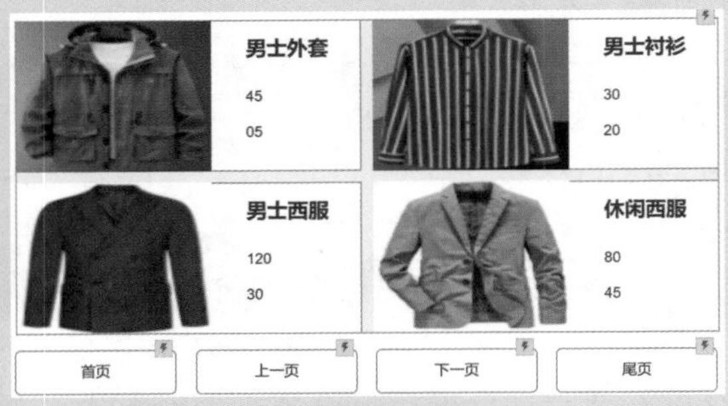

图8-85 页面效果

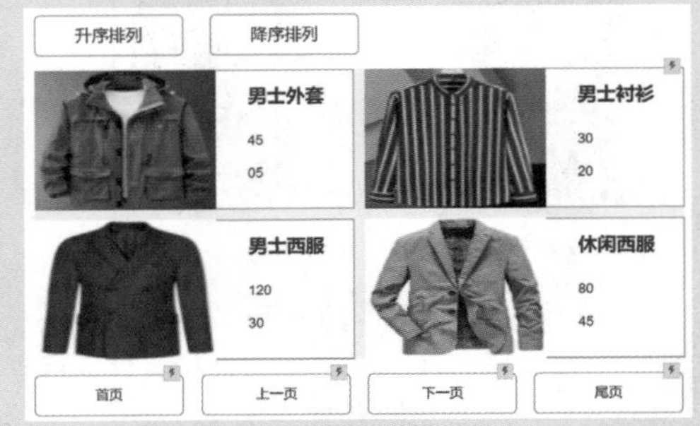

图8-86 使用“按钮”元件

STEP 02 选中“升序排列”按钮元件，在“交互编辑器”对话框中为其添加“单击”事件，选择“添加排序”动作，再选择按照价格进行“升序”排列，如图8-87所示。

STEP 03 单击“确定”按钮。选中“降序排列”按钮元件，在“交互编辑器”对话框中为其添加降序排列事件，如图8-88所示。

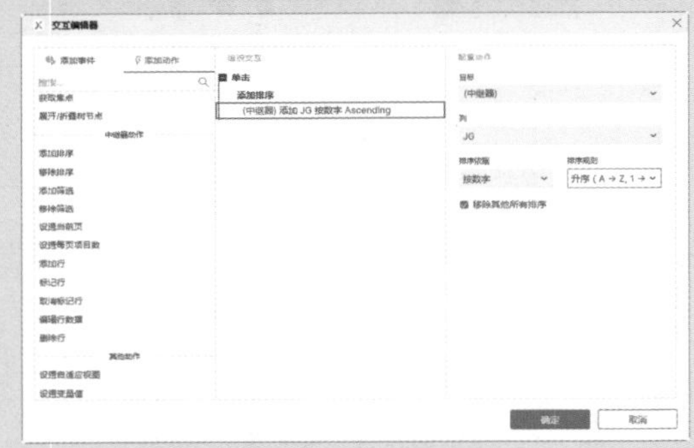

图8-87 “升序”排列

图8-88 “降序”排列

STEP 04 单击“确定”按钮，返回Page 1页面，单击“预览”按钮或按【Ctrl+.】组合键预览页面，预览效果如图8-89所示。

图8-89 预览效果

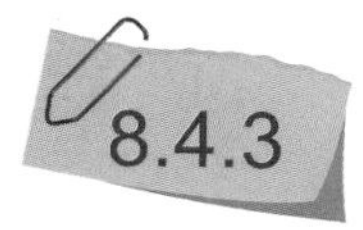

8.4.3 添加和移除筛选

使用中继器的“添加筛选”动作，在“配置动作”面板中选中中继器并给中继器添加筛选规则，如[[Item.price<=45]]，意思是将价格数值小于等于45的数据显示出来，不符合条件的不显示，如图8-90所示。

使用中继器的“移除筛选”动作，可以把已添加的筛选移除，可以选择移除所有筛选，也可以输入过滤名称移除指定的筛选，如图8-91所示。

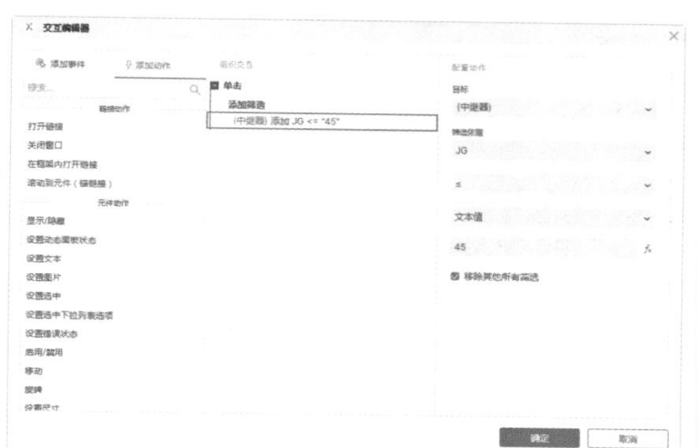

图8-90 添加筛选规则

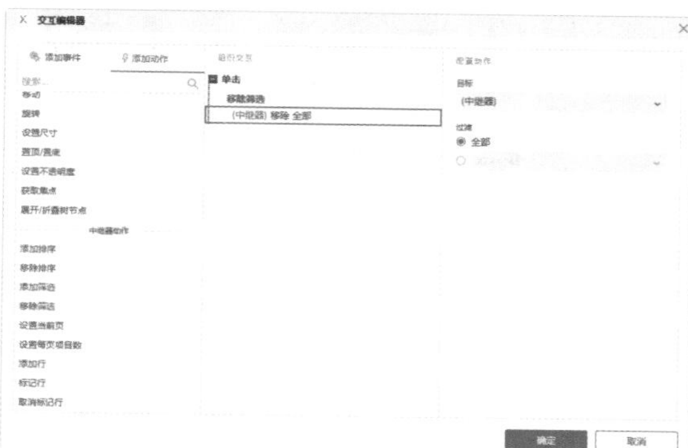

图8-91 移除筛选

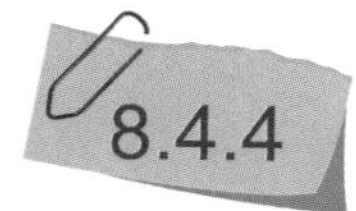

8.4.4 添加和删除项目

中继器的添加和删除共包含添加行、标记行、取消标记行、编辑行数据和删除行5种动作。在生成的HTML原型中，中继器的项可以被添加和删除，但是要删除特定的行，必须先“标记行”。

- 添加行：使用“添加行”动作可以动态地添加数据到中继器数据集。
- 标记行：“标记行”是指选择想要编辑的指定行。
- 取消标记行：“取消标记行”动作可以用来取消选择项。使用此动作可以取消标记当前行、取消标记全部行，或者按规则取消标记行。
- 编辑行数据：使用“编辑行数据”动作，可以动态地将值插入到已选择的中继器项中，可以编辑已标记的行，也可以使用规则编辑行。例如，首先使用“标记行”动作选中任意一款或多款商品，再使用“编辑行数据”动作将选中商品的销量、价格和评价信息进行更新。
- 删除行：如果已经对中继器数据集中的项进行了标记行，则可以使用“删除行”动作删除已经被标记的行。另外，还可以按照规则删除行。

应用案例

使用中继器实现自增

源文件：源文件\第8章\使用中继器实现自增.rp 视频：视频\第8章\使用中继器实现自增.mp4

STEP 01 新建一个Axure RP 10文件。将“按钮”元件拖曳到页面中，修改按钮文字如图8-92所示。将“中继器-卡片”元件拖曳到页面中，选中场景中的中继器元件实例，将其命名为“RE”，如图8-93所示。

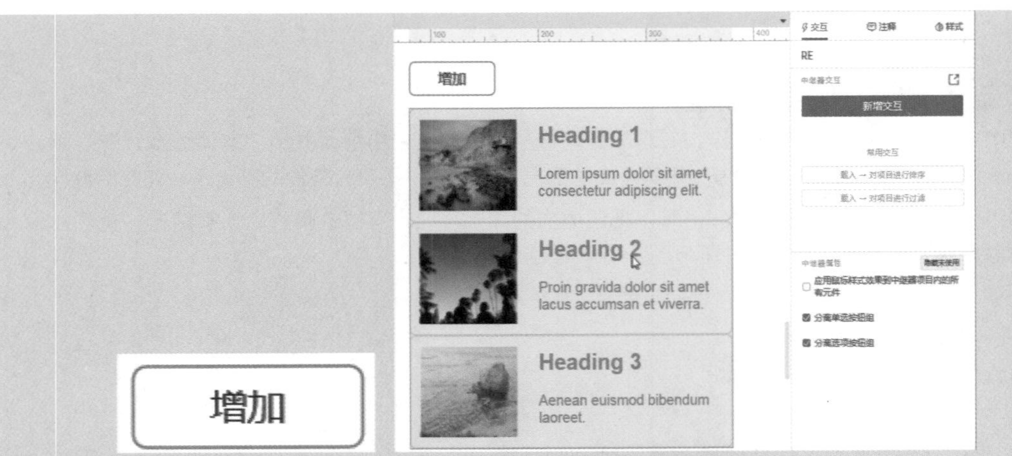

图8-92 修改按钮文字　　图8-93 命名中继器元件实例

STEP 02 双击进入中继器编辑模式，删除多余元件，效果如图8-94所示。单击“关闭”按钮，修改数据集数据，如图8-95所示。

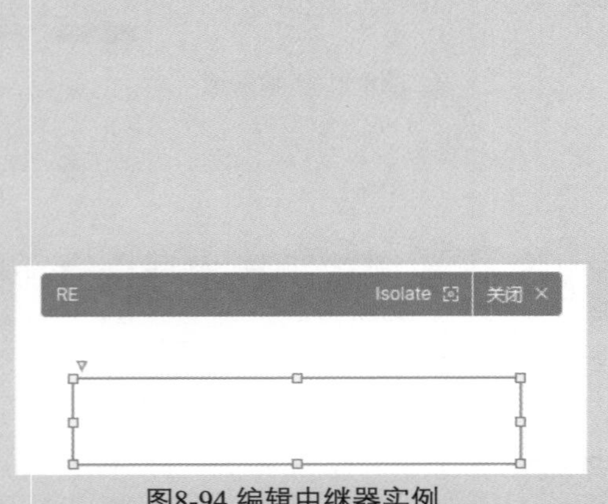

图8-94 编辑中继器实例

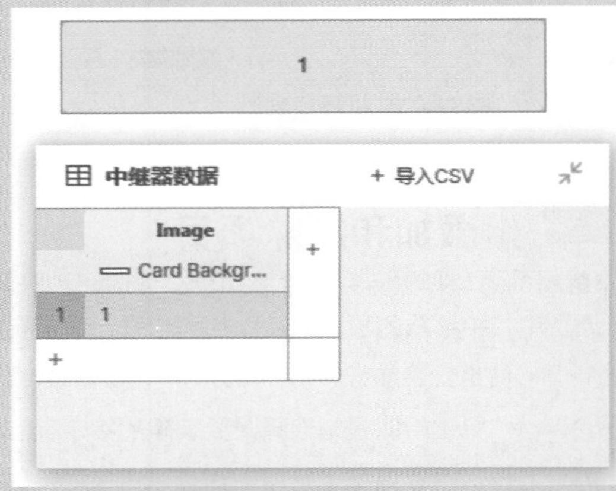

图8-95 修改数据集数据

STEP 03 单击“增加”按钮，在“交互编辑器”对话框中为其添加“单击”事件，选择“添加行”动作，选择“RE”元件，如图8-96所示。单击“添加行”按钮，在弹出的“添加行到中继器”对话框中单击“ *fx* ”按钮，如图8-97所示。

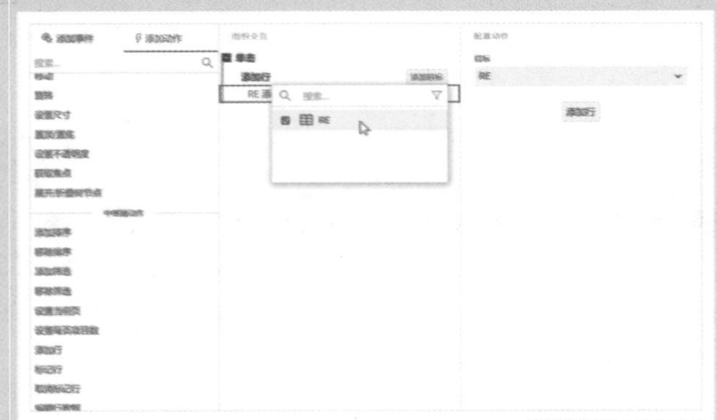

图8-96 添加“添加行”动作

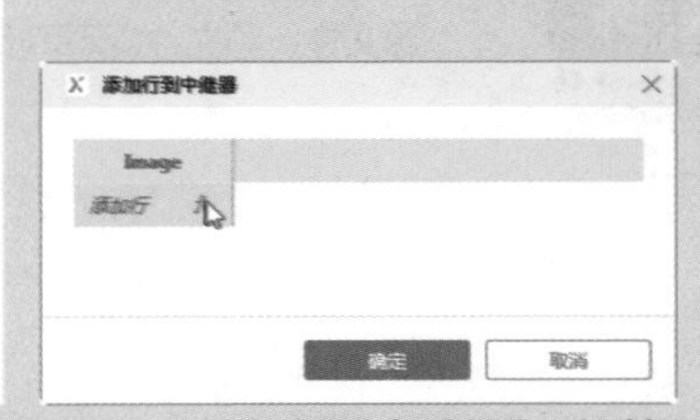

图8-97 “添加行到中继器”对话框

STEP 04 在弹出的“编辑值”对话框中单击“添加局部变量”链接，添加如图8-98所示的局部变量。在顶部的“插入变量或函数”文本框中输入如图8-99所示的函数。

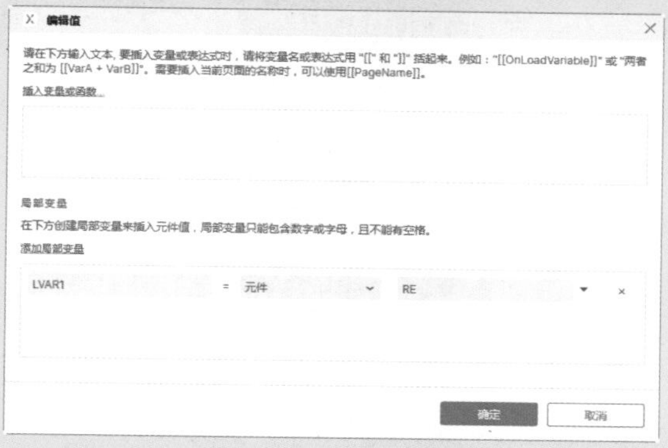

图8-98 添加局部变量

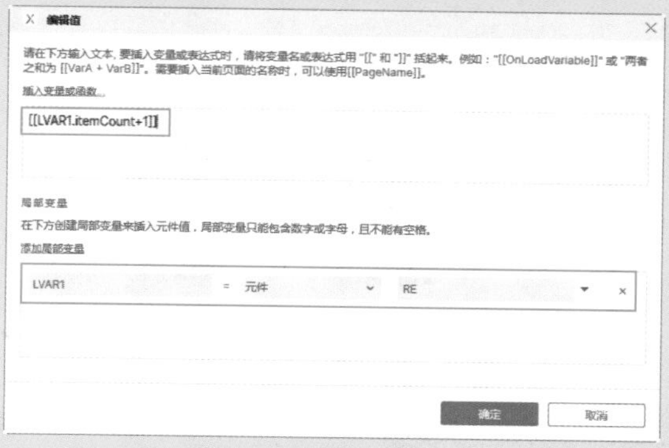

图8-99 输入函数

STEP 05 连续单击“确定”按钮，页面效果如图8-100所示。单击“预览”按钮，页面预览效果如图8-101所示。

图8-100 页面效果

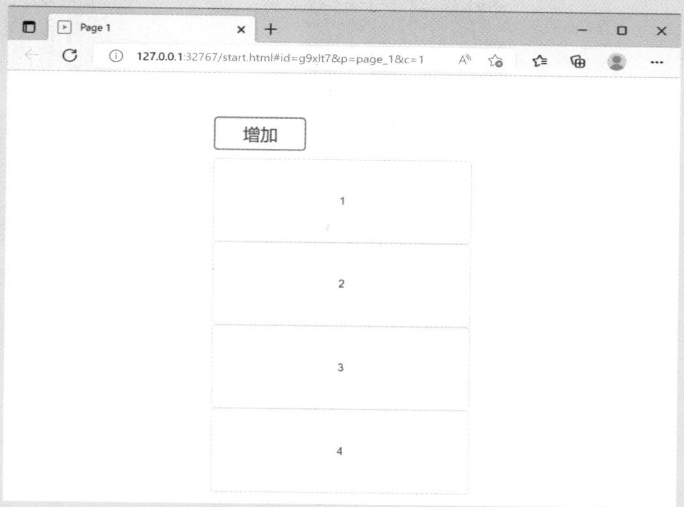

图8-101 页面预览效果

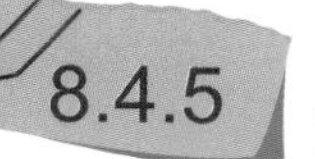

8.4.5 项目列表操作

中继器中的项目列表通常按照输入数据的顺序进行显示。用户可以通过添加交互，实现更加丰富的显示效果，如显示当前页码和总页码。

应用案例

使用中继器显示页码

源文件：源文件\第8章\使用中继器显示页码.rp 视频：视频\第8章\使用中继器显示页码.mp4

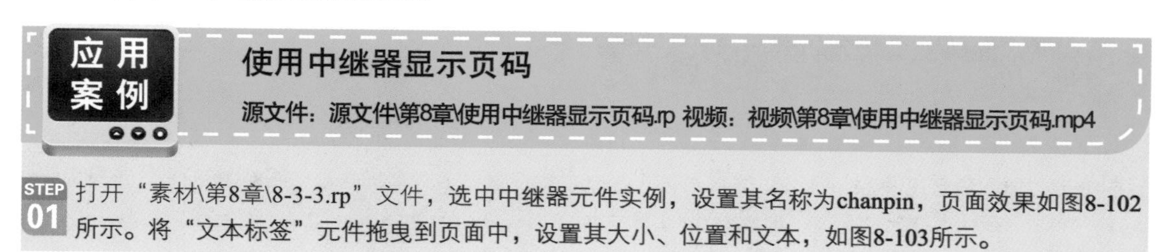

STEP 01 打开“素材\第8章\8-3-3.rp”文件，选中中继器元件实例，设置其名称为chanpin，页面效果如图8-102所示。将“文本标签”元件拖曳到页面中，设置其大小、位置和文本，如图8-103所示。

图8-102 页面效果

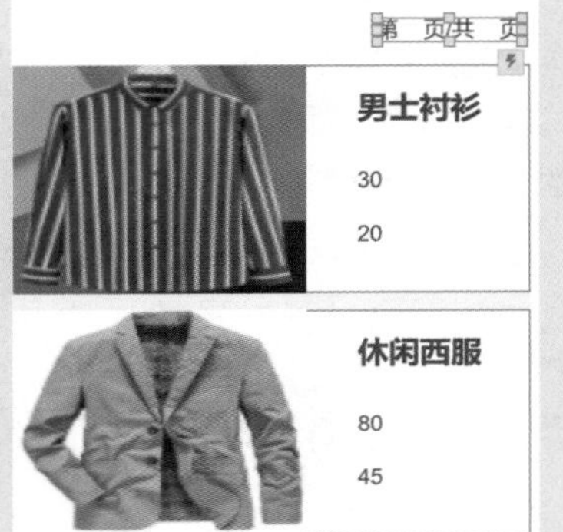

图8-103 使用“文本标签”元件

STEP 02 继续使用“文本标签”元件创建如图8-104所示的文本标签。分别为两个文本标签元件实例指定名称，如图8-105所示。

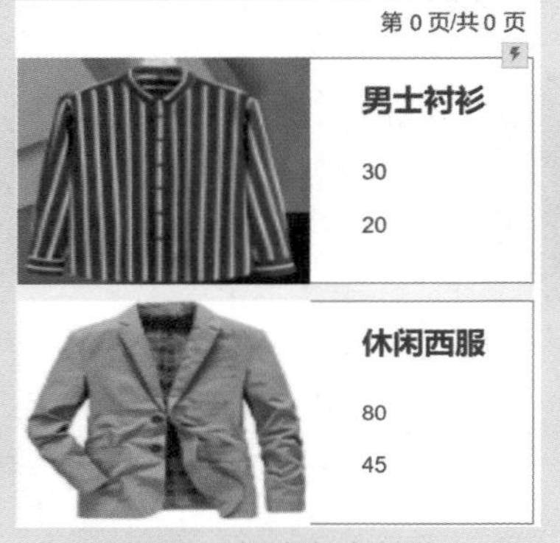

图8-104 创建文本标签

图8-105 为元件指定名称

STEP 03 选择中继器元件实例，单击“新增交互”按钮，添加“项目被载入”事件，再选择“设置文本”动作，设置各项参数，如图8-106所示。单击“编辑文本”按钮，在弹出的“输入文本”对话框下方单击“添加局部变量”链接并进行设置，如图8-107所示。

图8-106 设置文本

图8-107 添加局部变量

STEP 04 单击“插入变量或函数”链接，插入表达式并在右侧设置显示文本样式，如图8-108所示。连续单击“确定”按钮两次，“交互”面板如图8-109所示。

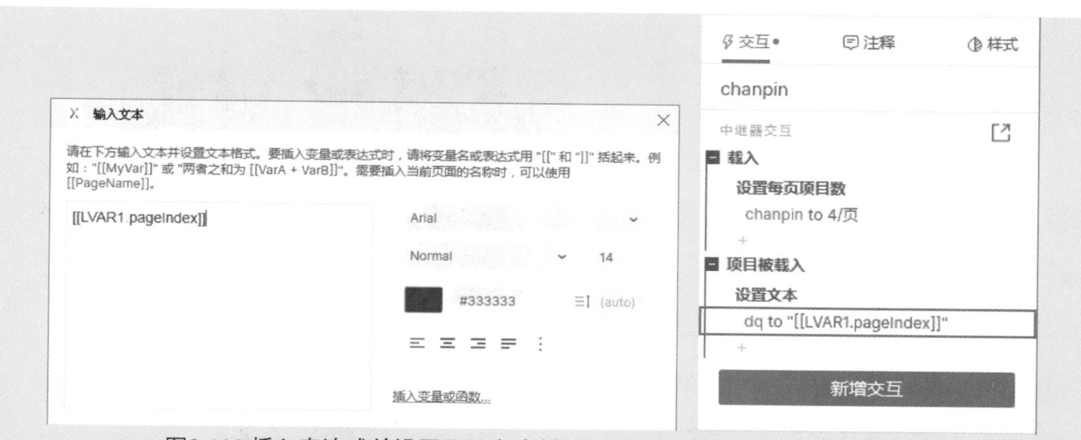

图8-108 插入表达式并设置显示文本样式　　　　图8-109 “交互”面板

STEP 05 将光标移动到“设置文本”动作上，单击后面的“添加目标”按钮 添加目标 ，将“all”元件设置为目标，如图8-110所示。使用相同的方法添加局部变量并插入表达式，“交互”面板如图8-111所示。

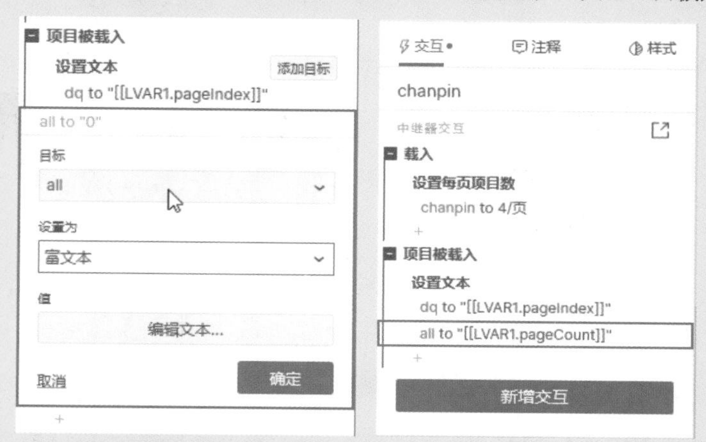

图8-110 添加“all”元件为目标　　　　图8-111 “交互”面板

Tips

为了保证每一个分页面都能够正确显示总页数和当前页数，需要将显示页码的事件添加到所有控制按钮上。

STEP 06 选择刚刚创建的“设置文本”动作，如图8-112所示，单击鼠标右键，在弹出的快捷菜单中选择“复制”命令，如图8-113所示。

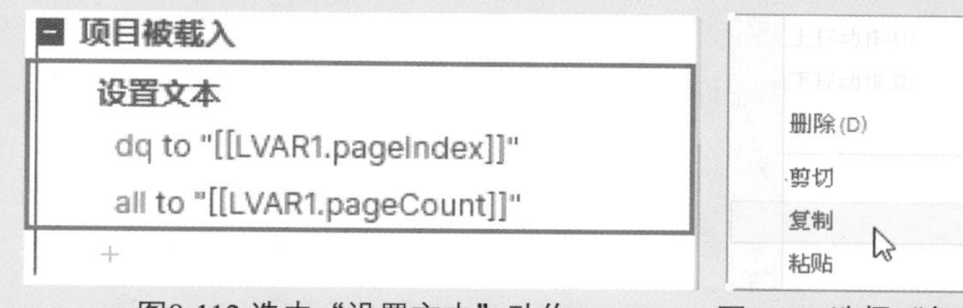

图8-112 选中“设置文本”动作　　　　图8-113 选择“复制”命令

STEP 07 选择“首页”按钮，在“交互”面板中单击鼠标右键，在弹出的快捷菜单中选择“粘贴”命令，如图8-114所示。“交互”面板如图8-115所示。继续使用相同的方法，复制动作到其他几个按钮上，页面效果如图8-116所示。

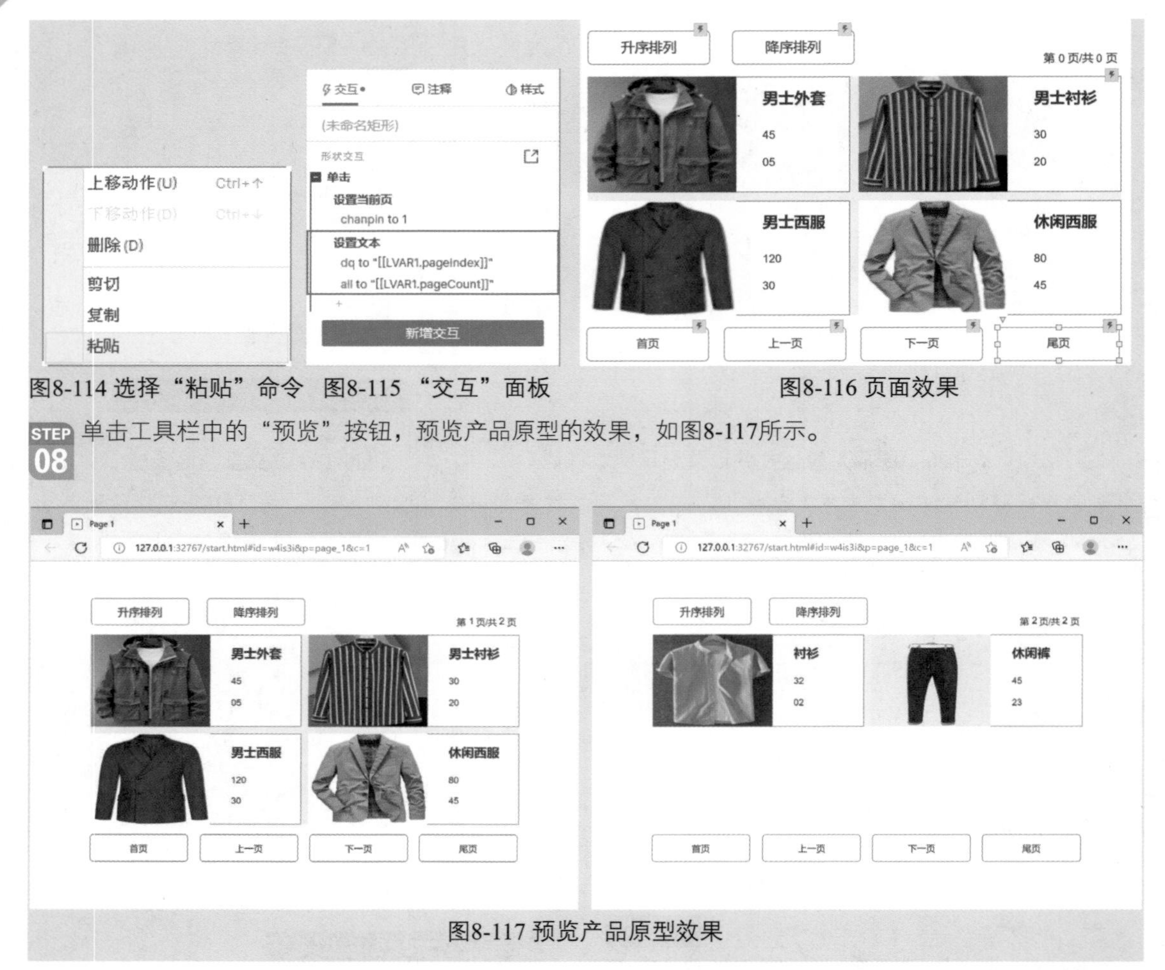

图8-114 选择“粘贴”命令 图8-115 “交互”面板 图8-116 页面效果

STEP 08 单击工具栏中的“预览”按钮，预览产品原型的效果，如图8-117所示。

图8-117 预览产品原型效果

8.5 其他动作

在“交互编辑器”对话框的“添加动作”选项卡中，“其他动作”的数量如图8-118所示。除了之前使用过的“设置自适应视图”和“设置变量值”动作，还包含“等待”“其他”“触发事件”3个动作，这3个动作的功能如下。

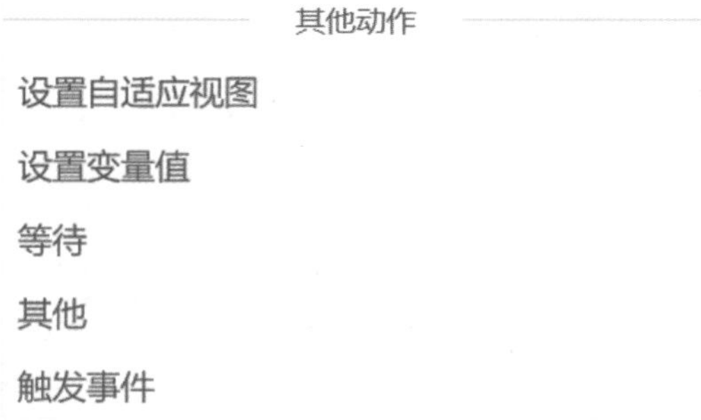

其他动作

设置自适应视图

设置变量值

等待

其他

触发事件

图8-118 其他动作

1. 等待

让Axure RP 10在等待一定的毫秒数后，再执行下面的动作，类似编程中的sleep功能。

2. 其他

包括其他任何Axure RP 10不支持的但是用户希望未来网站能够支持的功能。这其实不是一个动作，而是一个描述。例如，用户希望不告诉开发者，在单击某个按钮时就播放一个声音，这种情况下可选择“其他”动作，在配置动作中说明要播放的声音。

3. 触发事件

可以在更多情况下，为一个元件同时添加多个交互事件。

8.6 函数

Axure RP 10中的函数是一种特殊的变量，可以通过调用获得一些特定的值。函数的使用范围很广泛，能够让原型制作变得更迅速、更灵活、更逼真。在Axure RP 10中，只有表达式能够使用函数。

8.6.1 了解函数

在“交互编辑器”对话框中添加“设置变量值”动作后，选择“OnLoadVariable”选项，单击“值”选项下文本框右侧的“fx”按钮，如图8-119所示。在弹出的“编辑文本”对话框中单击“插入变量或函数”链接，即可看到Axure RP 10自带的函数，如图8-120所示。

图8-119 “交互编辑器”对话框

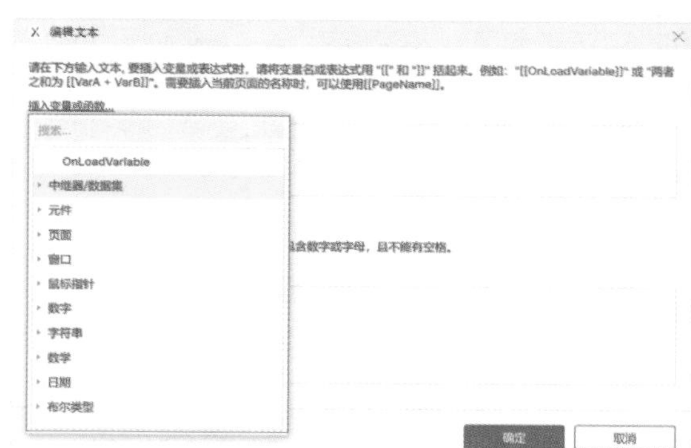

图8-120 Axure RP 10自带的函数

其中除了“全局变量”和“布尔类型”，还包含中继器/数据集、元件、页面、窗口、鼠标指针、数字、字符串、数学和日期9种类型的函数。

函数使用的格式是：对象.函数名（参数1，参数2……）。

应用案例

使用时间函数

源文件：源文件\第8章\使用时间函数.rp　视频：视频\第8章\使用时间函数.mp4

STEP 01 新建一个文件，使用“文本框”元件、“文本标签”元件和“主按钮”元件制作如图8-121所示的页面效果。从左到右依次将“文本框”元件命名为“shi”“fen”“miao”，如图8-122所示。

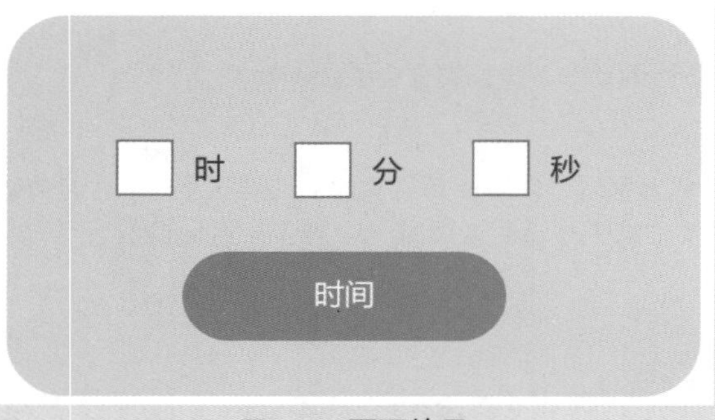

图8-121 页面效果

图8-122 指定元件名称

STEP 02 选择“主按钮”元件，单击“交互”面板中的“新建交互”按钮，添加“单击”事件后再添加“设置文本”动作，选择“shi”选项，单击“值”选项下文本框右侧的“ fx ”按钮，如图8-123所示。

STEP 03 在弹出的“编辑文本”对话框中单击“插入变量或函数”链接，在打开的下拉列表框中选择“日期”选项下的“getHours()”选项，单击“确定”按钮，获取小时函数，如图8-124所示。

图8-123 “交互”面板

图8-124 选中日期函数

STEP 04 单击“设置文本”右侧的“添加目标”按钮，分别为其他两个文本框添加函数，如图8-125所示。单击“预览”按钮，预览效果如图8-126所示。

图8-125 为其他两个文本框添加函数

图8-126 预览效果

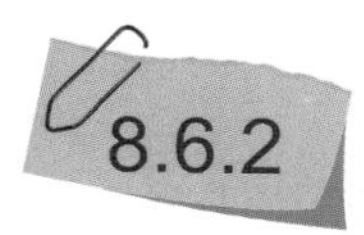

8.6.2 中继器/数据集函数

单击“编辑文本”对话框中的“插入变量或函数”链接，在“中继器/数据集”选项下可以看到6个中继器/数据集函数，函数说明如表8-1所示。

表8-1 中继器/数据集函数

函数名称	说明
Repeater	获取当前项的父中继器
visibleItemCount	返回当前页面中所有可见项的数量
itemCount	当前过滤器中项的数量
dataCount	当前过滤器中所有项的个数
pageCount	中继器对象中页的数量
pageindex	中继器对象当前的页数

8.6.3 元件函数

单击“编辑文本”对话框中的“插入变量或函数”链接，在“元件”选项下可以看到16个元件函数，函数说明如表8-2所示。

表8-2 元件函数

函数名称	说明
This	获取当前元件对象，当前元件是指添加事件的元件
Target	获取目标元件对象，目标元件是指添加动作的元件
x	获取元件对象的*X*坐标
y	获取元件对象的*Y*坐标
width	获取元件对象的宽度
height	获取元件对象的高度
scrollX	获取元件对象水平移动的距离
scrollY	获取元件对象垂直移动的距离
text	获取元件对象的文字
name	获取元件对象的名称
top	获取元件对象顶部边界的坐标值
left	获取元件对象左边界的坐标值
right	获取元件对象右边界的坐标值
bottom	获取元件对象底部边界的坐标值
opacity	获取元件对象的不透明度
rotation	获取元件对象的旋转角度

应用案例

设计制作商品详情页

源文件：源文件\第8章\设计制作商品详情页.rp 视频：视频\第8章\设计制作商品详情页.mp4

STEP 01 新建一个Axure RP文件，将“图片”元件拖曳到页面中并插入图片，将其命名为“bigpic”，复制图片并调整其位置和大小，如图8-127所示。继续使用相同的方法导入其他图片，并分别将它们命名为“pic1”和“pic2”,如图8-128所示。

图8-127 复制图片并命名

图8-128 导入图片并命名

STEP 02 使用“矩形”元件创建一个如图8-129所示的矩形，将其命名为“kuang”。选择“pic 1”元件，打开“交互编辑器”对话框，为其添加“鼠标移入”事件，再添加“设置图片”动作，选择“bigpic”元件，如图8-130所示。

图8-129 创建矩形

图8-130 选择“bigpic”元件

STEP 03 单击“设置常规状态图片”选项下的“选择”按钮，在弹出的“打开”对话框中选择需要导入的素材图片，如图8-131所示。添加“移动”动作，选择“目标”为“kuang”，设置“移动”选项为“to”，如图8-132所示。

图8-131 选择导入图片

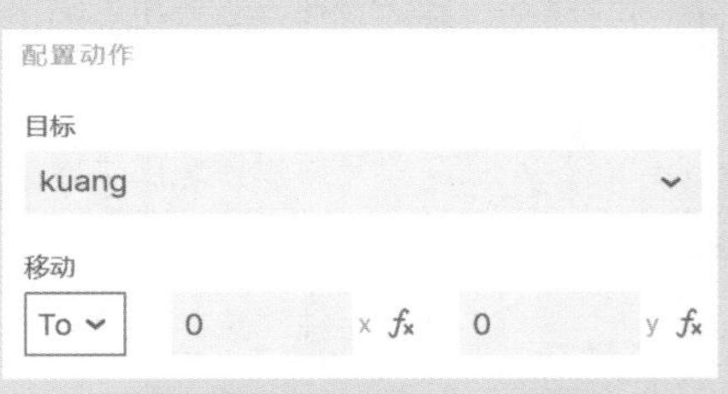

图8-132 设置“移动”选项

STEP 04 单击“x”文本框后的“f_x”按钮，在弹出的“编辑值”对话框中删除数值0，单击“插入变量或函数”链接，选择“x”选项，如图8-133所示。为了保证边框与图片对齐，使用表达式使其移动3个位置，如图8-134所示。

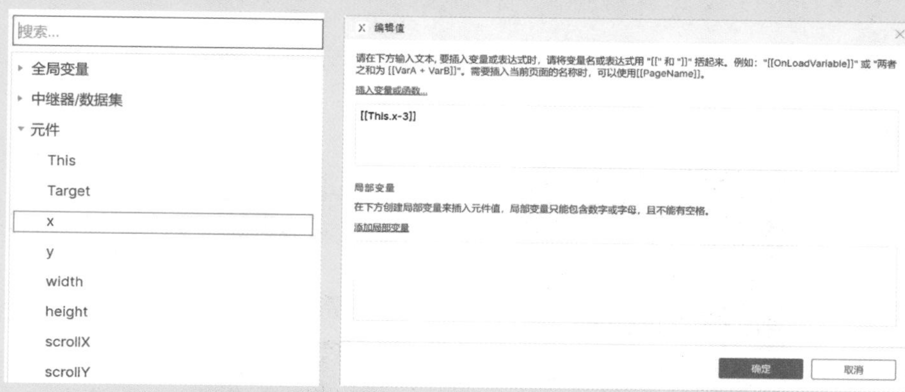

图8-133 选择函数　　图8-134 使用表达式移动位置

STEP 05 单击“确定”按钮。单击“y”文本框后的“f_x”按钮，在弹出的“编辑值”对话框中进行设置，如图8-135所示。单击“确定”按钮，设置动作参数，如图8-136所示。

图8-135 设置“编辑值”对话框　　图8-136 设置动作参数

STEP 06 使用相同的方法为“pic2”元件添加交互，“交互编辑器”对话框中的动作参数如图8-137所示。

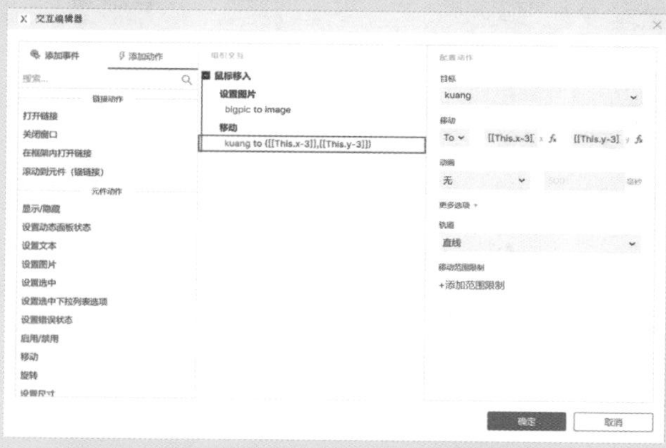

图8-137 “交互编辑器”对话框

STEP 07 单击工具栏中的“预览”按钮，在打开的浏览器中预览制作完成后的交互效果，如图8-138所示。

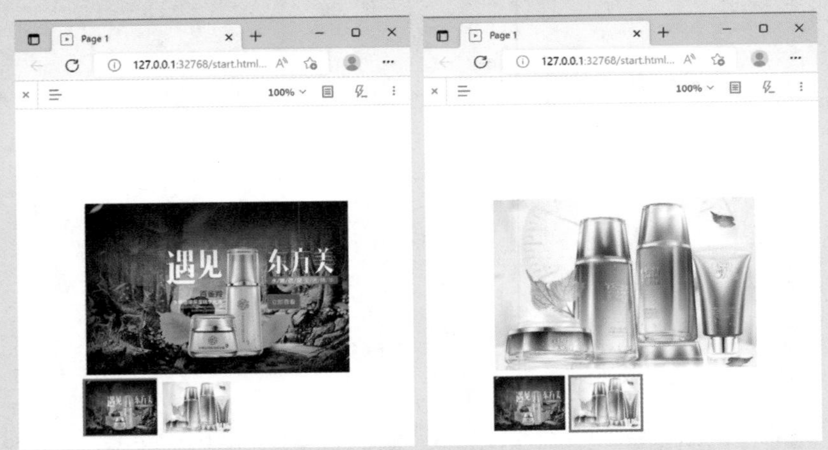

图8-138 预览交互效果

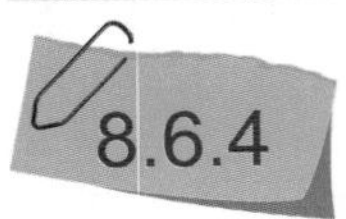

8.6.4 页面函数

单击“编辑文本”对话框中的“插入变量或函数”链接，在“页面”选项下可以看到一个页面函数，函数说明如表8-3所示。

表8-3 页面函数

函数名称	说明
PageName	获取当前页面的名称

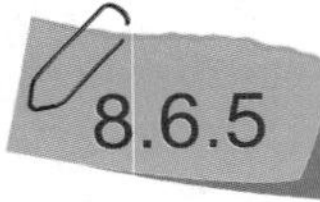

8.6.5 窗口函数

单击“编辑文本”对话框中的“插入变量或函数”链接，在“窗口”选项下可以看到4个窗口函数，函数说明如表8-4所示。

表8-4 窗口函数

函数名称	说明
Window.width	获取浏览器的当前宽度
Window.height	获取浏览器的当前高度
Window.scrollX	获取浏览器的水平滚动距离
Window.scrollY	获取浏览器的垂直滚动距离

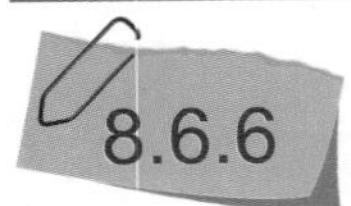

8.6.6 鼠标指针函数

单击“编辑文本”对话框中的“插入变量或函数”链接，在“鼠标指针”选项下可以看到7个鼠标指针函数，函数说明如表8-5所示。

表8-5 鼠标指针函数

函数名称	说明
Cursor.x	获取鼠标光标当前位置的X轴坐标
Cursor.y	获取鼠标光标当前位置的Y轴坐标
DragX	整个拖动过程中，鼠标光标在水平方向上移动的距离
DragY	整个拖动过程中，鼠标光标在垂直方向上移动的距离
TotalDragX	整个拖动过程中，鼠标光标沿X轴水平移动的总距离
TotalDragY	整个拖动过程中，鼠标光标沿Y轴垂直移动的总距离
DragTime	鼠标拖曳操作的总时长，是指从按下鼠标左键到释放鼠标的总时长。中间过程中如果未移动鼠标位置，也计算时长

应用案例

设计制作产品局部放大效果

源文件：源文件\第8章\设计制作产品局部放大效果.rp

视　频：视频\第8章\设计制作产品局部放大效果.mp4

STEP 01 新建一个Axure RP文件，使用“图片”元件插入图片并调整图片大小为400px×400px，将其命名为“pic”，如图8-139所示。将“动态面板”元件拖曳到页面中，将其命名为“mask”。双击编辑“状态1”，为其填充“素材\第8章\85101.jpg”图片，如图8-140所示，并将其设置为隐藏。

图8-139 使用“图片”元件

图8-140 使用“动态面板”元件并填充图片

STEP 02 返回“page1”页面，再次拖入一个“动态面板”元件，将其命名为“zoombig”，如图8-141所示。双击编辑“状态1”导入一张图片，并将其命名为“bigpic”，如图8-142所示。

图8-141 再次使用“动态面板”元件并命名

图8-142 导入图片并命名

STEP 03 单击“关闭”按钮，返回“page1”页面，单击工具栏中的“隐藏”按钮，将“zoombig”元件隐藏。使用“热区”元件创建一个和图片大小一致的热区，并将其命名为“requ”，如图8-143所示。选中“热区”元件，为其添加“鼠标移入”事件，添加“显示/隐藏”动作，设置动作参数，如图8-144所示。

图8-143 使用“热区”元件并命名

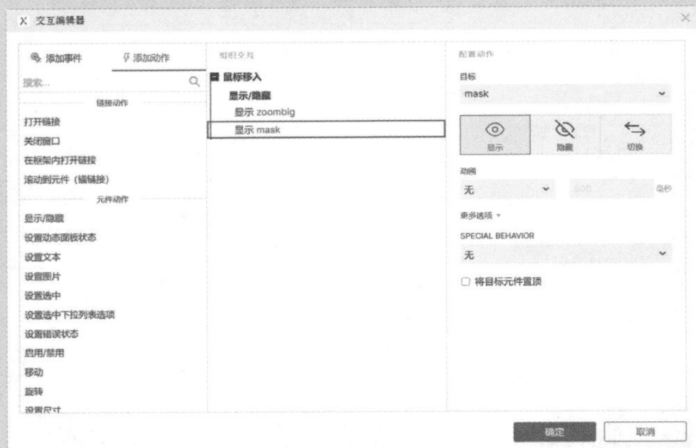

图8-144 设置动作参数

STEP 04 添加“鼠标移出”事件，再添加“显示/隐藏”动作，如图8-145所示。添加“鼠标经过”事件，并添加“移动”动作，选中“mask”动态面板，设置“移动范围限制”的各项参数，如图8-146所示。

图8-145 添加“鼠标移出”事件并设置动作

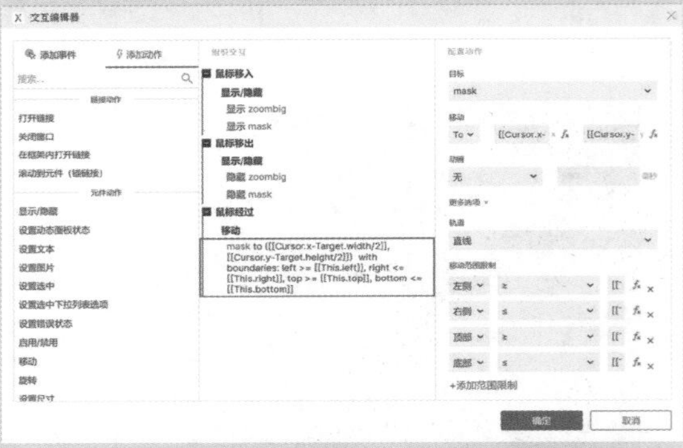

图8-146 设置“移动范围限制”的各项参数

STEP 05 设置“移动”选项为“To”，单击“x”文本框后的“f_x”按钮，设置鼠标指针函数，如图8-147所示。使用同样方法，单击“y”文本框后的“f_x”按钮，设置鼠标指针函数，如图8-148所示。

图8-147 设置鼠标指针函数1

图8-148 设置鼠标指针函数2

STEP 06 单击“移动”动作后面的“添加目标”按钮，选择“bigpic”复选框，设置“移动”选项为“To”，单击x文本框后的“f_x”按钮，单击“添加局部变量”链接，新建一个局部变量，如图8-149所示。输入如图8-150所示的表达式，用来控制大图的显示。

图8-149 添加局部变量

图8-150 输入表达式

STEP 07 使用相同的方法设置“y”文本框的值，如图8-151所示。

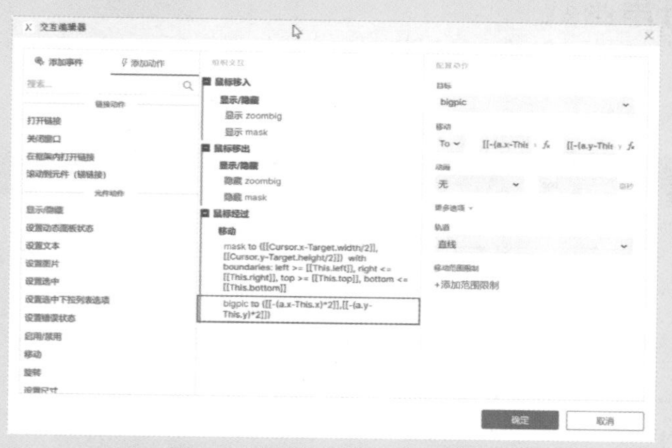

图8-151 设置“y”文本框的值

STEP 08 单击“确定”按钮，返回“page1”页面，单击工具栏中的“预览”按钮，在打开的浏览器中预览制作完成后的交互效果，如图8-152所示。

图8-152 预览交互效果

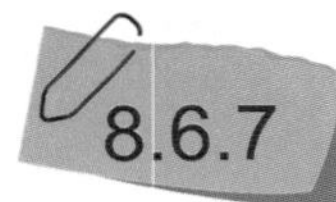

8.6.7 数字函数

单击“编辑文本”对话框中的“插入变量或函数”链接，在“数字”选项下可以看到3个数字函数，函数说明如表8-6所示。

表8-6 数字函数

函数名称	说明
toExponential(decimalPoints)	将对象的值转换为指数计数法。“decimalPoints”为小数点后保留的小数位数
toFixed(decimalPoints)	将一个数字转换为保留指定小数位数的数字，超出的后面小数位将自动进行四舍五入。“decimalPoints”为小数点后保留的小数位数
toPrecision(length)	将数字格式化为指定的长度，小数点不计算长度，“length”为指定的长度

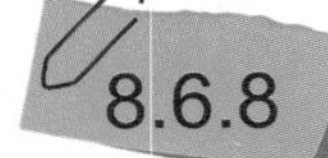

8.6.8 字符串函数

单击“编辑文本”对话框中的“插入变量或函数”链接，在“字符串”选项下可以看到15个字符串函数，函数说明如表8-7所示。

表8-7 字符串函数

函数名称	说明
length	获取当前文本对象的长度，即字符长度，1个汉字的长度按1计算
charAt(index)	获取当前文本对象指定位置的字符，“index”为大于等于0的整数，字符位置从0开始计数，0为第一位
charCodeAt(index)	获取当前文本对象中指定位置字符的Unicode编码（中文编码段为19968～40622）；字符起始位置从0开始。“index”为大于等于0的整数
concat('string')	将当前文本对象与另外一个字符串组合，“string”为组合后显示在后方的字符串
indexOf('searchValue')	从左至右查询字符串在当前文本对象中首次出现的位置。若未查询到，则返回值为“－1”。参数“searchValue”为查询的字符串；“start”为查询的起始位置，官方虽未明说，但经测试是可用的。官方默认没有“start”，则从文本的最左侧开始查询
lastIndexOf('searchValue')	从右至左查询字符串在当前文本对象中首次出现的位置。若未查询到，则返回值为“－1”。参数“searchValue”为查询的字符串；“start”为查询的起始位置，官方虽未明说，但经测试是可用的。官方默认没有“start”，则从文本的最右侧开始查询
replace('searchvalue','newvalue')	用新的字符串替换文本对象中指定的字符串。参数“newvalue”为新的字符串，“searchvalue”为被替换的字符串
slice(str,end)	从当前文本对象中截取从指定位置开始到指定位置结束之间的字符串。参数“start”为截取部分的起始位置，该数值可为负数。负数代表从文本对象的尾部开始，“－1”表示末位。“－2”表示倒数第二位。“end”为截取部分的结束位置，可省略，省略则表示从截取开始位置至文本对象的末尾。这里提取的字符串不包含结束位置

表8-7 字符串函数（续）

函数名称	说明
split('separator',limit)	将当前文本对象中与分隔字符相同的字符转为“,”，形成多组字符串，并返回从左开始的指定组数。参数“separator”为分隔字符，分隔字符可以为空，为空时将分隔每个字符为一组；“limit”为返回组数的数值，该参数可以省略，省略该参数则返回所有字符串组
substr(start,length)	在当前文本对象中从指定起始位置截取一定长度的字符串。参数“start”为截取的起始位置，“length”为截取的长度，该参数可以省略，省略则表示从起始位置一直截取到文本对象末尾
substring(from,to)	从当前文本对象中截取从指定位置开始到另一指定位置区间的字符串。参数“from”为指定区间的起始位置，“to”为指定区间的结束位置，该参数可以省略，省略则表示从起始位置截取到文本对象的末尾。这里提取的字符串不包含末位
toLowerCase()	将文本对象中所有的大写字母转换为小写字母
toUpperCase()	将文本对象中所有的小写字母转换为大写字母
trim	删除文本对象两端的空格
toString()	将一个逻辑值转换为字符串

8.6.9 数学函数

单击“编辑文本”对话框中的“插入变量或函数”链接，在“数学”选项下可以看到22个数学函数，函数说明如表8-8所示。

表8-8 数学函数

函数名称	说明
+	加，返回前后两个数的和
—	减，返回前后两个数的差
*	乘，返回前后两个数的乘积
/	除，返回前后两个数的商
%	余，返回前后两个数的余数
abs(x)	计算参数值的绝对值，参数“x”为数值
acos(x)	获取一个数值的反余弦值，其范围为0～pi。参数“x”为数值，范围为－1～1
asin(x)	获取一个数值的反正弦值，参数“x”为数值，范围为－1～1
atan(x)	获取一个数值的反正切值，参数“x”为数值
atan2(y,x)	返回从*X*轴到(X,Y)的角度。返回－PI～PI之间的值，是从*X*轴正向逆时针旋转到点（x,y）经过的角度
ceil(x)	向上取整函数，获取大于或者等于指定数值的最小整数，参数“x”为数值

表8-8 数学函数（续）

函数名称	说明
cos(x)	获取一个数值的余弦函数，返回－1.0～1.0之间的数，参数“x”为弧度数值
exp(x)	获取一个数值的指数函数，计算以“e”为底的指数，参数“x”为数值。返回“e”的“x”次幂。“e”代表自然对数的底数，其值近似为2.71828。如exp(1)，输出2.718281828459045
floor(x)	向下取整函数，获取小于或者等于指定数值的最大整数。参数“x”为数值
log(x)	对数函数，计算以“e”为底的对数值，参数“x”为数值
max(x,y)	获取参数中的最大值。参数“x,y”表示多个数值，不一定为两个数值
min(x,y)	获取参数中的最小值。参数“x,y”表示多个数值，不一定为两个数值
pow(x,y)	幂函数，计算“x”的“y”次幂。参数“x”为底数，“x”为大于等于0的数字；“y”为指数，“y”为整数，不能为小数
random()	随机数函数，返回一个0~1的随机数。示例获取10～15之间的随机小数，计算公式为Math.random()*5+10
sin(x)	正弦函数。参数“x”为弧度数值
sqrt(x)	平方根函数。参数“x”为数值
tan(x)	正切函数。参数“x”为弧度数值

应用案例

设计制作计算器效果

源文件：源文件\第8章\设计制作计算器效果.rp 视频：视频\第8章\设计制作计算器效果.mp4

STEP 01 新建一个Axure RP文件，使用“矩形”元件、“文本框”元件、“文本标签”元件和“主按钮”元件完成页面的制作，如图8-153所示。为“文本框”元件和“按钮”元件设置名称，如图8-154所示。

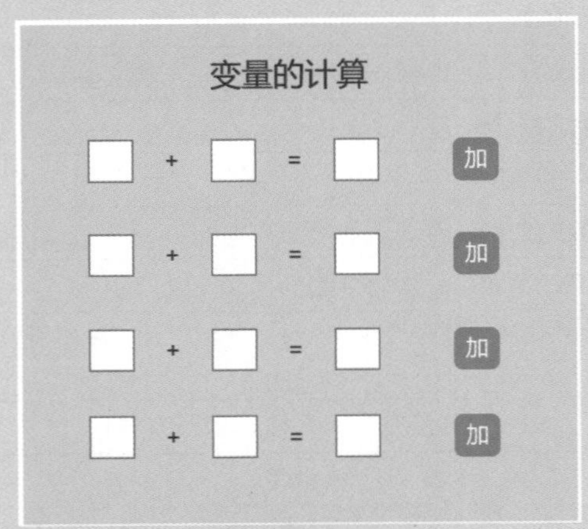

图8-153 设计制作页面

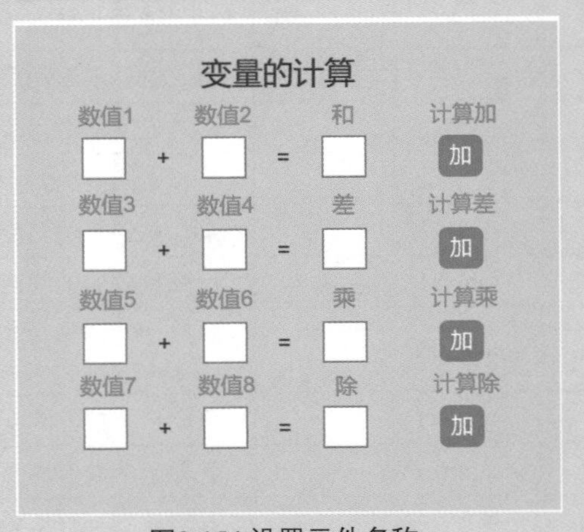

图8-154 设置元件名称

STEP 02 选择“计算加”按钮元件，添加“单击”事件，再添加“设置变量值”动作，单击“添加变量”按钮，新建全局变量“a”，如图8-155所示。使用相同的方法，新建全局变量“b”，如图8-156所示。

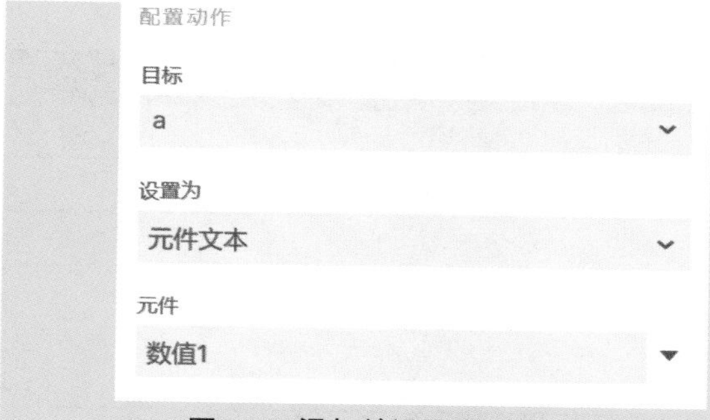

图8-155 添加并设置全局变量“a”

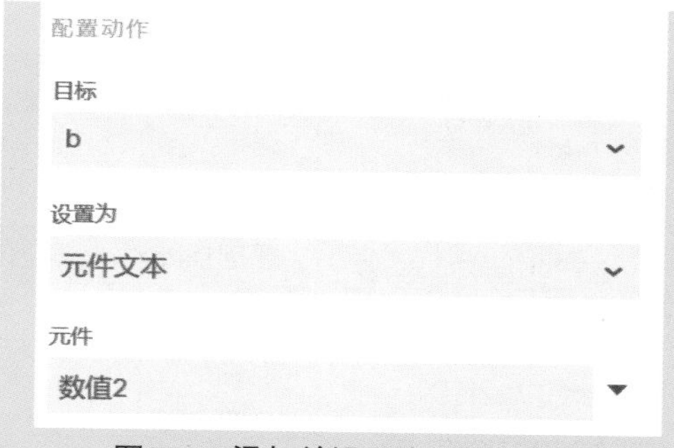

图8-156 添加并设置全局变量“b”

STEP 03 添加“设置文本”动作，在“目标”选项下选择“和”选项，单击“值”选项文本框右侧的“ f_x ”按钮，插入如图8-157所示的表达式。单击“确定”按钮，设置动作参数，如图8-158所示。

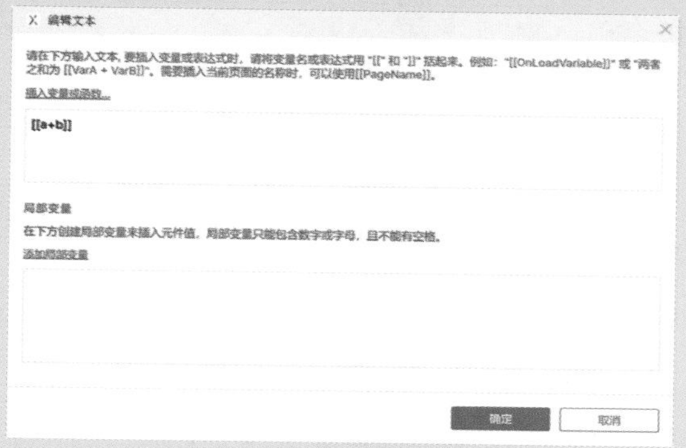

图8-157 插入表达式

图8-158 设置动作参数

STEP 04 单击“确定”按钮。继续使用相同的方法，依次为其他几个“按钮”元件添加交互，完成后的页面效果如图8-159所示。单击工具栏中的“预览”按钮，在打开的浏览器中输入数值，预览加法、减法、乘法和除法的计算效果，如图8-160所示。

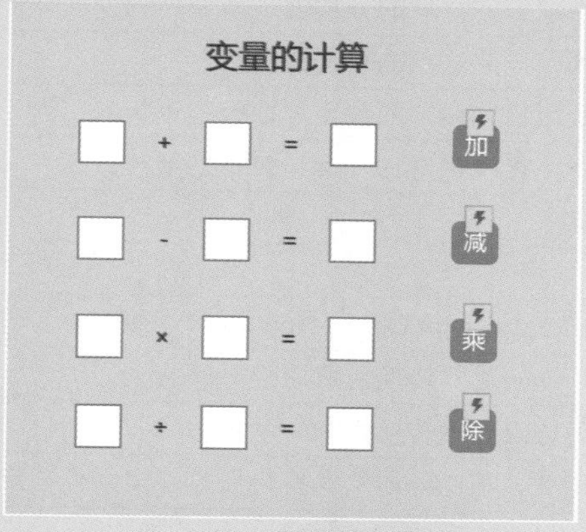

图8-159 计算器页面效果

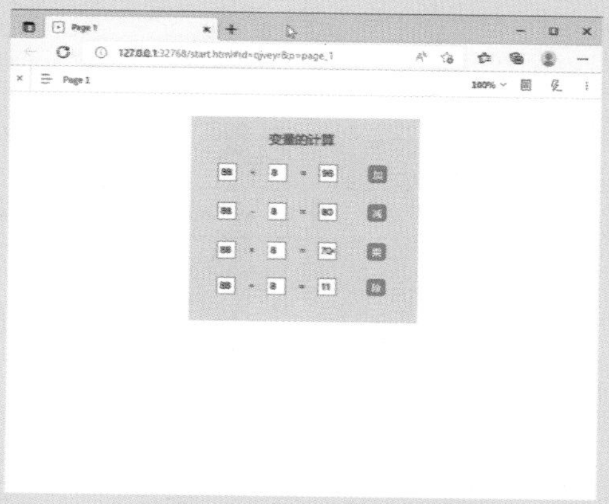

图8-160 页面预览效果

8.6.10 日期函数

单击“编辑文本”对话框中的“插入变量或函数”链接，在“日期”选项下可以看到40个日期函数，函数说明如表8-9所示。

表8-9 日期函数

函数名称	说明
Now	返回计算机系统当前设定的日期和时间值
GenDate	获取生成Axure原型的日期和时间值
getDate()	返回Date对象属于哪一天的值，取值范围为1～31
getDay()	返回Date对象为一周中的哪一天，取值范围为0～6，周日的值为0
getDayOfWeek()	返回Date对象为一周中的哪一天，用该天的英文表示，如周六表示为“Saturday”
getFullYear()	获取日期对象的4位年份值，如2015
getHours()	获取日期对象的小时值，取值范围为0～23
getMilliseconds()	获取日期对象的毫秒值
getMinutes()	获取日期对象的分钟值，取值范围为0～59
getMonth()	获取日期对象的月份值
getMonthName()	获取日期对象的月份名称，根据当前系统时间关联区域的不同，会显示不同的名称
getSeconds()	获取日期对象的秒值，取值范围为0～59
getTime()	获取1970年1月1日至今的毫秒数
getTimezoneOffset()	返回本地时间与格林尼治标准时间（GMT）的分钟值
getUTCDate()	根据世界标准时间，返回Date对象属于哪一天的值，取值范围为1～31
getUTCDay()	根据世界标准时间，返回Date对象为一周中的哪一天，取值范围为0～6，周日的值为0
getUTCFullYear()	根据世界标准时间，获取日期对象的4位年份值，如2015
getUTCHours()	根据世界标准时间，获取日期对象的小时值，取值范围为0～23
getUTCMilliseconds()	根据世界标准时间，获取日期对象的毫秒值
getUTCMinutes()	根据世界标准时间，获取日期对象的分钟值，取值范围为0～59
getUTCMonth()	根据世界标准时间，获取日期对象的月份值
getUTCSeconds()	根据世界标准时间，获取日期对象的秒值，取值范围为0～59
parse(datestring)	格式化日期，返回日期字符串相对1970年1月1日的毫秒数
toDateString()	将Date对象转换为字符串
toISOString()	返回iOS格式的日期
toJSON()	将日期对象进行JSON（JavaScript Object Notation）序列化
toLocaleDateString()	根据本地日期格式，将Date对象转换为日期字符串
toLocaleTimeString()	根据本地时间格式，将Date对象转换为时间字符串
toLocaleString()	根据本地日期、时间格式，将Date对象转换为日期、时间字符串
toTimeString()	将日期对象的时间部分转换为字符串
toUTCString()	根据世界标准时间，将Date对象转换为字符串
UTC(year,month,day,hour, minutes sec,millisec)	生成指定年、月、日、小时、分钟、秒和毫秒的世界标准时间对象，返回该时间相对1970年1月1日的毫秒数
valueOf()	返回Date对象的原始值
addYears(years)	将某个Date对象加上若干年份值，生成一个新的Date对象

表8-9 日期函数（续）

函数名称	说明
addMonths(months)	将某个Date对象加上若干月数值，生成一个新的Date对象
addDays(days)	将某个Date对象加上若干天数，生成一个新的Date对象
addHous(hours)	将某个Date对象加上若干小时数，生成一个新的Date对象
addMinutes(minutes)	将某个Date对象加上若干分钟数，生成一个新的Date对象
addSeconds(seconds)	将某个Date对象加上若干秒数，生成一个新的Date对象
addMilliseconds(ms)	将某个Date对象加上若干毫秒数，生成一个新的Date对象

应用案例

使用日期函数

源文件：源文件\第8章\使用日期函数.rp　视频：视频\第8章\使用日期函数.mp4

STEP 01 新建一个Axure RP文件，将“二级标题”元件拖曳到页面中，修改文本内容如图8-161所示。分别将两个元件命名为日期和时间，如图8-162所示。

2022年8月3日
09:38:00

图8-161 添加元件并修改文本内容

2022年8月3日　日期
09:38:00　时间

图8-162 指定元件名称

STEP 02 拖曳选中两个元件，单击鼠标右键，在弹出的快捷菜单中选择“转换为动态面板”命令，效果如图8-163所示。将动态面板命名为“动态时间”，如图8-164所示。

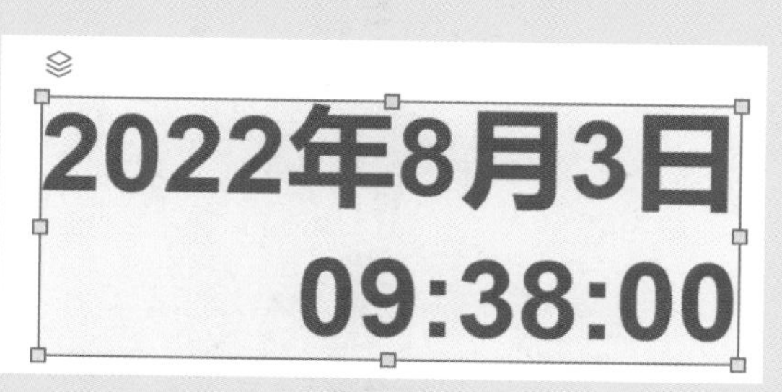

图8-163 转换为动态面板

交互　注释　样式
动态时间
X 117　Y 87
W 305　H 116　0
动态面板
设置
不滚动
适应内容

图8-164 将动态面板命名为“动态时间”

STEP 03 在“大纲”面板中的“状态1”项目上单击鼠标右键，在弹出的快捷菜单中选择“创建状态副本”命令，复制效果如图8-165所示。

STEP 04 在页面空白处单击，添加“页面载入”事件，再添加“设置动态面板状态”动作，设置“状态”为“下一个”，选择“在第1个到最后1个状态之间循环”复选框，将“Repeat every”设置为1000毫秒，如图8-166所示。

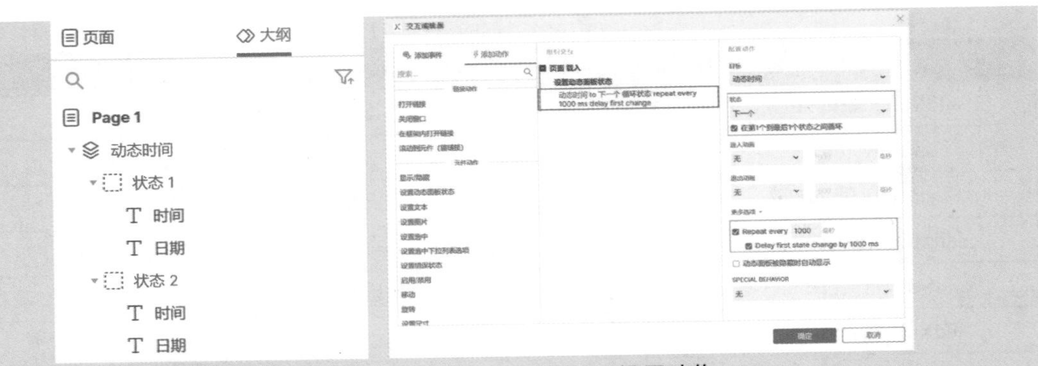

图8-165 复制效果　　图8-166 设置动作

STEP 05 单击“确定”按钮，选中“动态时间”动态面板，为其添加“面板状态改变”事件，再添加“设置文本”动作，将“状态2”下的“时间”元件设置为“目标”，单击“值”文本框后面的“ fx ”按钮，在弹出的“编辑文本”对话框中插入如图8-167所示的表达式，单击“确定”按钮。

STEP 06 单击“确定”按钮，在“交互编辑器”对话框中单击“添加目标”按钮，选择目标为“状态2”下的“日期”元件，设置动作的值为如图8-168所示的表达式。

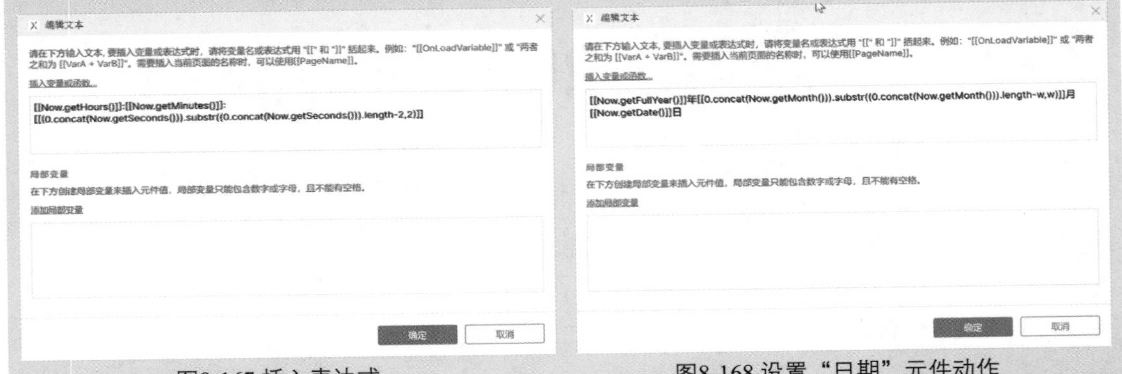

图8-167 插入表达式　　图8-168 设置“日期”元件动作

Tips

concat() 函数是在字符串后面附加字符串，主要是在月、日、时、分、秒之前加上 0。substr() 函数是从字符串的指定位置开始，截去固定长度的字符串，起始位置从 0 开始；length 的主要功能是获取目标字符串的长度。

STEP 07 单击“确定”按钮。继续使用相同的方法将“状态1”下的“时间”和“日期”元件设置为目标，此时的“交互编辑器”对话框如图8-169所示。

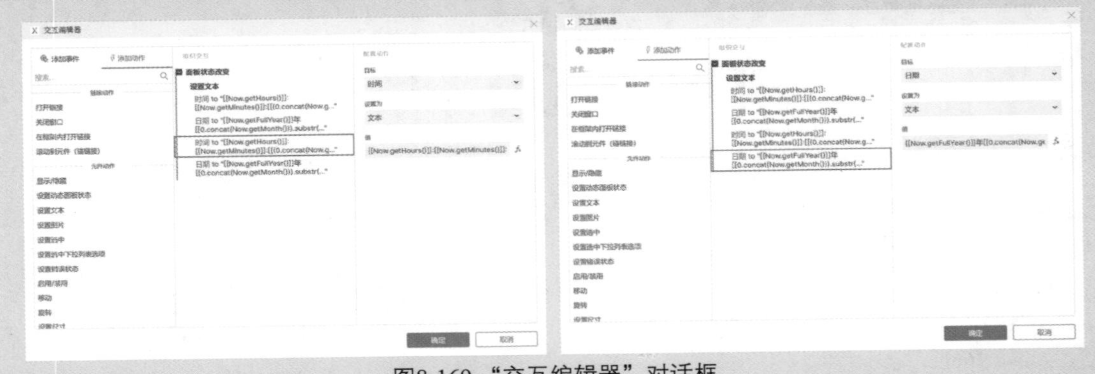

图8-169 “交互编辑器”对话框

STEP 08 单击"确定"按钮，页面效果如图8-170所示。单击工具栏中的"预览"按钮，实时的日期与时间交互效果如图8-171所示。

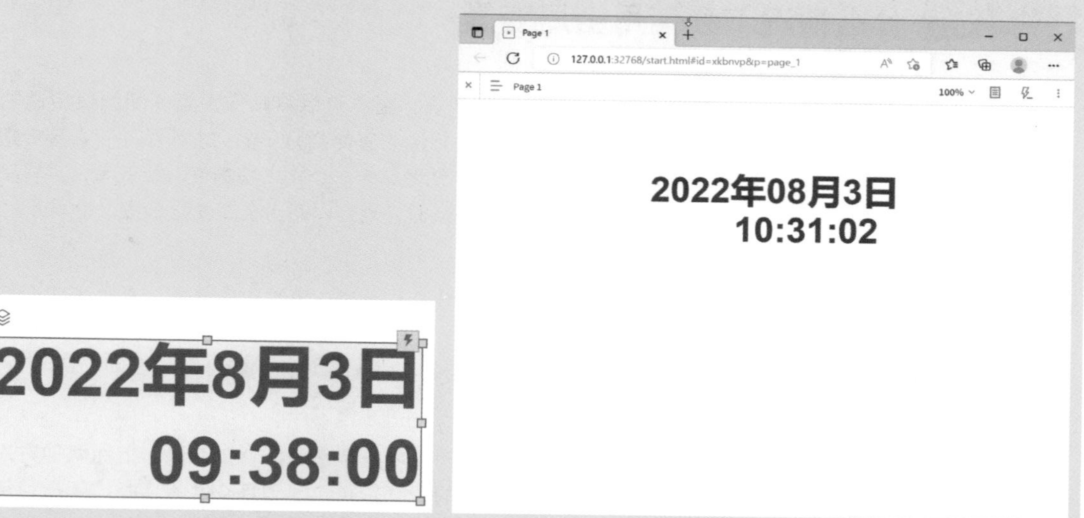

图8-170 页面效果

图8-171 页面预览效果

Tips

日期的获取和链接并不困难，这里的难点在于如何将1位文字转换为2位文字，上一步提到的函数是关键。以秒为例，先在获取到的秒前面加0，如010、05。最后要保留的是两位数，其实就是最后两位数，但是Axure中没有Right()函数，所以只能迂回取得。获取添加0后的长度，用长度减去2，作为截取字符串的起始位置，截取的长度为2。例如010，从字符串下标为1的位置开始，取两位，结果为10；05，从字符串下标为0的位置开始，取两位，结果为05。这就是需要的效果。

8.7 答疑解惑

变量和函数是Axure RP 10交互设计制作的难点和重点，读者在学习时要遵循循序渐进、从小到大、从易到难的方法。

8.7.1 尽量使用简洁的交互效果

很多用户在使用Axure RP 10制作原型时，会为每一页都添加交互动作。这样做除了增加制作的复杂度，还会增加原型的体积。一位成熟的设计师应该清楚地知道，什么时候需要添加交互，什么时候只需要静态图像即可。

1. 没有交互，可以正确表达设计吗

如果设计师提交的只是静态图片，其设计通常会被错误理解，通过添加交互动画可以很好地解决这些问题。

2. 添加了交互设计的页面，会比静态页面更易于理解吗

通过为静态页面添加交互设计，可以使用户更好地理解页面间的层级关系，熟悉原型的整体结构和交互效果。

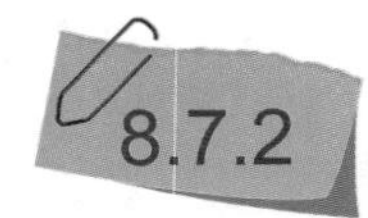

8.7.2 什么情况下会使用全局变量

1. 做赋值的载体

全局变量支持8种赋值方法，其中有5种用于获取组件值，因此可以将其作为组件间的值传递的媒介，发挥中间人的作用。例如要将一个文本块（text panel）组件的值传给另一个文本块组件，直接传递是不能实现的，需要用到全局变量的“设置文本”赋值方法，先将其中一个文本块的值赋给变量，再将变量的值赋给另一个文本块。当需要实现组件和组件之间值的传递时，也可以使用全局变量来做“中间人”。

2. 做参数的载体

全局变量支持直接赋值，也支持获取别的全局变量的值，利用这一特性让变量作为参数来实现某些功能。如同一个按钮要实现跳转到不同页面时，就需要两个变量来配合实现，一个变量充当参数，记录在原型演示过程中产生的值的变化，另一个变量用来获取这个值，从而决定归属。

3. 做条件判断的载体

全局变量的赋值方式有很多，当获取到值并直接使用时，就是用来做条件判断了，上述两种方法都是获取到值之后的间接使用。例如，常见的根据输入密码的长度来判断密码复杂度的功能，就是利用变量获取组件值的长度，然后根据这个长度来直接进行判断。

8.8 总结扩展

掌握一些高级的交互制作方法，有利于完成高端产品模型的制作。但切记不要只为追求特效，而忽略了产品本身。

8.8.1 本章小结

通过本章的学习，读者应该掌握变量和函数的基本使用方法，要在充分理解函数的前提下完成案例的制作，同时还要了解每一种函数的功能，循序渐进地学习。读者要对中继器动作和其他动作的使用有所了解，并能够应用到实际的原型设计中。

8.8.2 举一反三——设计制作商品购买页面

在掌握了Axure RP 10中函数的使用方法后，用户应多加练习，以加深对相关知识点的理解。接下来通过设计制作商品购买页面的交互效果，进一步理解函数和表达式的使用方法。

源文件:	源文件\第8章\设计制作商品购买页面.rp
视频文件:	视频\第8章\设计制作商品购买页面.mp4
难易程度:	★★★☆☆
学习时间:	15分钟

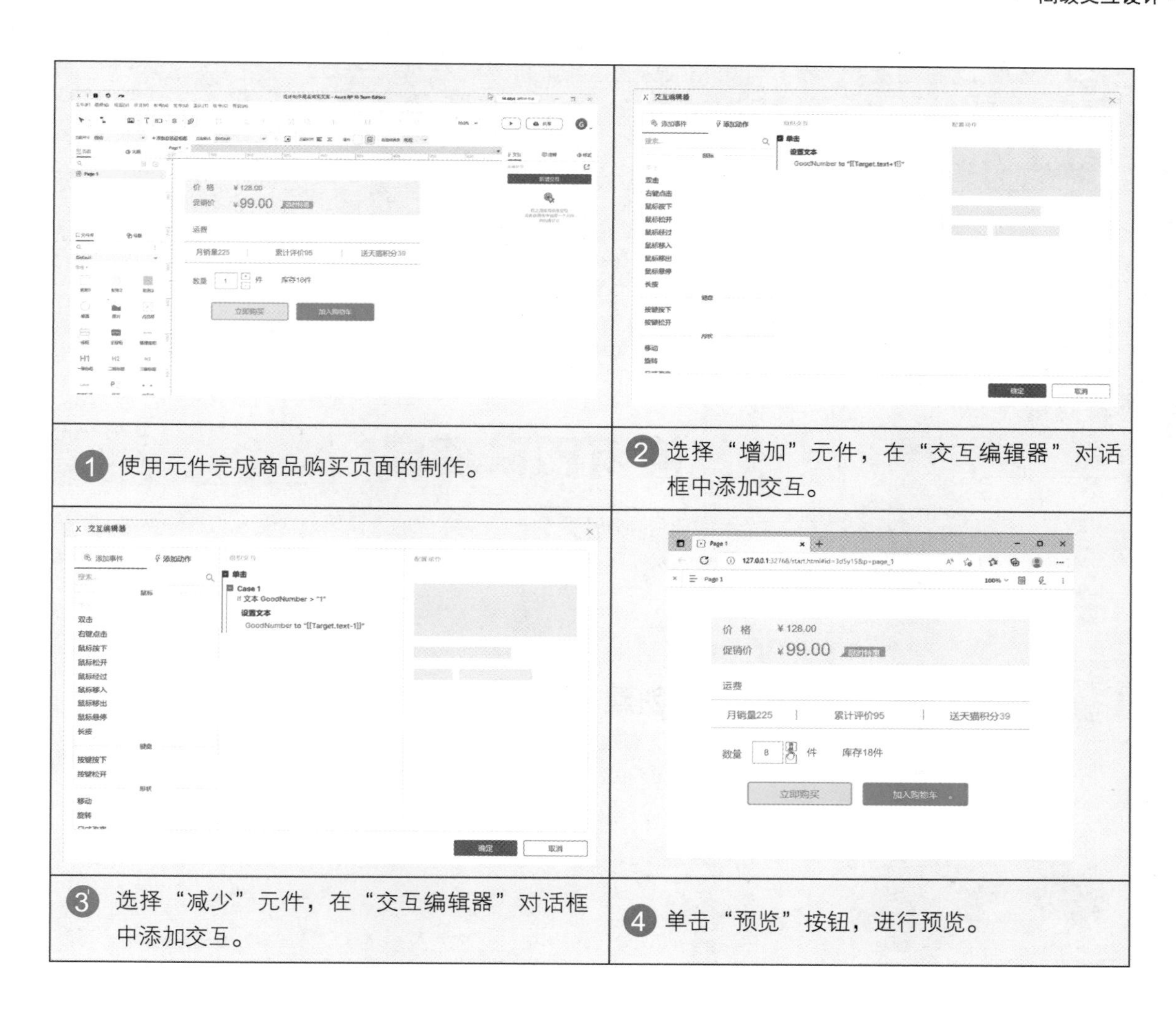

❶ 使用元件完成商品购买页面的制作。

❷ 选择“增加”元件，在“交互编辑器”对话框中添加交互。

❸ 选择“减少”元件，在“交互编辑器”对话框中添加交互。

❹ 单击“预览”按钮，进行预览。

读书笔记

第9章 团队合作

Axure RP 10允许多人参与同一个项目的开发，团队中的每个人都会分到一个或多个项目模块，每个模块都有联系。团队项目时间短、预算有限，每个人都在自己的模块中工作，可能会导致整个项目不能同步，合作存在很大的挑战，这是项目文档本身的特点。本章将介绍Axure RP 10中团队合作的功能及方法，并对如何保持原型同步进行讲解。

本章学习重点

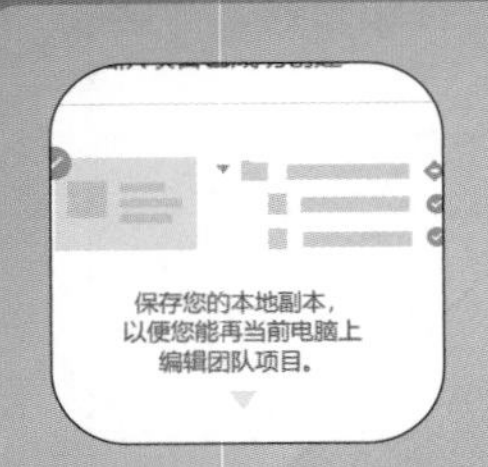

第 255 页
创建团队项目

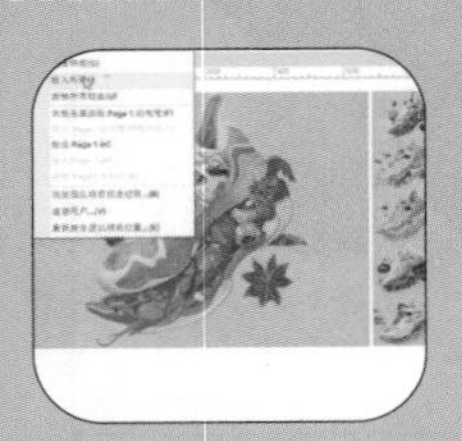

第 267 页
完成团队项目的检出与检入

9.1 使用团队项目

一个大的项目通常不是由一个人完成的，需要几个甚至几十个人共同完成。创建团队项目可以使团队中的所有用户及时共享最新信息，全程参与到项目的研发制作中。

9.1.1 创建团队项目

执行“文件 > 新建”命令，新建一个文件。执行“团队 > 从当前文件创建团队项目”命令，如图9-1所示，即可开始创建团队项目。

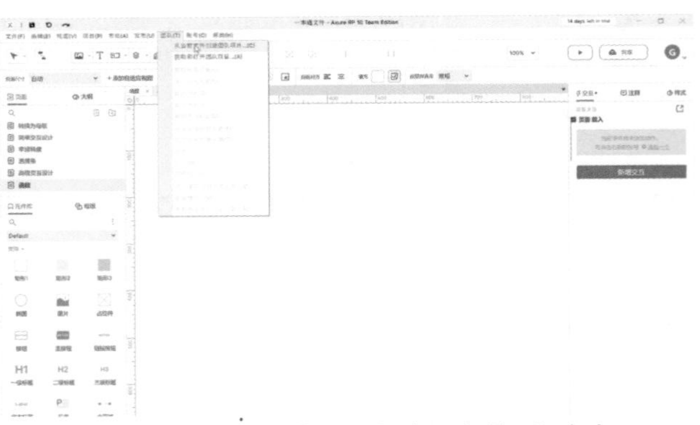

图9-1 执行“从当前文件创建团队项目”命令

用户也可以执行“文件 > 新建团队项目”命令，如图9-2所示，在弹出的“创建团队项目”对话框中创建项目，如图9-3所示。

图9-2 执行“新建团队项目”命令　图9-3 “创建团队项目”对话框

用户可以在“团队项目名称”文本框中输入团队项目名称，以便团队人员查找和参与团队项目，如图9-4所示。第一次创建团队项目时需要新建工作空间，用来保存项目文件，用户可以在“新建工作空间”文本框中输入空间名称，如图9-5所示。

图9-4 设置团队项目名称

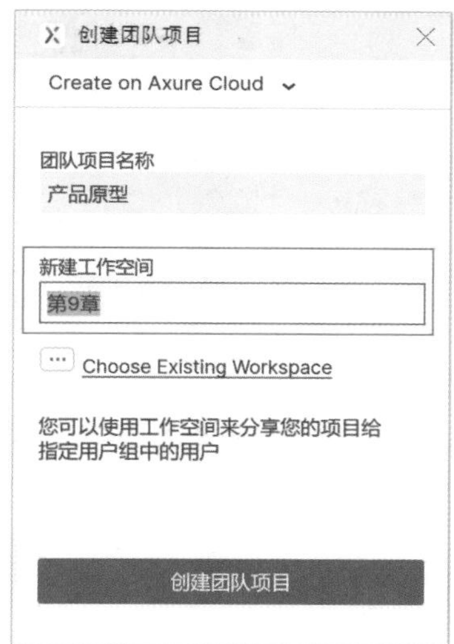

图9-5 输入空间名称

Tips

在给团队项目命名时，要保持简短的项目名称，名称中如果包含多个独立的单词，要使用连字符或者首字母大写，不要出现空格，因为项目名称会在 URL 中使用，所以要避免空格。

用户如果已经创建了工作空间，可以单击“Choose Existing Workspace”（选择已存在的工作空间）链接，在Axure Cloud中选择即可。单击“创建团队项目”按钮，Axure RP 10开始创建团队项目，如图9-6所示。稍等片刻即可完成团队项目的创建，如图9-7所示。

图9-6 开始创建团队项目

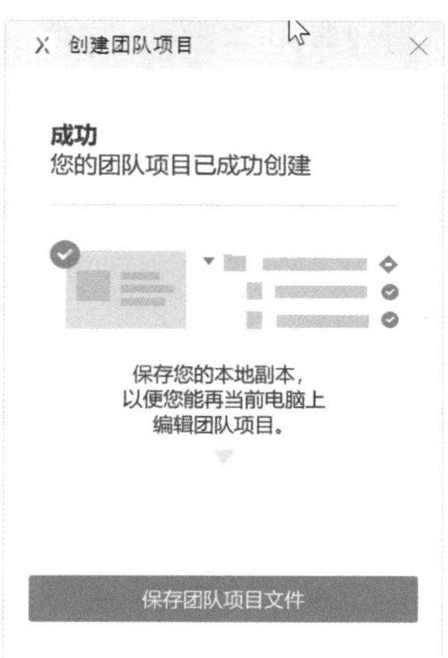

图9-7 完成团队项目创建

单击“保存团队项目文件”按钮，弹出“另存为”对话框，用户可以在其中为团队项目文件指定保存地址和名称，如图9-8所示。

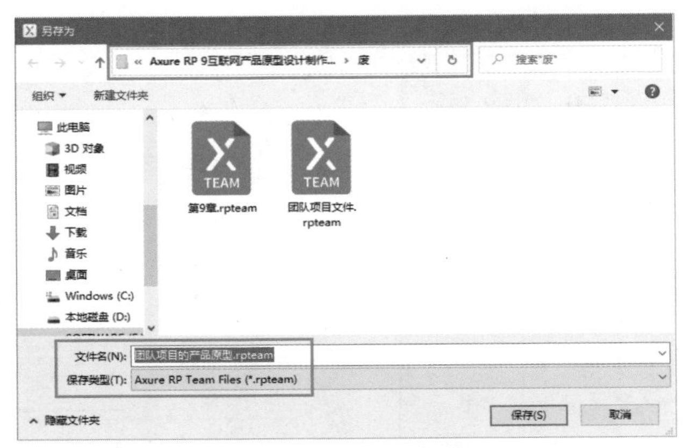

图9-8 “另存为”对话框

完成后单击“保存”按钮，即可将项目文件保存到本地，单击“打开团队项目文件”按钮，即可打开当前项目文件，如图9-9所示。文件图标如图9-10所示。

图9-9 将项目文件保存到本地

图9-10 项目文件图标

9.1.2 打开团队项目

执行“文件 > 获取和打开团队项目”命令或者执行“团队 > 获取和打开团队项目”命令，如图9-11所示，弹出“获取团队项目”对话框，如图9-12所示。

图9-11 打开团队项目　　图9-12 “获取团队项目”对话框

单击“选择团队项目”文本框右侧的⋯按钮，用户可以在打开的面板中选择想要打开的项目。选择完成后，单击“获取团队项目”按钮，如图9-13所示。“获取团队项目”对话框中将出现等待图标，如图9-14所示，稍后即可打开团队项目。

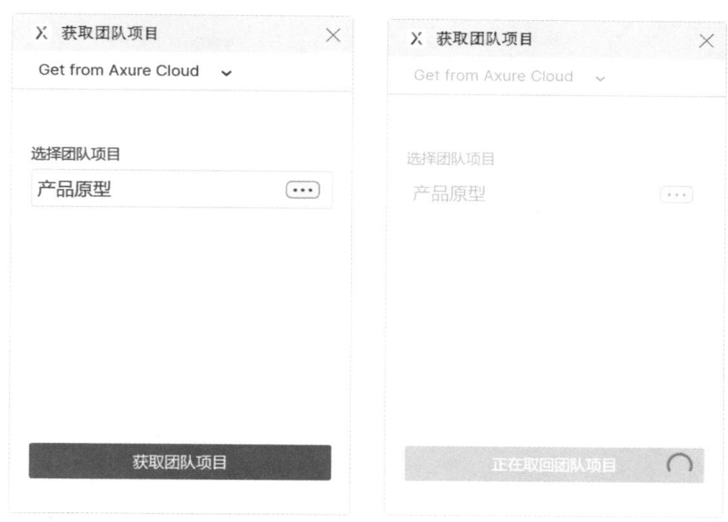

图9-13 单击“获取团队项目”按钮　　图9-14 等待图标

单击“保存团队项目文件”按钮，如图9-15所示，用户可在弹出的“另存为”对话框中设置本地地址和名称，完成后单击“保存”按钮，即可将团队项目文件保存在本地。

保存完成后，在“获取团队项目”对话框中单击“打开团队项目文件”按钮，即可将项目文件打开。打开后的项目页面将显示在“页面”面板中，如图9-16所示。

图9-15 保存团队项目　　图9-16 打开团队项目文件

9.1.3 加入团队项目

用户可以在“创建团队项目”对话框或“获取团队项目”对话框中使用“Invite Users”（邀请用户）和“Make URL Public”（创建URL公布）两种方式邀请团队人员加入项目，如图9-17所示。

图9-17 邀请团队人员加入项目

1. Invite Users（邀请用户）

单击“Invite Users”（邀请用户）按钮，即可打开“Axure Cloud”（Axure 云）页面，如图9-18所示。在“Eneter emall，speareted by commas”（输入邮箱地址）文本框中输入一个或多个邮箱地址，在“Optional Message”（邀请信息）文本框中输入邀请信息。输入完成后单击“Invite”（邀请）按钮，即可将邀请信息发送到用户邮箱中，如图9-19所示。

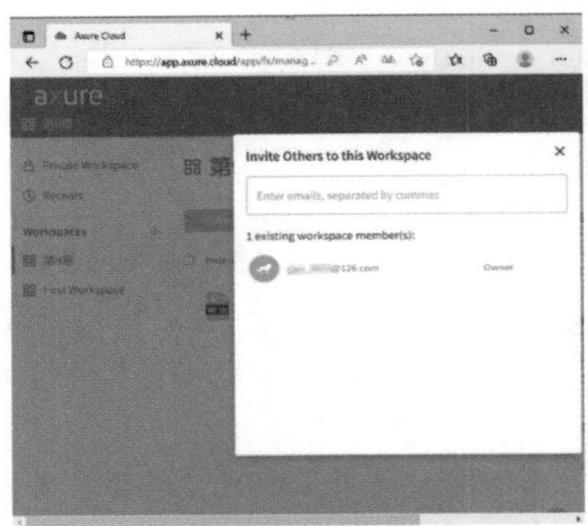

图9-18 打开Axure Cloud页面

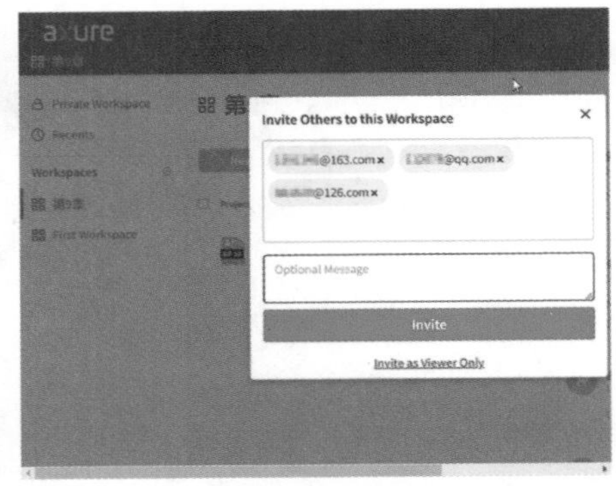

图9-19 输入邮箱地址和邀请信息

2. Make URL Public（创建URL公布）

单击“Make URL Public”（创建URL公布）按钮，也将打开“Axure Cloud”（Axure 云）页面，将光标移动到项目文件上，单击“Preview”（预览）按钮，如图9-20所示，即可预览当前页面；单击“Inspect”（查看）按钮，如图9-21所示，即可检查当前页面。

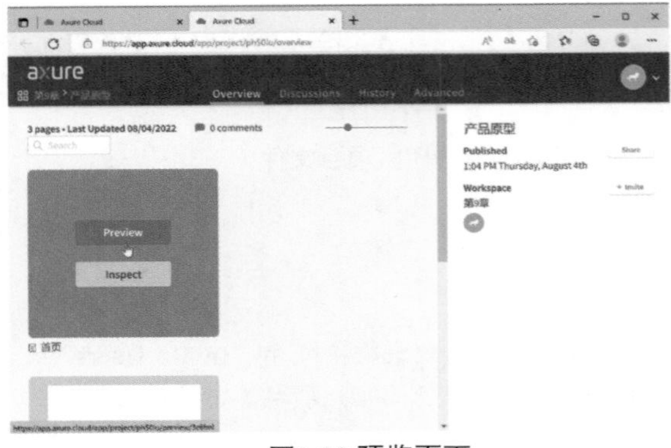

图9-20 预览页面

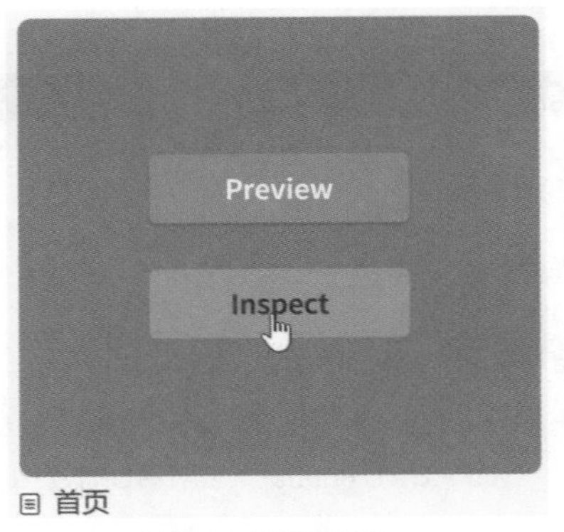

图9-21 检查页面

单击页面右侧的“Invite”（邀请）按钮，用户可以在弹出的“Invite Others to this Workspace”（邀请其他用户加入工作空间）对话框中填写邮箱和邀请信息，然后单击“Invite”（邀请）按钮，即可将邀请信息发送到用户邮箱中，如图9-22所示。

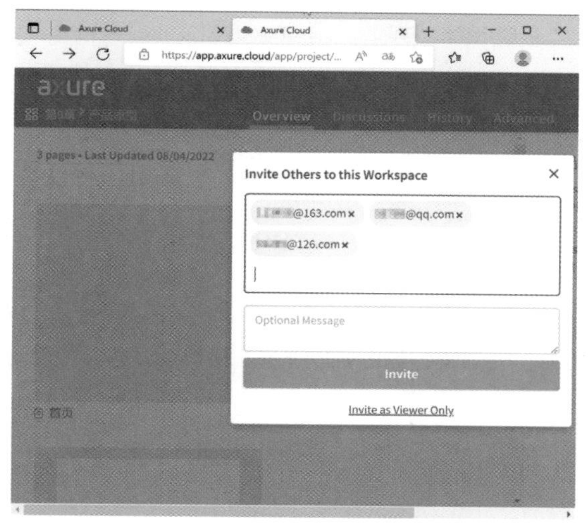

图9-22 发送邀请信息

Tips

在给用户发邮件前，需要单击“Share”（分享）按钮，激活“Enable Share Link”（允许分享）选项。

9.1.4 编辑团队项目

在打开的团队项目文件中，在“页面”面板中单击页面文件右侧的蓝色图标，打开如图9-23所示的下拉列表框。用户可以选择“检出”选项将页面检出，检出页面右侧的图标将变为绿色，如图9-24所示。

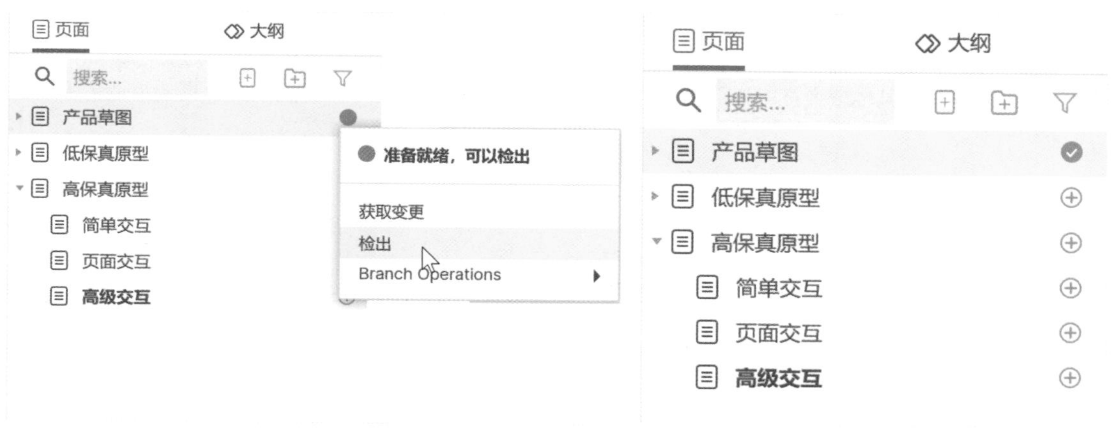

图9-23 下拉列表框

图9-24 检出页面

页面编辑完成后，单击页面右侧的绿色图标，在打开的下拉列表框中选择“检入”选项，将页面检入，如图9-25所示。选择“检入”选项后，将弹出检入“进度”对话框，如图9-26所示。

图9-25 选择“检入”选项　　　　图9-26 “进度”对话框

Tips

团队合作的重点是团队项目中的“检入”和“检出”，只有将制作完成的内容全部检入后才能被团队中的其他成员看到。

检入过程中将弹出“检入”对话框，如图9-27所示。用户可以在其中查看检入的项目并输入“检入注释”，如图9-28所示。

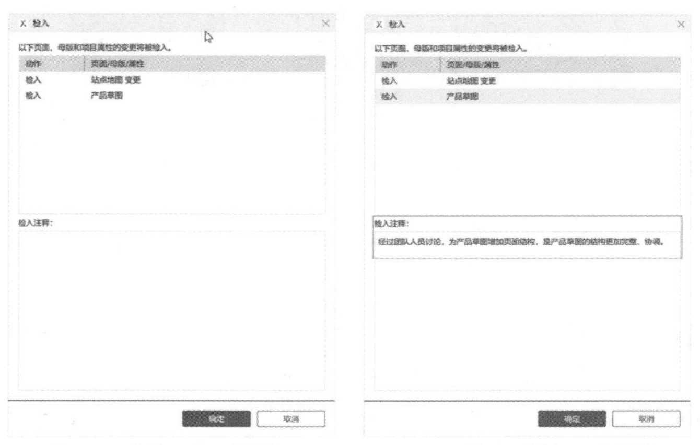

图9-27 “检入”对话框　　　　图9-28 输入“检入注释”

单击“确定”按钮，继续检入操作。检入完成后，页面文件右侧的图标将重新变为蓝色图标，如图9-29所示。团队中的其他成员可以在下拉列表框中选择“获取变更”选项，将当前页面更新为最新版本，如图9-30所示。

图9-29 完成检入　　　　图9-30 更新页面

用户也可以通过执行“团队”菜单下的命令完成对团队项目的各种操作，如图9-31所示。例如，执行“团队>浏览团队项目历史记录”命令，用户可以在网页中查看当前项目的所有操作记录，如图9-32所示。

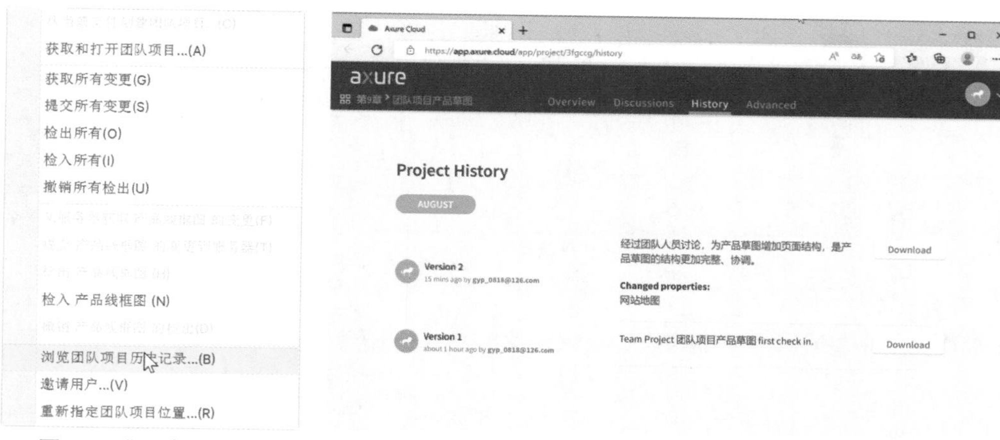

图9-31 “团队”菜单　　图9-32 浏览团队项目历史记录

“团队”菜单

在创建或者获取团队项目后，用户将会经常用到菜单栏中的“团队”菜单，单击“团队”菜单，打开如图9-33所示的下拉菜单。

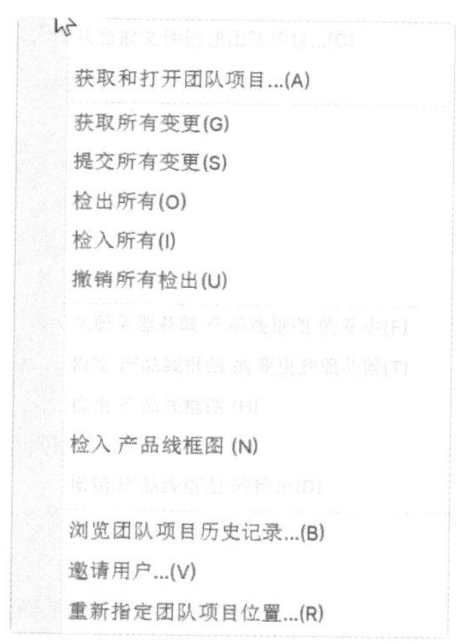

图9-33 “团队”菜单

1. 从当前文件创建团队项目

如果想在当前打开的项目文件中创建团队项目，则可以执行该命令。只有在当前RP文件打开时此命令才可用。

2. 获取和打开团队项目

执行该命令，可以基于一个已有的团队项目文件创建一个本地团队项目副本。

3. 获取所有变更

开始团队项目工作之前，首先要养成获取全部更新的习惯，使团队项目文件保持最新版本。可能每天都要重复更新多次，这是完成团队项目文件的必要工作之一。

执行该命令后，弹出“进度”对话框，如图9-34所示。该对话框中的进度条全部完成后，即可获取团队目录的全部变更。

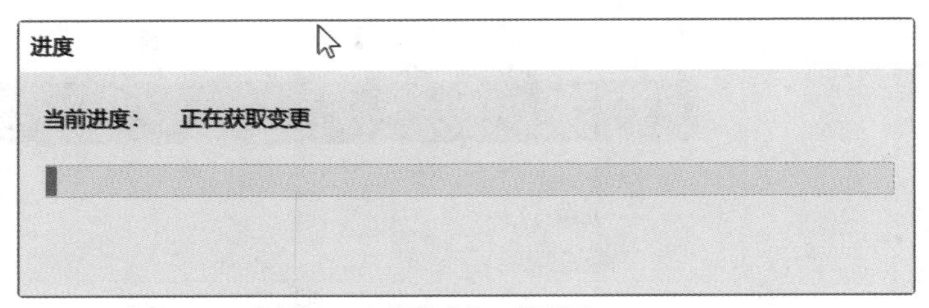

图9-34 “进度”对话框

4. 提交所有变更

该命令类似保存操作，执行该命令后，Axure RP 10会使用保存命令，将所有的修改保存到本地项目中。

对团队项目文件进行编辑后，执行“团队 > 提交所有变更”命令，弹出“进度”对话框，如图9-35所示。在提交的进度过程中，将弹出“提交变更”对话框，用户可在其中查看变更的项目并输入“变更注释”，如图9-36所示。

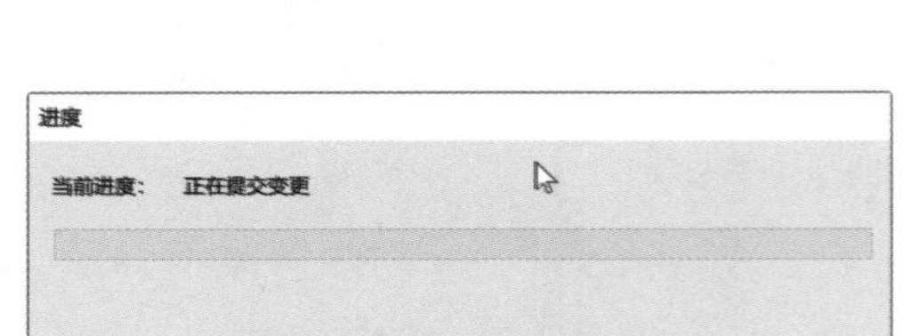

图9-35 “进度”对话框

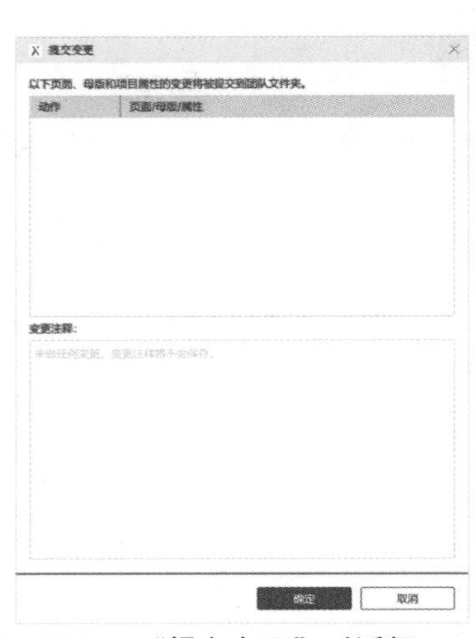

图9-36 “提交变更”对话框

5. 检出所有

执行该命令，可将团队项目文件中的所有元素全部检出。检出整个项目的全部元素是一种不明智的操作，因此，执行该命令后，Axure RP 10会弹出如图9-37所示的“Warning”（警告）对话框，让用户拥有一次取消检出的选择，对话框中的提示内容让用户确认是否继续执行当前操作。

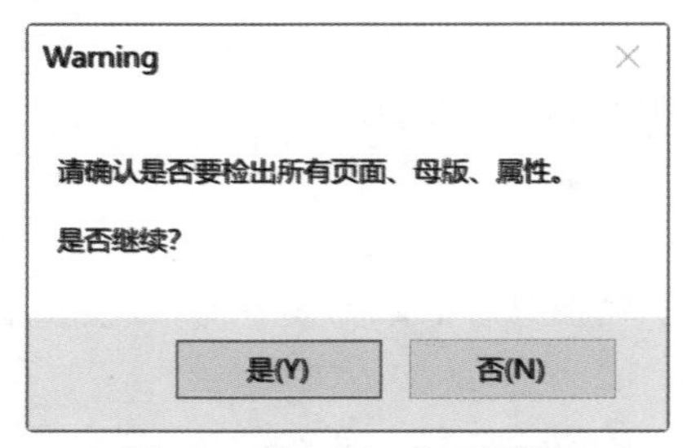

图9-37 “Warning”对话框

Tips

选择“检出所有”命令后，正在编辑的文件将处于检出状态。发送所有修改到共享项目位置后，将无法撤销检出操作。

6. 检入所有

将检出的元素全部检入。

7. 撤销所有检出

撤销不想要的项目工作，将受影响的内容恢复到检出前的状态。

8. 从服务器获取产品线框图的变更

从服务器中获取修改，适用于所选定的一个页面或母版。

9. 提交产品线框图的变更到服务器

发送修改到服务器，适用于所选定的一个页面或母版。

10. 检出产品线框图

此命令适用于用户单独选定的一个页面或母版。

11. 检入产品线框图

此命令适用于用户单独选定的一个页面或母版。

12. 撤销产品线框图的检出

此命令适用于用户单独选定的一个页面或母版。

13. 浏览团队项目历史记录

执行该命令，用户可以在打开的浏览器中链接到Axure Cloud页面，在该页面中可以对团队项目的所有历史版本进行浏览、查找或下载等操作。

此命令可以降低用户丢失团队项目历史版本的风险，只要共享项目所在的账号信息是安全可靠的，就可以将当前团队项目文件恢复到任意历史版本。

14. 邀请用户

选择该命令，可以在浏览器中打开Axure Cloud页面。用户可以通过在页面中输入想要邀请的用户邮箱地址和邀请信息，向邀请用户发送邮件，最终达到邀请用户的目的。

15. 重新指定团队项目位置

选择该命令，用户可以将当前项目移动到一个新的服务器。

9.2 Axure Cloud

Axure Cloud是用于存放HTML原型的Axure Cloud主机服务。Axure Cloud目前托管在Amazon网络服务平台，是一个非常可靠和安全的云环境。用户可以登录Axure官方网站进行查看。

9.2.1 创建Axure Cloud账号

从2014年5月开始，Axure Cloud已经全部免费。每个账号允许创建100个项目，每个项目的大小限制为100MB。

在使用Axure Cloud之前，首先需要注册一个账号，执行“账号>登录您的Axure账号”命令，如图9-38所示，弹出“登录”对话框，如图9-39所示。

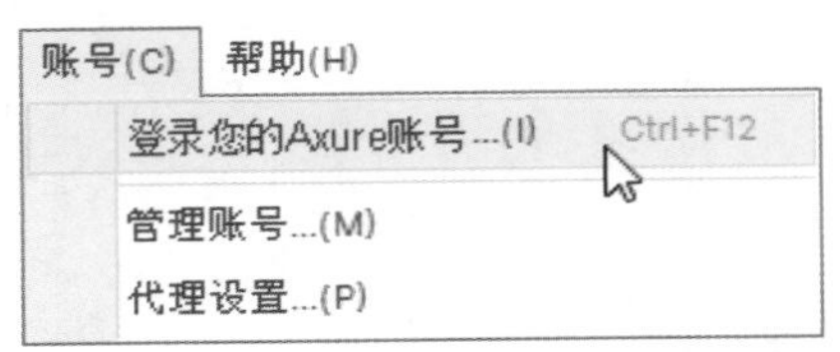

图9-38 执行“登录您的Axure账号”命令

图9-39 “登录”对话框

Tips

如果用户已经注册了 Axure 账户，可以在“登录”对话框中输入账户名称和密码，然后单击“sign in”(登录)按钮登录账户。

单击“登录”对话框右下角的“Sign up”（注册）链接，弹出“注册”对话框，如图9-40所示。输入注册邮箱和密码后，单击“Create Account”（创建账户）按钮，即可完成Axure账户的注册。

创建账户后，将会自动在Axure RP 10中登录账户，用户名称显示在软件界面的右上角。用户可以通过单击软件界面右上角的向下箭头查看和管理账户，如图9-41所示。

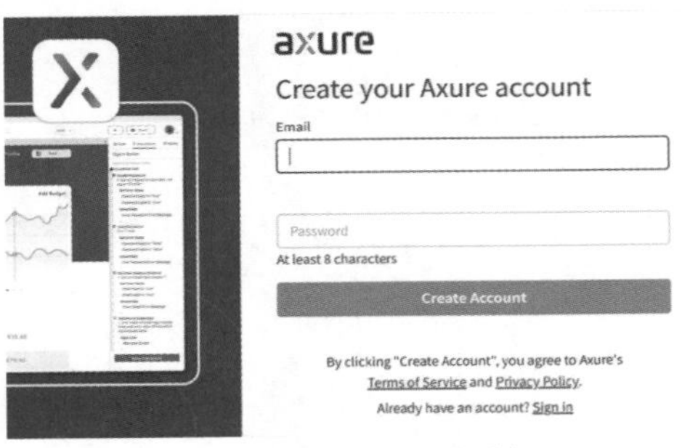

图9-40 “注册”对话框

图9-41 登录账户

9.2.2 发布到Axure Cloud

用户可以将原型托管在Axure Cloud上并分享给利益相关者。使用HTML原型的讨论功能可以让利益相关者与设计团队进行离线讨论。

单击Axure RP 10工具栏中的“共享”按钮，如图9-42所示，弹出“发布项目”对话框，用户可以分别针对项目的页面、注释、交互和字体等进行配置。单击对话框顶部的“发布到Axure Cloud”选项，打开如图9-43所示的下拉列表框。

共享

图9-42 单击“共享”按钮

图9-43 “发布到Axure Cloud”下拉列表框

Tips

执行“发布 > 发布到 Axure 云”命令，也可以弹出“发布项目”对话框，完成将项目发布到 Axure 云的操作。

1. 发布到Axure Cloud

如果当前文件的扩展名为“.rp”，选择“发布到Axure Cloud”选项，界面如图9-44所示。用户输入“项目名称”和“分享链接的密码”后，单击“发布”按钮，稍等片刻，即可将当前项目发送到Axure Cloud中，如图9-45所示。

图9-44 “发布到Axure Cloud”界面　　图9-45 发送项目

发送过程中，Axure RP 10工作区域右下角将打开生成面板，单击面板中“共享链接”下方的地址，可直接使用默认浏览器打开Axure Cloud页面；在面板中单击“复制链接”按钮可复制链接，打开任意浏览器，将复制的内容粘贴到地址栏中，也可打开Axure Cloud页面。

如果当前文件的扩展名为“.rpteam”，选择“发布到Axure Cloud”选项后，“发布项目”对话框下方的按钮共包含3个选项，如图9-46所示。

在“发布项目”对话框中直接单击“启用链接”按钮，即可启用现有链接，在浏览器中打开Axure Cloud页面。用户可在该页面中预览或检查团队项目中的所有原型，如图9-47所示。

图9-46 3个选项　　图9-47 预览或检查团队项目中的所有原型

单击“发布项目”对话框中的“Publish to a New 链接”按钮，将弹出如图9-48所示的“发布项目”对话框，根据前面讲解的知识点，完成发布项目的操作；单击“发布项目”对话框中的“Replace an Existing 链接”按钮，将弹出如图9-49所示的“发布项目”对话框，选择一个链接替换现有链接后，单击“替换项目”按钮，即可完成替换链接的发布项目操作。

图9-48 “发布项目”对话框1

图9-49 “发布项目”对话框2

2. 发布到本地

在“发布项目”对话框中选择“Publish Locally”（发布到本地）选项，为项目指定本地目录后，单击“发布到本地”按钮，即可将项目文件发布到本地设备的指定位置，如图9-50所示。

图9-50 发布到本地

3. 管理服务器

在“发布项目”对话框中选择“Manage Account”（管理服务器）选项，弹出“管理Axure Cloud账号”对话框，用户可以在其中完成账户的添加、编辑、创建默认配置、退出和删除等操作，如图9-51所示。

图9-51 “管理Axure Cloud账号”对话框

9.3 答疑解惑

通过学习本章内容，读者应该掌握Axure RP 10团队合作的方法和技巧，同时掌握Adobe Cloud的使用方法和管理方式。

团队协作和使用版本管理工具的作用

一般情况下，一个大型产品原型项目是由一个团队所负责的。越是大型的项目，参与人员越多，这种情况下，团队中的所有成员必须同时维护一份项目文件。

保持项目文件的最新进展、及时更改并获取最新文件，是团队协作中每一个成员必须完成的工作。

随时获取历史版本，不仅方便团队成员查看项目文件，还可以在团队成员对项目文件进行误操作时进行提醒，避免造成灾难性的后果。

Axure RP 10共享项目的两种页面状态

Axure RP 10共享项目有以下两种状态。

- 蓝色圆形图标“●”表示当前页面为“检入”状态。
- 绿色圆形图标“●”表示当前页面为“检出”状态。

9.4 总结扩展

当多人同时制作一个项目时，使用团队合作非常有必要，本章详细介绍了团队合作的要求和步骤。

本章小结

本章讲解了团队项目合作原型存储的公共位置，以及团队项目的制作、获取及发布的方法。团队合作的重点是团队项目中的检入和检出，只有将制作完成的内容全部检入后，才能被团队合作中的其他成员看到。

举一反三——完成团队项目的检出与检入

掌握了Axure RP 10中团队合作的使用方法和使用技巧后，读者应多加练习以加深对相关知识点的理解。接下来通过完成对团队项目的检出与检入案例的制作，进一步理解团队合作的作用与便利。

源文件：	源文件\第9章\完成团队项目的检出与检入.rp
视频文件：	视频\第9章\完成团队项目的检出与检入.mp4
难易程度：	★★★☆☆
学习时间：	15分钟

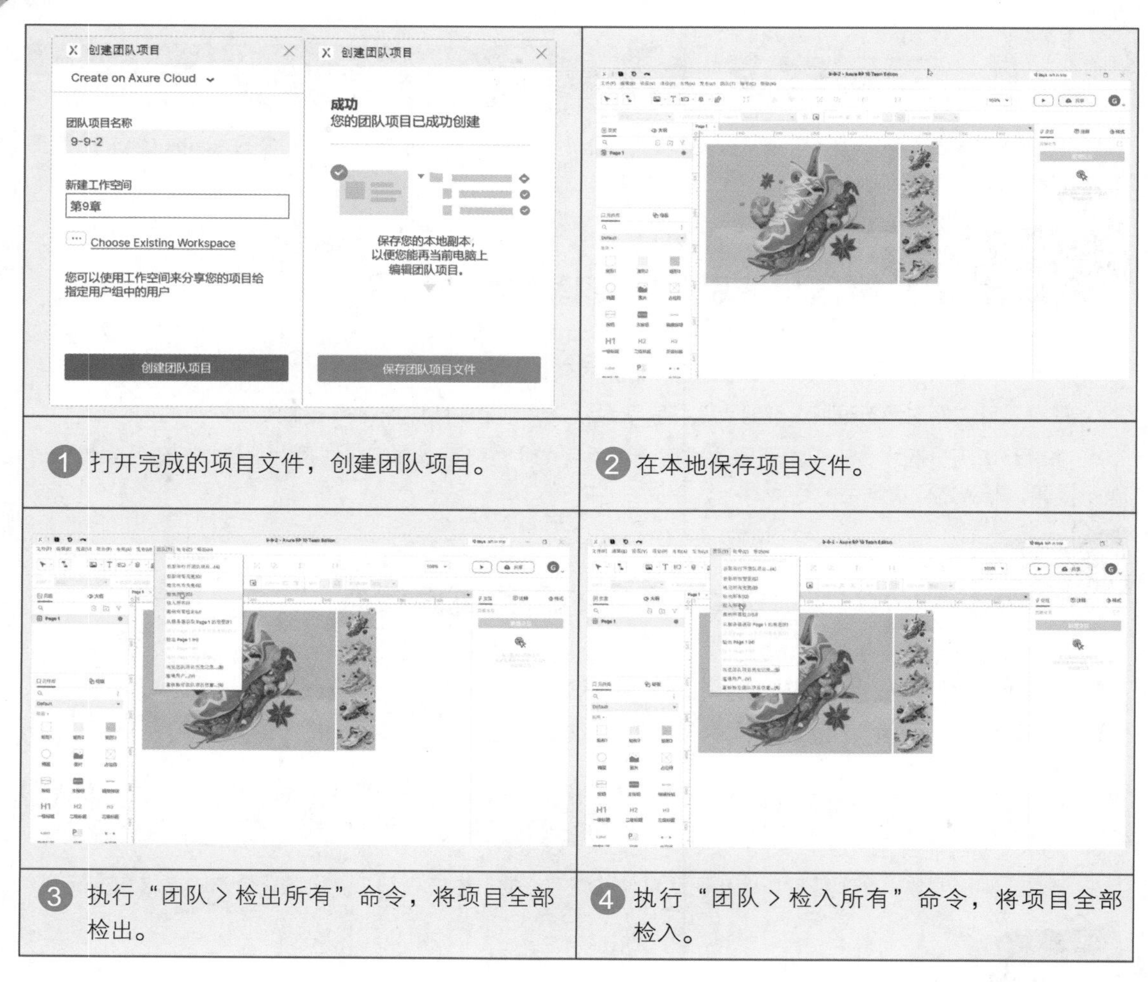

1 打开完成的项目文件，创建团队项目。

2 在本地保存项目文件。

3 执行“团队 > 检出所有”命令，将项目全部检出。

4 执行“团队 > 检入所有”命令，将项目全部检入。

第10章 发布与输出

本章将介绍Axure RP 10的发布与输出操作，以及调整预览时Axure RP 10默认打开界面的方法等内容。Axure RP 10中共提供了4种生成器，包括HTML生成器、Word生成器、CSV生成器和打印生成器。

本章学习重点

第 269 页
发布与输出

第 278 页
发布生成一个 HTML 文件

10.1 发布与输出

项目制作完成后，单击Axure RP 10工具栏中的“预览”按钮，如图10-1所示，或者按【Ctrl+.】组合键，即可在浏览器中查看原型效果。用户也可以通过执行“发布>预览”命令，在浏览器中查看原型效果，如图10-2所示。

图10-1 单击“预览”按钮　　图10-2 执行“预览”命令

执行“发布>预览选项”命令，用户可以在弹出的“预览选项”对话框中设置打开项目的“浏览器”和“工具栏”属性，如图10-3所示。

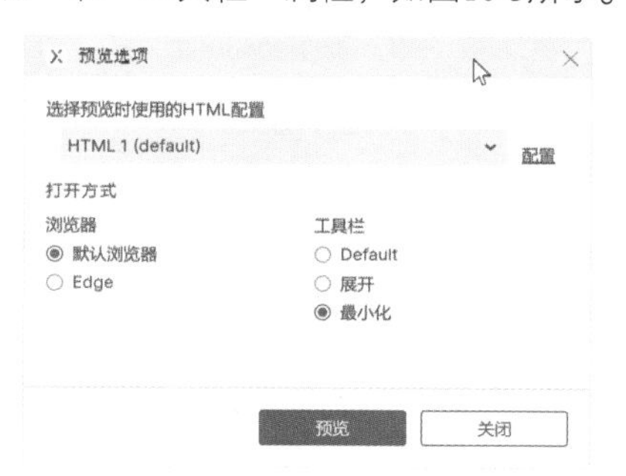

图10-3 “预览选项”对话框

1. 浏览器

- 默认浏览器：是指在用户计算机中设置的默认浏览器中打开项目文件。
- Edge：将在指定的Edge浏览器中打开项目文件。

Tips

如果系统中安装了其他浏览器，Axure RP 10 将会自动识别并添加到“预览选项”对话框的“浏览器”列表框中供用户选择使用。

2. 工具栏

- Default（默认）：选中该单选按钮，浏览器将在页面顶部显示页面列表。

- 展开：选中该单选按钮，预览原型时将把页面列表显示在页面的左侧，如图10-4所示。
- 最小化：选中该单选按钮，预览原型将隐藏工具栏和页面列表，如图10-5所示。单击浏览器窗口的左上角位置，即可显示工具栏和页面列表。

图10-4 左侧显示页面列表

图10-5 隐藏工具栏和页面列表

10.2 使用生成器

在输出项目文件之前，首先要了解生成器的概念。所谓生成器，就是为用户提供的不同的生成标准。Axure RP 10中包含HTML生成器和Word生成器两种。用户可以在“发布”菜单中找到这两种生成器，如图10-6所示。

图10-6 “发布”菜单中的生成器

10.2.1 HTML生成器

执行“发布>生成HTML文件”命令，如图10-7所示，弹出“发布项目”对话框，如图10-8所示。

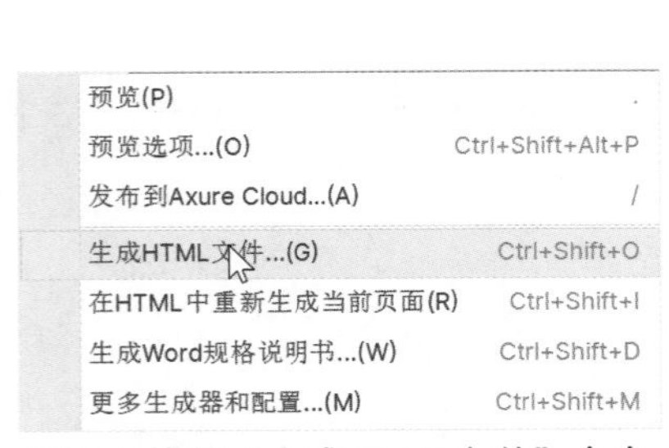

图10-7 执行“生成HTML文件”命令

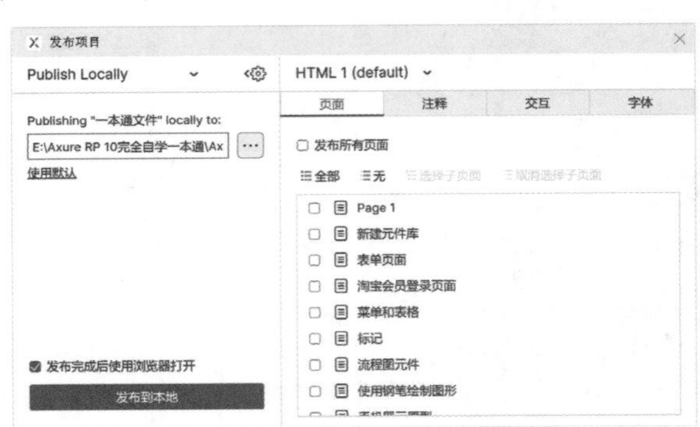

图10-8 “发布项目”对话框

在“发布项目”对话框中可以配置“HTML 1（default）”生成器的选项，如图10-9所示。也可以单击“HTML 1（default）”选项，在打开的下拉列表框中选择“New Configuration”（新建配置）选项，创建多个不同的HTML生成器，如图10-10所示。

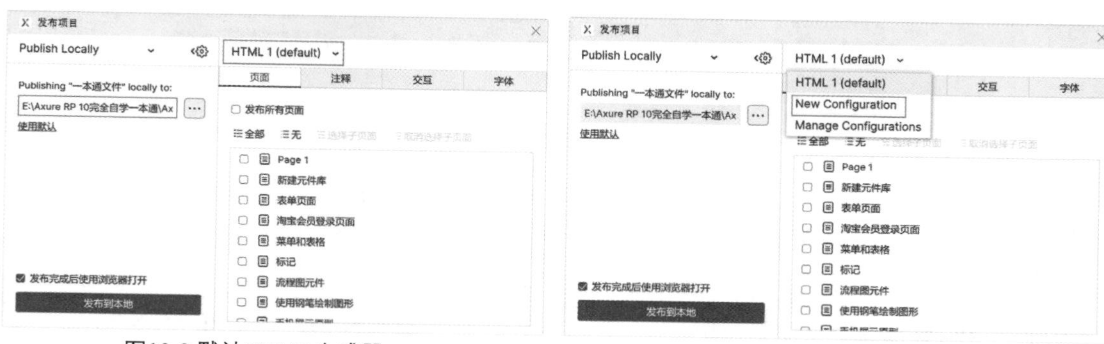

图10-9 默认HTML生成器　　图10-10 新建配置

通过创建多个HTML生成器，可以在大型项目中将图形切分成多个部分输出，从而加快生成的速度。生成之后可以在Web浏览器中查看。

“发布项目”对话框中HTML生成器各项参数的说明如下。

1. 页面

用户可以在“页面”选项卡中选择发布的页面，默认情况下，将发布所有页面，如图10-11所示。取消选择“发布所有页面”复选框后，可以在下方的列表框中任意选择要发布的页面，如图10-12所示。

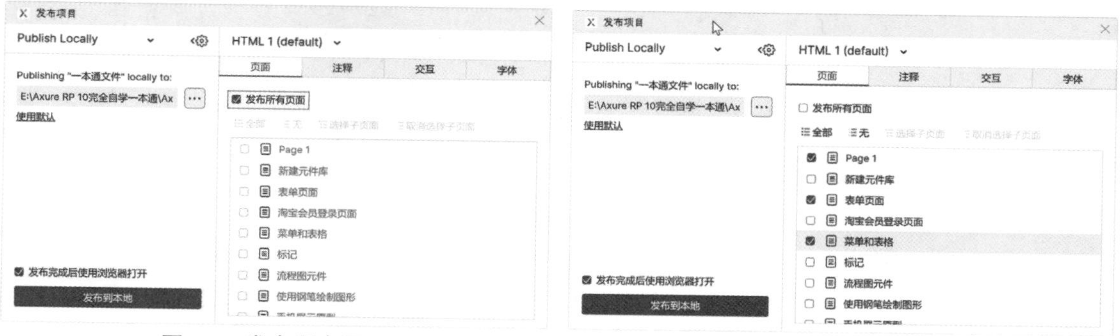

图10-11 发布所有页面　　图10-12 选择要发布的页面

当项目文件中的页面过多时，用户可以通过单击面板中提供的全部、无、选择子页面和取消选择子页面4个按钮，快速完成发布页面的选择，如图10-13所示。

全部　无　选择子页面　取消选择子页面

图10-13 页面选择按钮

2. 注释

用户可以在“注释”选项卡中选择发布的文件中是否包含“元件注释”和“页面注释”，让HTML文档的页面说明具有结构化，如图10-14所示。

3. 交互

用户可以在“交互”选项卡下对页面中的交互“用例行为”和“带引用页的元件”进行设置，以确保能够获得更好的页面交互效果，如图10-15所示。

图10-14 “注释”选项卡　　图10-15 “交互”选项卡

4. 字体

Axure RP 10中的默认字体是Arial字体，用户可以在“字体”选项卡中添加字体和字体映射，获得更好的页面预览效果，如图10-16所示。

图10-16 “字体”选项卡

执行“发布>在HTML中重新生成当前页面”命令，可以再次对当前页面进行HTML发布，发布后将覆盖以前发布的页面。

Tips

对于响应式的 Web 项目文件，HTML 原型是最好的展示方式。

10.2.2 Word生成器

用户可以使用Word生成器将原型文件输出为Word说明文件。Axure RP 10默认对Word 2007支持得比较好，并自带Office兼容包。生成的文件格式为“.docx”。如果需要低版本的Word文件，则需要通过转化获得。

执行“发布 > 生成Word规格说明书”命令，如图10-17所示。用户可以在弹出“生成规格说明书”对话框中完成Word说明书的创建，如图10-18所示。

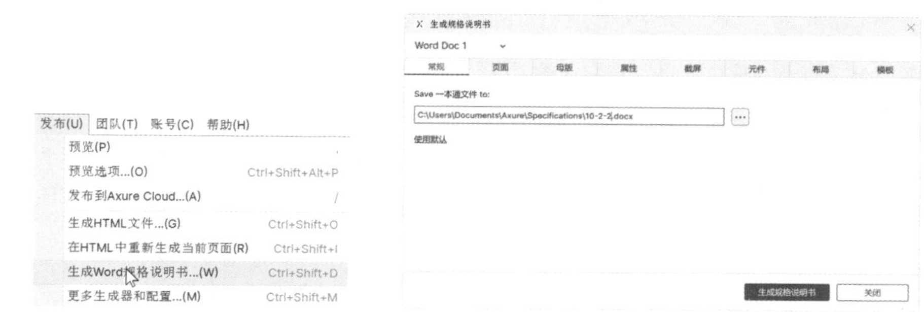

图10-17 执行“生成Word规格说明”命令　　图10-18 “生成规格说明书”对话框

“生成规格说明书”对话框中各项参数的说明如下。

1. 常规

在该选项卡中，用户可以设置生成的Word规格说明书的位置和名称。

2. 页面

在该选项卡中，用户可以选择Word规格说明书中所包含的内容。与HTML生成器中的页面说明一样，该功能可以让页面结构化，如图10-19所示。

3. 母版

在该选项卡中，用户可以选择需要出现在Word规格说明书中的母版及形式，如图10-20所示。

图10-19 “页面”选项卡　　图10-20 “母版”选项卡

4. 属性

在该选项卡中，用户可以选择生成Word说明书时是否包含页面注释、页面交互、母版列表、母版使用报告、面板和中继器等内容，如图10-21所示。

5. 截屏

用Axure RP 10生成Word规格说明书功能的一项特别节省时间的方式就是，自动生成所有页面的屏幕截屏。所有页面的屏幕截屏都会自动更新，还可以同时显示注释标记，如图10-22所示。

图10-21 “属性”选项卡　　图10-22 “截屏”选项卡

6. 元件

在该选项卡中为元件提供了多种选项配置功能，可以对Word文档中包含的元件说明信息进行管理，如图10-23所示。

7. 布局

在该选项卡中提供了Word说明书页面布局的选择性，用户可以选择采用单列或两列的方式排列页面，如图10-24所示。

图10-23 “元件”选项卡

图10-24 “布局”选项卡

8. 模板

在该选项卡中，用户可以完成Word说明书中模板的设置。

用户可以通过选择使用Word内置样式或Axure默认样式创建模板文件，并将模板文件应用到Word说明书中，如图10-25所示。设置各项参数后，单击“生成规格说明书”按钮，即可完成Word说明书的创建，如图10-26所示。

图10-25 “模板”选项卡

图10-26 完成Word说明书的创建

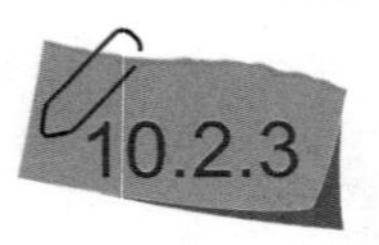

10.2.3 更多生成器

除了HTML生成器和Word生成器，Axure RP 10还提供了CSV生成器和打印生成器。执行“发布 > 更多生成器和配置”命令，如图10-27所示，弹出“生成器配置”对话框，如图10-28所示。

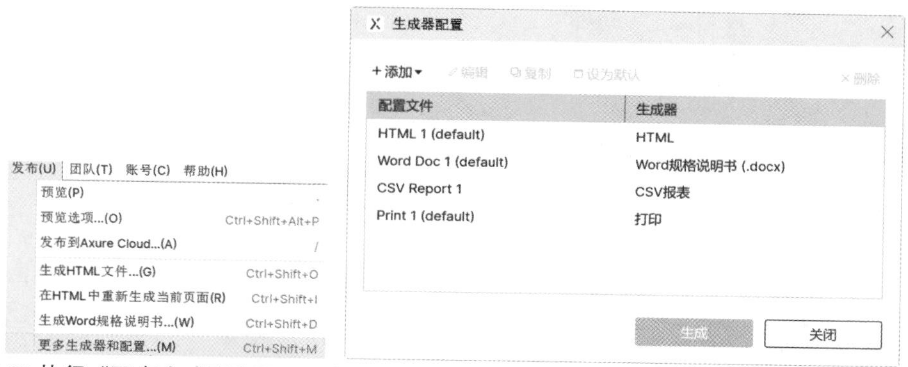

图10-27 执行“更多生成器和配置”命令　　图10-28 “生成器配置”对话框

1. CSV生成器

CSV是一种通用的、相对简单的文件格式，被用户、商业和科学广泛应用。最广泛的应用是在程序之间转移表格数据，而这些程序本身是在不兼容的格式上进行操作的（往往是私有的和/或无规范的格式）。因为大量程序都支持某种CSV变体，所以至少可以作为一种可选择的输入/输出格式。

Tips

CSV 文件由任意数目的记录组成，记录间以某种换行符分隔；每条记录都由字段组成，字段间的分隔符是其他字符或字符串，最常见的是逗号或制表符。通常，所有记录都有完全相同的字段序列。

在“生成器配置”对话框中选择“CSV Report 1”选项，如图10-29所示。单击“生成”按钮或者双击“CSV Report 1”选项，在弹出的“生成CSV报表”对话框中设置各项参数，单击“创建CSV报表”按钮，即可完成CSV报表的生成，如图10-30所示。

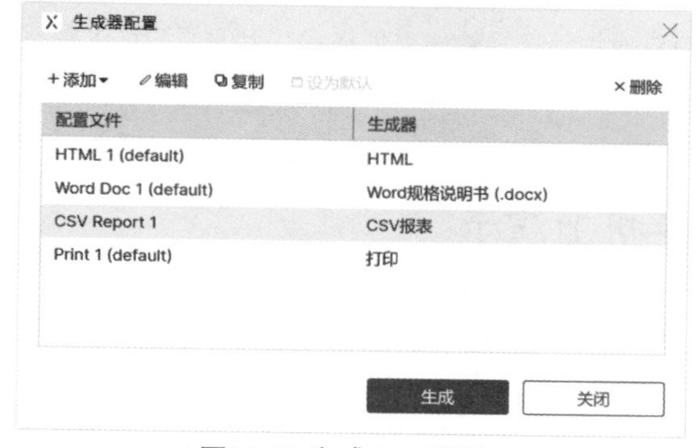

图10-29 生成CSV配置

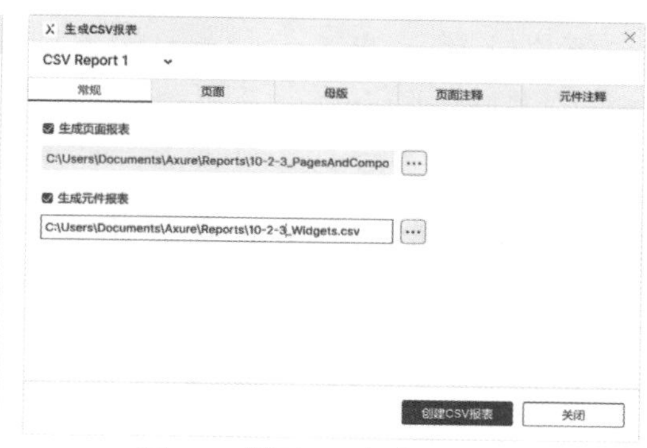

图10-30 设置CSV报表属性

2. 打印生成器

打印生成器是指如果需要定期打印不同的页面或母版，可以创建不同的打印配置选项，这样就不用每次都重新配置打印属性。如果正在从RP文件中打印多个页面，不必频繁地重复调整打印设置，可以为每个需要打印的页面创建单独的打印配置。

Tips

在打印时，用户可以配置打印页面的比例，无论是只有几页还是文件的一整节，打印一组模板时也变得非常简单。

选择“生成器配置”对话框中的“Print 1（default）”选项，如图10-31所示。单击“生成”按钮或者双击“Print 1（default）”选项，在弹出的“Print”（打印）对话框中设置各项参数，单击“打印”按钮，即可开始打印项目页面，如图10-32所示。

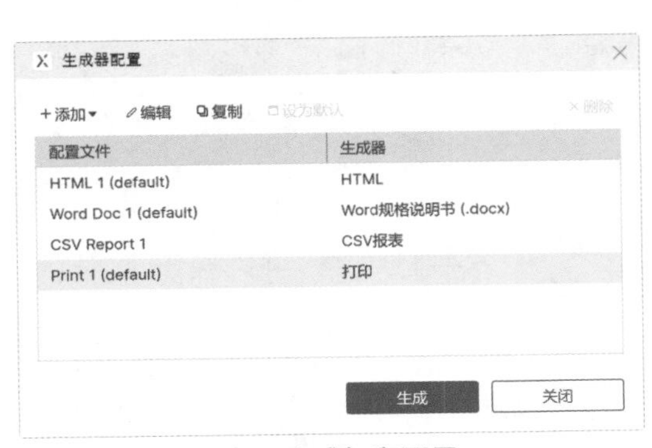

图10-31 生成打印配置

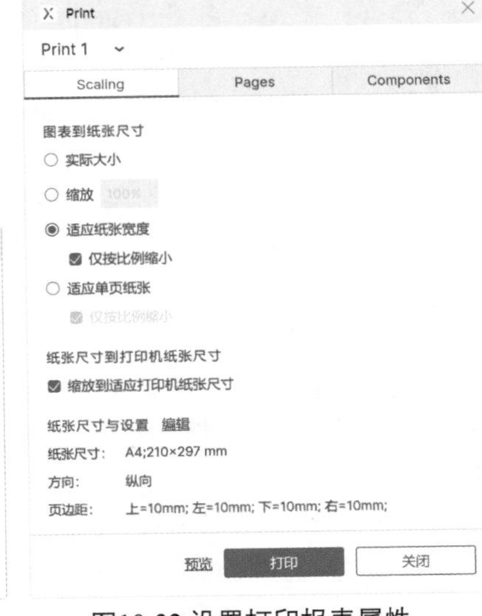

图10-32 设置打印报表属性

Tips

为了确保打印的正确性，用户可以在完成各项参数的设置后，单击“打印”面板底部的“预览”链接，在弹出的“Axure打印预览”对话框中预览打印效果。

10.3 答疑解惑

原型制作完成后，用户可以根据不同的要求，有针对性地选择输出文件格式，以便原型可以在不同的平台上正确显示。

10.3.1 制作的App原型如何在手机上演示

在开始制作App产品原型之初，可以将页面尺寸设置为移动设备的尺寸，如图10-33所示。完成App原型的制作后，用户可以执行“发布 > 预览”命令，或者在工具栏中单击“预览”按钮，即可打开浏览器，使用移动设备的尺寸预览App原型页面，如图10-34所示。

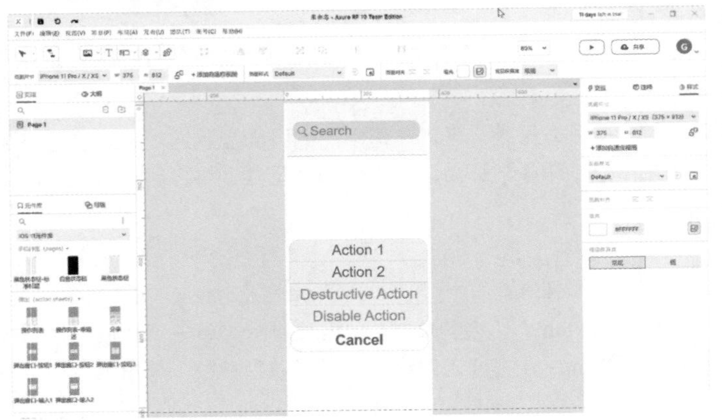

图10-33 设置App原型页面尺寸

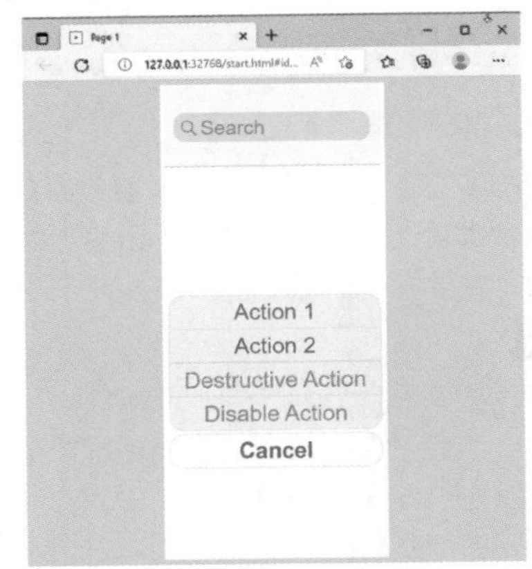

图10-34 预览App原型页面

10.3.2 如何将原型导出为图片

如果需要将原型中的一个页面或者多个页面发送给客户，可以选择将页面导出为图片。执行“文件＞导出Page1为图片”命令或“文件＞导出所有页面为图片”命令，即可将主页或所有页面导出为图片文件，供用户使用，如图10-35所示。

图10-35 导出命令

执行“导出Page1为图片”命令，用户可以在弹出的“另存为”对话框中为产品原型的当前页面设置地址、名称和图片格式等，如图10-36所示。设置完成后，单击“保存”按钮，即可将页面保存为目标图片。

执行“导出所有页面为图片”命令，用户可以在弹出的“导出图片”对话框中为产品原型设置“目标文件夹”和“图片格式”，如图10-37所示。设置完成后，单击“确定”按钮，即可将页面保存为目标图片。

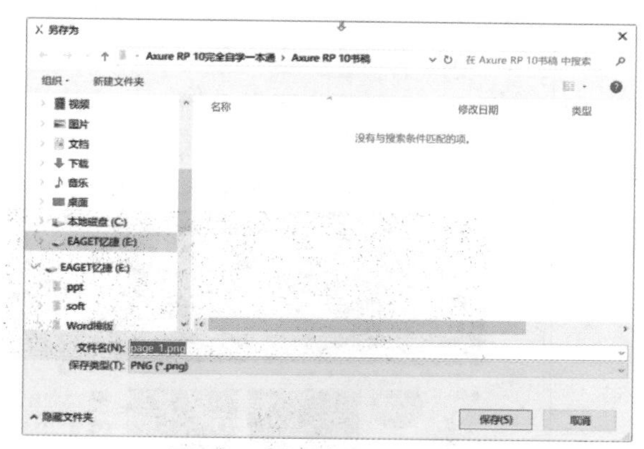

图10-36 “另存为”对话框

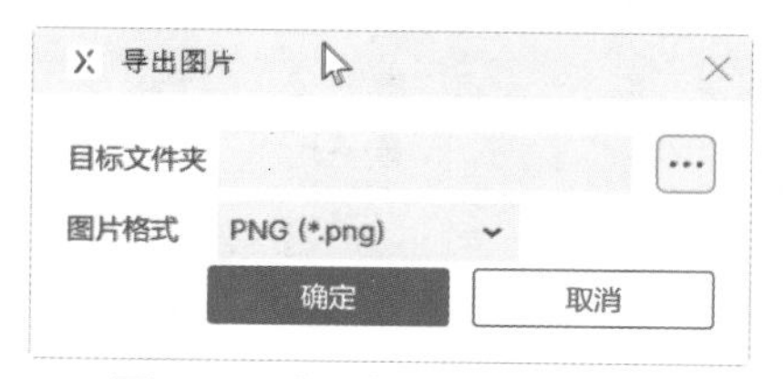

图10-37 “导出图片”对话框

10.4 总结扩展

制作原型产品固然重要，但对最终产品的发布与输出也要有所了解，这样才可以满足客户的不同要求。

10.4.1 本章小结

本章向读者讲解了Axure RP 10的4种生成器，以便生成4种不同格式的原型设计供客户查看。HTML

生成器是常用的生成器，Word生成器是人们最容易理解和接受的生成器，CSV生成器是通用的、相对简单的生成器，利用打印生成器可以设置打印的尺寸和格式，还可以创建单独的打印配置。

10.4.2 举一反三——发布生成一个HTML文件

本案例是将一个Axure原型文件发布成为HTML文件。通过设置发布参数和存储位置，完成HTML文件的发布并预览效果。

源文件：	源文件\第10章\发布生成一个HTML文件.rp
视频文件：	视频\第10章\发布生成一个HTML文件.mp4
难易程度：	★★★☆☆
学习时间：	15分钟

1. 将“第10章\素材\100402.rp”文件打开。
2. 执行“发布 > 生成HTML文件”命令，设置发布文件位置。
3. 单击“生成”按钮，即可将当前文件生成为HMTL文件。
4. 预览页面效果。

第11章 设计制作PC端网页原型

本章将利用前面所学的知识完成综合案例的制作，根据如今网站产品的种类，设计制作PC端网站产品页面原型案例。读者在制作过程中，要深刻领悟前面所学的知识点，并尝试独立完成PC端产品原型的制作。

本章学习重点

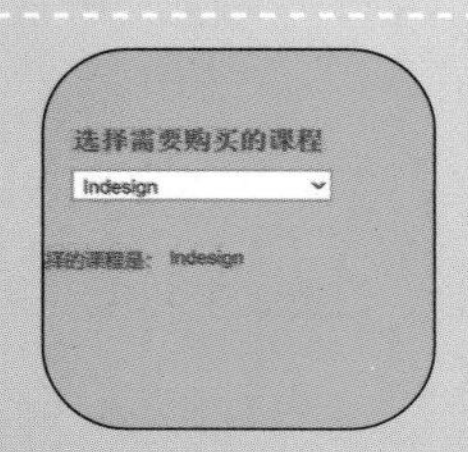

11.1 设计制作QQ邮箱加载页面

本案例将设计制作QQ邮箱加载页面原型。原型文件包含3个页面，分别是进度页面、登录页面和邮箱页面。制作完成后的原型文件需要实现3个页面的切换效果，原型文件及原型预览效果如图11-1所示。

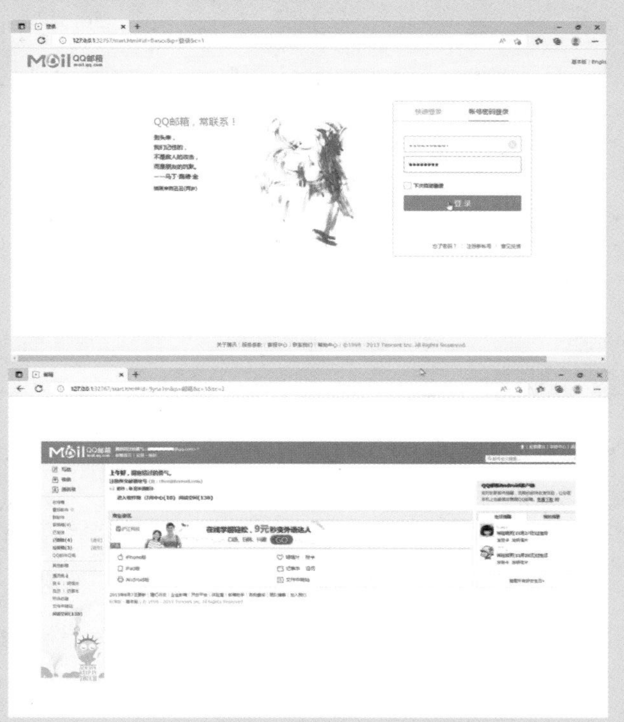

图11-1 原型文件及原型预览效果

源 文 件：源文件\第 11 章\设计制作 QQ 邮箱加载页面 .psd

教学视频：视 频\第 11 章\设计制作 QQ 邮箱加载页面 .mp4

11.1.1 案例分析

当用户输入用户名和密码后，单击“登录”按钮，即可启动页面加载效

果，页面加载完成后直接进入邮箱界面。为了便于用户查看效果，本案例中将加载时间设置得比较长，实际制作时读者可以根据自己的喜好或实际加载情况修改进度显示时间，实现更好的交互效果。

11.1.2 制作步骤

STEP 01 新建一个Axure RP文件，如图11-2所示。将“矩形1”元件拖曳到页面中，在“样式”面板中设置位置和尺寸，并将其命名为“蓝色矩形”，如图11-3所示。

图11-2 新建文档

图11-3 设置“蓝色矩形”元件样式

STEP 02 在“样式”面板中设置元件的“填充”颜色为#FFFFFF，“边框”颜色为#A1A9B7，如图11-4所示。元件效果如图11-5所示。

图11-4 设置颜色

图11-5 元件效果

STEP 03 将“动态面板”元件拖曳到页面中并放置在“蓝色矩形”元件上，设置其位置和尺寸，如图11-6所示。双击进入“动态面板”编辑模式，将“矩形1”元件拖曳到页面中，并设置样式，如图11-7所示。

图11-6 设置“动态面板”元件的位置和尺寸　图11-7 设置“矩形1”元件样式

STEP 04 “矩形”元件效果如图11-8所示。在当前动态面板中再次拖入一个“动态面板”元件，设置其名称为“进度”，如图11-9所示。

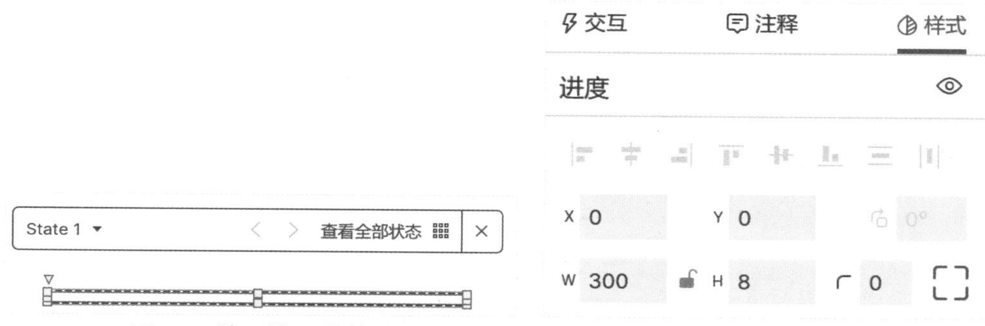

图11-8 “矩形”元件效果　　图11-9 设置元件名称

STEP 05 双击进入“动态面板”编辑模式，拖入一个“矩形1”元件，如图11-10所示。此时的“大纲”面板如图11-11所示。

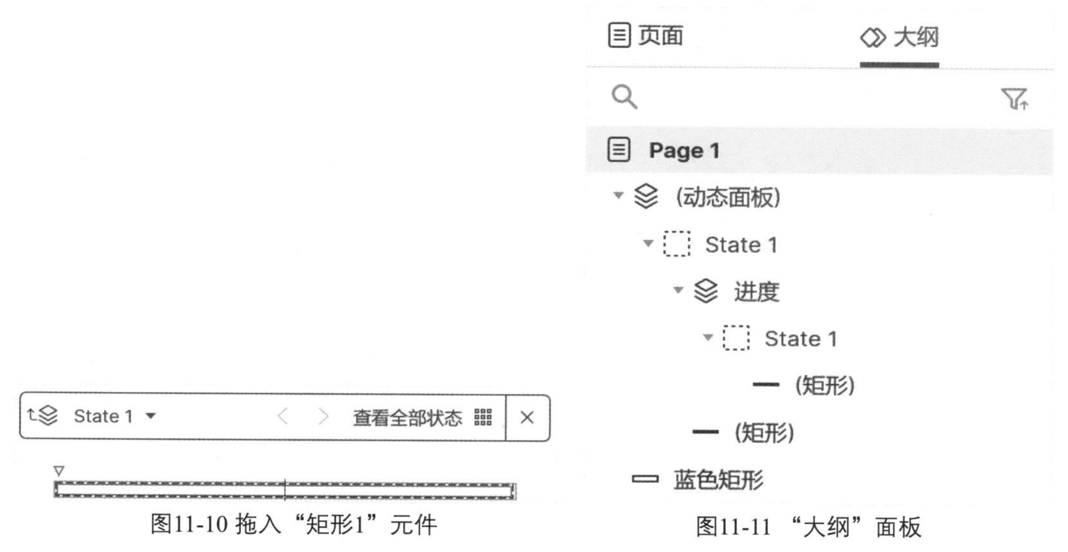

图11-10 拖入“矩形1”元件　　图11-11 “大纲”面板

STEP 06 返回“Page1”页面，将“文本标签”元件拖入页面，在“样式”面板中设置各项参数，如图11-12所示。设置字体为“Arial”，字号为16，字体颜色为#333333，字体样式为粗体，输入文本内容，文本样式效果如图11-13所示。

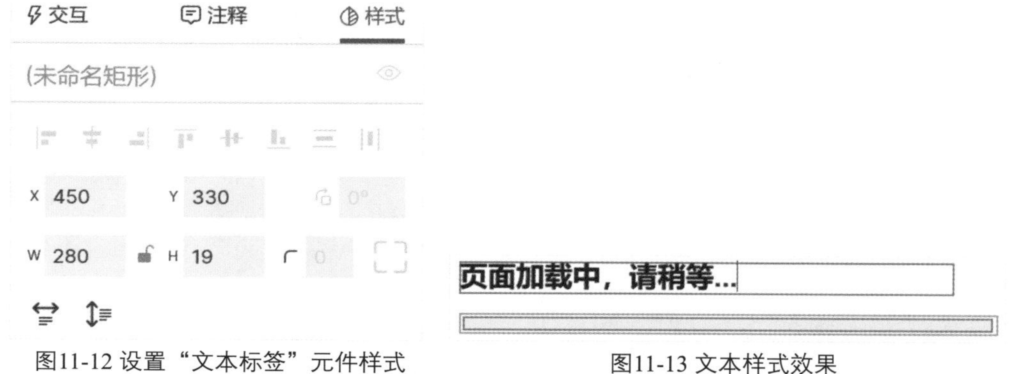

图11-12 设置“文本标签”元件样式　　图11-13 文本样式效果

STEP 07 在“交互编辑器”对话框中添加“页面 载入”事件，再添加“移动”动作，如图11-14所示。再次添加“移动”动作，如图11-15所示。单击“确定”按钮，完成页面交互的添加。

图11-14 设置“移动”动作1　　图11-15 设置“移动”动作2

STEP 08 单击工具栏中的“预览”按钮，预览交互效果如图11-16所示。在“页面”面板中将“Page1”页面重命名为“进度”，并新建一个名为“登录”的页面，如图11-17所示。

图11-16 预览交互效果　　图11-17 新建页面

STEP 09 双击打开“登录”页面，将“图片”元件拖曳到页面中，设置图片样式，如图11-18所示。为元件导入“素材\第11章\11102.jpg”图片素材，效果如图11-19所示。

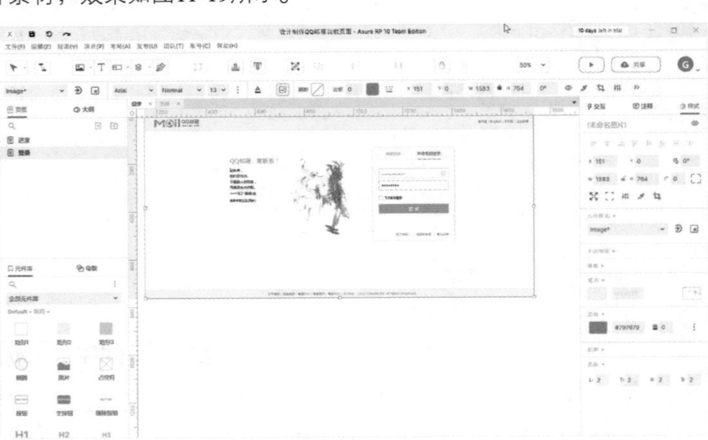

图11-18 设置图片样式　　图11-19 导入图片素材

STEP 10 将“热区”元件拖曳到页面中并覆盖在“登录”按钮上，如图11-20所示。在“交互编辑器”对话框中添加“单击”事件，再添加“打开链接”动作，设置各项参数，如图11-21所示。

图11-20 使用“热区”元件

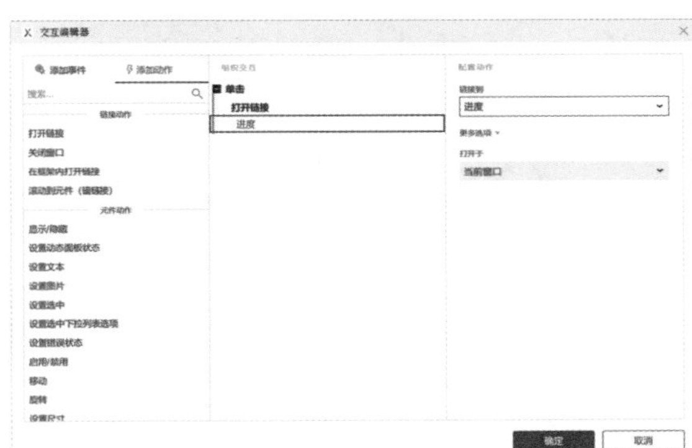

图11-21 设置动作的各项参数

STEP 11 单击工具栏中的“预览”按钮，预览交互效果如图11-22所示。单击“登录”按钮，即可打开“进度”页面。新建一个名为“邮箱”的页面，将“图片”元件拖入页面，并导入“素材\第11章\11101.jpg”图片素材，效果如图11-23所示。

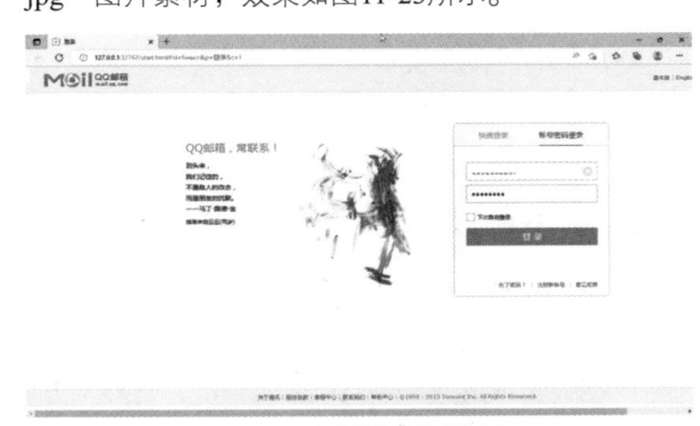

图11-22 预览交互效果

图11-23 新建页面并导入图片素材

STEP 12 双击进入“进度”页面，在“交互编辑器”对话框中继续为页面添加“等待”动作，设置动作的各项参数，如图11-24所示。添加“打开链接”动作，设置动作的各项参数，如图11-25所示。

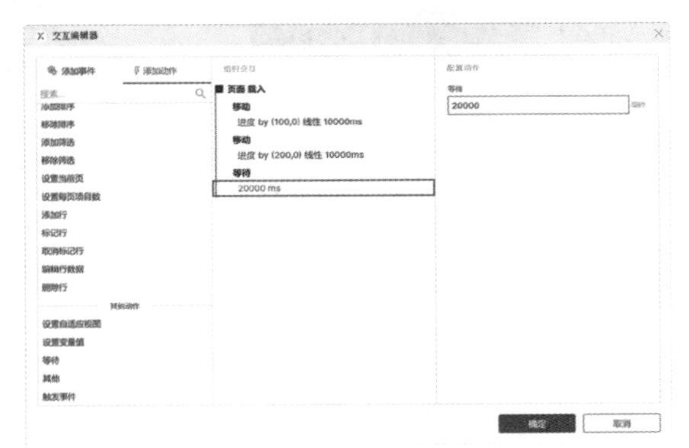

图11-24 设置“等待”动作

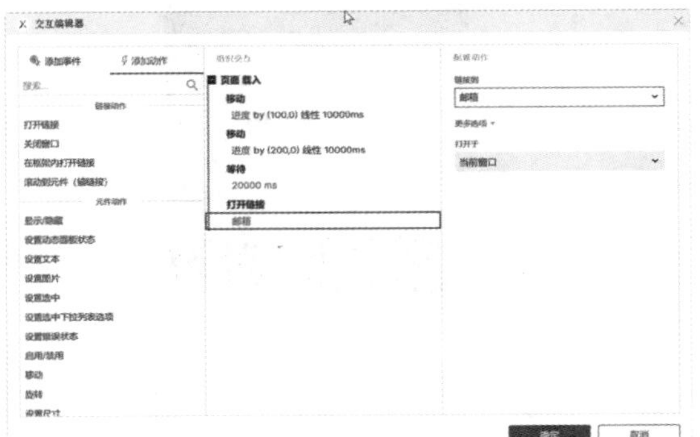

图11-25 设置“打开链接”动作

STEP 13 执行“文件 > 保存”命令，将原型项目保存。双击进入“登录”页面，单击工具栏中的“预览”按钮，预览效果如图11-26所示。

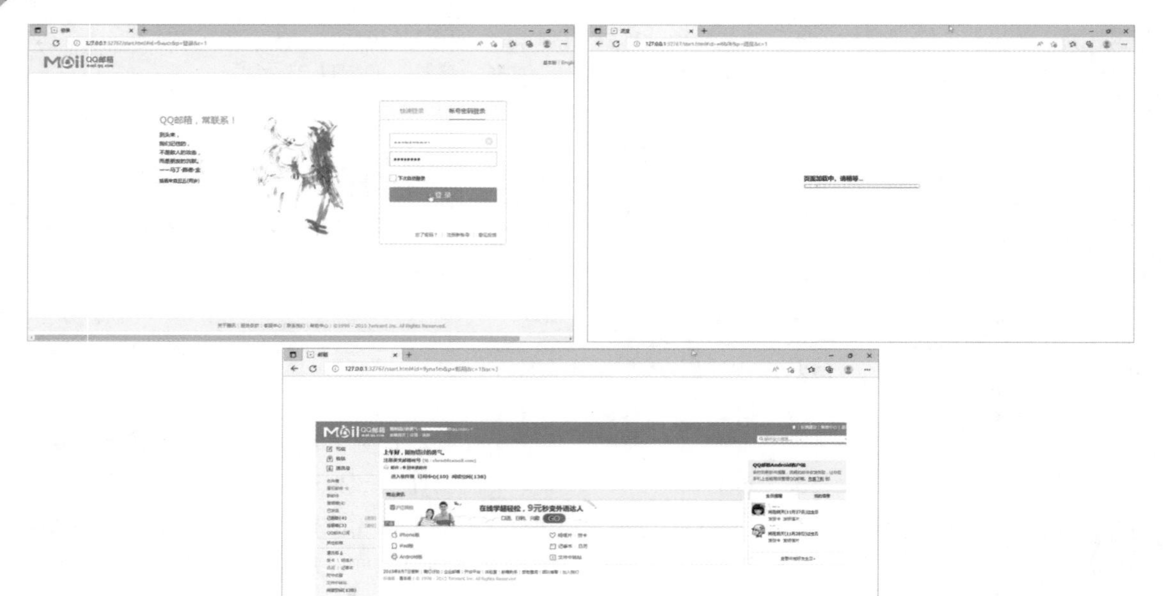

图11-26 预览效果

11.2 设计制作微博用户评论页面

当用户单击某个按钮时，页面会自动打开一个新的窗口提示错误或显示操作面板，这种效果在网页中非常常见。本案例将设计制作一个微博用户评论页面的原型，即当用户单击评论按钮时，打开提示登录的页面。原型文件及原型预览效果如图11-27所示。

图11-27 原型文件及原型预览效果

源 文 件：源文件 \ 第 11 章 \ 设计制作微博用户评论页面 .psd

教学视频：视 频 \ 第 11 章 \ 设计制作微博用户评论页面 .mp4

11.2.1 案例分析

微博评论页面由“图片”元件、“矩形2”元件、“文本框”元件、“复选框”元件和“按钮”元件制作而成；使用“动态面板”元件完成弹出页面的制作；通过为“按钮”元件添加交互样式，实现鼠标指针悬停的按钮效果；最后通过添加“显示/隐藏”动作，完成页面效果的制作。

11.2.2 制作步骤

STEP 01 新建一个Axure RP文件。将“图片”元件拖曳到页面中并导入图片素材，如图11-28所示。将“矩形2”元件拖曳到页面中，设置大小和位置，如图11-29所示。

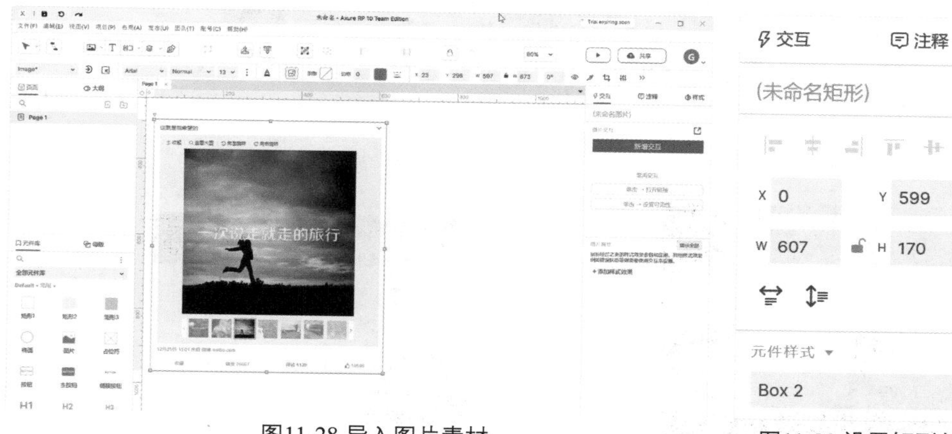

图11-28 导入图片素材

图11-29 设置矩形的大小和位置

STEP 02 将“文本框”元件拖曳到页面中，在“交互”面板的“文本框属性”选项组中设置各项参数，如图11-30所示。使用“图片”元件和“复选框”元件完成页面效果的制作，如图11-31所示。

图11-30 设置各项参数

图11-31 页面效果

STEP 03 将“按钮”元件拖入页面，在“样式”面板中修改“填充颜色”为#FF6600，圆角“半径”为1，“边框”为无，按钮效果如图11-32所示。单击“交互”面板中的“鼠标经过样式”选项，设置“填充颜色”为#FF6633，如图11-33所示。

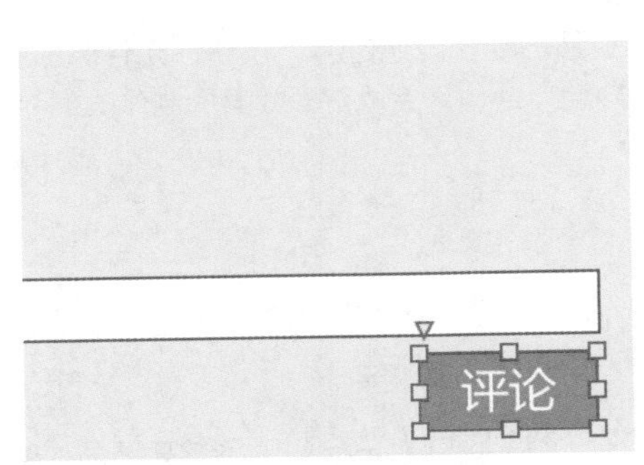

图11-32 按钮效果

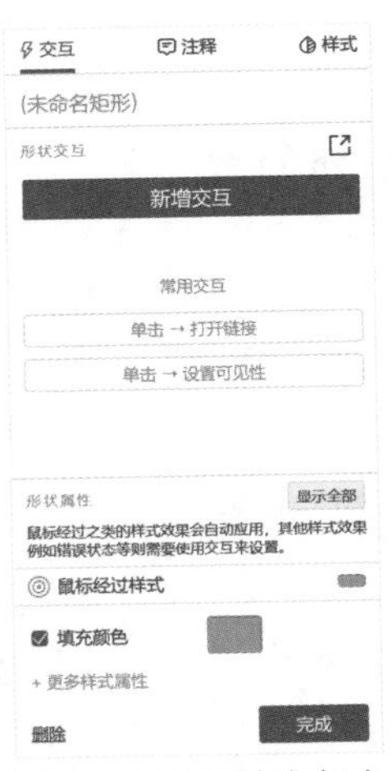

图11-33 设置填充颜色

STEP 04 单击“完成”按钮。在页面中拖入一个“动态面板”元件，如图11-34所示。双击进入“动态面板”编辑模式，拖入“图片”元件并导入图片素材，如图11-35所示。

图11-34 拖入“动态面板”元件

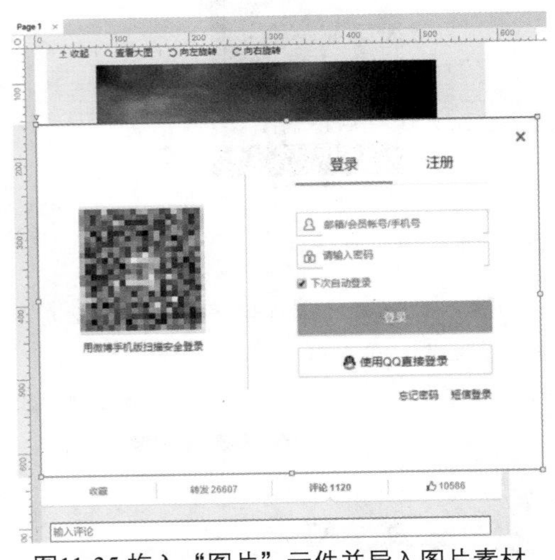

图11-35 拖入“图片”元件并导入图片素材

STEP 05 将“热区”元件拖曳到页面中，调整大小和位置，如图11-36所示。选中“热区”元件，在“交互编辑器”对话框中添加“单击”事件，再添加“显示/隐藏”动作，设置动作的各项参数，如图11-37所示。

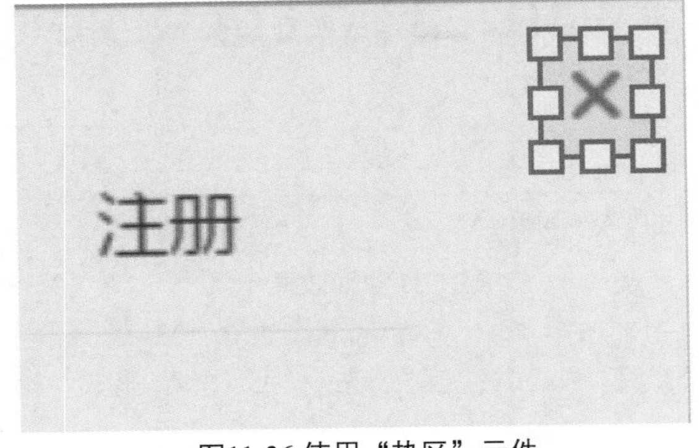

图11-36 使用“热区”元件

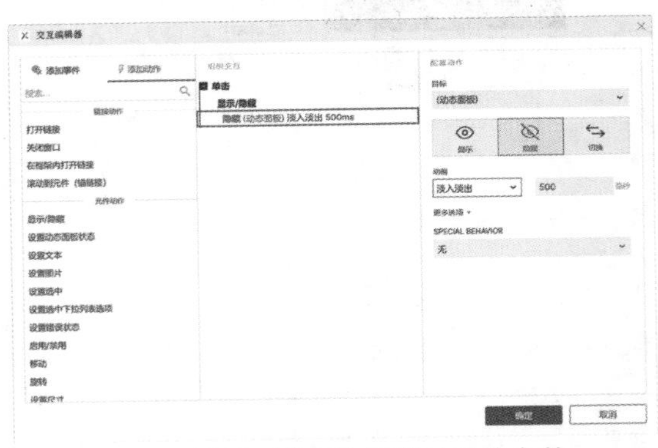

图11-37 设置“热区”元件的动作参数

STEP 06 返回“Page1”页面，选中“动态面板”元件，单击工具栏中的“隐藏”按钮，效果如图11-38所示。选中“评论”按钮元件，在“交互编辑器”对话框中为其添加“单击”事件，再添加“显示/隐藏”动作，设置动作的各项参数，如图11-39所示。

图11-38 隐藏元件

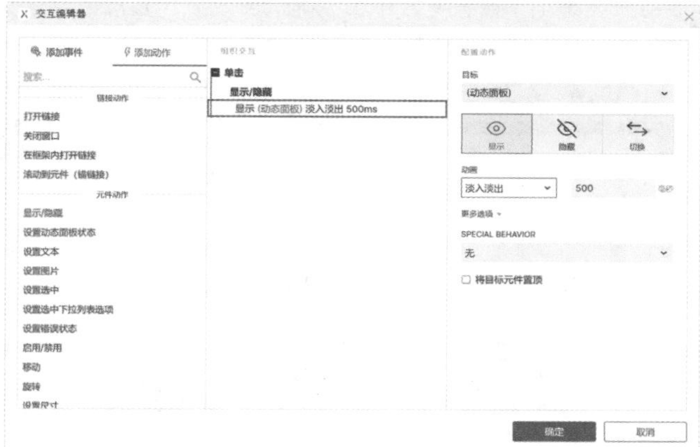

图11-39 设置“评论”按钮元件的动作参数

STEP 07 在页面上单击，在“样式”面板中设置“页面对齐”为居中对齐，如图11-40所示。执行“发布 > 生成HTML文件”命令，在弹出的“发布项目”对话框中设置各项参数，如图11-41所示。

图11-40 设置页面排列方式　　图11-41 设置“发布项目”对话框中的各项参数

STEP 08 单击“发布到本地”按钮，稍等片刻即可在发布位置看到生成的HTML文件，如图11-42所示。双击“page_1.html”文件，原型预览效果如图11-43所示。

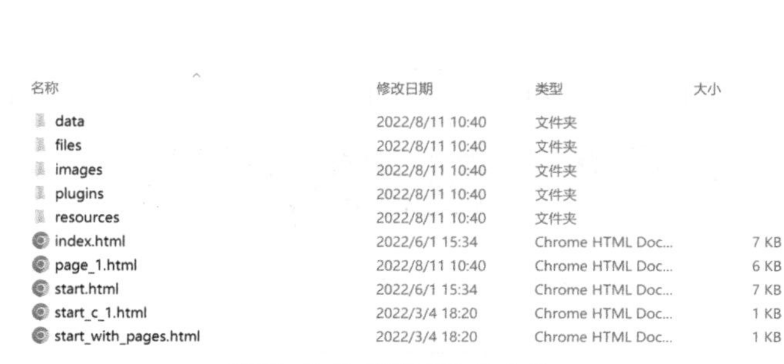

图11-42 生成的HTML文件

图11-43 原型预览效果

11.3 设计制作商品分类页面

商品分类是电子商务平台中常见的页面效果，通常采用紧凑的信息组合方式向用户展示更多的商品信息，既减少了用户的浏览时间，又节省了页面空间，还方便用户对商品进行分类查找。本案例将设计制作淘宝网首页中产品分类的原型，原型预览效果如图11-44所示。

图11-44 原型预览效果

源　文　件：源文件\第11章\设计制作商品分类页面.psd

教学视频：视　频\第11章\设计制作商品分类页面.mp4

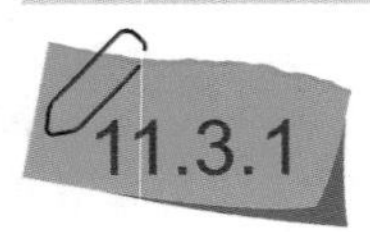

11.3.1 案例分析

在Axure RP 10中，制作通过单击实现页面切换的效果时，通常先使用“动态面板”元件制作页面，然后为其添加“单击”事件和“设置动态面板状态”动作，从而实现单击不同元件显示动态面板不同页面的效果。

例如，在浏览器中打开宝贝分类页面，选择“企业采购”类别，即可将页面切换到“企业采购”分类页面，如图11-45所示。再选择“农资采购”类别，即可将页面切换到“农资采购”分类页面，如图11-46所示。

图11-45 “企业采购”分类页面

图11-46 “农资采购”分类页面

11.3.2 制作步骤

STEP 01 新建一个Axure RP文件。将“矩形1”元件拖曳到页面中，设置位置和尺寸，如图11-47所示。设置填充“颜色”为白色，边框“颜色”为#CCCCCC，厚度为1，矩形效果如图11-48所示。

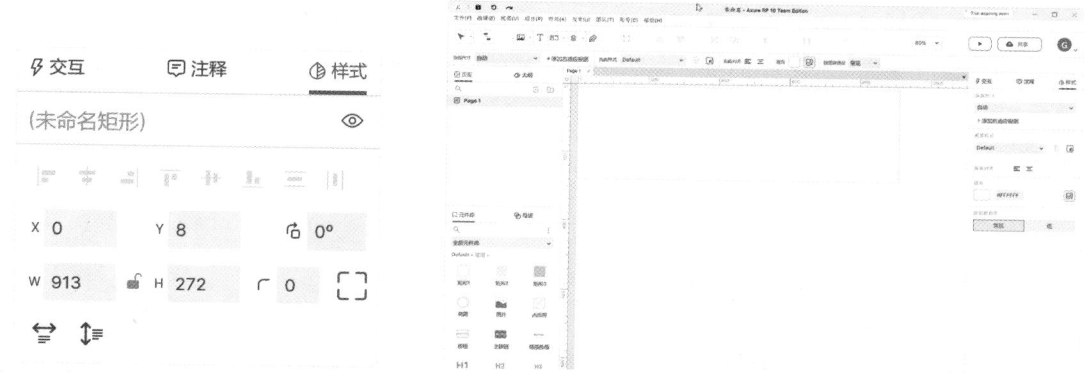

图11-47 设置“矩形1”元件的位置和尺寸

图11-48 矩形效果

STEP 02 将“动态面板”元件拖曳到页面中，设置其名称为“项目列表”，设置元件样式，如图11-49所示。元件效果如图11-50所示。

图11-49 设置元件样式

图11-50 元件效果

STEP 03 双击进入“动态面板”编辑模式，修改面板状态1名称为“pic1”，拖入“图片”元件并导入图片素材，如图11-51所示。再次添加3个面板状态并添加图片素材，如图11-52所示。

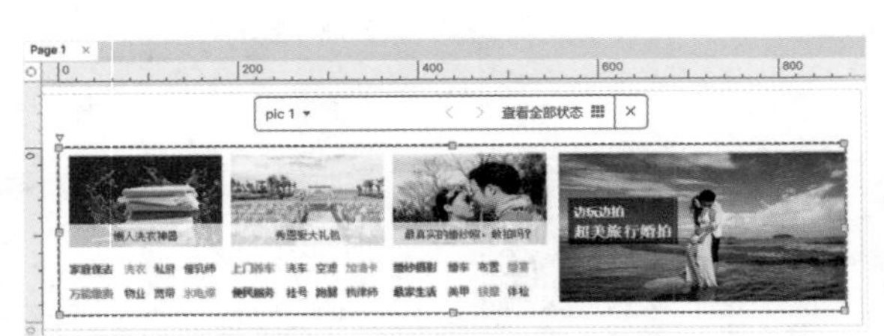

图11-51 修改面板状态的名称并导入图片素材

图11-52 完成其他3个面板状态的制作

STEP 04 返回“Page1”页面，将“三级标题”元件拖曳到页面中，修改文本内容和元件样式，如图11-53所示。单击“样式”面板中“更多边框选项”下的“可见性”图标，设置可见性，如图11-54所示。

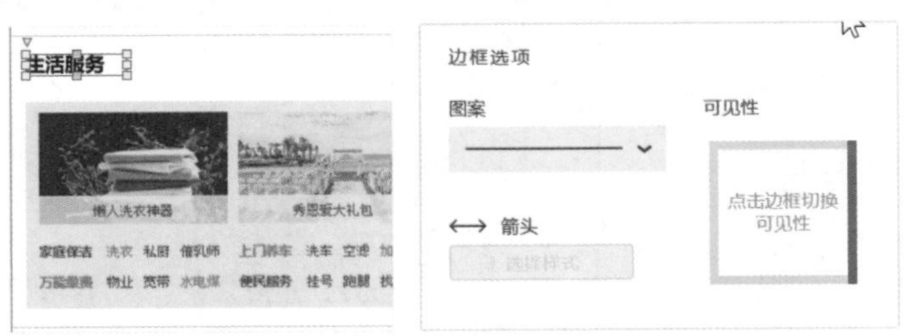

图11-53 修改文本内容和元件样式　　图11-54 设置可见性

STEP 05 使用相同的方法完成如图11-55所示的文本标题菜单的制作。选中“生活服务”元件，在“交互编辑器”对话框中为其添加“单击”事件，再添加“设置动态面板状态”动作，设置动作的各项参数，如图11-56所示。

图11-55 完成文本标题菜单的制作

图11-56 设置动作的各项参数

STEP 06 使用相同的方法，分别为其他文本菜单添加交互效果，完成后的页面效果如图11-57所示。

图11-57 完成后的页面效果

STEP 07 单击工具栏中的“预览”按钮，原型预览效果如图11-58所示。

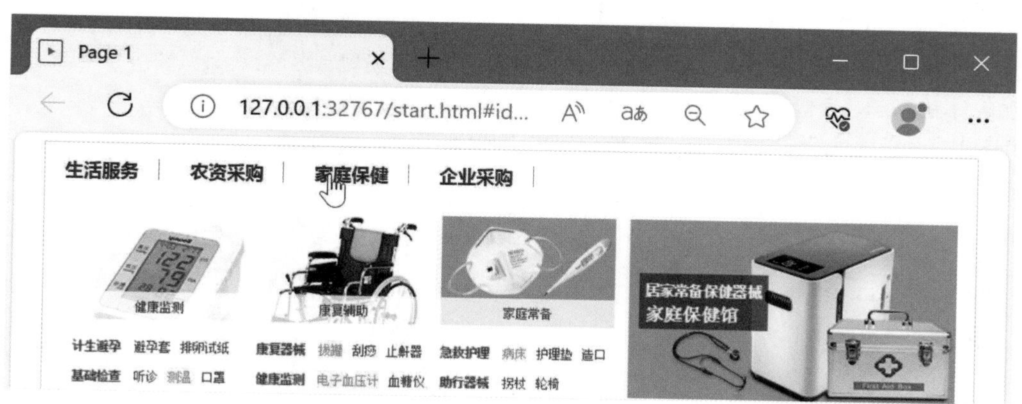

图11-58 原型预览效果

11.4 设计制作课程购买页面

用户可以在下拉列表框中选择想要购买的课程，选择完成后，页面下方会自动显示所选课程。这种效果便于用户查看所选内容，避免不必要的错误。本案例将设计制作课程购买页面，原型预览效果如图11-59所示。

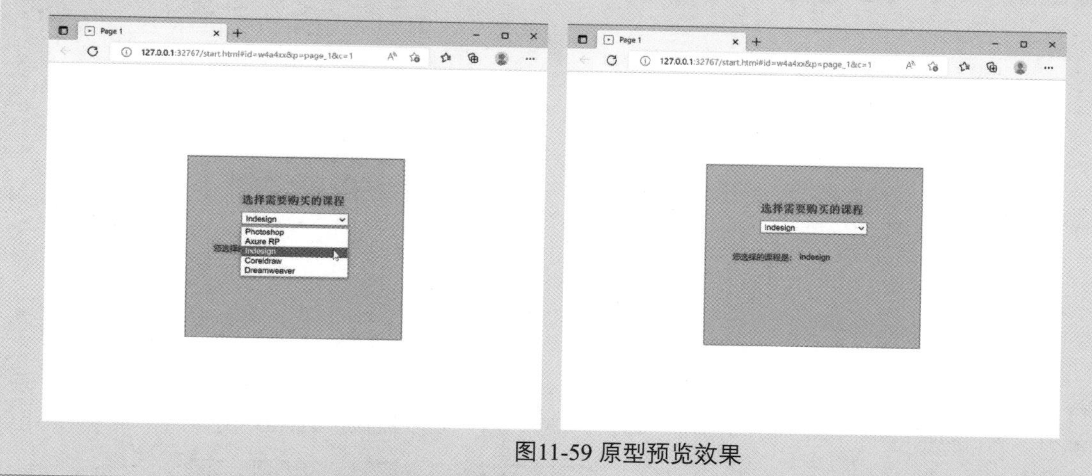

图11-59 原型预览效果

源 文 件：源文件\第 11 章\设计制作课程购买页面 .psd

教学视频：视 频\第 11 章\设计制作课程购买页面 .mp4

11.4.1 案例分析

在设计制作原型页面时，通过为“下拉框”元件添加“选中项目发生改变”事件，实现控制列表选项的效果。通过为“下拉框”元件添加“显示/隐藏”和“设置文本”动作，实现在表单中选择选项后，文本框和隐藏文本同时显示选择课程的交互效果。

11.4.2 制作步骤

STEP 01 新建一个Axure RP文件。将“矩形1”元件拖曳到页面中，设置其名称为“背景”，“样式”面板如图11-60所示。设置元件的填充“颜色”为#FF9900，边框“颜色”为#797979，“线框”为1，按【Ctrl+K】组合键锁定“矩形”元件，元件效果如图11-61所示。

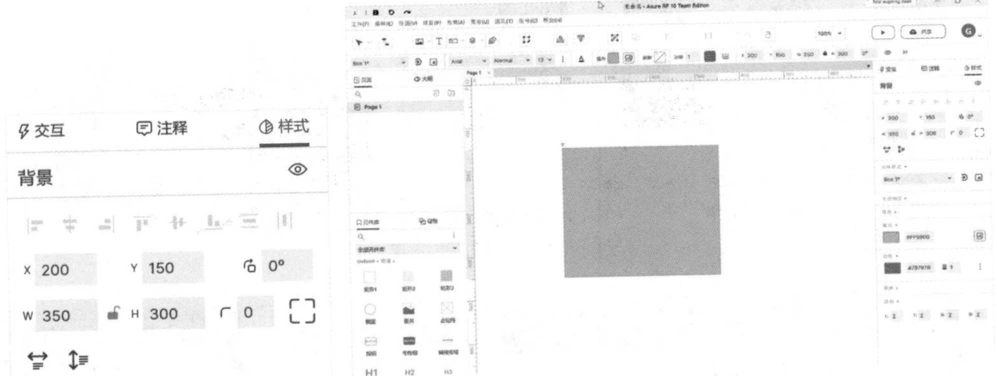

图11-60 “样式”面板

图11-61 元件效果

STEP 02 将“文本标签”元件拖曳到页面中，输入文本并设置文本样式，如图11-62所示。将“下拉框”元件拖曳到页面中，设置其名称为“选择课程”，如图11-63所示。

图11-62 添加“文本标签”元件并设置样式

图11-63 添加“下拉框”元件

STEP 03 双击进入“编辑下拉列表”对话框，单击“批量编辑”按钮，在弹出的“批量编辑”对话框中输入列表选项，如图11-64所示。单击“确定”按钮，“下拉框”元件效果如图11-65所示。

图11-64 输入列表选项

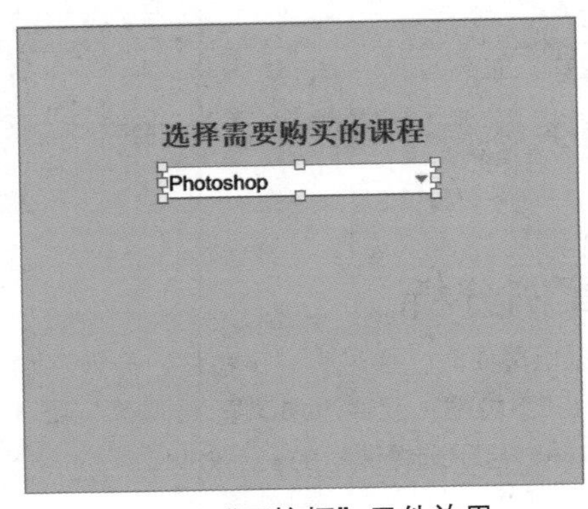

图11-65 “下拉框”元件效果

STEP 04 将“文本标签”元件拖曳到页面中并修改文本内容，如图11-66所示。再次拖入一个“文本标签”元件，设置其名称为“结果”，如图11-67所示。单击工具栏中的“隐藏”按钮，将其隐藏。

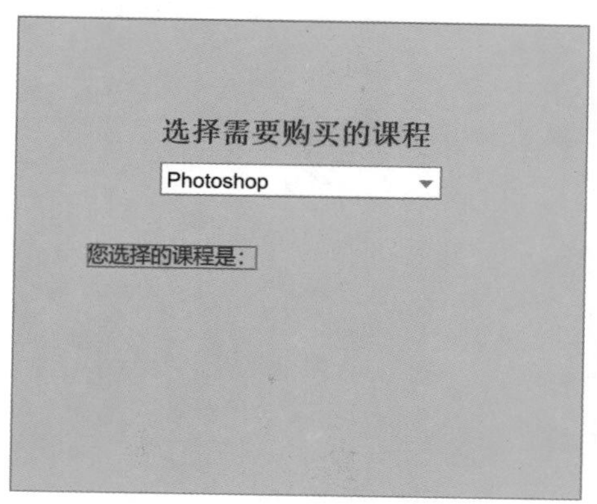

图11-66 使用“文本标签”元件

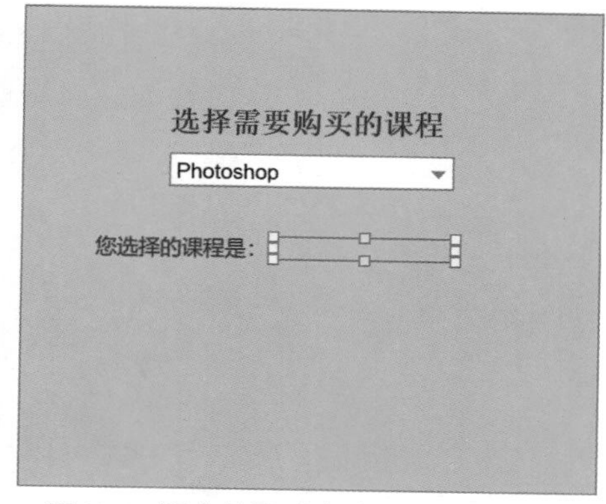

图11-67 再次使用“文本标签”元件

STEP 05 选中“选择课程”元件，在“交互编辑器”对话框中为其添加“选中项目发生改变”事件，再添加“设置文本”动作，设置动作的各项参数，如图11-68所示。再添加“显示/隐藏”动作，设置动作的各项参数，如图11-69所示。

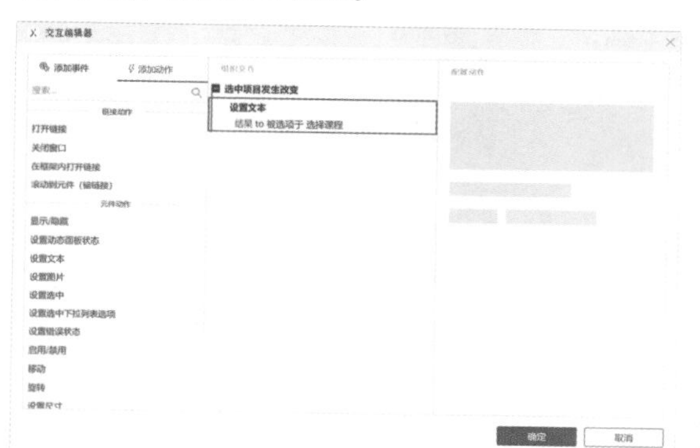

图11-68 为“选择课程”元件添加动作并设置参数

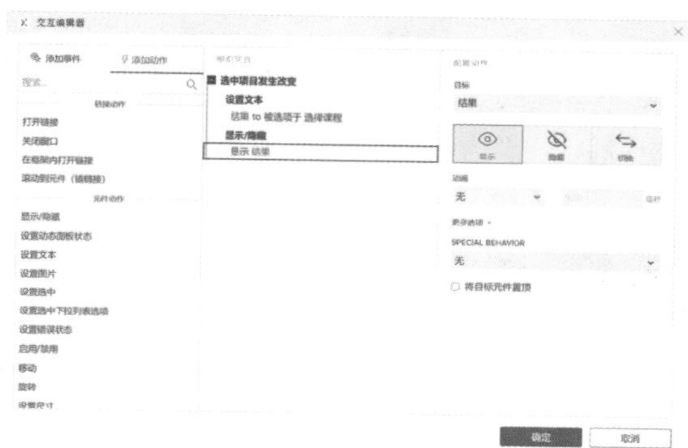

图11-69 添加“显示/隐藏”动作并设置参数

STEP 06 单击“确定”按钮。按【Ctrl+.】组合键或单击工具栏中的“预览”按钮，在打开的浏览器中预览原型，效果如图11-70所示。

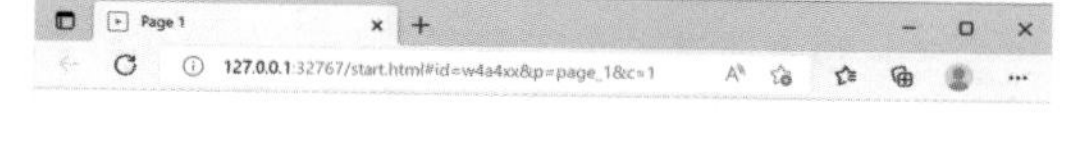

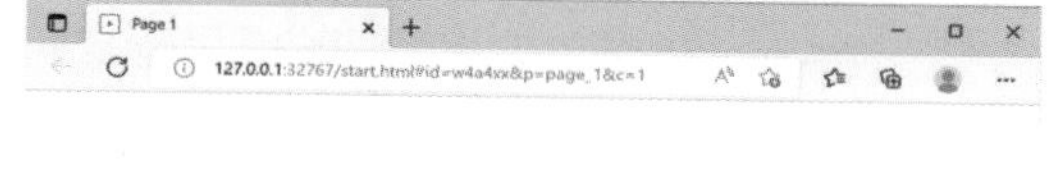

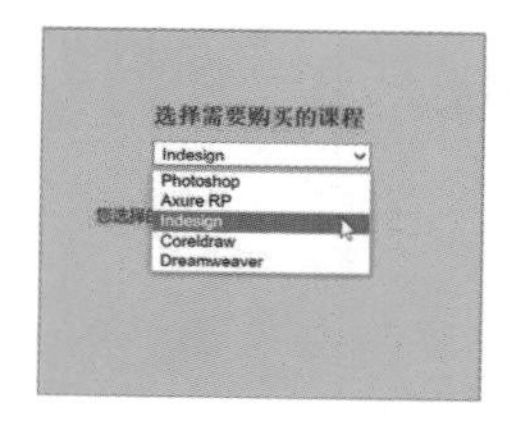

图11-70 预览效果

11.5 设计制作课程选择页面

页面中使用表单可以很好地实现网站与用户的互动。本案例将使用单选按钮组完成一个课程选择页面原型的制作，原型文件及原型预览效果如图11-71所示。

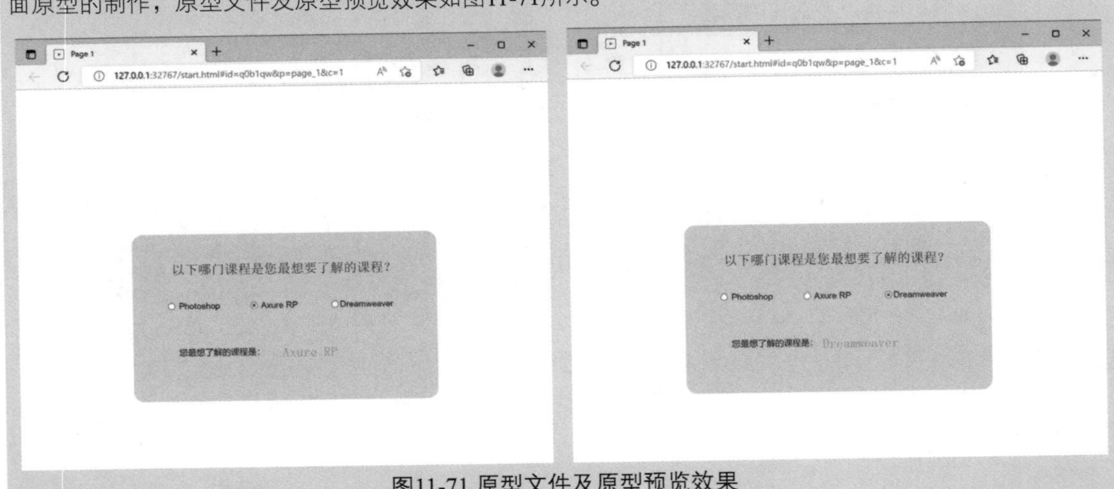

图11-71 原型文件及原型预览效果

源 文 件：源文件\第 11 章\设计制作课程选择页面 .psd

教学视频：视 频\第 11 章\设计制作课程选择页面 .mp4

11.5.1 案例分析

本案例使用单选按钮的编组功能制作单选效果。当用户获取一个“单选按钮”元件的焦点时，可以为其添加“设置选中”“设置文本”动作，并通过使用“显示/隐藏”动作控制页面中其他元件的显示效果。

11.5.2 制作步骤

STEP 01 新建一个Axure RP文件，将“矩形3”元件拖曳到页面中，设置其名称为“背景”，设置元件样式如图11-72所示。拖曳“矩形”元件左上角的黄色三角形，元件效果如图11-73所示。

图11-72 设置元件样式

图11-73 元件效果

STEP 02 将“文本标签”元件拖曳到页面中，修改文本内容，如图11-74所示。将“单选按钮”元件拖曳到页面中，设置名称为“选项1”，修改文本内容，如图11-75所示。

图11-74 添加“文本标签”元件并修改文本内容　　图11-75 使用“单选按钮”元件并修改文本内容

STEP 03 使用相同的方法制作其他单选按钮，如图11-76所示。继续拖入一个“文本标签”元件，修改文本内容，如图11-77所示。

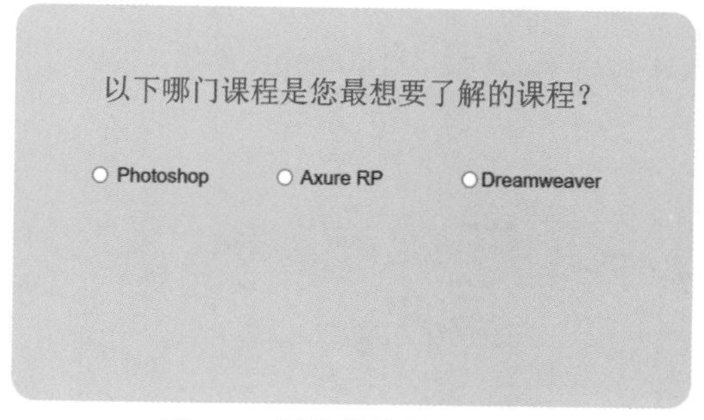

图11-76 制作其他单选按钮

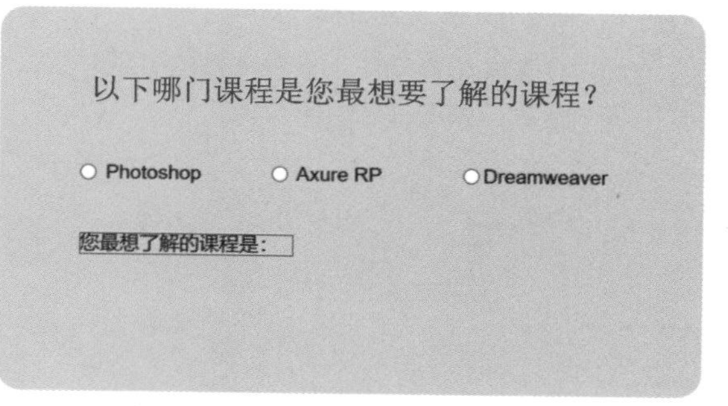

图11-77 继续添加“文本标签”元件

STEP 04 再次拖入一个“文本标签”元件，删除文本内容并设置为隐藏，设置名称为“显示答案”，如图11-78所示。拖曳选中所有的“单选按钮”元件，单击鼠标右键，在弹出的快捷菜单中选择“分配单选按钮组”命令，如图11-79所示。

图11-78 再次使用“文本标签”元件　　图11-79 选择“分配单选按钮组”命令

STEP 05 在弹出的“选项组”对话框中设置“组名称”为“组选项”，如图11-80所示。选择“选项1”元件，在“交互编辑器”对话框中为其添加“获取焦点”事件，再添加“设置选中”动作，设置动作的各项参数，如图11-81所示。

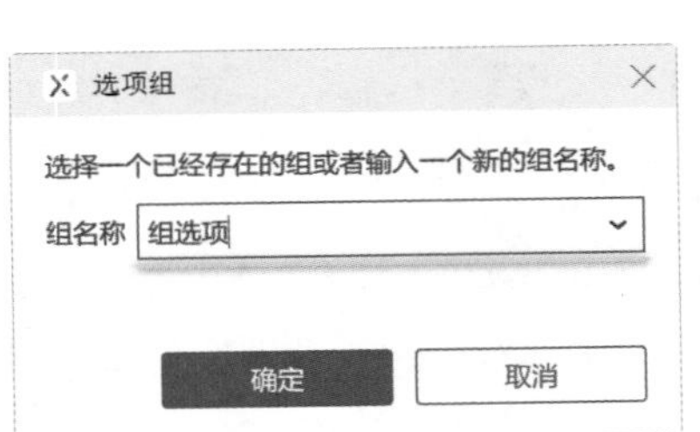

图11-80 设置组名称

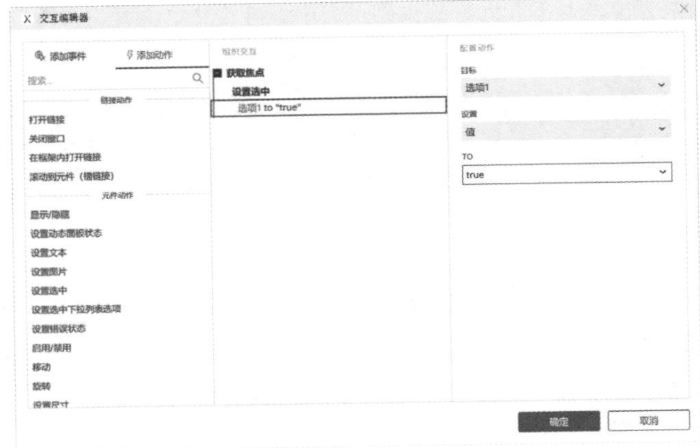

图11-81 为“选项1”元件设置动作参数

STEP 06 添加“设置文本”动作，设置动作的各项参数，如图11-82所示。添加“显示/隐藏”动作，设置动作的各项参数，如图11-83所示。

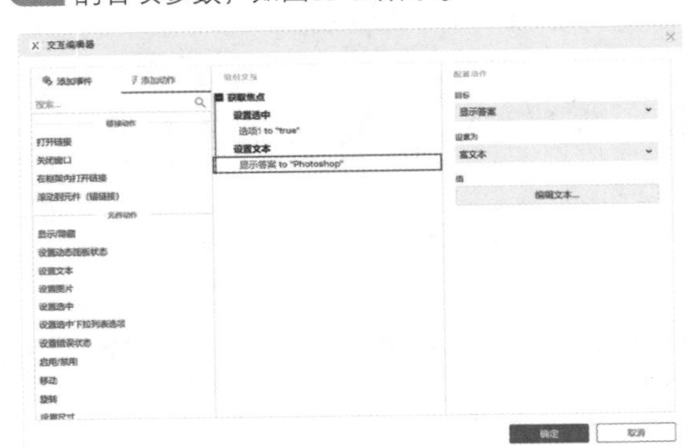

图11-82 添加“设置文本”动作并设置参数

图11-83 添加“显示/隐藏”动作并设置参数

STEP 07 使用相同的方法，在“交互编辑器”对话框中为“选项2”元件和“选项3”元件设置动作及参数，如图11-84所示。

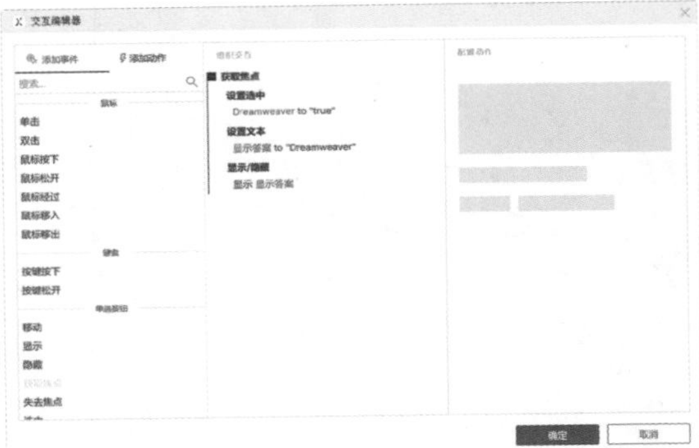

图11-84 为“选项2”和“选项3”设置动作及参数

STEP 08 执行“文件 > 保存”命令，保存文件。单击工具栏中的“预览”按钮，原型预览效果如图11-85所示。

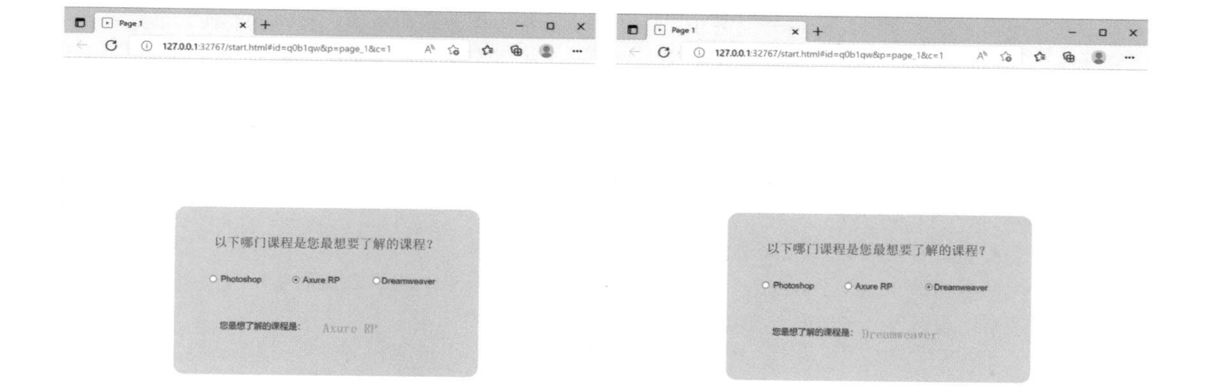

图11-85 原型预览效果

11.6 设计制作重置密码页面

用户在登录网站时，如果忘记了登录密码，可以通过重置密码功能重新设置登录密码。本案例将制作腾讯QQ重置密码页面，用户可以根据提示一步步地重置登录密码，原型预览效果如图11-86所示。

图11-86 原型预览效果

源 文 件：源文件\第 11 章\设计制作重置密码页面 .psd

教学视频：视 频\第 11 章\设计制作重置密码页面 .mp4

11.6.1 案例分析

找回密码步骤页面由“动态面板”元件、“文本框”元件、“主按钮”元件和“椭圆”元件等组成，本案例使用“动态面板”元件分别完成“1-2-3-4步”和“重置密码步骤”元件的制作。然后为不同的元件添加“设置文本”和“设置动态面板状态”动作，根据实际情况为某些元件添加判定条件，实现获得验证码、验证身份和重置密码的操作，最终完成重置密码的操作。

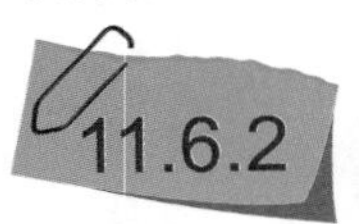

11.6.2 制作步骤

STEP 01 打开一个Axure RP文件，将页面重命名为“找回密码”，单击“样式”选项卡中的“编辑图片”按钮，导入“素材\第11章\11601.jpg”素材图片，如图11-87所示。将“动态面板”元件拖入页面，在“样式”选项卡中设置尺寸和位置，如图11-88所示。

图11-87 导入素材图片

图11-88 使用“动态面板”元件并设置尺寸和位置

STEP 02 双击“动态面板”元件，进入“动态面板”编辑状态，在页面顶部单击“State1”按钮，在打开的面板中添加3个状态，并分别修改名称为“1”“2”“3”“OK”，设置“动态面板”元件名称为“1-2-3-4步”，如图11-89所示。分别进入“1”“2”“3”“OK”状态，使用“椭圆”元件、“文本标签”元件和“水平线”元件完成页面的制作，页面效果如图11-90所示。

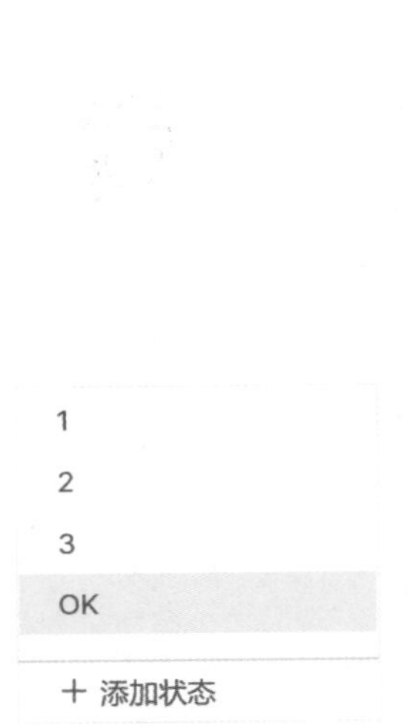

图11-89 在面板中添加3个状态

图11-90 页面效果

STEP 03 返回“找回密码”页面，再次将“动态面板”元件拖曳到页面中，设置其名称为“找回密码步骤”，在“样式”面板中设置大小和位置，如图11-91所示。双击“动态面板”元件，进入“动态面板”编辑状态，在页面顶部单击“State1”按钮，在打开的面板中添加3个状态，分别修改状态名称为“输入用户名”“验证身份”“重置密码”“完成”，如图11-92所示。

图11-91 使用“动态面板”元件并设置大小和位置　　图11-92 在面板中添加3个状态

STEP 04 进入“输入用户名”页面状态，使用“文本标签”元件、“文本框”元件和“主按钮”元件完成页面效果的制作，如图11-93所示。分别命名文本框为“用户名”和“验证码”。使用“文本标签”元件创建“验证码错误”元件，并设置其名称为“验证码错误”，效果如图11-94所示。

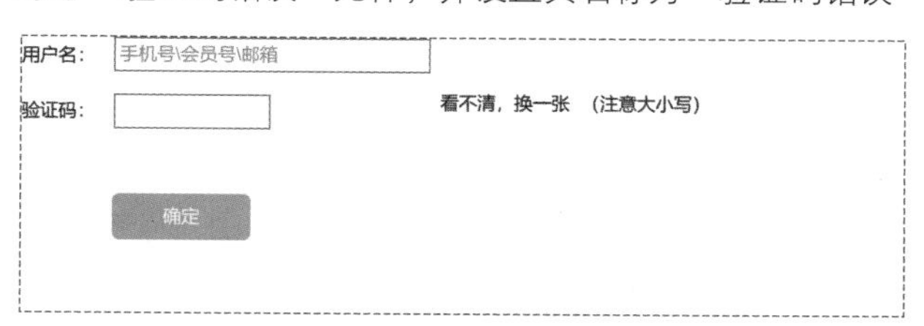

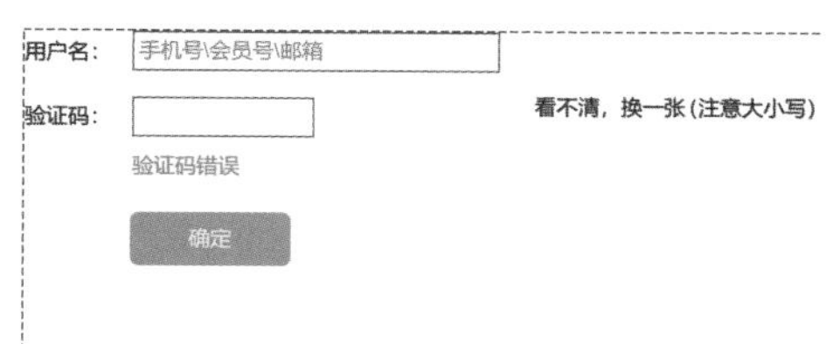

图11-93 “输入用户名”页面效果　　图11-94 创建“验证码错误”元件

STEP 05 使用“文本标签”元件创建“用户名不能为空”元件，并设置其名称为“用户名为空提示”，效果如图11-95所示。创建完成后将“验证码错误”和“用户名为空提示”两个元件设为隐藏，页面效果如图11-96所示。

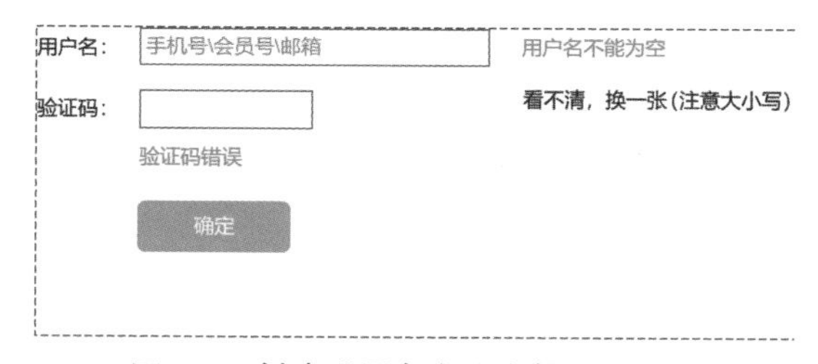

图11-95 创建“用户名为空提示”元件　　图11-96 页面效果

STEP 06 将“动态面板”元件拖曳到页面中，设置尺寸大小并更改名称为“验证码”，如图11-97所示。进入“动态面板”编辑状态，添加两个状态并修改各个状态的名称，分别在3个状态中插入“矩形1”元件，并输入不同的文字，状态效果如图11-98所示。

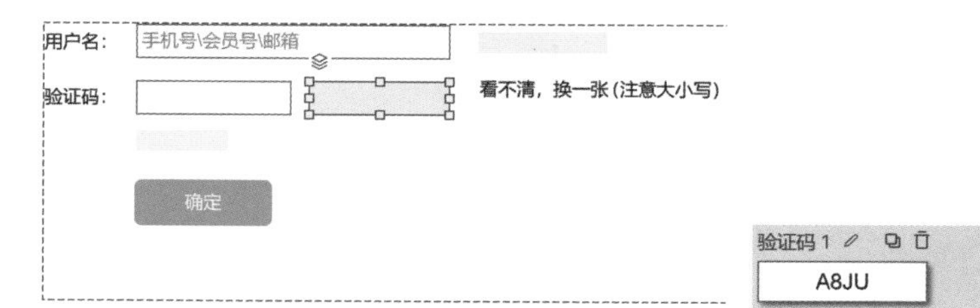

图11-97 创建“验证码”元件　　图11-98 状态效果

STEP 07 进入“验证身份”页面状态，使用“文本标签”元件、“文本框”元件、“下拉框”元件和“主按钮”元件制作页面，页面效果如图11-99所示。

STEP 08 进入“重置密码”页面状态，使用“文本标签”元件、“文本框”元件和“主按钮”元件制作页面，页面效果如图11-100所示。

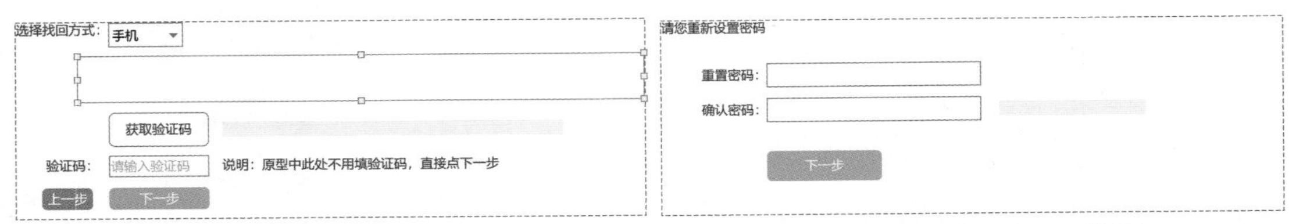

图11-99 “验证身份”页面效果　　图11-100 “重置密码”页面效果

STEP 09 进入“完成”页面状态，将“二级标题”元件拖入页面，修改文字的颜色和内容，页面效果如图11-101所示。

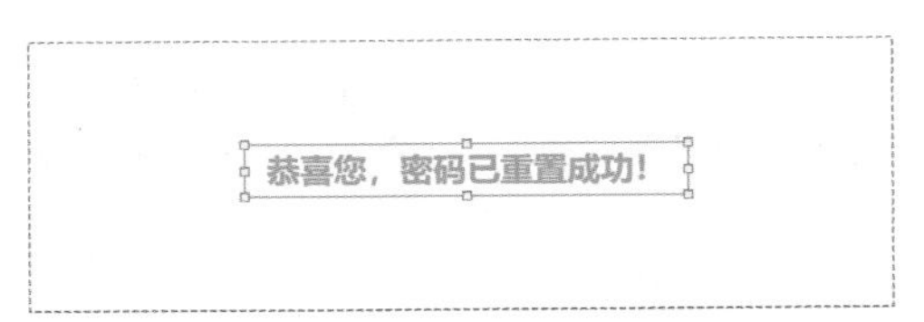

图11-101 “完成”页面效果

STEP 10 在“输入用户名”页面状态中选中“用户名”元件，打开“交互编辑器”对话框，添加“获取焦点”事件，在“条件编辑”对话框中添加和配置动作，如图11-102所示。继续添加“失去焦点”事件，在“条件编辑”对话框中添加和配置动作，如图11-103所示。

图11-102 添加“获取焦点”事件并设置动作参数

图11-103 添加“失去焦点”事件并设置动作参数

STEP 11 选中名为“看不清，换一张（注意大小写）”文本元件，打开“交互编辑器”对话框，添加“单击”事件，为“单击”事件添加情形条件，并为情形条件添加“设置动态面板状态”动作，如图11-104所示。使用同样的方法，继续为“单击”事件添加情形条件及动作，如图11-105所示。

图11-104 为文本元件添加事件并设置动作参数

图11-105 继续设置交互

STEP 12 选中“确定”按钮元件，打开“交互编辑器”对话框，为元件添加“单击”事件，再为“单击”事件添加4个情形条件，并为每个情形条件添加“显示/隐藏”动作，如图11-106所示。

STEP 13 继续为“单击”事件添加3个情形条件，创建一个名为“Name”的全局变量，再为每个情形条件添加“设置动态面板状态”动作、“设置变量值”动作和“设置文本”动作，如图11-107所示。

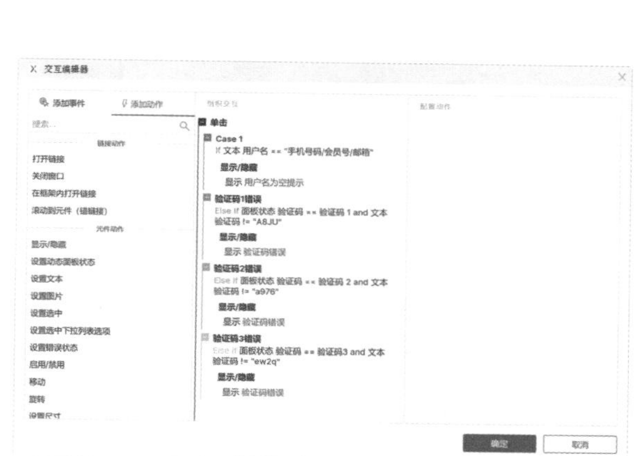

图11-106 设置情形条件1

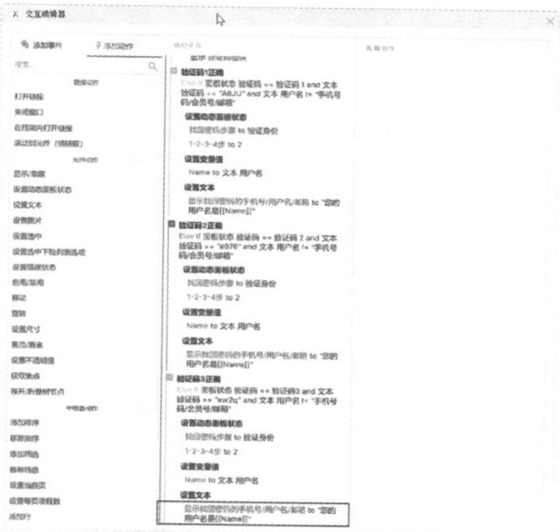

图11-107 设置情形条件2

STEP 14 进入“验证身份”页面状态，选择“获取验证码”元件，添加事件及动作，效果如图11-108所示。选择“请输入验证码”元件，添加事件及动作，效果如图11-109所示。

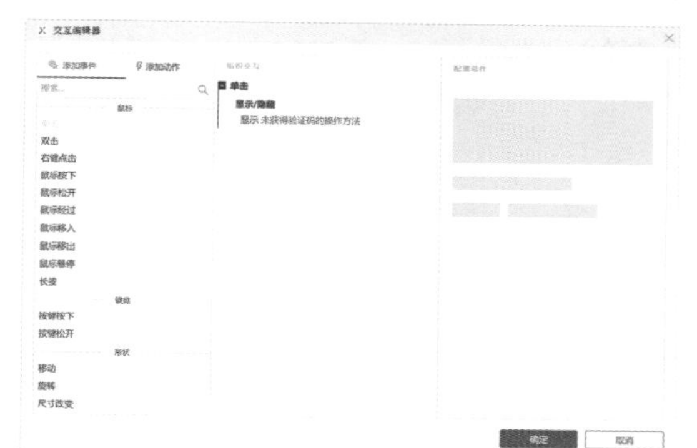

图11-108 为“获取验证码”元件添加事件及动作

图11-109 为“请输入验证码”元件添加事件及动作

STEP 15 继续在“验证身份”页面状态中选择“上一步”元件，添加事件及动作，效果如图11-110所示。选择“下一步”元件，添加事件及动作，效果如图11-111所示。

图11-110 为“上一步”元件添加事件及动作

图11-111 为“下一步”元件添加事件及动作

STEP 16 进入“重置密码”页面状态，选择“确认密码”文本框元件，添加事件及动作，效果如图11-112所示。选择“下一步”元件，添加事件及动作，效果如图11-113所示。

图11-112 为“确认密码”文本框元件添加事件及动作　　图11-113 为“下一步”元件添加事件及动作

STEP 17 返回“找回密码”页面，页面效果如图11-114所示。

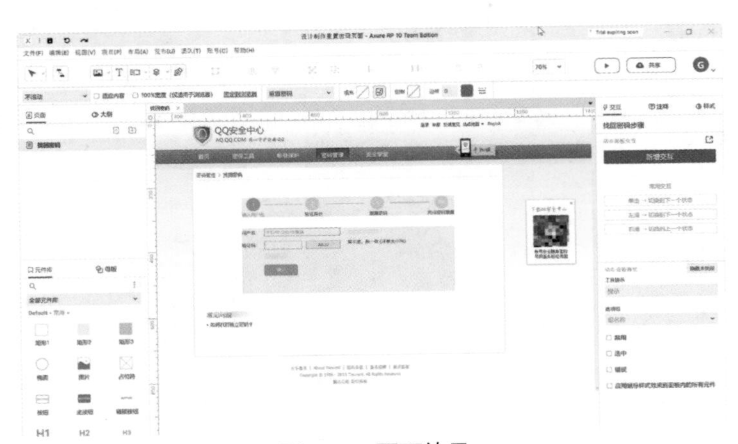

图11-114 页面效果

STEP 18 单击工具栏中的“预览”按钮，原型预览效果如图11-115所示。

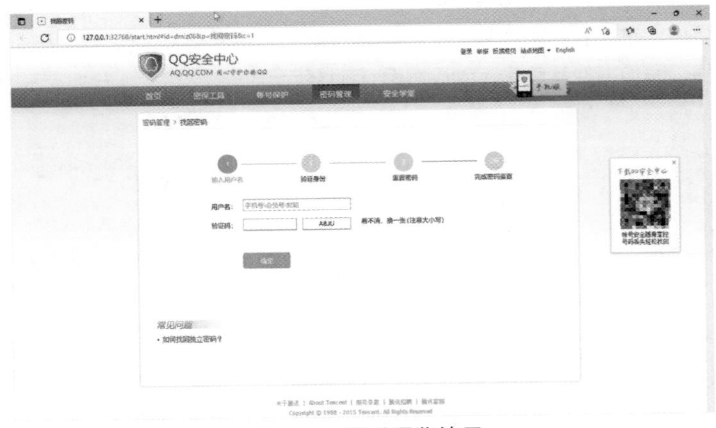

图11-115 原型预览效果

第12章 设计制作移动端网页原型

本章将设计制作一款App项目原型，通过App项目原型的制作，帮助读者了解并掌握利用Axure RP 10制作移动端产品原型的要求和流程。为了便于学习，本章将案例分为原型页面制作和原型交互制作两部分，便于读者从不同的角度学习移动端App原型的制作方法。

本章学习重点

第 303 页
设计制作 App 启动页面原型

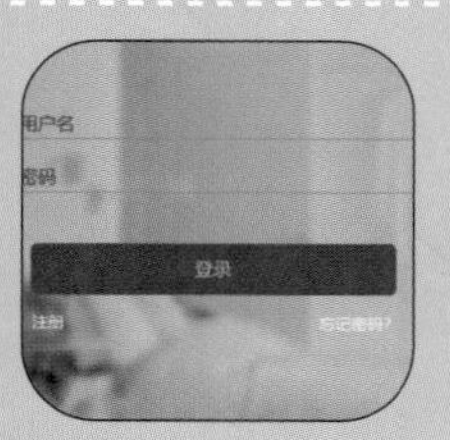

第 307 页
设计制作 App 会员系统页面原型

第 310 页
设计制作 App 首页原型

第 312 页
设计制作 App 设计师页面原型

12.1 设计制作App启动页面原型

一般情况下，一整套App项目通常包含很多页面，在设计制作之前，设计师可以按照页面的功能将页面分为启动页面、会员系统页面、首页页面和设计师页面4部分，效果如图12-1所示。

图12-1 案例预览效果

本原型案例将使用Axure RP 10设计制作创意家居App的主页面、启动页面和广告页面。App启动页面通常是指进入主页面之前的页面，制作完成后的App启动页面的原型效果如图12-2所示。

图12-2 App启动页面原型效果

源 文 件：源文件\第 12 章\设计制作 App 启动页面原型 .psd
教学视频：视 频\第 12 章\设计制作 App 启动页面原型 .mp4

12.1.1 案例分析

本案例制作的App项目将运行于iOS系统，在设计制作原型时要遵循iOS系统要求及规范，严格控制页面、图标和文本的尺寸。为了提高制作效率，尽可能地使用元件样式控制页面中的文本样式，使用母版制作页面中相同的内容，如状态栏和标签栏。

12.1.2 制作步骤

STEP 01 新建一个Axure RP文件，在“样式”面板中设置页面样式，如图12-3所示。将“矩形2”元件拖入页面并设置样式，如图12-4所示。

图12-3 设置页面样式

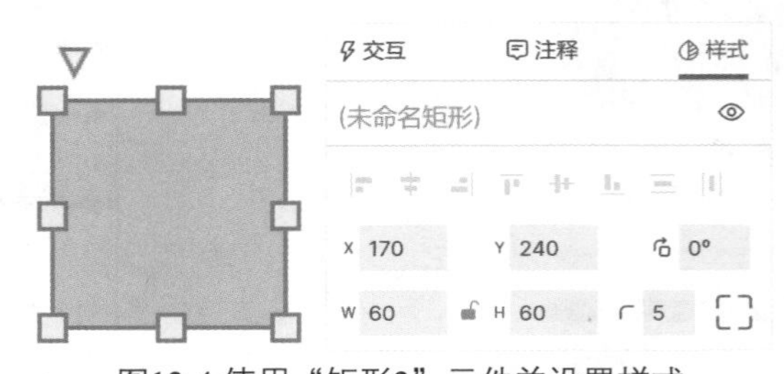

图12-4 使用“矩形2”元件并设置样式

STEP 02 将“二级标题”元件拖曳到页面中，修改文本内容并设置文本样式，如图12-5所示。拖曳选中“二级标题”元件和“矩形2”元件，单击工具栏中的“组合”按钮完成编组操作，在“页面”面板中修改页面名称为“主界面”，如图12-6所示。

Tips

使用 Axure RP 10 预设的 iPhone 8 尺寸为 1 倍尺寸，一般应用到屏幕分辨率较低的设备上。用户如若想获得较高的分辨率效果，可以使用 3 倍尺寸。

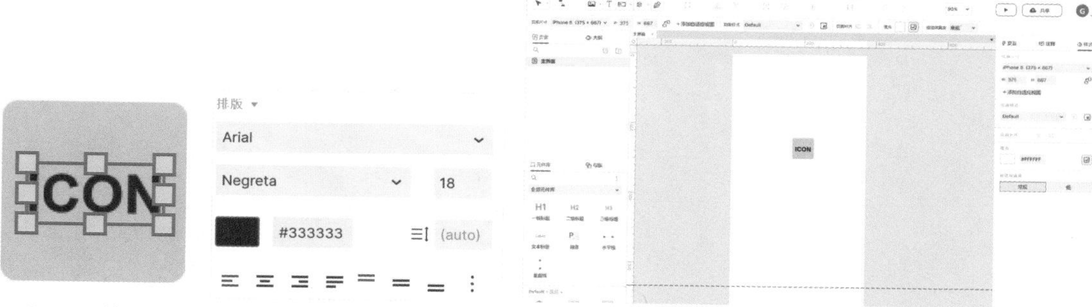

图12-5 使用“二级标题”元件并设置样式

图12-6 组合并修改页面名称

STEP 03 单击“样式”面板中的“管理元件样式”按钮，在弹出的“元件样式管理”对话框中新建一个名为“文本10”的样式，如图12-7所示。单击“复制”按钮，分别创建字号为12、14、16的样式，如图12-8所示。

图12-7 新建元件样式

图12-8 新建其他样式

STEP 04 新建一个名为“启动页”的页面，将图片元件拖入页面并导入图片素材，如图12-9所示。在“iOS 11”元件库中选择白色状态栏元件并拖曳到页面中，调整元件的大小与位置，页面效果如图12-10所示。

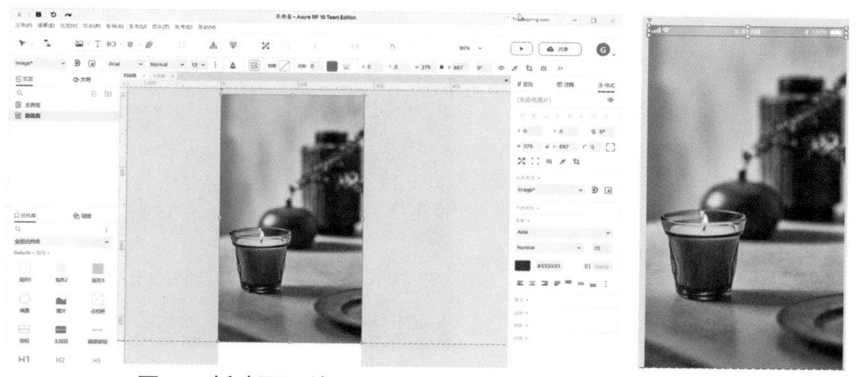

图12-9 新建页面并导入图片素材

图12-10 调整元件的大小和位置

STEP 05 单击鼠标右键，在弹出的快捷菜单中选择“转换为母版”命令，如图12-11所示。在弹出的“创建母版”对话框中设置“新母版名称”为“状态栏”，如图12-12所示。单击“继续”按钮，完成母版的创建。

图12-11 选择“转换为母版”命令

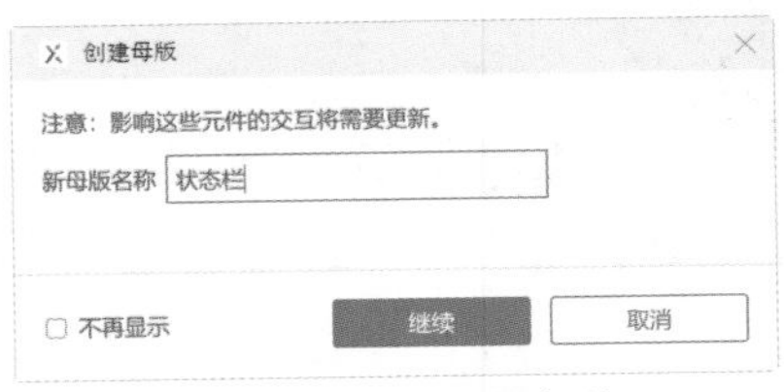

图12-12 设置母版名称

STEP 06 使用“矩形”元件和“文本标签”元件制作如图12-13所示的图标。将“文本标签”元件拖曳到页面中并修改文本内容，在“样式”面板中选择“文本12”样式，设置对齐方式为居中，页面效果如图12-14所示。

图12-13 制作图标

图12-14 使用“文本标签”元件并应用样式

STEP 07 新建一个名为“开屏广告”的页面，将“动态面板”元件拖入页面并命名为“pop”，“样式”面板如图12-15所示。双击进入“动态面板”编辑模式，新建两个面板状态，并在每个状态中插入图片素材，如图12-16所示。

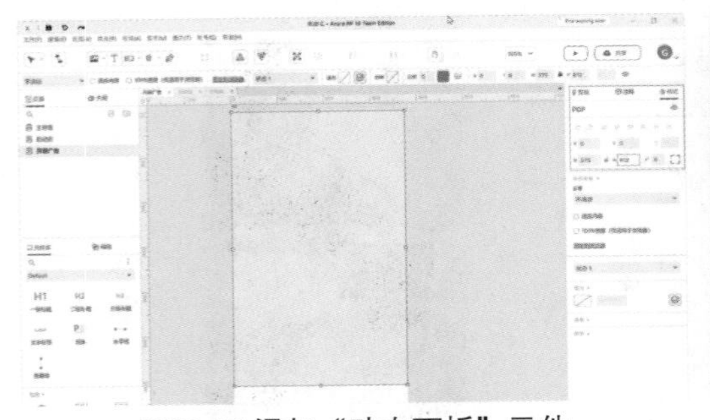

图12-15 添加“动态面板”元件

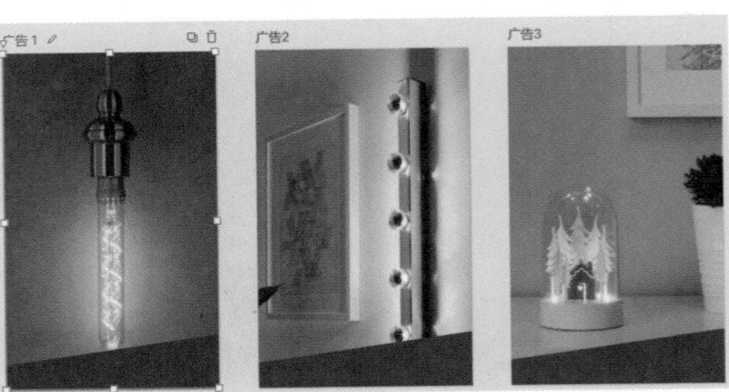

图12-16 新建面板状态并插入图片素材

STEP 08 返回页面编辑模式，将“标签栏”元件从“母版”面板拖曳到页面中，如图12-17所示。继续使用各种元件完成页面的制作，效果如图12-18所示。

图12-17 添加“标签栏”元件到页面中

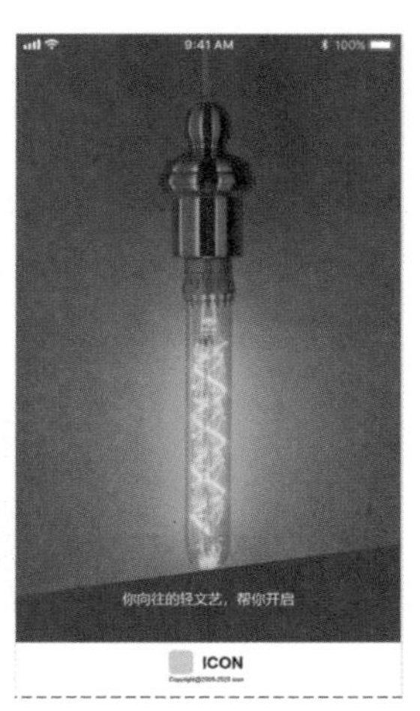

图12-18 页面效果

12.2 设计制作App会员系统页面原型

对于任意一款App软件来说，精准地识别客户并有目的地推荐App中的商品是非常重要的。通常情况下，App软件平台都是通过会员系统获得客户信息的，制作完成后的App会员系统页面的原型效果如图12-19所示。

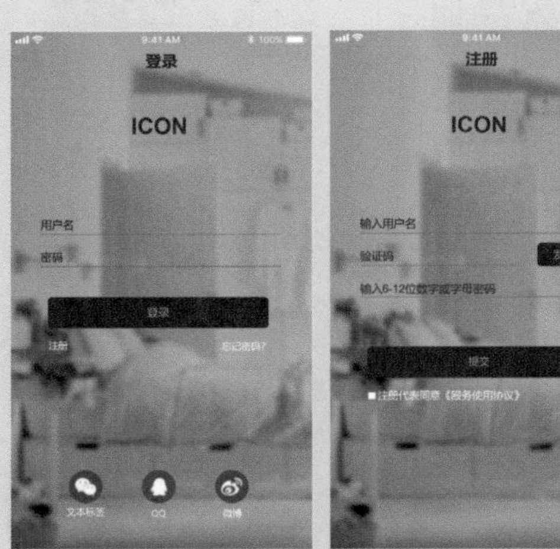

图12-19 App会员系统页面原型效果

源 文 件：源文件\第 12 章\设计制作 App 会员系统页面原型 .psd

教学视频：视 频\第 12 章\设计制作 App 会员系统页面原型 .mp4

12.2.1 案例分析

会员系统是App中最重要的组成部分之一，通常用来收集和管理用户信息。由于篇幅所限，本案例只制作会员注册和登录页面。

12.2.2 制作步骤

STEP 01 接上一个案例，新建一个名为“登录页”的页面，将“图片”元件拖曳到页面中并插入图片素材，如图12-20所示。

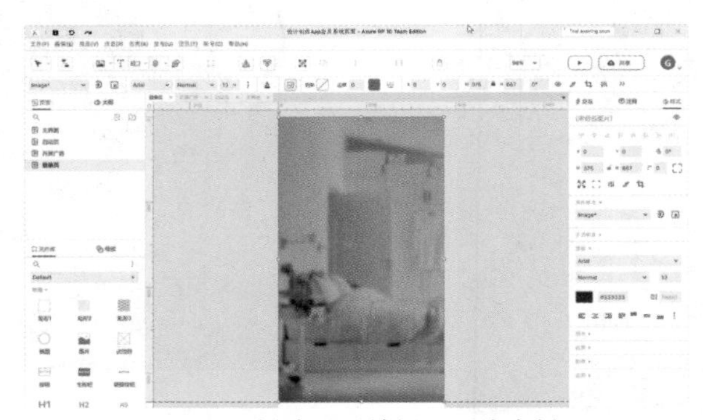

图12-20 新建页面并插入图片素材

STEP 02 使用“文本框”元件创建如图12-21所示的效果。在“样式”面板中设置位置参数，使用“文本14”样式并设置边框可见性，如图12-22所示。

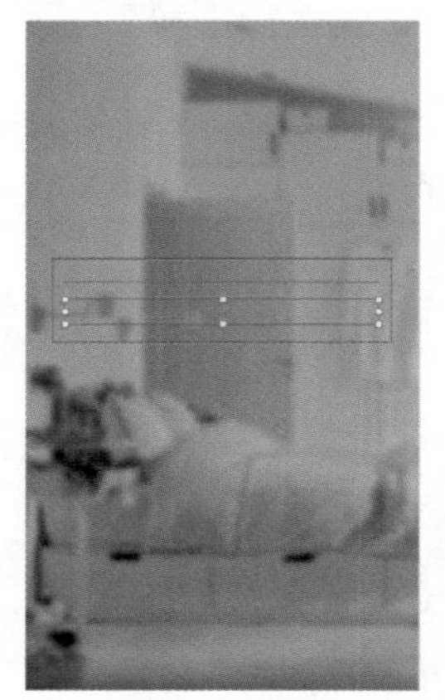

图12-21 使用“文本框”元件　图12-22 使用“文本14”样式并设置边框可见性

STEP 03 在“密码”文本框上单击鼠标右键，在弹出的快捷菜单中选择“输入类型>密码”命令，如图12-23所示。继续使用“矩形”元件为两个文本框添加提示文本，元件效果如图12-24所示。

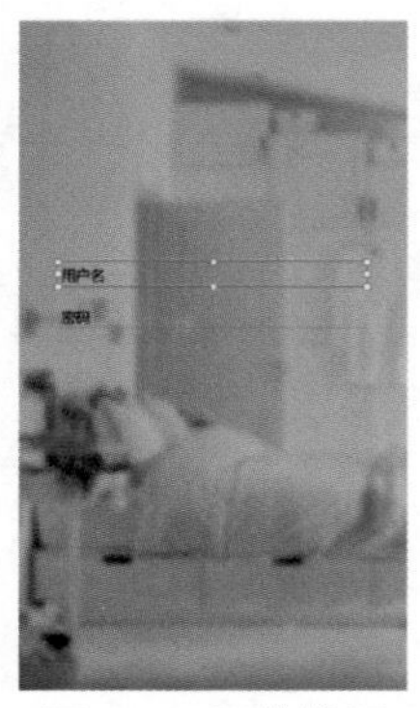

图12-23 选择“密码”命令　图12-24 元件效果

STEP 04 使用“主按钮”元件和“文本框”元件创建“登录”按钮和文本内容，页面效果如图12-25所示。

STEP 05 继续使用“状态栏”母版文件、“文本标签”元件和“图片”元件制作登录页面的其他内容，完成效果如图12-26所示。

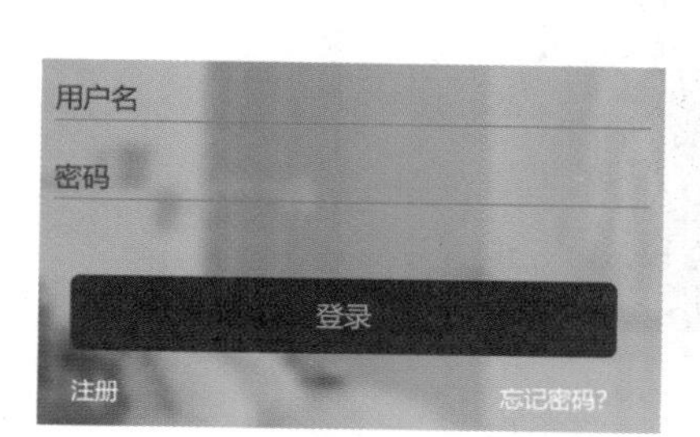

图12-25 创建“登录”按钮

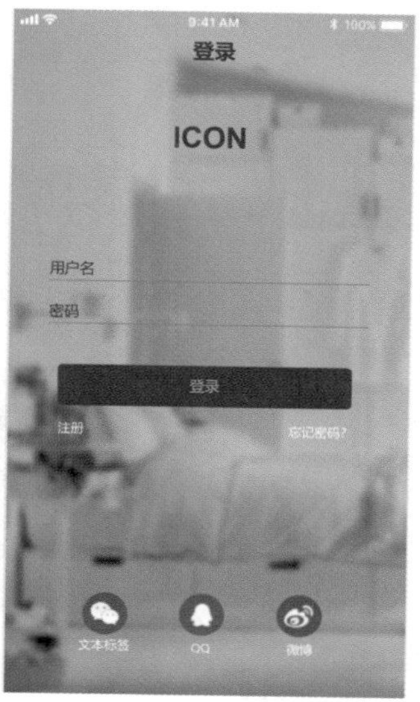

图12-26 完成登录页面的制作

STEP 06 新建一个名为“注册页”的页面，使用“文本框”元件、“文标标签”元件、“主按钮”元件和“复选框”元件创建页面内容，页面效果如图12-27所示。

STEP 07 继续使用“母版”元件和“文本标签”元件完成注册页中其他内容的制作，页面效果如图12-28所示。

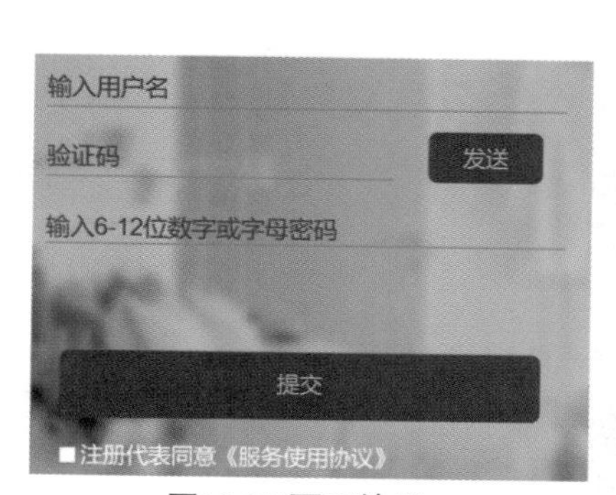

图12-27 页面效果

图12-28 完成注册页其他内容的制作

12.3 设计制作App首页原型

首页通常是一个App向用户展示项目内容的最全面的页面，用户可以在首页页面中第一时间了解App的内容，感受App所要传达的信息。制作完成后的App首页页面的原型效果如图12-29所示。

图12-29 App首页页面原型效果

源 文 件：源文件\第12章\设计制作App首页原型.psd

教学视频：视 频\第12章\设计制作App首页原型.mp4

12.3.1 案例分析

首页是用户进入App后第一时间了解并观察信息的地方，通常用来引导和吸引用户。本案例将完成App项目中第三部分原型页面的设计制作——首页。该页面是用户经过启动页面或登录页面与注册页面后，进入软件时首先看到的页面。通过制作首页页面原型，可以帮助开发人员快速了解App软件的页面结构和功能分区。

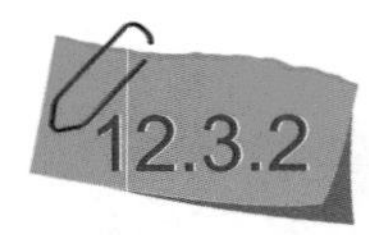

12.3.2 制作步骤

STEP 01 接上一个案例，在“母版”面板中新建一个名为“标签栏”的文件，将“动态面板”元件拖曳到页面中，双击进入“动态面板”编辑状态，设置尺寸如图12-30所示。

STEP 02 在页面中添加矩形元件，设置矩形大小为75px×46px，继续在页面中添加“图片”元件，设置大小为53px×53px，并导入图片素材，效果如图12-31所示。

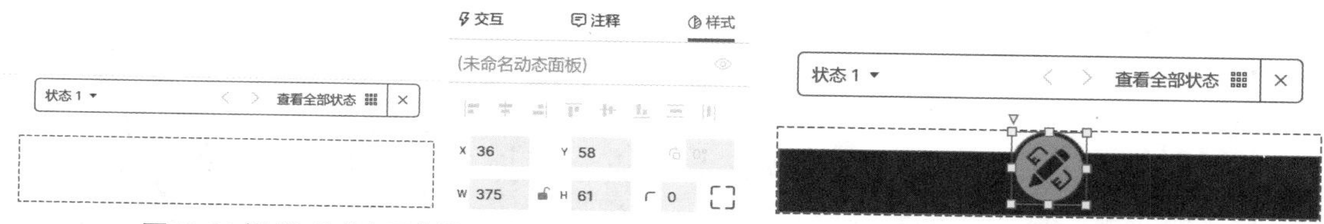

图12-30 设置“动态面板”元件的尺寸

图12-31 元件效果

STEP 03 继续在页面中添加“图片”元件并导入图片素材，“状态1”的页面效果如图12-32所示。在状态页面的顶部单击打开面板，在面板中继续新建3个状态，使用相同的方法完成其他页面的制作，如图12-33所示。

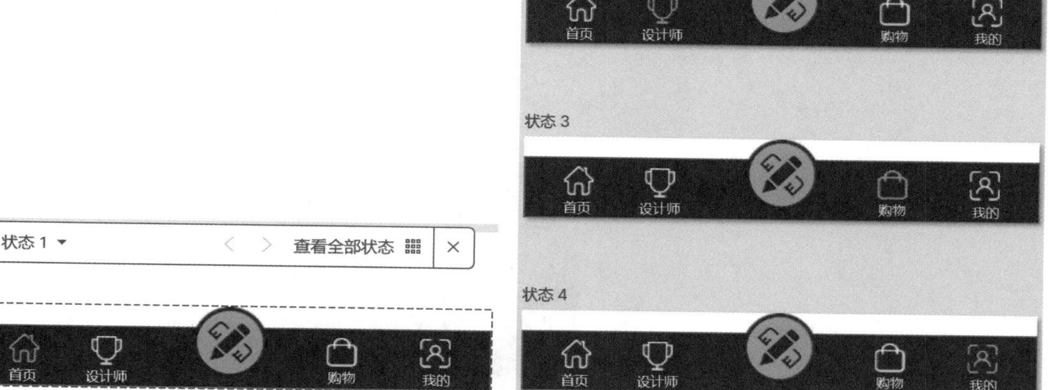

图12-32 “状态1”的页面效果

图12-33 完成其他页面的制作

STEP 04 新建一个名为“首页”的页面，使用“母版”元件、“文本标签”元件、“图片”元件和“水平线”元件制作如图12-34所示的页面效果。将“动态面板”元件拖曳到页面中，设置名称为“menu”，双击进入“动态面板”编辑模式，使用“图片”元件、“文本标签”元件和“矩形”元件制作动态面板页面，效果如图12-35所示。

图12-34 制作页面

图12-35 制作动态面板页面

STEP 05 新建两个面板状态，使用相同的方法制作其余的动态面板页面，效果如图12-36所示。

图12-36 制作“状态2”和“状态3”页面效果

STEP 06 制作完成后返回主页面，页面效果如图12-37所示。

图12-37 页面效果

12.4 设计制作App设计师页面原型

设计师功能是该App项目的一个核心功能，用户可以根据个人喜好访问不同的设计师页面，寻找感兴趣的内容。制作完成后的App设计师页面的原型效果如图12-38所示。

图12-38 App设计师页面原型效果

源 文 件：源文件\第12章\设计制作App设计师页面原型.psd

教学视频：视 频\第12章\设计制作App设计师页面原型.mp4

12.4.1 案例分析

当用户在一款App中经历了启动页面、登录页面和注册页面的操作，并在首页了解了足够多的信息后，用户会开始在首页的同级页面中搜索或查看自己想要的服务或商品。此时，App的“设计师”页面、“购物”页面或“定制”页面开始进入用户的浏览范围。

因此，“设计师”页面、“购物”页面、“定制”页面和“我的”页面是App首页的补充项或延伸项，目的是更好地留住潜在用户，同时加深用户对App的印象。

12.4.2 制作步骤

STEP 01 接上一个案例，为“首页”页面添加一个名为“设计师”的子页面，使用各种元件完成“设计师”页面的制作，效果如图12-39所示。

STEP 02 为“设计师”页面添加一个名为“简约”的子页面，使用各种元件完成“简约”页面的制作，效果如图12-40所示。

图12-39 “设计师”页面效果

图12-40 “简约”页面效果

STEP 03 为“简约”页面添加一个名为“简介”的子页面，继续使用各种元件完成“简介”页面的制作，效果如图12-41所示。

STEP 04 在“设计师”页面的下方为“首页”页面添加一个名为“购物”的子页面，继续使用各种元件完成“购物”页面的制作，效果如图12-42所示。

图12-41 “简介”页面效果

图12-42 “购物”页面效果

STEP 05 在“购物”页面的下方为“首页”页面添加一个名为“定制”的子页面，继续使用各种元件完成“定制”页面的制作，效果如图12-43所示。

STEP 06 在“定制”页面的下方为“首页”页面添加一个名为“我的”子页面，继续使用各种元件完成“我的”页面的制作，效果如图12-44所示。

图12-43 “定制”页面效果

图12-44 “我的”页面效果

12.5 设计制作App页面导航交互

创意家居App的页面原型制作完成后，需要为其添加交互将所有页面结合在一起，形成高保真的产品原型，便于用户和开发人员了解整个项目中页面之间的关系。

本案例将制作创意家居App项目中最基础的页面交互效果，页面间的交互关系如图12-45所示。

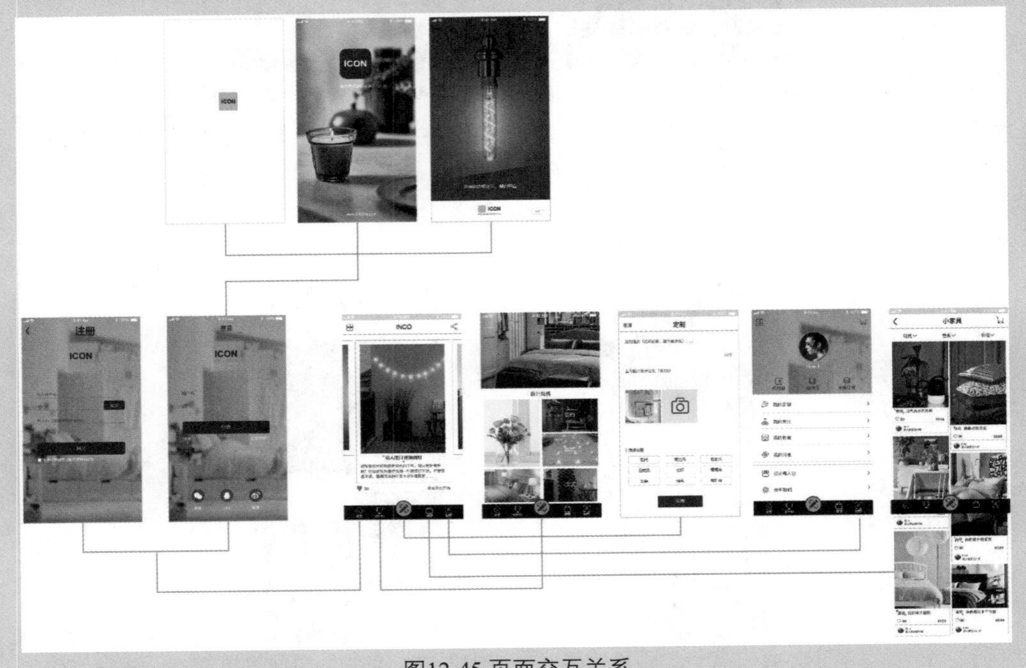

图12-45 页面交互关系

源 文 件：源文件 \ 第 12 章 \ 设计制作 App 页面导航交互 .psd
教学视频：视 频 \ 第 12 章 \ 设计制作 App 页面导航交互 .mp4

12.5.1 案例分析

在为App原型添加交互时，通常会采用添加到页面和元件两种方式。例如启动页和广告页，都可以通过“页面载入”事件实现交互效果，而页面中针对单个元件的交互效果，通常需要选中元件后再添加交互。

由于该原型将底部的标签栏制作成母版并应用到所有页面中，因此只需为母版添加交互，即可完成所有的页面导航交互效果。

12.5.2 制作步骤

STEP 01 双击“母版”面板中的“标签栏”文件，进入母版编辑模式，双击“动态面板”元件，将“热区”元件拖曳到页面中，调整大小和位置，如图12-46所示。在“交互编辑器”对话框中为“热区”元件添加交互，如图12-47所示。

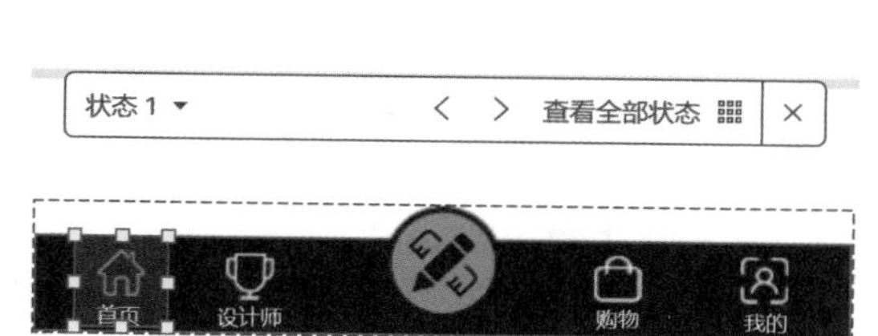

图12-46 使用“热区”元件

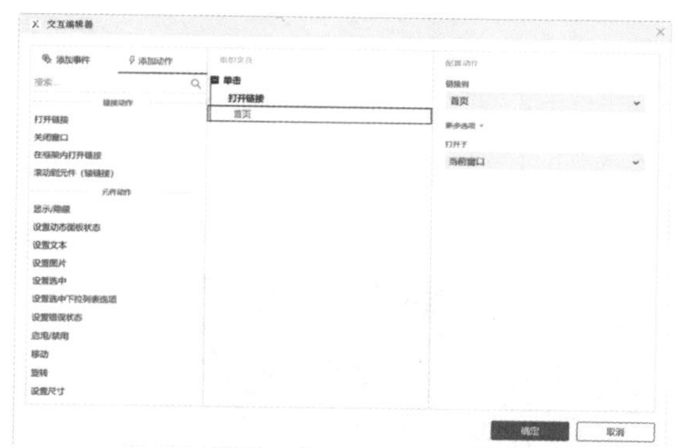

图12-47 为“热区”元件添加交互

STEP 02 使用相同的方法为其他栏目添加交互效果，如图12-48所示。使用相同的方法为“动态面板”的其他面板状态添加交互效果。

STEP 03 进入“主界面”页面，选中图标组，在“交互编辑器”对话框中为其添加“单击”事件，再添加“打开链接”动作，设置动作的各项参数，如图12-49所示。

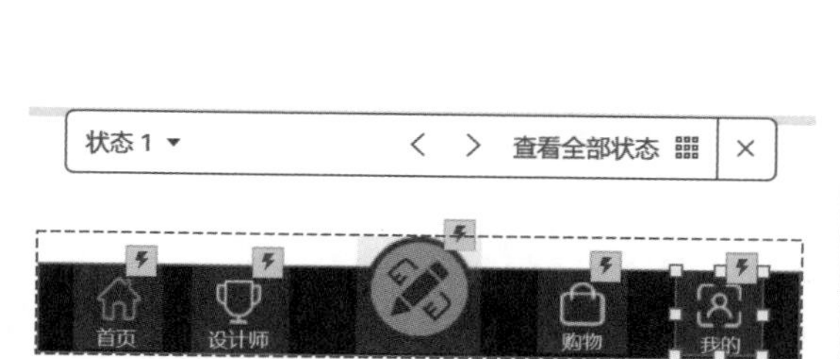

图12-48 为其他栏目添加交互效果

图12-49 选中“图标组”并设置动作参数

STEP 04 进入“启动页”页面，在“交互编辑器”对话框中添加“页面 载入”事件，再添加“等待”动作，设置“等待”数值为2000毫秒，如图12-50所示。再添加“打开链接”动作，设置动作的各项参数，如图12-51所示。

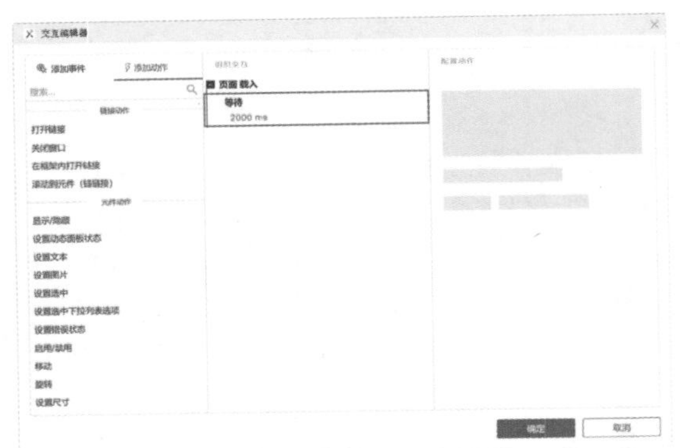

图12-50 添加页面交互

图12-51 添加“打开链接”动作并设置参数

STEP 05 进入“开屏广告”页面，双击“pop”动态面板元件，进入面板编辑模式，使用“椭圆”元件绘制一个9px×9px的圆形，如图12-52所示。选中“椭圆”元件，在“交互编辑器”对话框中为其添加“单击”事件，再添加“设置动态面板状态”动作，设置动作的各项参数，如图12-53所示。

图12-52 绘制圆形1

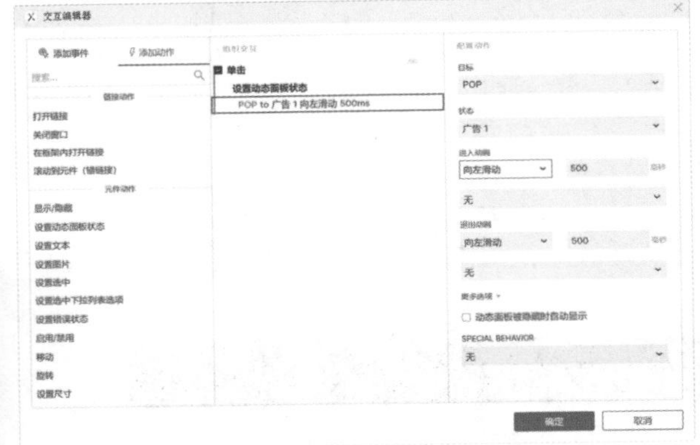

图12-53 为圆形添加交互事件

STEP 06 继续绘制圆形，如图12-54所示。在“交互编辑器”对话框中为其添加交互事件，如图12-55所示。

图12-54 绘制圆形2

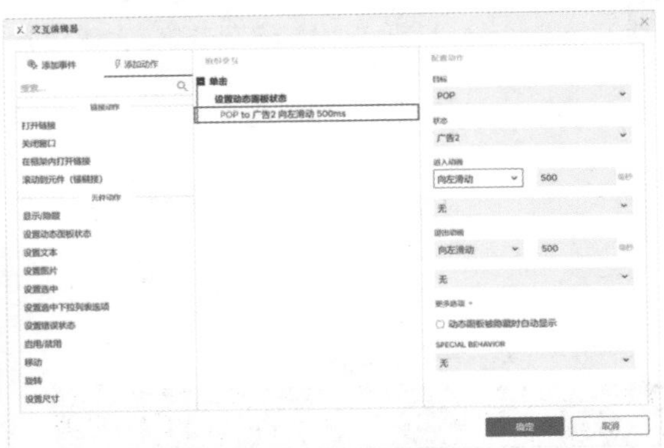

图12-55 为圆形添加交互事件

STEP 07 继续绘制如图12-56所示的圆形，在“交互编辑器”对话框中为其添加交互事件，如图12-57所示。

图12-56 绘制圆形3

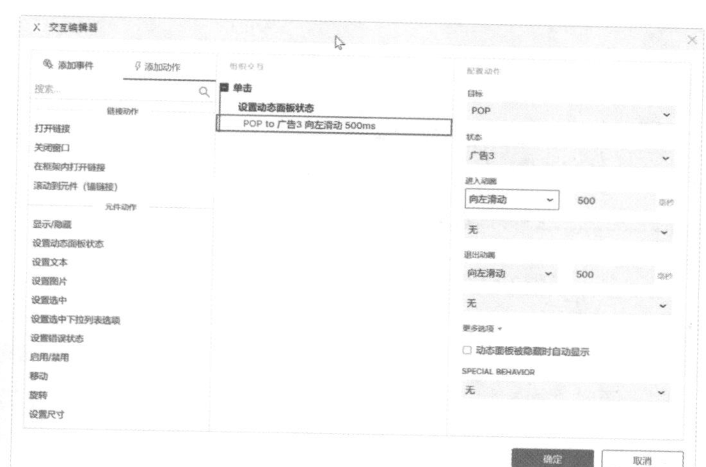

图12-57 为圆形添加交互事件

STEP 08 将3个圆形元件复制到其他两个面板状态中，如图12-58所示。

图12-58 复制圆形元件

STEP 09 进入“State3”状态，在页面中拖入一个“动态面板”元件，将其命名为“tiyan”，双击进入面板编辑模式，拖入一个“按钮”元件，修改文本和样式，如图12-59所示。在“交互编辑器”对话框中为“按钮”元件添加交互事件，如图12-60所示。

图12-59 使用“按钮”元件

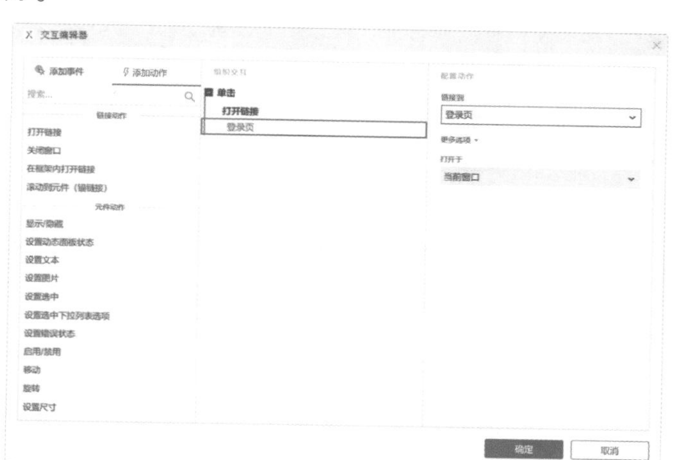

图12-60 为“按钮”元件添加交互事件

STEP 10 添加一个名为“状态2”的面板状态，使用“按钮”元件创建如图12-61所示的效果。在“交互编辑器”对话框中为其添加交互事件，如图12-62所示。

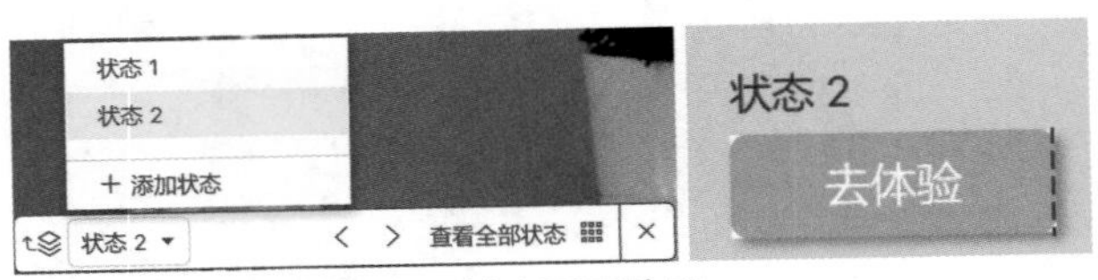

图12-61 创建页面效果

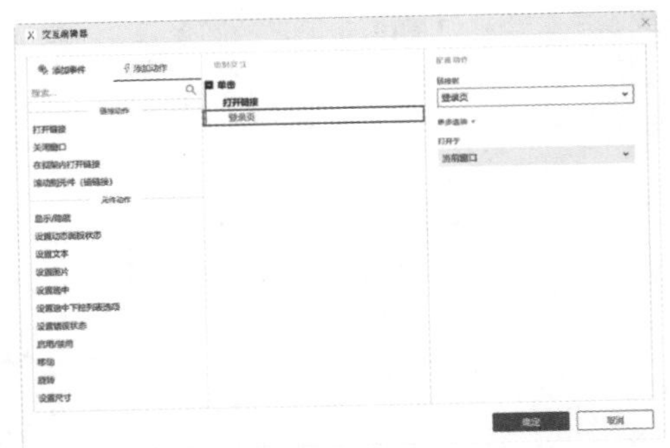

图12-62 添加交互事件

STEP 11 单击“关闭”按钮，返回“State3”状态。选中“tiyan”元件，在“交互编辑器”对话框中为其添加“鼠标移入”事件，再添加“设置动态面板状态”动作，设置动作的各项参数，如图12-63所示。再添加“设置动态面板状态”动作，设置动作的各项参数，如图12-64所示。

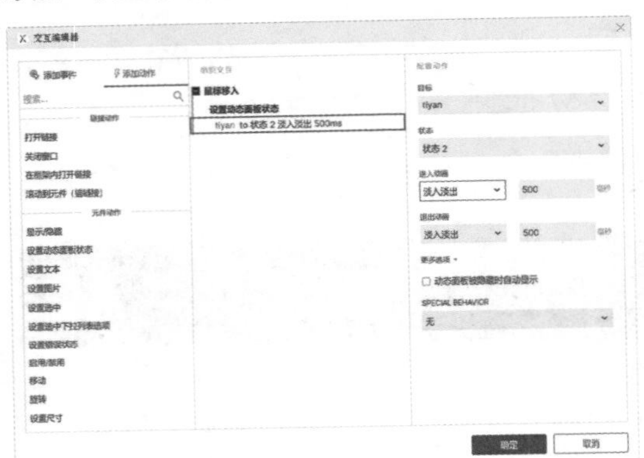

图12-63 为“tiyan”元件设置动作1

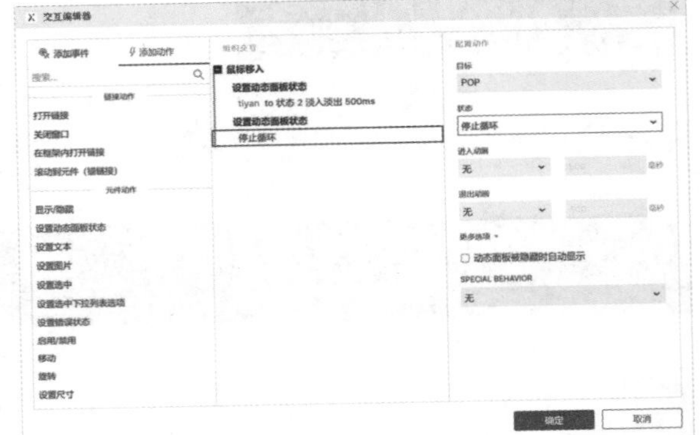

图12-64 为“tiyan”元件设置动作2

STEP 12 添加“鼠标移出”事件，再添加“设置动态面板状态”动作，设置动作的各项参数，如图12-65所示。再添加“设置动态面板状态”动作，设置动作的各项参数，如图12-66所示。

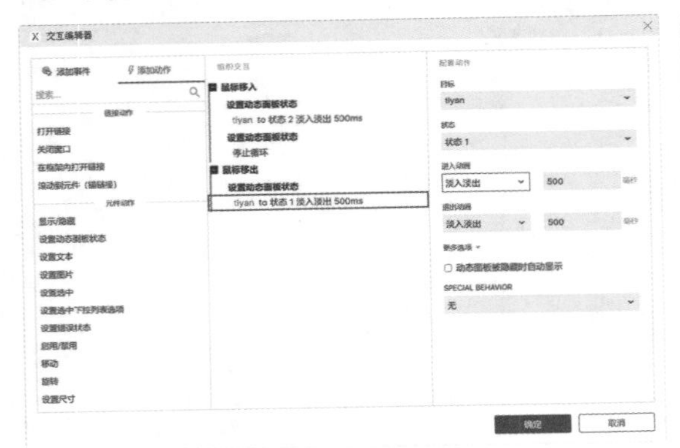

图12-65 为“tiyan”元件设置动作3

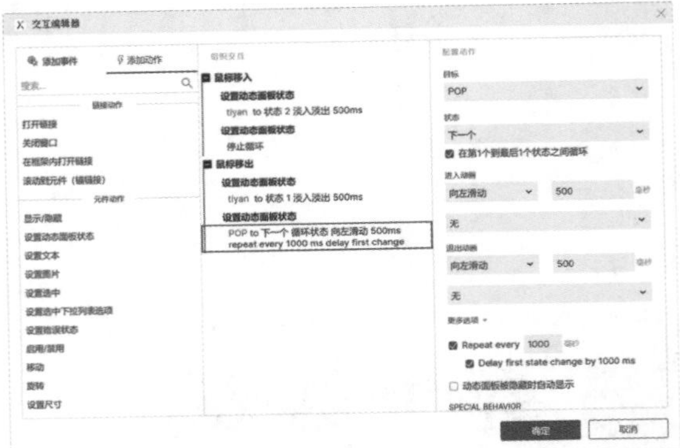

图12-66 为“tiyan”元件设置动作4

STEP 13 添加“单击”事件，再添加“打开链接”动作，设置动作的各项参数，如图12-67所示。单击“确定”按钮，页面效果如图12-68所示。单击面板编辑模式右上角的“关闭”按钮，返回页面编辑模式。

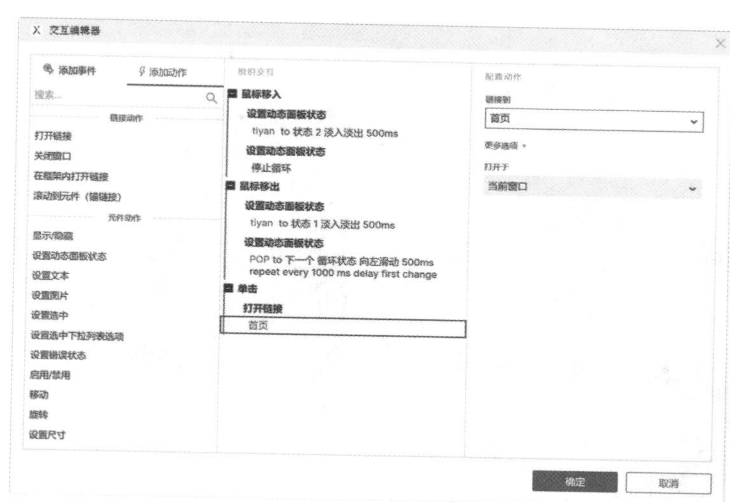

图12-67 为“tiyan”元件设置动作5

图12-68 页面效果

STEP 14 在“交互编辑器”对话框中添加“页面 载入”事件，再添加“设置动态面板状态”动作，设置动作的各项参数，如图12-69所示。

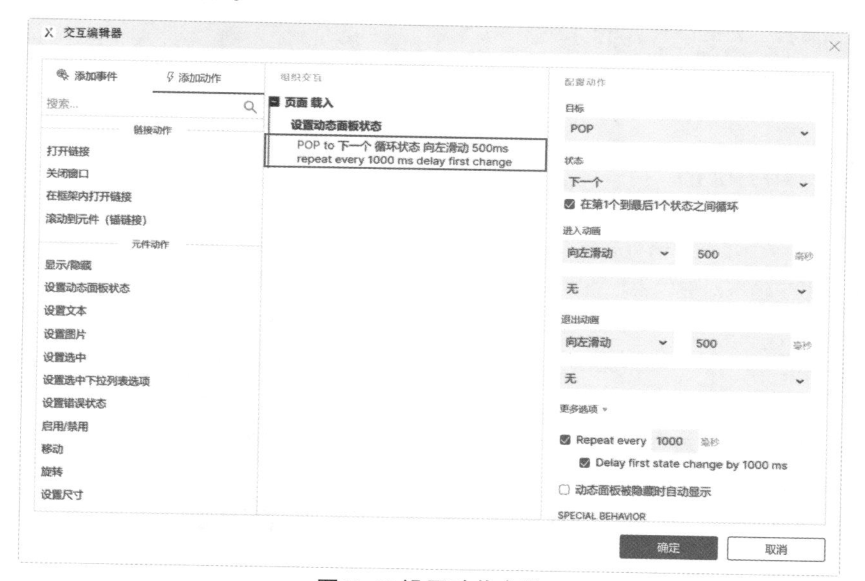

图12-69 设置动作参数

12.6 设计制作App注册/登录页面交互

本案例将为注册/登录页面添加简单的超链接交互，用来实现当用户单击按钮元件时跳转到对应页面的交互效果。添加交互效果后的App“登录”页面、“注册”页面和“首页”页面如图12-70所示。

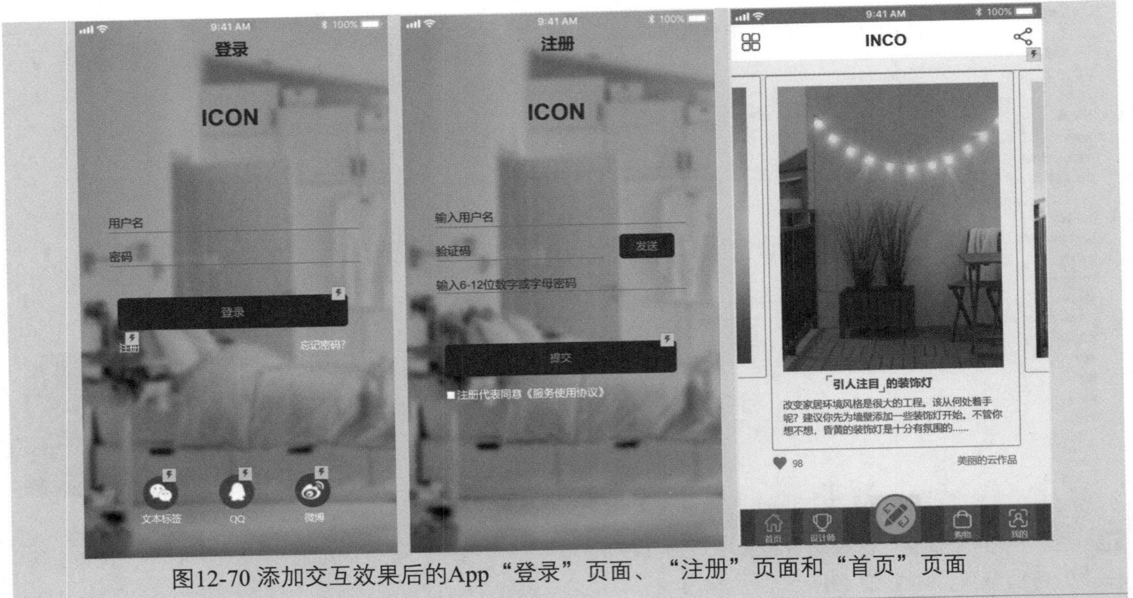

图12-70 添加交互效果后的App“登录”页面、“注册”页面和“首页”页面

源 文 件： 源文件\第12章\设计制作App注册/登录页面交互.psd
教学视频： 视 频\第12章\设计制作App注册/登录页面交互.mp4

12.6.1 案例分析

为App的“登录”页面、“注册”页面和“首页”页面添加交互效果后，在Axure RP 10的工具栏中单击“预览”按钮，打开浏览器预览原型。在“登录”页面中，如果已经拥有账号，可以在“用户名”和“密码”输入框中输入对应内容，直接单击“登录”按钮进入首页。

如果没有账号，可单击“登录”按钮左下侧的“注册”文本，进入“注册”页面。在“注册”页面中完成信息填报后，单击“提交”按钮，进入“登录”页面，用户可以使用刚刚注册的信息完成登录后进入首页。

进入App的“首页”页面后，在图片上从左向右拖曳鼠标光标结束时，切换到如图12-71所示的图片展示效果；在图片上从右向左拖曳鼠标光标结束时，切换到如图12-72所示的图片展示效果。

图12-71 图片展示1

图12-72 图片展示2

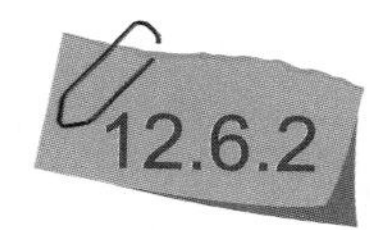

12.6.2 制作步骤

STEP 01 接上一个案例，进入“登录”页面，选中“登录”按钮，在“交互编辑器”对话框中为其添加交互事件，如图12-73所示。

STEP 02 选中“注册”文本元件，在“交互”面板中为其添加“单击”事件和“打开链接”动作，如图12-74所示。

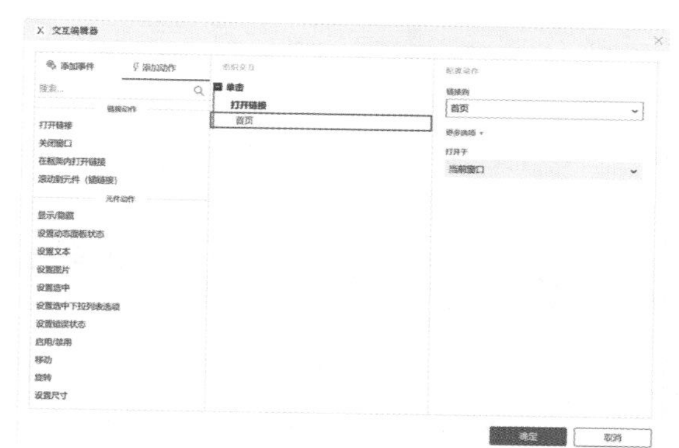

图12-73 为“登录”按钮添加交互事件

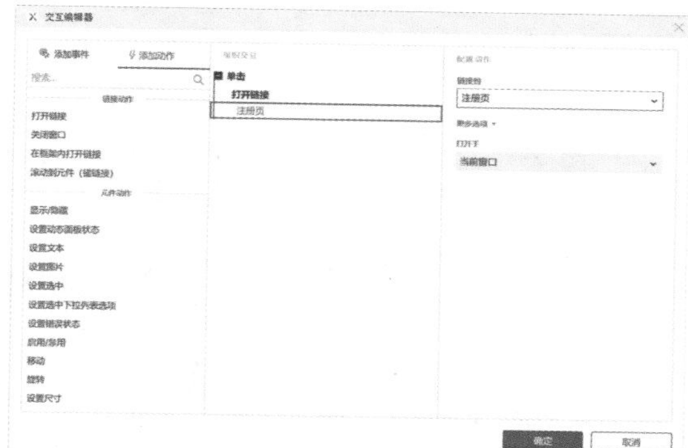

图12-74 为“注册”文本元件添加交互事件

STEP 03 分别选中页面中的3个图片，在“交互”面板中为其添加“单击”事件和“打开链接”动作，如图12-75所示。

STEP 04 进入“注册”页面，选中“提交”按钮，在“交互编辑器”对话框中为其添加交互事件，如图12-76所示。

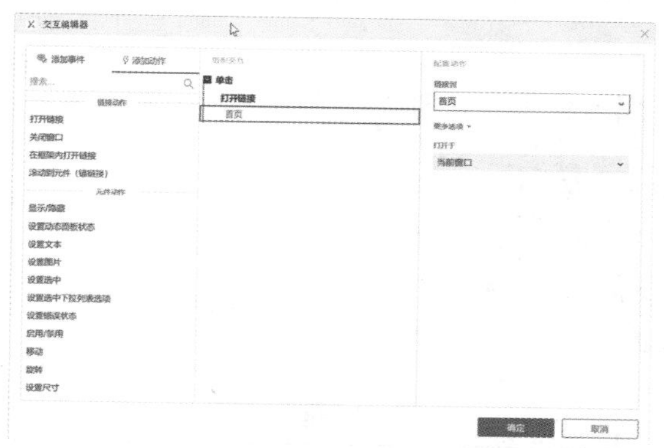

图12-75 为3个图片添加交互事件

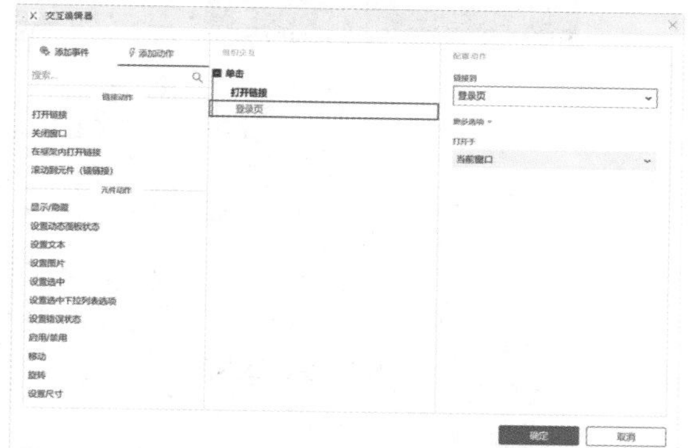

图12-76 为“提交”按钮添加交互事件

STEP 05 进入“首页”页面，选中“menu”元件，在“交互”面板中为其添加“左滑”事件，再添加“设置动态面板状态”动作，设置动作的各项参数，如图12-77所示。

STEP 06 添加“右滑”事件，再添加“设置动态面板状态”动作，设置动作的各项参数，如图12-78所示。

图12-77 为“menu”元件设置动作1

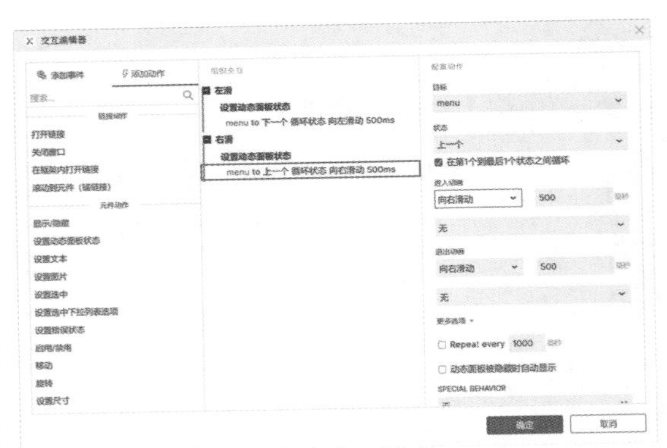

图12-78 为“menu”元件设置动作2

12.7 设计制作App主页面交互

购物系统是电子商务项目中最重要的组成部分。用户可以通过导航栏快速访问“购物”页面，根据设计师和产品的分类选择感兴趣的产品进行购买。也可以通过导航栏访问“定制”页面，提交定制需求。添加交互效果后的App“设计师”页面、“购物”页面和“定制”页面如图12-79所示。

图12-79 添加交互效果后的App“设计师”页面、“购物”页面和“定制”页面

源 文 件：源文件\第12章\设计制作App主页面交互.psd

教学视频：视 频\第12章\设计制作App主页面交互.mp4

12.7.1 案例分析

本案例将为创意家居App主页面添加交互，实现页面间的跳转关系，展示“设计师”页面、“购物”页面、“定制”页面和“我的”页面的交互效果。为了让读者在之后的案例制作过程中能够更加顺利地完成交互效果的制作，接下来对App的“购物”页面中的动态面板和“定制”页面中的动态面板进行详细讲解。

进入“购物”页面，将“动态面板”元件拖曳到页面中并将其命名为“pic”，如图12-80所示。双击进入“动态面板”编辑状态，将“图片”元件拖曳到页面中，为其填充图片背景，如图12-81所示。

图12-80 添加“动态面板”元件

图12-81 添加“图片”元件

进入“定制”页面，选中“现代”按钮元件，按【Ctrl+X】组合键将其剪切到剪贴板中，再将“动态面板”元件拖曳到页面中，设置尺寸为99px×26px，如图12-82所示。双击“动态面板”元件进入编辑状态，按【Ctrl+V】组合键粘贴按钮元件，如图12-83所示。

图12-82 添加“动态面板”元件

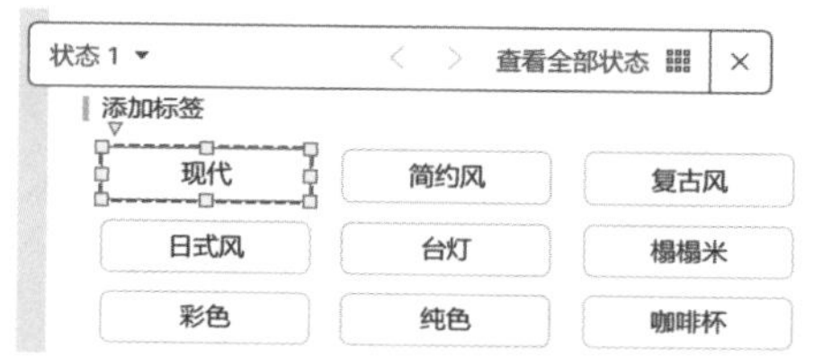

图12-83 粘贴按钮元件

新建一个面板状态，再按【Ctrl+V】组合键粘贴按钮元件，在“样式”面板中修改元件的填充颜色、边框颜色和文字颜色，如图12-84所示。

单击页面右上角的“关闭”按钮，回到“定制”页面，将“动态面板”元件命名为“标签1”，使用相同的方法完成其余按钮元件的制作，如图12-85所示。

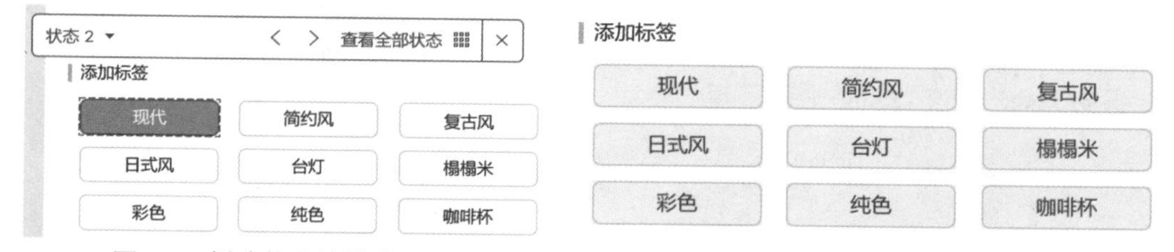

图12-84 新建状态并粘贴元件

图12-85 完成其余按钮元件的制作

12.7.2 制作步骤

STEP 01 进入“设计师”页面，选中“jianyue”动态面板，在“交互编辑器”对话框中添加“鼠标移入”事件，再添加“设置动态面板状态”动作。添加“鼠标移出”事件，再添加“设置动态面板状态”动作。添加“单击”事件，再添加“打开链接”动作，设置动作的各项参数，如图12-86所示。

STEP 02 继续使用相同的方法为“xiandai”“oushi”“rishi”“meishi”元件添加交互效果，如图12-87所示。

图12-86 为“jianyue”动态面板设置动作

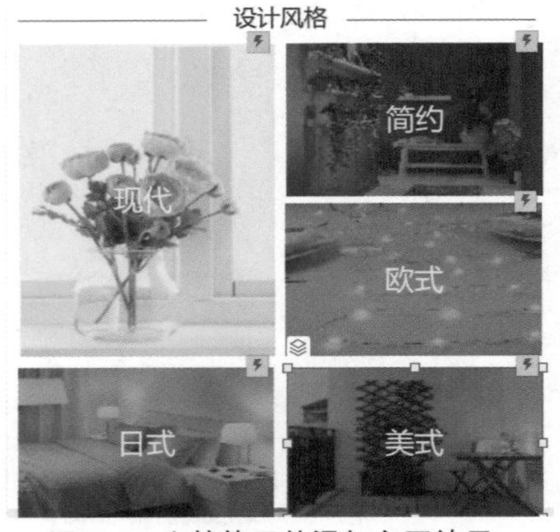

图12-87 为其他元件添加交互效果

STEP 03 进入“购物”页面，选中“pic”元件，在“交互编辑器”对话框中为其添加交互事件，如图12-88所示。

STEP 04 选中页面中的“图片”元件，在“交互编辑器”对话框中为其添加“单击”事件，再添加“显示/隐藏”动作，设置动作的各项参数，如图12-89所示。

图12-88 为“pic”元件添加交互事件

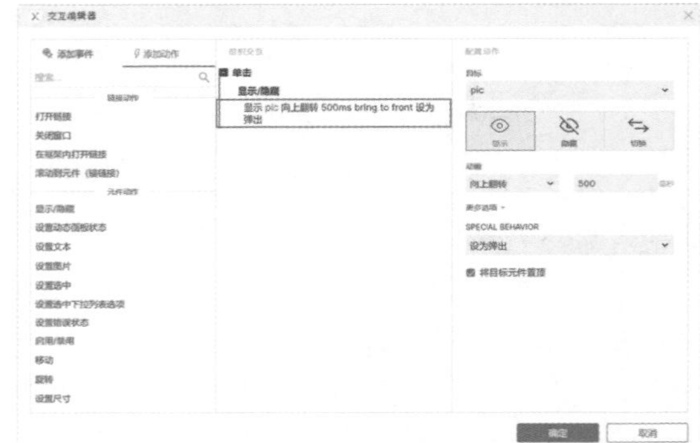

图12-89 为“图片”元件添加交互事件

STEP 05 在页面空白位置单击，在“交互”面板中添加“页面 载入”事件，添加“显示/隐藏”动作，设置动作的各项参数，如图12-90所示。

图12-90 为页面添加交互事件

STEP 06 将“热区”元件拖曳到页面中，调整大小和位置，如图12-91所示。在“交互编辑器”对话框中为其添加交互事件，如图12-92所示。

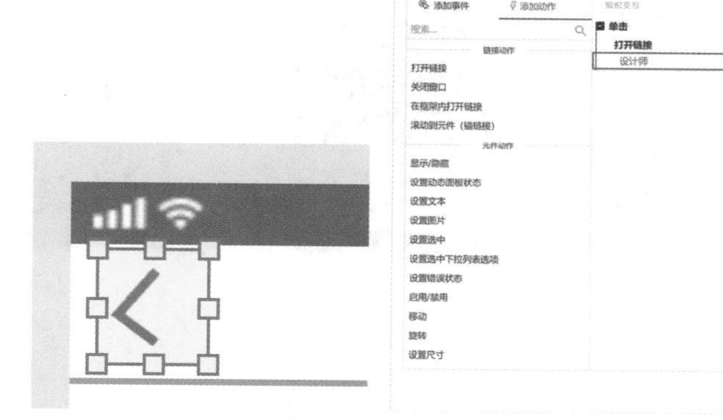

图12-91 使用“热区”元件　　图12-92 为“热区”元件添加交互事件

STEP 07 进入“定制”页面，选中“标签1”动态面板元件。在“交互编辑器”对话框中为其添加“单击”事件，再添加“设置动态面板状态”动作，设置动作的各项参数，如图12-93所示。使用相同的方法为其他元件添加交互，添加交互后的页面效果如图12-94所示。

图12-93 为“标签1”动态面板添加交互　　图12-94 添加交互后的页面效果

STEP 08 返回“主界面”页面，如图12-95所示。单击工具栏中的“预览”按钮，原型预览效果如图12-96所示。

图12-95 返回“主界面”页面

图12-96 原型预览效果

读书
笔记

附录A Axure RP 10常用快捷键

基本快捷键

- 新建：Ctrl+N
- 打开：Ctrl+O
- 关闭当前页：Ctrl+F4/Ctrl+W
- 保存：Ctrl+S
- 退出：Alt+F4
- 打印：Ctrl+P
- 查找：Ctrl+F
- 替换：Ctrl+H
- 复制：Ctrl+C
- 剪切：Ctrl+X
- 粘贴：Ctrl+V
- 快速复制：Ctrl+D/Ctrl+鼠标拖曳
- 撤销：Ctrl+Z
- 重做：Ctrl+Y
- 全选：Ctrl+A
- 帮助说明：F1
- 偏好设置：F9

输出快捷键

- 预览选项：Ctrl+Shift+Alt+P
- 生成HTML文件：Ctrl+Shift+O
- 重新生成当前页面的HTML文件：Ctrl+Shift+I
- 生成Word说明书：Ctrl+Shift+D
- 更多生成器和配置文件：Ctrl+Shift+M

工作区快捷键

- 上一页：Ctrl+Tab
- 下一页：Ctrl+Shift+Tab
- 放大/缩小页面：Ctrl+鼠标滚轮
- 页面左右移动：Shift+鼠标滚轮
- 页面上下移动：鼠标滚轮
- 关闭当前页：Ctrl+W
- 页面水平移动：Space+鼠标左键（或右键）拖动
- 显示网格/隐藏网格：Ctrl+'
- 隐藏/显示全局辅助线：Ctrl+Alt+,
- 隐藏/显示页面辅助线：Ctrl+Alt+.

编辑快捷键

- 元件上移一层：Ctrl+]
- 元件下移一层：Ctrl+[
- 元件移至顶层：Ctrl+Shift+]
- 元件移至底层：Ctrl+Shift+[
- 元件左侧对齐：Ctrl+Alt+L
- 元件右侧对齐：Ctrl+Alt+R
- 元件顶部对齐：Ctrl+Alt+T
- 元件底部对齐：Ctrl+Alt+B
- 元件居中对齐：Ctrl+Alt+C
- 元件中部居中：Ctrl+Alt+M
- 文字左对齐：Ctrl+ Shift +L
- 文字右对齐：Ctrl+ Shift +R
- 文字居中：Ctrl+ Shift+C
- 粗体/非粗体：Ctrl+B
- 斜体/非斜体：Ctrl+I
- 下画线/无下画线：Ctrl+U
- 组合：Ctrl+G
- 取消组合：Ctrl+Shift+G
- 编辑位置和尺寸：Ctrl+L
- 锁定位置和尺寸：Ctrl+K
- 解锁位置和尺寸：Ctrl+Shift+K
- 向下切换编辑项：Tab
- 相交选中：Ctrl+Alt+1
- 包含选中：Ctrl+Alt+2
- 连线工具：E
- 每次移动元件1个像素：方向键
- 每次移动元件10个像素：Shift/Ctrl+方向键

附录B Axure RP 10与Photoshop

使用Axure RP 10设计制作原型时，优化图片或修改图片经常需要用到Photoshop，有时甚至直接将设计图从Photoshop移植到Axure中。

使用Photoshop可以轻松完成页面的设计，如图B-1所示。

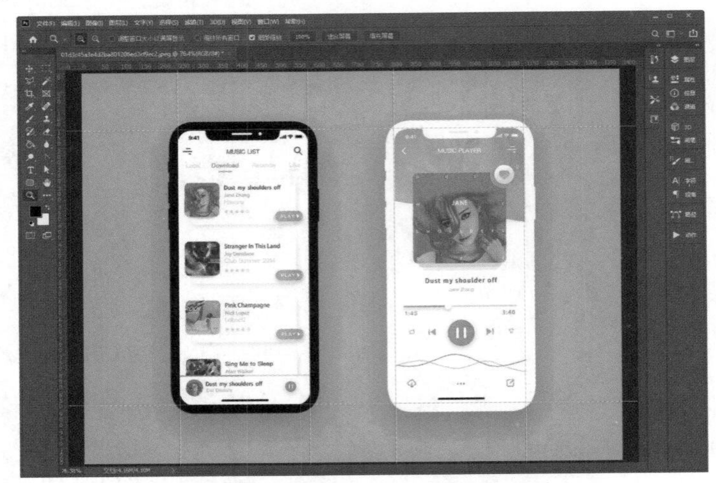

图B-1 使用Photoshop完成的页面设计

1.统一设计和原型的尺寸

执行“图像＞图像大小”命令，在弹出的“图像大小”对话框中可以看到页面的“宽度”和“高度”参数，如图B-2所示。在Axure RP 10中最好让原型的尺寸与该尺寸保持一致。

2.利用图层

在Photoshop中设计页面时，会将不同的对象放置在不同的图层中，如文字、背景、按钮和图片等，如图B-3所示。在Axure中，这些图层都是单独的元件或组合，合理地利用Photoshop中的相关功能，将大大降低在Axure中制作原型的难度。

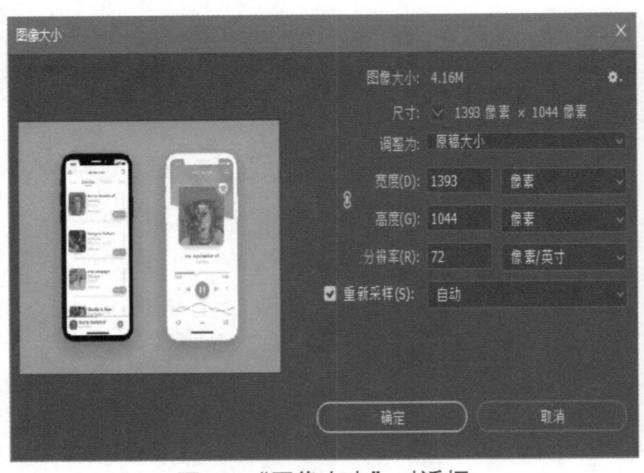

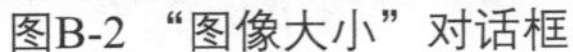

图B-2 “图像大小”对话框

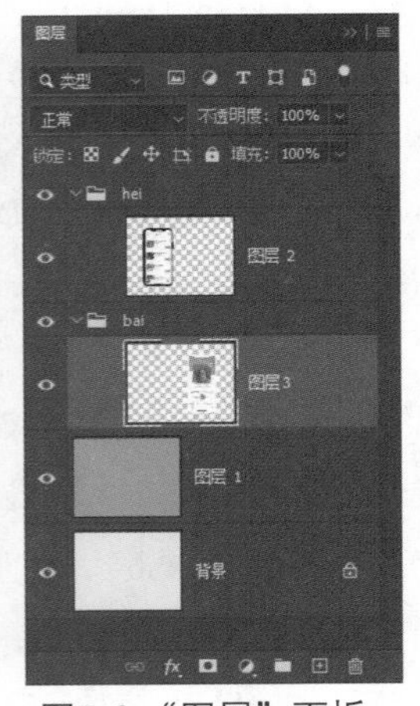

图B-3 “图层”面板

3.裁切图像

选择想要复制的图层，将其他无关的图层都暂时隐藏，如图B-4所示。此时的图像以透明效果显示。执行“图像＞裁切”命令，在弹出的“裁切”对话框中设置参数，如图B-5所示。

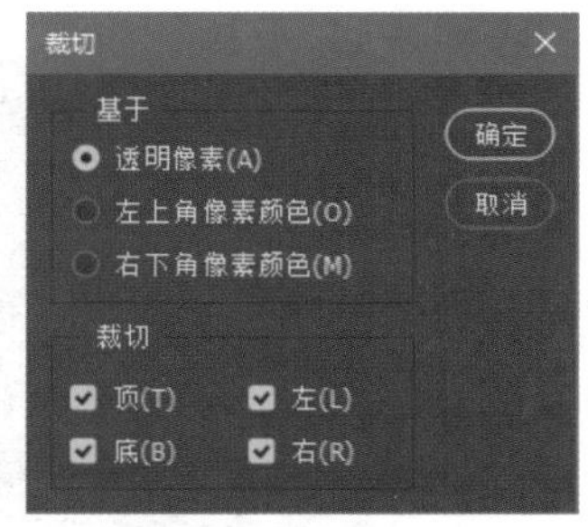

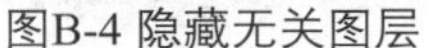

图B-4 隐藏无关图层　　　　图B-5 设置“裁切”对话框中的参数

单击“确定”按钮，即可完成图片的裁切，效果如图B-6所示。执行“文件 > 另存为”命令，将文件保存。执行“编辑 > 后退一步”命令，可以返回原文件，继续重复操作。

图B-6 完成图片裁切操作

4.合并拷贝

用户可以按住【Ctrl】键并单击图层的缩略图，将图层选区调出，执行“编辑 > 拷贝”命令。新建一个页面，执行“编辑 > 粘贴”命令，如图B-7所示，即可将当前对象复制到一个新页面中。

执行“编辑 > 合并拷贝”命令，如图B-8所示，可以同时将多个图层上的内容复制。再通过执行“编辑>粘贴”命令，将多个图层对象复制到一个页面中。

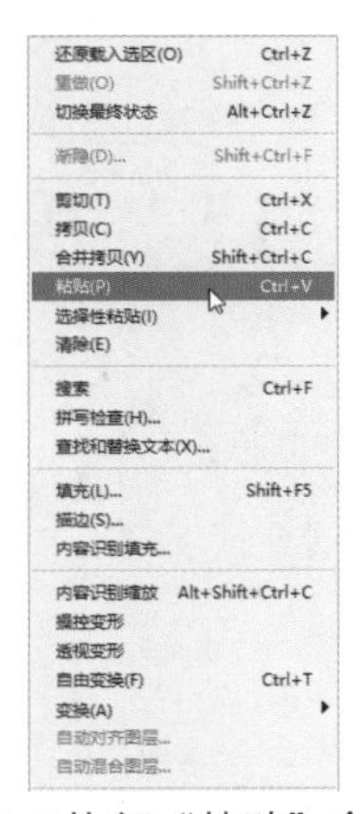

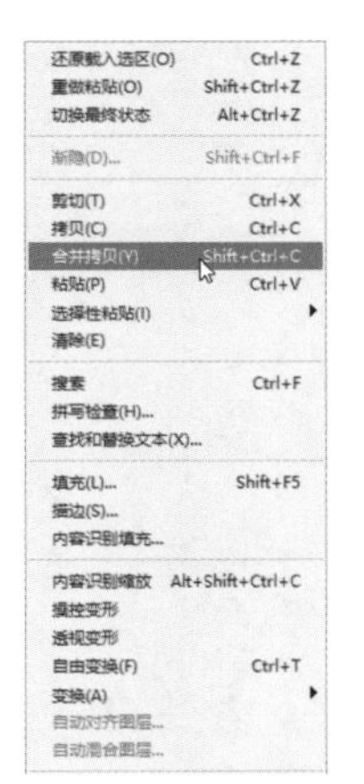

图B-7 执行“粘贴”命令　　图B-8 执行“合并拷贝”命令

5.透底

如果用户需要背景透明的图像，可以在新建文档时选择新建“透明”背景文件，如图B-9所示。

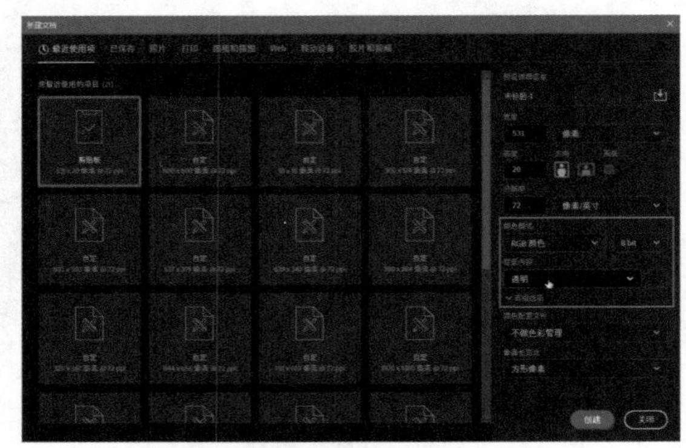

图B-9 新建透明背景的文件

存储文件时，可以选择存储为PNG格式或GIF格式。这两种格式都支持透底图像，各有优缺点。GIF格式只有256种颜色，对于一些颜色丰富的图像会产生失真。而一些老版本的浏览器不支持PNG格式。

6.制作页面背景

在Axure RP 10中可以为页面设置背景，还可以控制背景的平铺方式为水平和垂直。所以在制作背景时，可以巧妙地利用这一点，只提供很小的图片，然后设置为平铺方式，实现背景效果。

在Photoshop中利用“渐变工具”绘制如图B-10所示的背景效果。

图B-10 创建渐变背景效果

使用“矩形选框工具”选择局部背景，执行“编辑＞拷贝”命令。新建文件，执行“编辑＞粘贴”命令，得到局部背景效果，如图B-11所示。在Axure RP 10中为页面应用背景，页面效果如图B-12所示。

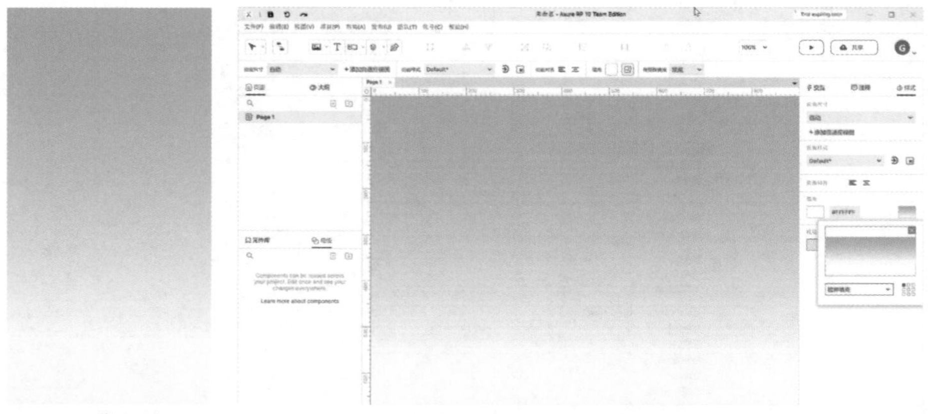

图B-11 背景效果　　　　图B-12 页面效果

附录C Axure RP 10与HyperSnap

在Axure RP 10中设计制作原型时，常常会需要一些网页设计图做背景。但是使用Photoshop制作又过于烦琐，用户可以通过截图的方式，将一些网页保存为图片，以供在Axure RP 10中制作原型使用。

截图软件有很多，此处介绍笔者经常使用的HyperSnap。购买并安装好软件后，软件的启动界面如图C-1所示。

图C-1 HyperSnap软件启动界面

1. 步骤设置

执行“捕捉 > 捕捉设置”命令，弹出“捕捉设置”对话框，可以设置捕捉的各一个参数，如图C-2所示。用户可以在“快速保存”选项卡中设置自动保存，这样截图完成后图片会自动存储，如图C-3所示。

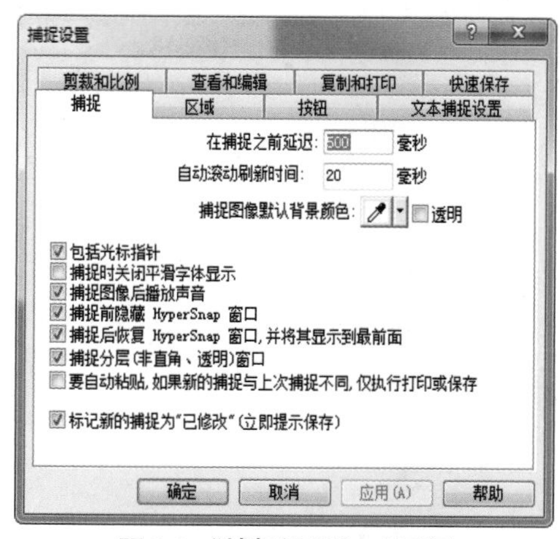

图C-2 “捕捉设置”对话框

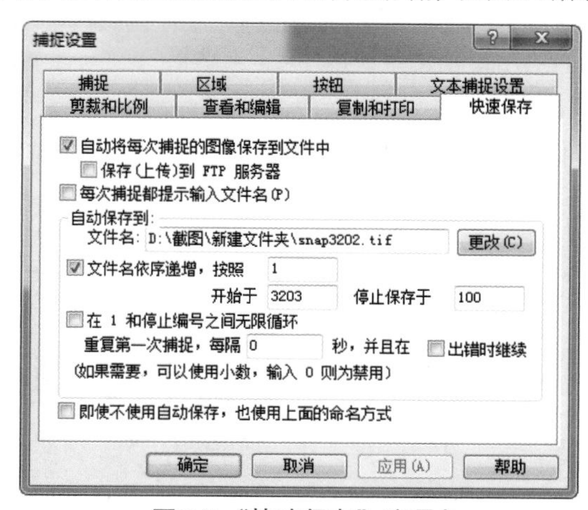

图C-3 “快速保存”选项卡

2. 设置捕捉分辨率

执行“选项 > 默认图像分辨率”命令，如图C-4所示，弹出“图像分辨率”对话框，用户可以根据需求设置不同的分辨率，如图C-5所示。分辨率越大，截图的尺寸越小。

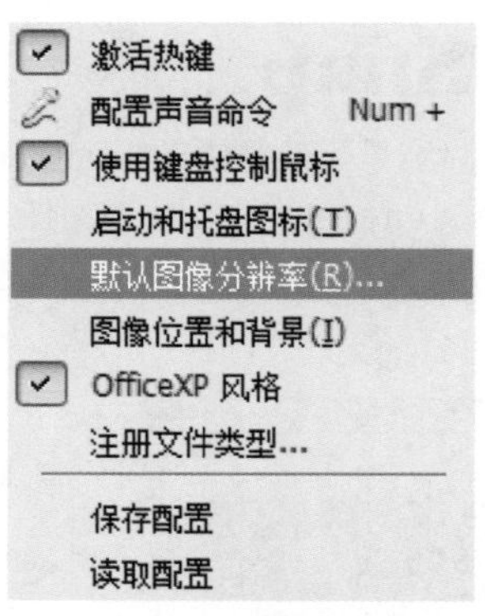

图C-4 执行“默认图像分辨率”命令

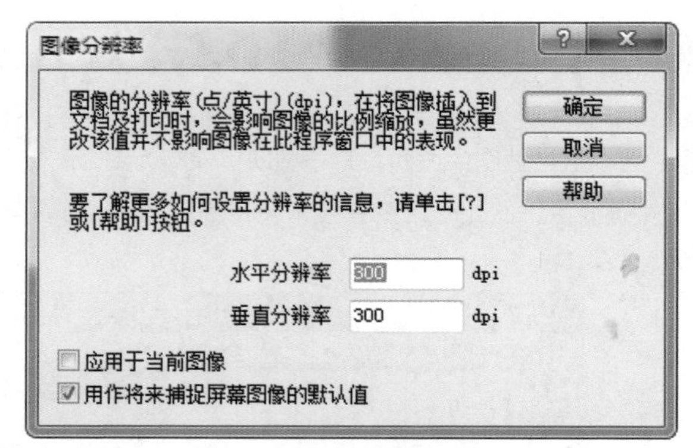

图C-5 “图像分辨率”对话框

3. 设置热键

HyperSnap提供了丰富的截图类型，用户可以通过热键快速完成操作。执行“捕捉 > 屏幕捕捉热键”命令，弹出“抓图快捷键”对话框，如图C-6所示，选择底部的“激活热键”复选框，设置不同捕捉方式的热键，如图C-7所示。设置完成后关闭对话框即可。

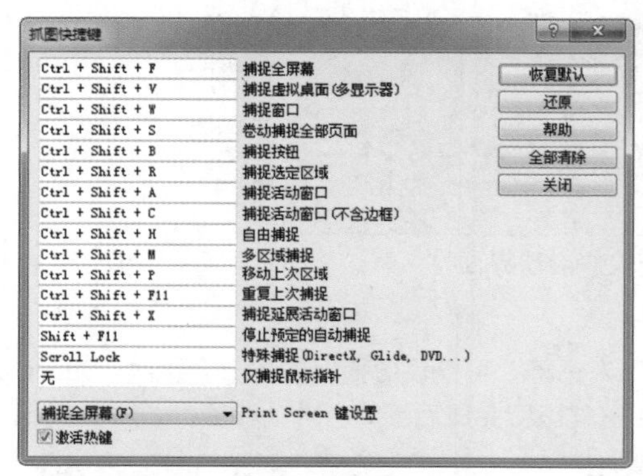

图C-6 “抓图快捷键”对话框

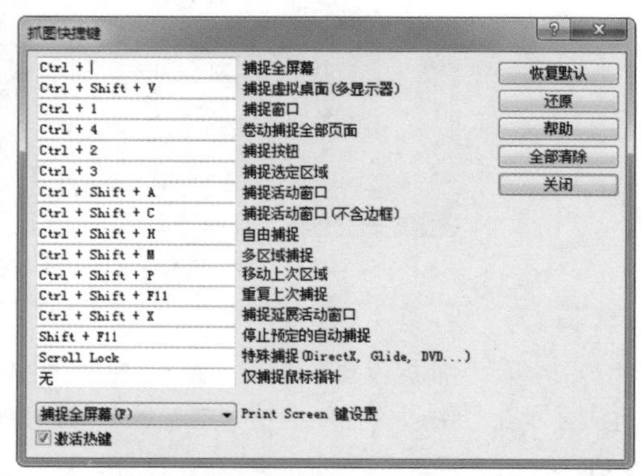

图C-7 设置不同捕捉方式的热键

4. 编辑截图

用户可以对截图进行再次编辑，添加文字说明或图片注解等内容。可以使用软件界面顶部工具箱中的工具对图片进行编辑操作，如图C-8所示。

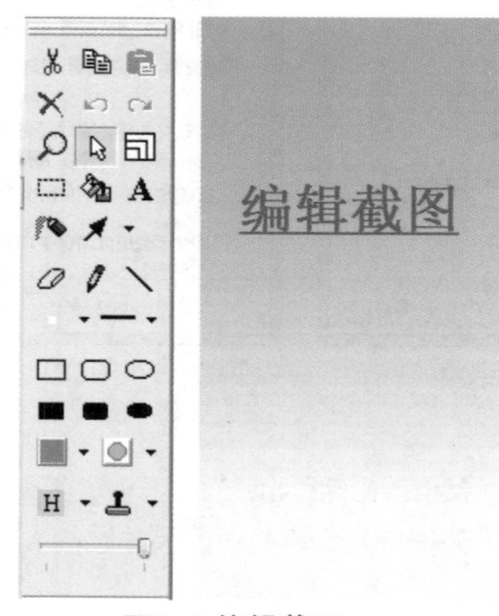

图C-8 编辑截图